变频器
典型应用电路100例

第二版

主　编　于宝水
副主编　姜　平　乔　梁
参　编　纪永峰　张洪军　宋明利　冯得辉
　　　　李春辉　王莉娜　孙令臣　刘永军
　　　　刘国昌　任传柱　常　亮　卫　东
　　　　郑双庆、邱　勇　王　汀　郝建民
　　　　杜思华　徐　玥　高　楠　李雪涛
　　　　王　威　谭勇志　梁国斌

中国电力出版社
CHINA ELECTRIC POWER PRESS

内 容 提 要

　　本书结合变频器的安装与使用方法，总结并提炼了100个变频器在设计及安装中的典型应用实例，详细地介绍了变频器控制正转与点动运行功能及参数设置，变频控制正反转运行功能应用及参数设置，变频器内外置时序工频、变频转换功能应用及参数设置，常规工频、变频转换电路，变频器数字输入端子功能应用及参数设置，变频器晶体管输出端子功能应用及参数设置，用可编程控制器控制变频器运行及参数设置，供水专用变频器在恒压供水电路中的应用，恒压供水控制器及变频器PID功能在恒压供水电路中的应用，简易PLC功能（程序运行功能）应用及参数设置共十章内容。

　　本书每个实例均由电路简介、原理图、相关端子及参数功能含义的讲解、动作详解、保护原理五部分组成。并且对每个章节配以一个视频讲解，做到图、文、视三位一体。为方便读者学习，还特别为本书录制了变频器端子接线图（上、中、下）、变频器计算机监视设置软件应用方法四个视频讲座，读者只需扫描二维码即可观看视频。

　　本书集实用性、技术性和可操作性于一体，所有实例的接线及参数均经过实际接线、实际试验，实际验证，电路的正确率为百分之百。是电力拖动控制及自动化领域的工程技术人员、电气技术人员全面了解和掌握变频器应用的实用参考书，也可供高职高专院校电力拖动、机电一体化等专业师生实训课程参考使用。

图书在版编目（CIP）数据

变频器典型应用电路100例／于宝水主编．—2版．—北京：中国电力出版社，2022.1
ISBN 978-7-5198-6041-7

Ⅰ．①变⋯　Ⅱ．①于⋯　Ⅲ．①变频器－电子电路　Ⅳ．① TN773

中国版本图书馆CIP数据核字（2021）第195958号

出版发行：中国电力出版社
地　　　址：北京市东城区北京站西街19号（邮政编码100005）
网　　　址：http://www.cepp.sgcc.com.cn
责任编辑：王杏芸（010-63412394）
责任校对：王小鹏
装帧设计：赵姗姗
责任印制：杨晓东

印　　刷：北京雁林吉兆印刷有限公司
版　　次：2017年6月第一版　2022年1月第二版
印　　次：2022年1月北京第三次印刷
开　　本：787毫米×1092毫米　16开本
印　　张：24
字　　数：537千字
定　　价：88.00元

前　言

《变频器典型应用电路100例》一书自2017年6月出版以来，深受广大读者的喜爱和广泛好评，已经印刷了两次。本书的出版填补了变频器实例类图书的空白，由于本书写作风格易读易懂，所有实例独立成章，方便检索，既可全面学习，又可按需应用。通过100个实例，展现了变频器几乎所有的控制功能，是一本工人能自学、能看懂、能学会的变频器及PLC"技能速成"类书籍。本书特别在技师、高级技师职业技能培训及鉴定中得到广泛应用，并且深受学员的青睐。

四年来许多同行专家及学员给作者来电、来信或留言，鼓励我们继续努力，写出更多关于变频器实际应用方面的书籍，同时也对本书提出了很多宝贵建议。为了使本书的内容更丰富和完善，更能适应广大PLC技术应用人员自学的需要，编者收集了热心读者和同行提出的意见和建议，对本书的第一版进行了修改和补充，进一步完善本书的实用性和针对性，帮助广大读者更便捷、更轻松地掌握变频器实际应用方法。

根据读者和同行专家的反馈，本书第二版主要做了以下几个方面的修改完善。

（1）增加了富士FRN-G1S变频器端子接线图、富士FRN-G1S变频器端子名称含义详解、富士FRN-G1S变频器常用参数表详解、富士FRN-G1S变频器故障代码四个附录。

（2）第四章常规工频、变频转换电路由原来的6个实例增加为12个实例。

（3）将原第六章拆分为第五章变频器数字输入端子功能应用及参数设置和第六章变频器晶体管输出端子功能应用及参数设置，并且对其内容进行了较大的修改，由原来的13个实例增加为18个实例。

（4）将原第八章拆分为第八章供水专用变频器在恒压供水电路中的应用和第九章恒压供水控制器及变频器PID功能在恒压供水电路中的应用。

（5）将原第九章改为第十章简易PLC功能（程序运行功能）应用及参数设置，并且增加了三菱紫日、三垦、麦格米特、阿尔法4个品牌的简易PLC应用实例。

编写本书的目的主要是为从事电力拖动控制、设计安装的专业技术人员提供一本学习和使用变频器从入门到精通的应用实例读本。让从业者通过100个实例操作，理解和掌握变频器在工业生产机械及生产过程自动控制系统中功能应用方法和操作步骤。所有的操作技能都来自生产实践，并尽可能将各种技能以操作步序讲述的方式加视频讲解表现出来，以达到"技能速成"的目的。

愿本书为广大电气工作人员所乐用，使本书成为您的良师益友！

由于时间和作者的水平有限，书中难免存在错误和不足之处，敬请广大读者对本书提出宝贵的意见。

编者

2022 年 1 月

富士 G1S 变频器
端子名称含义详解

富士变频器计算机
监视设置软件应用

第一版 前言

变频器是用于控制交流电动机转速的电力拖动控制装置，20 世纪 80 年代，由于电力电子技术、微电子技术和信息技术的发展，才出现了对交流机来说最好的变频调速技术，它一出现就以其优异的性能逐步取代其他交流电动机调速方式，乃至直流电动机调速，而成为电气传动的中枢。因而，变频调速被公认为交流电动机最理想、最有前途的调速方案，小到家用电器，大到工业设备以及电动汽车。除了具有卓越的调速性能之外，还具有显著的节能效果和优异的工艺控制方式，是企业进行技术改造和产品更新换代的理想调速装置。

目前，从变频器市场的供应商方面来看，我国市场上的变频器生产厂家有 300 多家，可分为欧美品牌、日系品牌、国内品牌等几个集群。本书以实用为原则，把各种品牌变频器的主要功能应用方法尽可能地收编在本书中。

编写本书的目的主要是为从事电力拖动控制、设计安装的专业技术人员提供一本从入门到精通的学习和使用变频器的应用实例读本。让从业者通过 100 个实例操作，理解和掌握变频器在工业生产机械和生产过程自动控制系统中的功能应用方法和操作步骤。所有的操作技能都来自于生产实践，并尽可能以操作步序讲述的方式加视频讲解表现出来，以达到"技能速成"的目的。

愿本书为广大电气工作人员所乐用，使本书成为您的良师益友！

由于时间和编者的水平有限，书中难免存在错误和不足之处，敬请广大读者对本书提出宝贵的意见。

目 录

第六章　变频器晶体管输出端子功能应用及参数设置 ⋯⋯⋯⋯⋯⋯⋯⋯ 167

第七章　用可编程控制器控制变频器运行及参数设置 ⋯⋯⋯⋯⋯⋯⋯⋯ 182

第一章

变频器控制正转与点动运行功能及参数设置

实例1 变频器经断路器直接输入，由操作面板控制的电动机正转电路

电路简介 该电路是经断路器直接输入变频器的总电源，断路器与 S9 分励脱扣器安装在一起，利用 S9 分励脱扣器对该电路起到保护作用。电动机的正转运行与停止由操作面板上的 FWD、REV 键和 STOP 键控制，运行频率设定由控制操作面板上的 ∧ 键和 ∨ 键控制。

一、原理图

变频器经断路器直接输入，由操作面板控制的电动机正转电路原理图如图 1-1 所示。

二、图中应用的端子及主要参数

相关端子及参数功能含义见表 1-1。

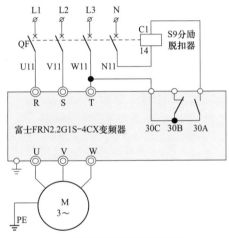

图 1-1 变频器经断路器直接输入，由操作面板控制的电动机正转电路原理图

表 1-1 　　　　　　　　　　　相关端子及参数功能含义

序号	端子名称	功能	功能代码	设定数据	设定值含义
1		数据保护	F00	0	0：可改变数据；1：不可改变数据（数据保护），需要双键操作（STOP 键＋∧ 键）
2		数据初始化	H03	1	数据初始化，需要双键操作（STOP 键＋∧ 键）
3		频率设定 1	F01	0	由操作面板 ∧、∨ 键设定频率
4		运行操作	F02	0	由操作面板上的 FWD、REV、STOP 键控制电动机的正转、反转及停止命令
5		最高频率 1	F03	60Hz	用来设定变频器的最大输出频率
6		基本频率 1	F04	50Hz	基本频率根据电动机 1 铭牌上的额定频率设定
7		基本频率电压 1	F05	380V	设定电动机 1 的运转所必需的基准频率电压
8		最高输出电压 1	F06	380V	变频器的输出电压最高值
9		加速时间 1	F07	25.71s	加速时间设定为从 0Hz 开始到达最高输出频率的时间
10		减速时间 1	F08	25.71s	减速时间设定为从最高输出频率到达 0Hz 为止的时间

续表

序号	端子名称	功能	功能代码	设定数据	设定值含义
11		转矩提升1	F09	15%	通过补偿电压降以改善电动机在低速范围的转矩降
12		电子热继电器1（动作选择）	F10	1	设定电子过电流的电流值，进行电动机的过热保护。 0：不动作，1：动作，用于通用电动机；2：动作用于变频器专用电动机
13		电子热继电器1（动作值）	F11	5.61A	设定变频器保护动作额定电流值的百分比，例：110%＝5.1×1.1＝5.61A
14		电子热继电器1（热时间常数）	F12	5min	普通的电动机的热时间常数在22kW以下时均为5min
15		瞬间停电后再启动	F14	3	来电后再启动，用于重惯性负载或一般负载
16		上限频率	F15	50Hz	上限频率，设定输出频率的上限值为50Hz
17		下限频率	F16	30Hz	下限频率，设定输出频率的下限值为40Hz
18		启动频率	F23	5Hz	当变频器的频率为5Hz时，电动机启动
19		启动频率保持时间	F24	5s	即电动机在启动频率5Hz启动，持续5s后开始加速
20		停止频率	F25	5Hz	当频率下降到停止频率5Hz时，变频器停止输出，电动机停止转动
21		负载类型选择	F37	0	2次方递减转矩负载（一般的风扇、泵负载）
22		停止频率持续时间	F39	5s	以稳定的停止频率（5Hz）运行的时间为5s
23	30A、30B、30C	30Ry总警报输出	E27	99	98：轻微故障；99：整体警报，即当变频器检测到有故障或异常时30A-30C闭合、30B-30C断开
24		电动机1容量	P02	2.2kW	按标准配备电动机1的容量
25		电动机1额定电流	P03	5.1A	电动机1的额定电流值为5.1A
26		电动机参数自学习	P04	2	V/f控制用旋转学习，在电动机停止状态下进行学习后，再以基础频率的50%的速度运行并进行学习
27		空载电流	P06	2.3A	设定电动机的空载电流为2.3A

注 除表中的参数外其他的参数应根据现场负载的实际要求设定或使用变频器的出厂默认值设定。在实际现场工作时，将变频器内的参数数据初始化之前，必须将参数备份或做好记录。

三、动作详解

（一）闭合总电源及参数设置

闭合总电源QF（由于分励脱扣器和QF安装在一起，故S9也闭合，但分励线圈为开路），变频器输入端R、S、T上电。根据参数表设置变频器参数。

（二）变频器的启动及运行

初次启动变频器时，按下操作面板上的正转运行键FWD，变频器控制面板运行指示灯亮，但是变频器输出频率为0，电动机为停止状态。应先按下操作面板上的上键∧或下键∨和移位键SHIFT，将变频器的输出频率设定为50.00Hz，再按下读取与设置键FUNC/DATA进行保存。然后，再按下操作面板上的正转运行键FWD。启动变频器时，变频器的输出频率就会执行达到参数F04基本频率1的设定值：50Hz

的指令。

启动变频器时，按下操作面板上的 FWD 键，变频器按启动频率 F23 的设定值 5Hz 启动，并且按启动频率保持时间 F24 设定值保持低速运行 5s，然后按 F07 加速时间 1 加速至频率设定值 50Hz，运行频率按操作面板上键 ∧ 和下键 ∨ 给定的频率运行。变频器控制面板运行指示灯亮，显示信息为 RUN，如图 1-2 所示。

（三）变频器运行停止

按下操作面板上的 STOP 键，电动机按照 F08 减速时间 1 减速至 F25 停止频率 1 的设定值 5Hz 后，根据 F39 停止频率持续时间 5s 后，停止运行。变频器控制面板运行指示灯熄灭，显示信息为 STOP，运行频率显示为闪烁的频率设置值 50.00Hz。

重新启动时，只需按下操作面板上的 FWD 或 REV 键即可重新启动。

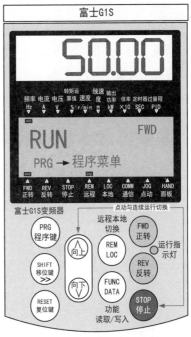

图 1-2 富士 G1S 变频器操作面板

变频器停止使用时，断开 QF，变频器的输入端 R、S、T 失电，变频器控制面板断电，约 10s 以后，LED、LCD 显示器均显示消失。

在初始状态下用 STOP 键＋∧ 键可以使 FWD 正转及 REV 反转键的运行模式由连续运行变为点动运行。

（四）运转记录示例图

运转记录示例如图 1-3 所示。

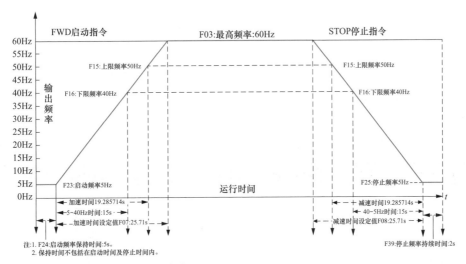

图 1-3 运转记录示例图

（五）保护原理

当电路、电动机及变频器发生短路、过载故障后，断路器 QF 断开，切断电路。由于分励脱扣器 S9 和 QF 安装在一起，故 S9 和 QF 同时闭合，但分励线圈为开路，当变频器内部发生故障时，故障总输出 30A、30C 闭合，接通 S9 分励线圈，QF 分断跳闸，即断开总电源，变频器输入端 R、S、T 端失电，立即停止输出。

实例 2　变频器电源经接触器输入，由外部按钮控制的电动机正转电路

电路简介　该电路采用顺序启动逆序停止的设计方法，应用变频器二线式接线方式，配合接触器与按钮的启停操作，实现了在变频调速控制下电动机的正转连续运行。

一、原理图

变频器电源经接触器输入，由外部按钮控制的电动机正转电路原理图如图 2-1 所示。

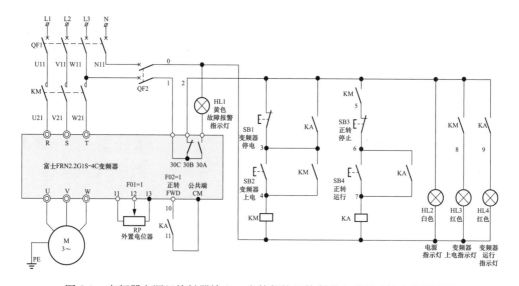

图 2-1　变频器电源经接触器输入，由外部按钮控制的电动机正转电路原理图

二、图中应用的端子及主要参数

相关端子及参数功能含义见表 2-1。

表 2-1　　　　　　　　　　　　　相关端子及参数功能含义

序号	端子名称	功能	功能代码	设定数据	设定值含义
1		数据保护	F00	0	0：可改变数据；1：不可改变数据（数据保护），需要双键操作（STOP 键＋∧键）
2		数据初始化	H03	1	数据初始化，需要双键操作（STOP 键＋∧键）
3	11、12、13	频率设定 1	F01	1	频率设定由电压输入 0～＋10V/0～±100%（电位器）

续表

序号	端子名称	功能	功能代码	设定数据	设定值含义
4	FWD、CM	运行操作	F02	1	0：面板控制；1：外部端子（按钮）控制
5		最高频率1	F03	60Hz	用来设定变频器的最大输出频率
6		基本频率1	F04	50Hz	基本频率根据电动机1铭牌上的额定频率设定
7		基本频率电压1	F05	380V	设定电动机1的运转所必需的基准频率电压
8		最高输出电压1	F06	380V	变频器的输出电压最高值
9		加速时间1	F07	8s	加速时间设定为从0Hz开始到达最高输出频率的时间
10		减速时间1	F08	8s	减速时间设定为从最高输出频率到达0Hz为止的时间
11		转矩提升1	F09	15%	通过补偿电压降以改善电动机在低速范围的转矩降
12		电子热继电器1（动作选择）	F10	1	设定电子过电流的电流值，进行电动机的过热保护。0：不动作；1：动作，用于通用电动机；2：动作，用于变频器专用电动机
13		电子热继电器1（动作值）	F11	5.61A	设定变频器保护动作额定电流值的百分比，例：110%=5.1×1.1=5.61A
14		电子热继电器1（热时间常数）	F12	5min	普通的电动机的热时间常数在22kW以下时均为5min
15		上限频率	F15	50Hz	上限频率，设定输出频率的上限值为50Hz
16		下限频率	F16	30Hz	下限频率，设定输出频率的下限值为40Hz
17		启动频率	F23	5Hz	当变频器的频率为5Hz时，电动机启动
18		启动频率保持时间	F24	5s	即电动机在启动频率5Hz启动，持续5s后开始加速
19		停止频率	F25	5Hz	当频率下降到停止频率5Hz时，变频器停止输出，电动机停止转动
20		负载类型选择	F37	0	2次方递转转矩负载（一般的风扇、泵负载）
21		停止频率持续时间	F39	5s	以稳定的停止频率（5Hz）运行的时间为5s
22	30A、30B、30C	30Ry总警报输出	E27	99	98：轻微故障；99：整体警报，即当变频器检测到有故障或异常时30A-30C闭合、30B-30C断开
23		电动机1容量	P02	2.2kW	按标准配备电动机1的容量
24		电动机1额定电流	P03	5.1A	电动机1的额定电流值为5.1A
25		电动机参数自学习	P04	2	V/f控制用旋转学习，在电动机停止状态下进行学习后，再以基础频率的50%的速度运行并进行学习
26		空载电流	P06	2.5A	设定电动机的空载电流为2.5A

三、动作详解

（一）闭合总电源及参数设置

闭合总电源QF1、控制回路电源QF2。按下启动按钮SB2，回路经1→2→3→4→0闭合，KM线圈得电。KM主触头闭合，变频器输入端R、S、T上电。同时，回路3→

4 号线 KM 动合触点闭合自锁。回路 2→5 号线 KM 动合触点闭合，以保证 KM 与 KA 实现顺序启动。根据参数表设置变频器参数。

（二）变频器正转连续运行及停止

1. 正转连续运行

按下启动按钮 SB4，回路经 1→2→5→6→7→0 闭合，KA 线圈得电。回路 10→11 号线 KA 动合触点闭合，接通变频器的正转端 FWD 和公共端 CM，变频器 U、V、W 输出，电动机按 F07 加速时间 1 加速至频率设定值，电动机正转连续运行。运行频率由外置电位器进行调节。变频器控制面板运行指示灯亮，显示信息为 RUN。

同时，回路 6→7 号线 KA 动合触点闭合自锁。回路 2→3 号线 KA 动合触点闭合，与停止按钮 SB1 联锁，以保证 KA 与 KM 实现顺序停止。

2. 正转连续运行停止

按下停止按钮 SB3，回路 5→6 断开，KA 线圈失电，回路 10→11 号线 KA 动合触点断开，变频器的正转端 FWD 和公共端 CM 断开，变频器 U、V、W 停止输出，电动机按照 F08 减速时间 1 减速至 F25（停止频率 1）后停止运行。

同时，回路 6→7 号线 KA 动合触点断开，解除自锁。回路 2→3 号线 KA 动合触点也断开，解除联锁。

（三）变频器停电

按下停止按钮 SB1，回路 2→3 断开，KM 线圈失电。KM 主触头断开，变频器输入端 R、S、T 失电。同时，回路 3→4 号线 KM 动合触点断开，解除自锁。回路 2→5 号线 KM 动合触点断开，为下次启动做好准备。

这时变频器控制面板运行指示灯熄灭，显示信息为 STOP，变频器失电约 5s 以后，LED、LCD 显示器均显示消失。

（四）指示电路

HL1 为故障指示灯：当变频器检测到故障或异常时，故障总输出端子 30B-30C 断开，回路 1→2 断开，切断控制回路，同时 KM 主触头断开，变频器及电动机停止运行。

同时 30A-30C 闭合，接通故障指示电路，故障指示灯亮，当变频器失电约 5s 以后指示灯熄灭（时间取决于变频器的容量）。

HL2 为电源指示灯：当闭合总电源 QF1、控制回路电源 QF2 后电源指示灯亮。HL3 为变频器上电指示灯：当 KM 的 2→8 接点闭合，变频器上电指示灯亮。HL4 为变频器运行指示灯：当 KA 的 2→9 接点闭合，变频器运行指示灯亮。

（五）保护原理

当电路、电动机及变频器发生短路、过载故障后，总电源 QF1 及控制回路电源 QF2 断开，切断主电路及控制回路。

当变频器检测到故障或异常时，故障总输出端子 30B、30C 断开，回路 1→2 断开，切断控制回路，同时 KM 主触头断开，变频器及电动机停止运行。

（六）工作原理时序图

工作原理时序图如图 2-2 所示。

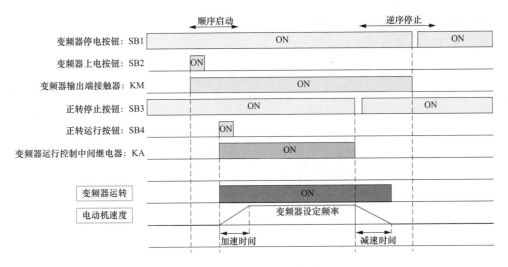

图 2-2 工作原理时序图

实例3 变频器电源经接触器输入，由旋转开关控制的电动机正转电路

电路简介 该电路采用顺序启动逆序停止的设计方法，应用变频器二线式接线方式，配合接触器、按钮及转换开关的启停操作，实现了在变频调速控制下电动机的正转连续运行。

一、原理图

变频器电源经接触器输入，由旋转开关控制的电动机正转电路如图 3-1 所示。

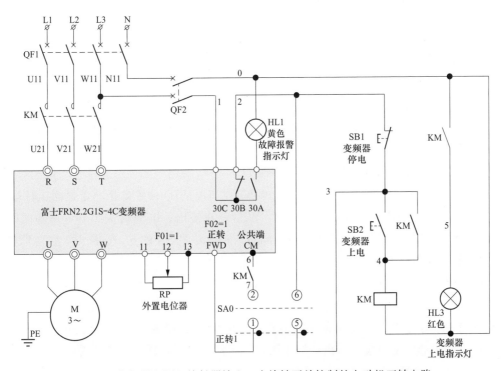

图 3-1 变频器电源经接触器输入，由旋转开关控制的电动机正转电路

二、图中应用的端子及主要参数

相关端子及参数功能含义见表 3-1。

表 3-1 相关端子及参数功能含义

序号	端子名称	功能名称	功能代码	设定数据	设定值含义
1		数据保护	F00	0	0：可改变数据；1：不可改变数据（数据保护）
2		数据初始化	H03	1	数据初始化，需要双键操作（STOP 键＋∧键）
3	11、12、13	频率设定 1	F01	1	频率设定由电压输入 0～＋10V/0～±100%（电位器）
4	FWD、CM	运行操作	F02	1	0：面板控制；1：外部端子（按钮）控制
5	30A、30B、30C	30Ry 总警报输出	E27	99	98：轻微故障；99：整体警报

三、动作详解

（一）闭合总电源及参数设置

闭合总电源 QF1、控制回路电源 QF2。按下启动按钮 SB2，回路经 1→2→3→4→0 闭合，KM 线圈得电。KM 主触头闭合，变频器输入端 R、S、T 上电。同时，回路 3→4 号线 KM 动合触点闭合自锁。回路 6→7 号线 KM 动合触点闭合，变频器公共端 CM 与转换开关 SA 接通，为接通变频器正转端 FWD 与公共端 CM 做好准备。根据参数表设置变频器参数。

（二）变频器正转连续运行及停止

1. 正转连续运行

将转换开关 SA 旋转至"正转 1"位置，转换开关 SA 的①→②接通，接通变频器正转端 FWD 与公共端 CM，变频器 U、V、W 输出，电动机按 F07 加速时间 1 加速至频率设定值，电动机正转运行。运行频率由外置电位器进行调节。变频器控制面板运行指示灯亮，显示信息为 RUN。

同时，转换开关 SA 的⑤→⑥接通，回路经 2→3 闭合，与停止按钮 SB1 实现联锁，以保证 SA 与 KM 实现顺序停止。

2. 正转连续运行停止

将转换开关 SA 旋转至"0"位置，转换开关 SA 的①→②断开，变频器正转端子 FWD 与公共端 CM 断开，变频器 U、V、W 端停止输出。电动机按照 F08 减速时间 1 减速至 F25（停止频率 1）后停止运行。同时，转换开关 SA 的⑤→⑥断开，解除联锁。

（三）变频器停电

按下停止按钮 SB1，回路 2→3 断开，KM 线圈失电。KM 主触头断开，变频器输入端 R、S、T 失电。同时，回路 3→4 号线 KM 动合触点断开，解除自锁。回路 6→7 号线 KM 动合触点断开，变频器公共端 CM 与转换开关 SA 断开。

这时变频器控制面板运行指示灯熄灭，显示信息为 STOP，变频器失电约 5s 以后，LED、LCD 显示器均显示消失。

实例 4 变频器电源经接触器输入，由三线式控制的电动机正转电路

电路简介　该电路经接触器输入变频器的总电源，控制回路采用变频器三线式的接线方法，利用"自保持"参数设置的功能特点，只用两只按钮便实现了变频器控制电动机的正转运行与停止。

一、原理图

变频器电源经接触器输入，由三线式控制的电动机正转电路原理图如图 4-1 所示。

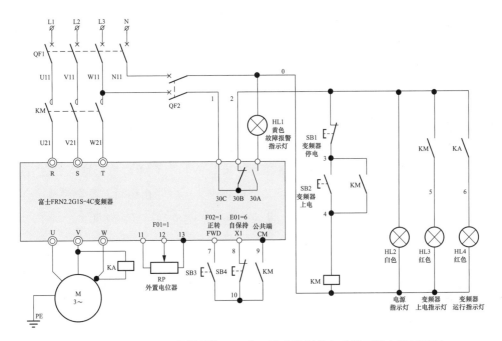

图 4-1　变频器电源经接触器输入，由三线式控制的电动机正转电路原理图

二、图中应用的端子及主要参数

相关端子及参数功能含义见表 4-1。

表 4-1　　　　　　　　　　　　　相关端子及参数功能含义

序号	端子名称	功能名称	功能代码	设定数据	设定值含义
1		数据保护	F00	0	0：可改变数据；1：不可改变数据（数据保护）
2		数据初始化	H03	1	数据初始化，需要双键操作（STOP 键＋∧键）
3	11、12、13	频率设定 1	F01	1	频率设定由电压输入 0～＋10V/0～±100%（电位器）
4	X1	可编程数字输入端子	E01	6	自保持选择，即停止按钮功能
5	30A、30B、30C	30Ry 总警报输出	E27	99	98：轻微故障；99：整体警报

9

三、动作详解

（一）闭合总电源及参数设置

闭合总电源 QF1、控制回路电源 QF2。按下启动按钮 SB2，回路经 1→2→3→4→0 闭合，KM 线圈得电。KM 主触头闭合，变频器输入端 R、S、T 上电。同时，回路 3→4 号线 KM 动合触点闭合自锁。回路 7→8 号线 KM 动合触点闭合，变频器公共端 CM 与自保持 X1 端子接通，为电动机正转运行做好准备。根据参数表设置变频器参数。

（二）变频器正转连续运行及停止

1. 正转连续运行

按下启动按钮 SB3，回路经 7→10→9 闭合，变频器正转端 FWD 与公共端 CM 接通，变频器的 U、V、W 输出，电动机按 F07 加速时间 1 加速至频率设定值，电动机正转运行。运行频率由外置电位器进行调节，此时变频器控制面板运行指示灯亮，显示信息为 RUN。松开 SB3，由于变频器公共端 CM 与自保持 X1 端子是接通状态，所以电动机仍然保持正转运行。

2. 正转连续运行停止

按下停止按钮 SB4，回路 8→10 断开，变频器公共端 CM 与自保持 X1 端子断开，电动机按照 F08 减速时间 1 减速至 F25（停止频率 1）后停止运行。变频器 U、V、W 端停止输出。松开 SB4，回路经 8→10 闭合，为下次的正转运行做好准备。

（三）变频器停电

按下停止按钮 SB1，回路 2→3 断开，KM 线圈失电。KM 主触头断开，变频器输入端 R、S、T 失电。同时，回路 3→4 号线 KM 动合触点断开，解除自锁。回路 9→10 号线 KM 动合触点断开，变频器公共端 CM 与自保持 X1 端子断开。这时变频器控制面板运行指示灯熄灭，显示信息为 STOP，变频器失电约 5s 以后，LED、LCD 显示器均显示消失。

实例 5　变频器由外部按钮控制的电动机点动与连续运行电路（含视频讲解）

电路简介　该电路采用顺序启动逆序停止的设计方法，应用变频器二线式接线方式，利用点动 JOG 运行及正转 FWD 等功能，配合接触器与按钮的启停操作，实现了在变频调速控制下电动机的点动与连续运行控制功能。

SB5 是自锁式按钮，未按压 SB5 时，SB4 是正转连续运行按钮，控制 KA1 触头用来接通 FWD 与 CM 之间的回路。按压 SB5 后，KA2 触头接通 X1 与 CM 回路，此时 SB4 按钮，则变为正转点动按钮。

点动运行频率通过参数设置为 40Hz，连续运行频率由外置电位器调整设定。

一、原理图

变频器由外部按钮控制的电动机点动与连续运行电路原理图如图 5-1 所示。

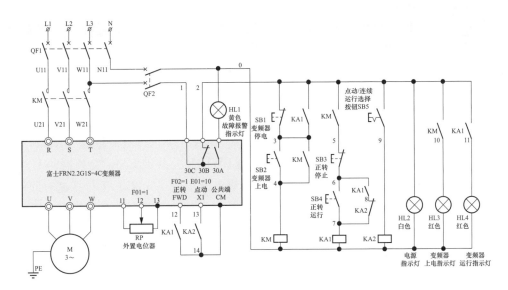

图 5-1　变频器由外部按钮控制的电动机点动与连续运行电路原理图

二、图中应用的端子及主要参数

相关端子及参数功能含义见表 5-1。

表 5-1　　　　　　　　　　　　　　相关端子及参数功能含义

序号	端子名称	功能名称	功能代码	设定数据	设定值含义
1		数据保护	F00	0	0：可改变数据；1：不可改变数据（数据保护）
2		数据初始化	H03	1	数据初始化，需要双键操作（STOP 键＋∧键）
3	11、12、13	频率设定 1	F01	1	频率设定由电压输入 0～＋10V/0～±100%（电位器）
4	FWD、CM	运行操作	F02	1	0：面板控制；1：外部端子（按钮）控制
5	X1	多功能端子	E01	10	X1 端子实现点动运行
6		点动频率值	C20	40Hz	电动机点动运行时的频率为 40Hz
7	30A、30B、30C	30Ry 总警报输出	E27	99	98：轻微故障；99：整体警报

三、动作详解

（一）闭合总电源及参数设置

闭合总电源 QF1、控制回路电源 QF2。按下启动按钮 SB2，回路经 1→2→3→4→0 闭合，KM 线圈得电。KM 主触头闭合，变频器输入端 R、S、T 上电。同时，回路 3→4 号线 KM 动合触点闭合自锁。回路 2→5 号线 KM 动合触点闭合，为继电器 KA1 闭合创造条件，与 KA1 实现顺序启动。根据参数表设置变频器参数。

（二）变频器点动运行

1. 选择点动运行功能

按下点动/连续运行选择按钮（带闭锁功能）SB5，回路经 1→2→9→0 闭合，KA2 线圈得电。回路 13→14 号线 KA2 动合触点闭合，接通变频器的点动 X1 和公共端 CM，变频器 LED 监视器上显示的是点动频率设定值 C20，40.00Hz。点动运行选择完成。同时 7→8 号线间 KA2 动断触点断开 KA1 自锁电路。

富士变频器的点动运行模式特点是接通变频器的点动 X1 和公共端 CM，只是点动功能选择完成，如果要运行则必须给定正转或反转运行指令。

2. 点动运行启动

按下启动按钮 SB4，回路经 1→2→5→6→7→0 闭合，KA1 线圈得电。回路 12→14 号线 KA1 动合触点闭合，接通变频器的正转端 FWD 和公共端 CM，变频器的 U、V、W 输出，电动机按 F07 加速时间 1 加速至点动频率设定值（40Hz）运行。这时即使将点动/连续运行选择按钮 SB5 断开，变频器仍然执行点动运行模式继续运行。

3. 点动运行停止

松开启动按钮 SB4，变频器的正转端 FWD 和公共端 CM 断开，变频器 U、V、W 停止输出，电动机按照 F08 减速时间 1 减速停止运行。

（三）变频器连续运行及停止

1. 选择连续运行功能

再次按下点动/连续运行选择按钮（带闭锁功能）SB5，回路 2→9 断开，KA2 线圈失电。回路 13→14 号线 KA2 动合触点断开，变频器的点动端子 X1 和公共端 CM 开路，连续运行选择完成。同时 7→8 号线间 KA2 动断触点闭合 KA1 自锁电路。

2. 连续运行启动

按下启动按钮 SB4，回路经 1→2→5→6→7→0 闭合，KA1 线圈得电。回路 12→14 号线 KA1 的动合触点闭合，接通变频器的正转端 FWD 和公共端 CM，变频器 U、V、W 输出，电动机按 F07 加速时间 1 加速至频率设定值，电动机正转连续运行。运行频率由外置电位器进行调节。变频器控制面板运行指示灯亮，显示信息为 RUN。

同时，回路 6→8 号线 KA1 动合触点闭合自锁。回路 2→3 号线 KA1 动合触点闭合，与停止按钮 SB1 实现联锁，以保证 KA1 与 KM 实现顺序停止。

3. 连续运行停止

按下停止按钮 SB3，回路 5→6 断开，KA1 线圈失电。回路 12→14 号线 KA1 动合触点断开，变频器的正转端 FWD 和公共端 CM 断开，变频器 U、V、W 停止输出，电动机按照 F08 减速时间 1 减速至 F25（停止频率 1）后停止运行。

同时，回路 6→8 号线 KA1 动合触点断开，解除自锁。回路 2→3 号线 KA1 动合触点也断开，解除联锁。

（四）变频器停电

按下停止按钮 SB1，回路 2→3 断开，KM 线圈失电。KM 主触头断开，变频器输入端 R、S、T 失电。同时，回路 3→4 号线 KM 动合触点断开，解除自锁。回路 2→5 号线 KM 动合触点断开，为下次启动做好准备。

这时变频器控制面板运行指示灯熄灭，显示信息为 STOP，变频器失电约 5s 以后，LED、LCD 显示器均显示消失。

实例 6　变频器由三线式控制的电动机点动与连续运行电路

电路简介　该电路采用变频器三线式的接线方法，应用变频器点动运行 JOG、正转运行 FWD 及"自保持"等功能，配合接触器与按钮的启停操作，实现由变频器控制的电动机的点动与连续运行控制功能。

SB4 是自锁式按钮，未按压 SB4 时，SB3 是正转连续运行按钮，接通端子 FWD 与端子 CM 之间的回路。按压 SB4 后，接通 X1 与 CM 之间的回路，此时 SB3 按钮，则变为正转点动按钮。富士变频器点动功能必须配合正转运行或反转运行指令才能有效控制，不能单独使用。

点动运行频率通过参数设置为 40Hz，连续运行频率由外置电位器调整设定。

一、原理图

变频器由三线式控制的电动机点动与连续运行电路原理图如图 6-1 所示。

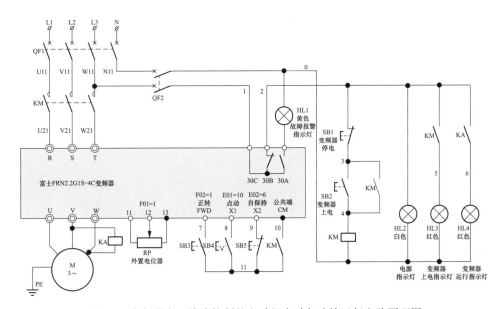

图 6-1　变频器由三线式控制的电动机点动与连续运行电路原理图

二、图中应用的端子及主要参数

相关端子及参数功能含义见表 6-1。

表 6-1　　　　　　　　　　　相关端子及参数功能含义

序号	端子名称	功能名称	功能代码	设定数据	设定值含义
1		数据保护	F00	0	0：可改变数据；1：不可改变数据（数据保护）
2		数据初始化	H03	1	数据初始化，需要双键操作（STOP 键 + ∧ 键）
3	11、12、13	频率设定 1	F01	1	频率设定由电压输入 0～＋10V/0～±100%（电位器）

序号	端子名称	功能名称	功能代码	设定数据	设定值含义
4	FWD-CM	运行操作	F02	1	0：面板控制；1：外部端子（按钮）控制
5	X1	可编程数字输入端子	E01	10	X1端子实现点动运行
6	X2		E02	6	自保持选择，即停止按钮功能
7		点动频率值	C20	40Hz	电动机点动运行时的频率为40Hz
8	30A、30B、30C	30Ry 总警报输出	E27	99	98：轻微故障；99：整体警报

三、动作详解

（一）闭合总电源及参数设置

闭合总电源 QF1、控制回路电源 QF2。按下启动按钮 SB2，回路经 1→2→3→4→0 闭合，KM 线圈得电。KM 主触头闭合，变频器输入端 R、S、T 上电。同时，回路 3→4 号线 KM 动合触点闭合自锁。回路 10→11 号线 KM 动合触点闭合，接通自保持 X2 与公共端 CM，同时为 SB3、SB4 闭合创造条件。根据参数表设置变频器参数。

（二）变频器点动运行

1. 选择点动运行功能

按下点动/连续运行选择按钮（带闭锁功能）SB4，回路经 8→11→10 闭合，接通变频器的点动端子 X1 和公共端 CM，变频器 LED 监视器上显示的是点动频率设定值 C20 设定值 40.00，点动运行选择完成。

富士变频器的点动运行模式特点是接通变频器的点动端子 X1 和公共端 CM，只是点动功能选择完成，如果要运行则必须给定正转或反转运行指令。

2. 点动运行启动

按下启动按钮 SB3，回路经 7→11→10 闭合，接通变频器的正转端 FWD 和公共端 CM，变频器 U、V、W 输出，电动机按 F07 加速时间 1 加速至点动频率设定值（40Hz）运行。这时即使将点动/连续运行选择按钮 SB4 断开，变频器仍然执行点动运行模式继续运行。

3. 点动运行停止

松开启动按钮 SB3，变频器的正转端 FWD 和公共端 CM 断开，变频器 U、V、W 停止输出，电动机按照 F08 减速时间 1 减速停止运行。

（三）变频器连续运行及停止

1. 选择连续运行功能

再次按下点动/连续运行选择按钮（带闭锁功能）SB4，回路 6→9 断开，变频器的点动端子 X1 和公共端 CM 断开，连续运行选择完成。

2. 连续运行启动

按下启动按钮 SB3，回路经 7→11→10 闭合，接通变频器的正转端 FWD 和公共端 CM，变频器 U、V、W 输出，电动机按 F07 加速时间 1 加速至频率设定值，电动机正转运行。松开 SB3，由于自保持端 X2 与公共端 CM 已接通，电动机仍能继续正转运行，便实现了电动机的连续运行。运行频率由外置电位器进行调节。变频器控制面板运行指示灯亮，显示信息为 RUN。

3. 连续运行停止

按下停止按钮 SB5，回路 9→11 断开，自保持端 X2 与公共端 CM 断开，变频器 U、V、W 停止输出，电动机按照 F08 减速时间 1 减速至 F25（停止频率 1）后停止运行。

（四）变频器停电

按下停止按钮 SB1，回路 2→3 断开，KM 线圈失电。KM 主触头断开，变频器输入端 R、S、T 失电。同时，回路 3→4 号线 KM 动合触点断开，解除自锁。回路 10→11 号线 KM 动合触点断开，断开自保持端 X2 与公共端 CM。

这时变频器控制面板运行指示灯熄灭，显示信息为 STOP，变频器失电约 5s 以后，LED、LCD 显示器均显示消失。

实例 7 英威腾变频器由外部按钮控制的电动机点动与连续运行电路

电路简介 该电路采用顺序启动逆序停止的设计方法，应用变频器二线式接线方式，利用变频器"正转寸动""正转"等功能，配合接触器与按钮的启停操作，实现了在变频调速控制下电动机的点动与连续运行。英威腾变频器点动控制功能可以单独使用，无需与运行方向指令配合使用，即可完成点动控制功能。

一、原理图

英威腾变频器由外部按钮控制的电动机点动与连续运行电路原理图如图 7-1 所示。

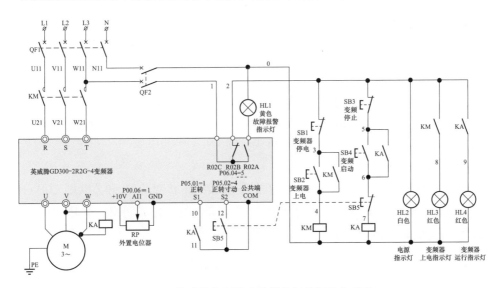

图 7-1 英威腾变频器由外部按钮控制的电动机
点动与连续运行电路原理图

二、图中应用的端子及主要参数

相关端子及参数功能含义见表 7-1。

15

表 7-1　　　　　　　　　　　　　相关端子及参数功能含义

序号	端子名称	功能	功能代码	设定数据	设定值含义
1		用户密码	P07.00	00000	清除以前的密码，使密码保护功能无效
2		功能参数恢复	P00.18	1	数据初始化
3		运行指令通道	P00.01	1	控制命令由多功能输入端子进行指令控制
4	+10V、AI1、GND	A 频率指令选择	P00.06	1	频率由外置电位器设定
5		点动运行频率	P08.06	5Hz	定义点动运行时变频器的给定频率
6		点动运行加速时间	P08.07	5s	从 0Hz 加速到最大输出频率所需时间
7		点动运行减速时间	P08.08	5s	从最大输出频率减速到 0Hz 所需时间
8		停机制动开始频率	P01.09	0.00Hz	减速停机当到达该频率时，开始停机直流制动
9	S1	S1 端子功能选择	P05.01	1	S1 端子实现的是正转运行
10	S2	S2 端子功能选择	P05.02	4	S2 端子实现的是点动运行
11	R02A、R02B、R02C	总警报输出	P06.04	5	是指变频器故障时，输出继电器 R02 动作，R02B-R02C 断开

三、动作详解

（一）闭合总电源及参数设置

闭合总电源 QF1、控制回路电源 QF2。按下启动按钮 SB2，回路经 1→2→3→4→0 闭合，KM 线圈得电。KM 主触头闭合，变频器输入端 R、S、T 上电。同时，回路 3→4 号线 KM 动合触点闭合自锁。根据参数表设置变频器参数。

（二）变频器点动运行

1. 点动运行启动

按下启动按钮 SB5，回路经 12→11 闭合，接通变频器的正转寸动 S2 和公共端 COM，变频器 U、V、W 输出，电动机按 P08.07 点动运行加速时间加速至 P08.06 点动运行频率的设定值，电动机正转点动运行。同时，SB5 启动按钮 6→7 断开电动机连续运行回路，防止电动机连续运行启动形成自锁。

2. 点动运行停止

松开启动按钮 SB5，回路 12→11 断开，变频器的正转寸动 S2 和公共端 COM 断开，变频器 U、V、W 停止输出，电动机按 P08.08 点动运行减速时间减速至 P01.09 停机制动开始频率后停止运行。同时，SB5 启动按钮 6→7 返回接通连续运行回路，为电动机正转连续运行做好准备。

（三）变频器连续运行及停止

1. 连续运行启动

按下启动按钮 SB4，回路经 1→2→5→6→7→0 闭合，中间继电器 KA 线圈得电，回路 10→11 号线 KA 动合触点闭合，接通变频器的正转 S1 和公共端 COM，变频器 U、V、W 输出，电动机按 P00.11 加速时间 1 加速至频率设定值，电动机正转连续运行。

运行频率由外置电位器进行调节。变频器控制面板运行指示灯 RUN/TUNE 亮，LO-CAL/REMOT 灯闪烁。同时，回路 5→6 号线 KA 动合触点闭合自锁。

2. 连续运行停止

按下停止按钮 SB3，回路 2→5 断开，中间继电器 KA 线圈失电，回路 10→11 号线 KA 动合触点断开，变频器的正转 S1 和公共端 COM 断开，变频器 U、V、W 停止输出，电动机按照 P00.12 减速时间 1 减速至 P01.09 停机制动开始频率后停止运行。同时，回路 5→6 号线 KA 动合触点断开，解除自锁。变频器控制面板运行指示灯 RUN/TUNE 熄灭，LOCAL/REMOT 灯闪烁，显示信息为闪烁面板电位器给定的频率值。

（四）变频器停电

按下停止按钮 SB1，回路 2→3 断开，KM 线圈失电。KM 主触头断开，变频器输入端 R、S、T 失电。同时，回路 3→4 号线 KM 动合触点断开，解除自锁。

这时变频器控制面板运行指示灯 RUN/TUNE 熄灭，LOCAL/REMOT 灯闪烁，显示信息为 P.OFF 闪烁，变频器失电约 5s 以后，LED、LCD 显示器均显示消失。

实例8 英威腾变频器由三线式控制的电动机点动与连续运行电路

电路简介 该电路利用变频器三线式的接线方法，应用变频器"正转寸动""正转"及"自保持"等功能，配合接触器与按钮的启停操作，实现了在变频调速控制下电动机的点动与连续运行。英威腾变频器点动控制功能可以单独使用，无需与运行方向指令配合使用，即可完成点动控制功能。

一、原理图

英威腾变频器由三线式控制的电动机点动与连续运行电路原理图如图 8-1 所示。

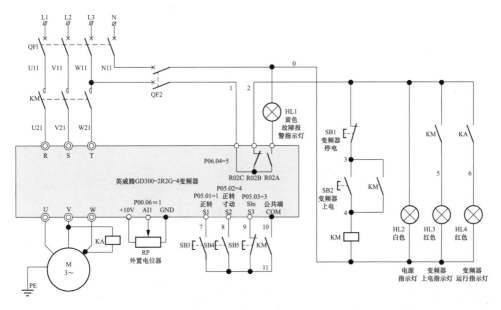

图 8-1　英威腾变频器由三线式控制的电动机点动与连续运行电路原理图

二、图中应用的端子及主要参数

相关端子及参数功能含义见表 8-1。

表 8-1　　　　　　　　　相关端子及参数功能含义

序号	端子名称	功能	功能代码	设定数据	设定值含义
1		用户密码	P07.00	00000	清除以前的密码，使密码保护功能无效
2		功能参数恢复	P00.18	1	数据初始化
3		运行指令通道	P00.01	1	控制命令由多功能输入端子进行指令控制
4	+10V、AI1、GND	A 频率指令选择	P00.06	1	频率由外置电位器设定
5		运行方向选择	P00.13	0	变频器运行方向为正转运行
6		点动运行频率	P08.06	5Hz	定义点动运行时变频器的给定频率
7		点动运行加速时间	P08.07	5s	从 0Hz 加速到最大输出频率所需时间
8		点动运行减速时间	P08.08	5s	从最大输出频率减速到 0Hz 所需时间
9		停机制动开始频率	P01.09	0.00Hz	减速停机当到达该频率时，开始直流制动
10	S1	S1 端子功能选择	P05.01	1	S1 端子实现的是正转运行
11	S2	S2 端子功能选择	P05.02	4	S2 端子实现的是点动运行
12	S3	S3 端子功能选择	P05.03	3	端子实现的是三线式运行控制 (Sln)，即停止按钮功能
13		端子控制运行模式	P05.13	3	是三线制控制，运行命令由按钮产生
14	R02A、R02B、R02C	总警报输出	P06.04	5	是指变频器故障时，输出继电器 R02 动作，R02B-R02C 断开

三、动作详解

（一）闭合总电源及参数设置

闭合总电源 QF1、控制回路电源 QF2。按下启动按钮 SB2，回路经 1→2→3→4→0 闭合，KM 线圈得电。KM 主触头闭合，变频器输入端 R、S、T 上电。同时，回路 3→4 号线 KM 动合触点闭合自锁。回路 10→11 号线 KM 动合触点闭合，接通自保持 S3 与公共端 COM，同时为 SB3、SB4 闭合创造条件。根据参数表设置变频器参数。

（二）变频器点动运行

1. 点动运行启动

按下"正转寸动"启动按钮 SB4，回路经 8→11→10 闭合，接通变频器的正转寸动 S2 和公共端 COM，变频器 U、V、W 输出，电动机按 P08.07 点动运行加速时间加速至 P08.06 点动运行频率的设定值，电动机正转运行。

2. 点动运行停止

松开 SB4，回路 8→11 断开，变频器的正转寸动 S2 和公共端 COM 断开，变频器 U、V、W 停止输出，电动机按 P08.08 点动运行减速时间减速至 P01.09 停机制动开始频率后停止运行。

（三）变频器连续运行及停止

1. 连续运行启动

按下"正转"启动按钮 SB3，回路经 7→11→10 闭合，接通变频器的正转 S1 和公共端 COM，变频器 U、V、W 输出，电动机按 P00.11 加速时间 1 加速至频率设定值，电动机正转运行。

松开 SB3，由于 S3 与公共端 COM 已接通，电动机仍能继续正转运行，便实现了电动机的连续运行。运行频率由外置电位器进行调节。变频器控制面板运行指示灯 RUN/TUNE 亮，LOCAL/REMOT 灯闪烁。

2. 连续运行停止

按下三线式运行控制 Sln 按钮 SB5，回路 9→11 断开，断开 S3 与公共端 COM，变频器 U、V、W 停止输出，电动机按照 P00.12 减速时间 1 减速至 P01.09 停机制动开始频率后停止运行。变频器控制面板运行指示灯 RUN/TUNE 熄灭，LOCAL/REMOT 灯闪烁，显示信息为闪烁面板电位器给定的频率值。

（四）变频器停电

按下停止按钮 SB1，回路 2→3 断开，KM 线圈失电。KM 主触头断开，变频器输入端 R、S、T 失电。同时，回路 3→4 号线 KM 动合触点断开，解除自锁。回路 10→11 号线 KM 动合触点也断开，断开自保持 S3 与公共端 COM。

这时变频器控制面板运行指示灯 RUN/TUNE 熄灭，LOCAL/REMOT 灯闪烁，显示信息为 P.OFF 闪烁，变频器失电约 5s 以后，LED、LCD 显示器均显示消失。

实例 9　变频器由三线式两地控制的电动机正转电路

电路简介　该电路利用三线式的接线方法，应用变频器 FWD 及"自保持"等功能，配合接触器与按钮的启停操作，实现了变频调速在甲、乙两地控制电动机的正转运行。

甲、乙两地控制电动机的启停是利用按钮串并联的方法设计。即将甲、乙两地启动按钮并联，甲、乙两地停止按钮串联。

一、原理图

变频器由三线式两地控制的电动机正转电路如图 9-1 所示。

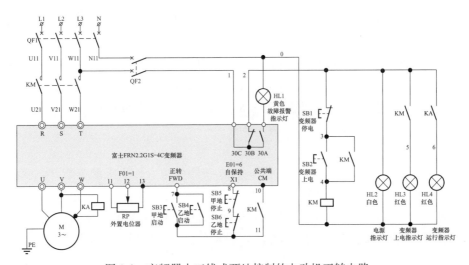

图 9-1　变频器由三线式两地控制的电动机正转电路

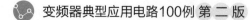

二、图中应用的端子及主要参数

相关端子及参数功能含义见表 9-1。

表 9-1　　　　　　　　　　　相关端子及参数功能含义

序号	端子名称	功能名称	功能代码	设定数据	设定值含义
1		数据保护	F00	0	0：可改变数据；1：不可改变数据（数据保护）
2		数据初始化	H03	1	数据初始化，需要双键操作（STOP 键＋∧键）
3	11、12、13	频率设定 1	F01	1	频率设定由电压输入 0～＋10V/0～±100%（电位器）
4	FWD、CM	运行操作	F02	1	0：面板控制；1：外部端子（按钮）控制
5	X1：数字输入端子	可编程数字输入端子	E01	10	X1端子实现点动运行
6	30A、30B、30C	30Ry 总警报输出	E27	99	98：轻微故障；99：整体警报

三、动作详解

（一）闭合总电源及参数设置

闭合总电源 QF1、控制回路电源 QF2。按下启动按钮 SB2，回路经 1→2→3→4→0 闭合，KM 线圈得电。KM 主触头闭合，变频器输入端 R、S、T 上电。同时，回路 3→4 号线 KM 动合触点闭合自锁。回路 10→11 号线 KM 动合触点闭合，变频器公共端 CM 与自保持 X1 端子接通，为电动机正转运行做好准备。根据参数表设置变频器参数。

（二）变频器正转连续运行及停止

1. 正转连续运行

甲地按下启动按钮 SB3 或者乙地按下启动按钮 SB4，回路经 7→11→10 闭合，变频器正转端子 FWD 与公共端 CM 接通，变频器 U、V、W 输出，电动机按 F07 加速时间 1 加速至频率设定值，电动机正转运行。运行频率由外置电位器进行调节。此时变频器控制面板运行指示灯亮，显示信息为 RUN。松开 SB3 或者 SB4，回路 7→11 断开，由于变频器公共端 CM 与自保持端 X1 是接通状态，所以电动机仍然保持正转运行。

2. 正转连续运行停止

甲地按下停止按钮 SB5 或者乙地按下停止按钮 SB6，回路 8→9 或 9→11 断开，变频器公共端 CM 与自保持 X1 端子断开，变频器 U、V、W 端停止输出，电动机按照 F08 减速时间 1 减速至 F25（停止频率 1）后停止运行。松开 SB5 或者 SB6，回路经 8→9 或 9→11 闭合，为下次的正转运行做好准备。

（三）变频器停电

按下停止按钮 SB1，回路 2→3 断开，KM 线圈失电。KM 主触头断开，变频器输入端 R、S、T 失电。同时，回路 3→4 号线 KM 动合触点断开，解除自锁。回路 10→11 号线 KM 动合触点断开，变频器公共端 CM 与自保持 X1 端子断开。

这时变频器控制面板运行指示灯熄灭，显示信息为 STOP，变频器失电约 5s 以后，LED、LCD 显示器均显示消失。

实例 10 变频器由外部按钮两地控制的电动机正转电路

电路简介 该电路采用变频器二线式接线方法,应用顺序启动逆序停止的设计方法,利用变频器 FWD 正转运行功能,配合接触器与按钮的启停操作,实现了变频调速在甲、乙两地控制电动机的正转运行。

在甲、乙两地控制电动机的启停是利用按钮串并联的方法设计。启动时,将甲乙两地启动按钮并联。停止时,将甲乙两地停止按钮串联。

一、原理图

变频器由外部按钮两地控制的电动机正转电路如图 10-1 所示。

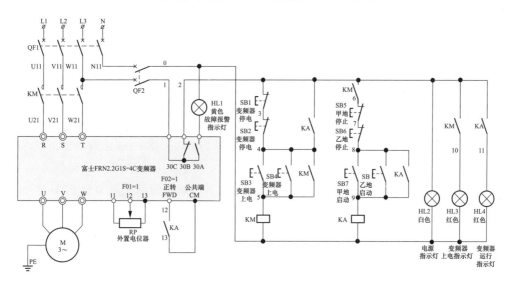

图 10-1 变频器由外部按钮两地控制的电动机正转电路

二、图中应用的端子及主要参数

相关端子及参数功能含义见表 10-1。

表 10-1 相关端子及参数功能含义

序号	端子名称	功能名称	功能代码	设定数据	设定值含义
1		数据保护	F00	0	0:可改变数据;1:不可改变数据(数据保护)
2		数据初始化	H03	1	数据初始化,需要双键操作(STOP 键 +∧键)
3	11、12、13	频率设定 1	F01	1	频率设定由电压输入 0～+10V/0～±100%(电位器)
4	FWD、CM	运行操作	F02	1	0:面板控制;1:外部端子(按钮)控制
5	30A、30B、30C	30Ry 总警报输出	E27	99	98:轻微故障;99:整体警报

三、动作详解

（一）闭合总电源及参数设置

闭合总电源 QF1、控制回路电源 QF2。甲地按下启动按钮 SB3 或者乙地按下启动按钮 SB4，回路经 1→2→3→4→5→0 闭合，KM 线圈得电。KM 主触头闭合，变频器输入端 R、S、T 上电。同时，回路 4→5 号线 KM 动合触点闭合自锁。回路 2→6 号线 KM 动合触点也闭合，以保证 KM 与 KA 实现顺序启动。根据参数表设置变频器参数。

（二）变频器正转连续运行及停止

1. 正转连续运行

甲地按下启动按钮 SB7 或者乙地按下启动按钮 SB8，回路经 1→2→6→7→8→9→0 闭合，KA 线圈得电。回路 12→13 号线 KA 动合触点闭合，接通变频器的正转端子 FWD 和公共端 CM，变频器的 U、V、W 输出，电动机按 F07 加速时间 1 加速至频率设定值，正转运行。运行频率由外置电位器进行调节。变频器控制面板运行指示灯亮，显示信息为 RUN。

同时，回路 8→9 号线 KA 动合触点自锁点闭合自锁。回路 2→4 号线 KA 动合触点也闭合，与停止按钮 SB1、SB2 实现联锁，以保证 KA 与 KM 实现顺序停止。

2. 正转连续运行停止

甲地按下停止按钮 SB5 或者乙地按下停止按钮 SB6，回路 6→7 或 7→8 断开，KA 线圈失电。回路 12→13 号线 KA 动合触点断开，变频器的正转端 FWD 和公共端 CM 断开，变频器的 U、V、W 停止输出，电动机按照 F08 减速时间 1 减速至 F25（停止频率 1）后停止运行。

同时，回路 8→9 号线 KA 动合触点断开，KA 解除自锁。回路 2→4 号线 KA 动合触点也断开，解除联锁。

（三）变频器停电

甲地按下停止按钮 SB1 或者乙地按下停止按钮 SB2，回路 2→3 或 3→4 断开，KM 线圈失电。KM 主触头断开，变频器输入端 R、S、T 失电。同时，回路 4→5 号线 KM 动合触点断开，解除自锁。回路 2→6 号线 KM 动合触点也断开，为下次启动做好准备。

这时变频器控制面板运行指示灯熄灭，显示信息为 STOP，变频器失电约 5s 以后，LED、LCD 显示器均显示消失。

实例 11　变频专用电动机及冷却风机的正转电路

电路简介　该电路采用变频器二线式接线方法，使用变频专用电动机，该电动机冷却风机安装在电动机的护罩内，为防止电动机低速运行时发生过热现象，电动机和冷却风机必须同时启动、同时停止运行。当冷却风机出现故障时，电动机和冷却风机也同时停止运行。

一、原理图

变频专用电动机及冷却风机的正转电路原理图如图 11-1 所示。

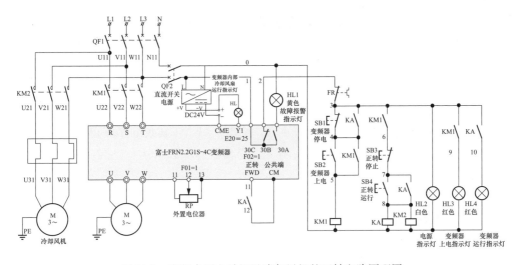

图 11-1 变频专用电动机及冷却风机的正转电路原理图

二、图中应用的端子及主要参数

相关端子及参数功能含义见表 11-1。

表 11-1 相关端子及参数功能含义

序号	端子名称	功能名称	功能代码	设定数据	设定值含义
1		数据保护	F00	0	0：可改变数据；1：不可改变数据（数据保护）
2		数据初始化	H03	1	数据初始化，需要双键操作（STOP 键 ＋∧ 键）
3	11、12、13	频率设定 1	F01	1	频率设定由电压输入 0～＋10V/0～ ±100%（电位器）
4	FWD、CM	运行操作	F02	1	0：面板控制；1：外部端子（按钮）控制
5	Y1	输出端子 Y1	E20	25	冷却风扇运行指示，冷却风扇运行时 指示灯 HL 亮
6	30A、30B、30C	30Ry 总警报输出	E27	99	98：轻微故障；99：整体警报

三、动作详解

（一）闭合总电源及参数设置

闭合总电源 QF，变频器 R、S、T 直接上电。闭合控制回路电源 QF2。直流开关电源得电，输出 24V 直流电源。

按下启动按钮 SB2，回路经 1→2→3→4→5→0 闭合，KM1 线圈得电。KM1 主触头闭合，变频器输入端 R、S、T 上电。同时，回路 4→5 号线 KM1 动合触点闭合自锁。回路 3→6 号线 KM1 动合触点也闭合，为 KA、KM2 闭合创造条件，与 KA、KM2 实现顺序启动。根据参数表设置变频器参数。

（二）变频器正转连续运行及停止

1. 正转连续运行

按下启动按钮 SB4，回路经 1→2→3→6→7→8→0 闭合。

23

（1）KA 线圈得电。回路 11→12 号线 KA 动合触点闭合，接通变频器的正转端 FWD 和公共端 CM，变频器 U、V、W 输出，电动机按 F07 加速时间 1 加速至频率设定值，正转运行。运行频率由外置电位器进行调节。变频器控制面板运行指示灯亮，显示信息为 RUN。

同时，回路 7→8 号线 KA 动合触点闭合自锁。回路 3→4 号线 KA 动合触点也闭合，与停止按钮 SB1 实现联锁，以保证 KA、KM2 与 KM1 实现顺序停止。

（2）KM2 线圈得电。KM2 主触头闭合，变频器冷却风机运行。同时，Y1 输出信号，HL 灯亮。

2. 正转连续运行停止

按下停止按钮 SB3，回路 6→7 断开。

（1）KA 线圈失电。回路 11→12 号线 KA 动合触点断开，变频器的正转端子 FWD 和公共端 CM 断开，变频器 U、V、W 停止输出，电动机按照 F08 减速时间 1 减速至 F25（停止频率 1）后停止运行。

同时，回路 7→8 号线 KA 动合触点断开，解除自锁。回路 3→4 号线 KA 动合触点也断开，解除联锁。

（2）KM2 线圈失电。KM2 主触头断开，变频器冷却风机停止运行。同时，Y1 没有信号输出，HL 灯灭。

（三）变频器停电

按下停止按钮 SB1，回路 3→4 断开，KM1 线圈失电。KM1 主触头断开，变频器输入端 R、S、T 失电。同时，回路 4→5 号线 KM1 动合触点断开，解除自锁。回路 3→6 号线 KM1 动合触点断开，为下次启动做好准备。

这时变频器控制面板运行指示灯熄灭，显示信息为 STOP，变频器失电约 5s 以后，LED、LCD 显示器均显示消失。

第二章

变频控制正反转运行功能应用及参数设置

实例 12　变频器电源经接触器输入，由外部按钮控制电动机正反转电路

电路简介　该电路是经接触器接通变频器的总电源，变频器输出控制采用二线式接线方式。控制回路采用顺序启动逆序停止的方法，控制变频器的上电及变频器的运行。即启动时变频器先接通主电路后，才能输出运行指令，停止时先停止变频器的运行输出，然后再断开变频器的主电路，实现变频器控制电动机正转运行或反转运行及停止。

一、原理图

变频器电源经接触器输入，由外部按钮控制电动机正反转电路原理图如图 12-1 所示。

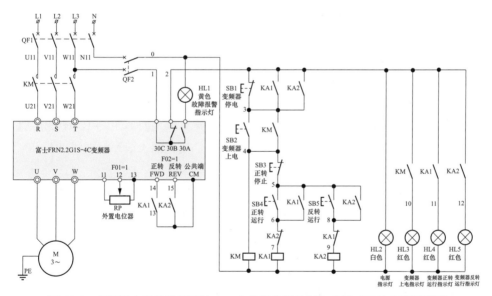

图 12-1　变频器电源经接触器输入，由外部按钮控制电动机正反转电路原理图

二、图中应用的端子及主要参数

相关端子及参数功能含义的详解见表 12-1。

表 12-1　　　　　　　　　　　　相关端子及参数功能含义

序号	端子名称	功能	功能代码	设定数据	设定值含义
1		数据保护	F00	0	0：可改变数据；1：不可改变数据（数据保护）
2		数据初始化	H03	1	数据初始化，需要双键操作（STOP 键＋∧键）

续表

序号	端子名称	功能	功能代码	设定数据	设定值含义
3	11、12、13	频率设定 1	F01	1	频率设定由电压输入 0～+10V/0～±100％（电位器）
4	FWD/REV-CM	运行操作	F02	1	0：面板控制；1：外部端子（按钮）控制
5	30A、30B、30C	30Ry 总警报输出	E27	99	98：轻微故障；99：整体警报

三、动作详解

（一）闭合总电源及参数设置

闭合总电源 QF1、控制回路电源 QF2。按下启动按钮 SB2，回路经 1→2→3→4→0 闭合，KM 线圈得电，KM 的主触头闭合，变频器输入端 R、S、T 上电。回路 3→4 号线 KM 动合触点闭合，KM 实现自锁，同时接触器 KM 与 KA1、KA2 实现顺序启动。根据参数表设置变频器参数。

（二）变频器正转的启动与停止

1. 正转运行启动

按下正转运行启动按钮 SB4，回路经 1→2→3→4→5→6→7→0 闭合，KA1 线圈得电。回路 13→14 号线 KA1 动合触点闭合，变频器正转端 FWD 和公共端 CM 接通，变频器 U、V、W 输出，电动机按 F07 加速时间 1 加速至频率设定值，正转运行。运行频率由外置电位器进行调节，变频器控制面板运行指示灯亮，显示信息为 RUN。

同时，回路 5→6 号线 KA1 动合触点闭合自锁。回路 2→3 号线 KA1 动合触点也闭合，与停止按钮 SB1 实现联锁，以保证 KA1 与接触器 KM 实现顺序停止。回路 8→9 号线 KA1 动断触点断开，以保证 KA1 与 KA2 实现联锁。

2. 正转运行停止

按下停止按钮 SB3，回路 4→5 断开，KA1 线圈失电。回路 10→12 号线 KA1 动合触点断开，变频器正转端 FWD 和公共端 CM 断开，变频器 U、V、W 停止输出，电动机按照 F08 减速时间 1 减速至 F25 停止频率 1 后停止运行。

同时，回路 5→6 号线 KA1 动合触点断开，KA1 解除自锁。回路 2→3 号线 KA1 动合触点也断开，解除联锁。回路 8→9 号线 KA1 动断触点闭合，KA1 与 KA2 解除联锁。

（三）变频器反转的启动与停止

1. 反转运行启动

按下反转运行启动按钮 SB5，回路经 1→2→3→4→5→8→9→0 闭合，KA2 线圈得电。回路 13→15 号线 KA2 动合触点闭合，变频器反转端 REV 和公共端 CM 接通，变频器 U、V、W 输出，电动机按 F07 加速时间 1 加速至频率设定值，反转运行。运行频率由外置电位器进行调节，变频器控制面板运行指示灯亮，显示信息为 RUN。

同时，回路 5→8 号线 KA2 动合触点闭合自锁。回路 2→3 号线 KA2 动合触点也闭合，与停止按钮 SB1 实现联锁，以保证 KA2 与接触器 KM 实现了顺序停止。回路 6→7 号线 KA2 动断触点断开，以保证 KA1 与 KA2 实现联锁。

2. 反转运行停止

按下停止按钮 SB3，回路 4→5 断开，KA2 线圈失电。回路 13→15 号线 KA2 动合触点断开，变频器反转 REV 和公共端 CM 断开，变频器 U、V、W 停止输出，电动机按照 F08 减速时间 1 减速至 F25 停止频率 1 后停止运行。

同时，回路 5→8 号线 KA2 动合触点断开，KA2 解除自锁。回路 2→3 号线 KA2 动合触点也断开，解除联锁。回路 6→7 号线 KA2 动断触点闭合，KA1 与 KA2 解除联锁。

（四）变频器停电

按下停止按钮 SB1，回路 2→3 断开，KM 线圈失电，KM 的主触头断开，变频器输入端 R、S、T 失电。同时，回路 3→4 号线 KM 动合触点断开，KM 解除自锁，变频器失电。

这时变频器控制面板运行指示灯熄灭，显示信息为 STOP，变频器断电约 5s 以后，LED、LCD 显示器均显示消失。

实例 13 变频器电源经接触器输入，由旋转开关控制变频调速电动机正反转电路（含视频讲解）

电路简介 该电路是经接触器接通变频器的总电源，变频器输出控制采用二线式接线方式。控制回路利用外部转换开关控制变频器的正反转输出。电路采用顺序启动逆序停止的方法控制变频器的上电及变频器的运行。即启动时变频器先接通主电路后，才能输出运行指令，停止时先停止变频器的运行输出，然后再断开变频器的主电路，实现变频器控制电动机正转运行或反转运行及停止。

一、原理图

变频器电源经接触器输入，由旋转开关控制变频调速电动机正反转电路原理图如图 13-1 所示。

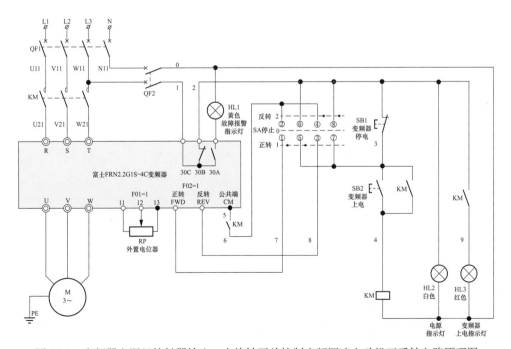

图 13-1 变频器电源经接触器输入，由旋转开关控制变频调速电动机正反转电路原理图

二、图中应用的端子及主要参数

相关端子及参数功能含义的详解见表 13-1。

表 13-1　　　　　　　　　　　　相关端子及参数功能含义

序号	端子名称	功能	功能代码	设定数据	设定值含义
1		数据保护	F00	0	0：可改变数据；1：不可改变数据（数据保护）
2		数据初始化	H03	1	1：数据初始化，需要双键操作（STOP 键＋∧键）
3	11、12、13	频率设定 1	F01	1	频率设定由电压输入 0～＋10V/0～±100%（电位器）
4	FWD/REV-CM	运行操作	F02	1	0：面板控制；1：外部端子（按钮）控制
5	30A、30B、30C	30Ry 总警报输出	E27	99	98：轻微故障；99：整体警报

三、动作详解

（一）闭合总电源及参数设置

闭合总电源 QF1、控制回路电源 QF2。按下启动按钮 SB2，回路经 1→2→3→4→0 闭合，KM 线圈得电，KM 的主触头闭合，变频器输入端 R、S、T 上电。同时，回路 3→4 号线 KM 动合触点闭合自锁。回路 5→6 号线 KM 动合触点闭合，变频器公共端 CM 与转换开关 SA 接通，以保证 KM 与 SA 实现顺序启动。根据参数表设置变频器参数。

（二）变频器正转的启动与停止

1. 正转运行启动

将转换开关 SA 旋转至"正转 1"位置，转换开关 SA 的①→②接通变频器正转端 FWD 与公共端 CM 接通，变频器 U、V、W 输出，电动机按 F07 加速时间 1 加速至频率设定值，电动机正转运行。运行频率由外置电位器进行调节，变频器控制面板运行指示灯亮，显示信息为 RUN。

同时，转换开关 SA 的⑤→⑥接通，与停止按钮 SB1 实现联锁，只有断开 SA 后，才能断开接触器 KM。以保证 KM 与 SA 实现顺序停止。

2. 正转运行停止

将转换开关 SA 旋转至"0"位置，转换开关 SA 的①→②断开，变频器正转端 FWD 与公共端 CM 断开，电动机按照 F08 减速时间 1 减速至 F25 停止频率 1 后停止运行。同时，转换开关 SA 的⑤→⑥断开，解除联锁。

（三）变频器反转的启动与停止

1. 反转运行启动

将转换开关 SA 旋转至"反转 2"位置，转换开关 SA 的③→④接通，变频器反转端子 REV 与公共端 CM 接通，变频器 U、V、W 输出，电动机按 F07 加速时间 1 加速至频率设定值，电动机反转运行。运行频率由外置电位器进行调节，变频器控制面板运行指示灯亮，显示信息为 RUN。

同时，转换开关 SA 的⑦→⑧接通，与停止按钮 SB1 实现联锁，只有断开 SA 后，才能断开接触器 KM。以保证 KM 与 SA 实现顺序停止。

2. 反转运行停止

将转换开关 SA 旋转至"0"位置，转换开关 SA 的③→④断开，变频器反转端 REV 与公共端 CM 断开，电动机按照 F08 减速时间 1 减速至 F25 停止频率 1 后停止运行。同时，转换开关 SA 的⑦→⑧断开，解除联锁。

（四）变频器停电

按下停止按钮 SB1，回路 2→3 断开，KM 线圈失电。KM 的主触头断开，变频器输入端 R、S、T 失电。同时，回路 3→4 号线 KM 动合触点断开，KM 解除自锁。回路 5→6 号线 KM 动合触点断开，变频器公共端 CM 与转换开关 SA 断开。

这时变频器控制面板运行指示灯熄灭，显示信息为 STOP，变频器断电约 5s 以后，LED、LCD 显示器均显示消失。

实例 14 变频器电源经接触器输入，由三线式控制的电动机正反转电路

电路简介　该电路是经接触器接通变频器的总电源，控制回路利用三线式的接线方法，利用"自保持"参数设置的功能特点，只需用三只按钮分别组合便可实现变频器控制电动机的正转、反转运行及停止。

一、原理图

变频器电源经接触器输入，由三线式控制的电动机正反转电路原理图如图 14-1 所示。

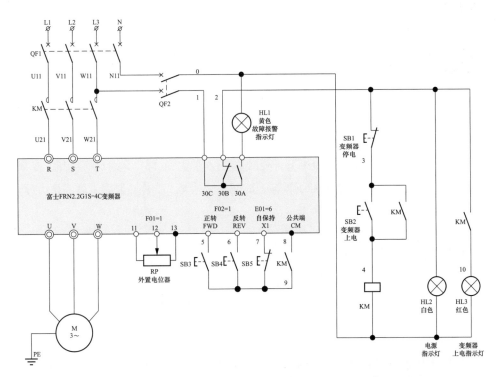

图 14-1　变频器电源经接触器输入，由三线式控制的电动机正反转电路原理图

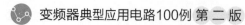

二、图中应用的端子及主要参数

相关端子及参数功能含义的详解见表 14-1。

表 14-1 相关端子及参数功能含义

序号	端子名称	功能	功能代码	设定数据	设定值含义
1		数据保护	F00	0	0：可改变数据；1：不可改变数据（数据保护）
2		数据初始化	H03	1	1：数据初始化，需要双键操作（STOP 键＋∧键）
3	11、12、13	频率设定 1	F01	1	频率设定由电压输入 0～＋10V/0～±100%（电位器）
4	FWD/REV-CM	运行操作	F02	1	0：面板控制；1：外部端子（按钮）控制
5	30A、30B、30C	30Ry 总警报输出	E27	99	98：轻微故障；99：整体警报
6	X1	数字输入端子	E01	6	含义为自保持选择功能 HLD（停止按钮）

三、动作详解

（一）闭合总电源及参数设置

闭合总电源 QF1、控制回路电源 QF2。按下启动按钮 SB2，回路经 1→2→3→4→0 闭合，KM 的线圈得电，KM 的主触头闭合，变频器输入端 R、S、T 上电。同时，回路 3→4 号线 KM 动合触点闭合自锁。回路 8→9 号线 KM 动合触点闭合，回路经 8→9→7 闭合，变频器自保持端 X1 与公共端 CM 接通，为电动机正转或反转运行做好准备。根据参数表设置变频器参数。

（二）变频器正转的启动与停止

1. 正转运行启动

按下启动按钮 SB3，回路经 5→9→8 闭合，变频器正转端 FWD 与公共端 CM 接通，变频器的 U、V、W 输出，电动机按 F07 加速时间 1 加速至频率设定值，电动机正转运行。运行频率由外置电位器进行调节，变频器控制面板运行指示灯亮，显示信息为 RUN。

2. 正转运行停止

按下停止按钮 SB5，回路 7→9 断开，变频器自保持端 X1 与公共端 CM 断开，变频器的 U、V、W 端停止输出，电动机按照 F08 减速时间 1 减速至 F25 停止频率 1 后停止运行。

（三）变频器反转的启动与停止

1. 反转运行启动

按下启动按钮 SB4，回路经 6→9→8 闭合，变频器反转端 REV 与公共端 CM 接通，变频器的 U、V、W 输出，电动机按 F07 加速时间 1 加速至频率设定值，电动机反转运行。运行频率由外置电位器进行调节，变频器控制面板运行指示灯亮，显示信息为 RUN。

2. 反转运行停止

按下停止按钮 SB5，回路 7→9 断开，变频器自保持端 X1 与公共端 CM 断开，变频器的 U、V、W 端停止输出，电动机按照 F08 减速时间 1 减速至 F25 停止频率 1 后停止运行。

（四）变频器停电

按下停止按钮 SB1，回路 2→3 断开，KM 线圈失电，KM 的主触头断开，变频器输入端 R、S、T 失电。同时，回路 3→4 号线接触器 KM 动合触点断开，KM 解除自锁。回路 8→9 号线 KM 动合触点也断开，变频器自保持端 X1 与公共端 CM 断开。

这时变频器控制面板运行指示灯熄灭，显示信息为 STOP，变频器断电约 5s 以后，LED、LCD 显示器均显示消失。

实例 15 变频器电源经断路器直接输入，由三线式控制的电动机正反转电路

电路简介 该电路是经断路器直接输入变频器的总电源，S9 分励脱扣器与断路器组合安装在一起，变频器检测到故障时，通过故障总输出端子使分励脱扣器动作，断开断路器。控制回路利用三线式的接线方法，利用"自保持"的参数设置的功能特点，只用三只按钮分别组合便可实现变频器控制电动机的正转和反转运行及停止。

一、原理图

变频器电源经断路器直接输入，由三线式控制的电动机正反转原理图如图 15-1 所示。

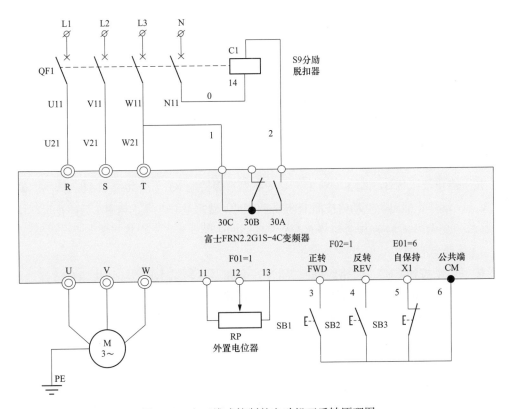

图 15-1 由三线式控制的电动机正反转原理图

二、图中应用的端子及主要参数

相关端子及参数功能含义的详解见表15-1。

表 15-1　　　　　　　　　　　　　相关端子及参数功能含义

序号	端子名称	功能	功能代码	设定数据	设定值含义
1		数据保护	F00	0	0：可改变数据；1：不可改变数据（数据保护）
2		数据初始化	H03	1	1：数据初始化，需要双键操作（STOP键＋∧键）
3	11、12、13	频率设定1	F01	1	频率设定由电压输入 0～＋10V/0～±100％（电位器）
4	FWD/REV-CM	运行操作	F02	1	0：面板控制；1：外部端子（按钮）控制
5	X1	数字输入端子	E01	6	含义为自保持选择功能 HLD（停止按钮）
6	30A、30B、30C	30Ry 总警报输出	E27	99	98：轻微故障；99：整体警报

三、动作详解

（一）闭合总电源及参数设置

闭合总电源 QF，变频器 R、S、T 直接上电，根据参数表设置变频器参数。

（二）变频器正转的启动与停止

1. 正转运行启动

按下启动按钮 SB1，回路经 1→4 闭合，变频器正转端 FWD 与公共端 CM 接通，变频器的 U、V、W 输出，电动机按 F07 加速时间 1 加速至频率设定值，电动机正转运行。运行频率由外置电位器进行调节，变频器控制面板运行指示灯亮，显示信息为 RUN。

2. 正转运行停止

按下停止按钮 SB3，回路 3→4 断开，变频器自保持端 X1 与公共端 CM 断开，变频器的 U、V、W 端停止输出，电动机按照 F08 减速时间 1 减速至 F25 停止频率 1 后停止运行。

（三）变频器反转的启动与停止

1. 反转运行启动

按下启动按钮 SB2，回路经 2→4 闭合，变频器反转端 REV 与公共端 CM 接通，变频器的 U、V、W 输出，电动机按 F07 加速时间 1 加速至频率设定值，电动机反转运行。运行频率由外置电位器进行调节，变频器控制面板运行指示灯亮，显示信息为 RUN。

2. 反转运行停止

按下停止按钮 SB3，回路 3→4 断开，变频器自保持端 X1 与公共端 CM 断开，变频器的 U、V、W 端停止输出，电动机按照 F08 减速时间 1 减速至 F25 停止频率 1 后停止运行。

（四）变频器停电

断开总电源 QF，变频器的输入端 R、S、T 失电。这时变频器控制面板运行指示灯熄灭，显示信息为 STOP，变频器失电约 5s 以后，LED、LCD 显示器均显示消失。

实例 16　带有指示电路的外部按钮控制变频调速电动机正反转电路

电路简介　该电路是经接触器接通变频器的总电源，在控制回路采用顺序启动逆序停止的方法控制变频器的上电及运行。即启动时变频器先接通主电路后，才能输出运行指令，停止时先停止变频器的运行输出，然后再断开变频器的主电路，实现变频器控制电动机正转运行或反转运行及停止。变频器和电动机的停止或运行时，外部电路都有对应的指示灯，停止红灯亮、运行绿灯亮。

一、原理图

带有指示电路的外部按钮控制变频调速电动机正反转电路原理图如图 16-1 所示。

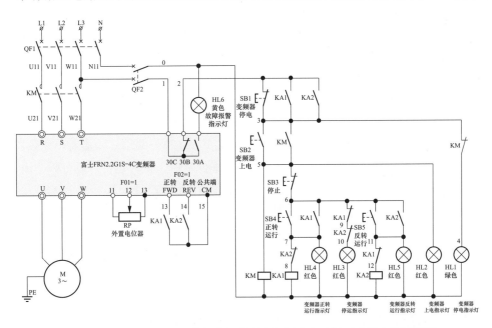

图 16-1　带有指示电路的外部按钮控制变频调速电动机正反转电路原理图

二、图中应用的端子及主要参数

相关端子及参数功能含义的详解见表 16-1。

表 16-1　　　　　　　　相关端子及参数功能含义

序号	端子名称	功能	功能代码	设定数据	设定值含义
1		数据保护	F00	0	0：可改变数据；1：不可改变数据（数据保护）
2		数据初始化	H03	1	1：数据初始化，需要双键操作（STOP 键＋∧键）

序号	端子名称	功能	功能代码	设定数据	设定值含义
3	11、12、13	频率设定1	F01	1	频率设定由电压输入 0～＋10V/0～± 100%（电位器）
4	FWD/REV-CM	运行操作	F02	1	0：面板控制；1：外部端子（按钮）控制
5	30A、30B、30C	30Ry 总警报输出	E27	99	98：轻微故障；99：整体警报

三、动作详解

（一）闭合总电源及参数设置

闭合总电源 QF1，变频器输入端 R、S、T 上电。闭合控制回路电源 QF2，回路经 1→2→3→4→0 闭合，4→0 号线运行指示灯 SB1/HL1 亮，指示控制回路已带电。

按下启动按钮 SB2，回路经 1→2→3→5→0 闭合，KM 线圈得电，KM 的主触头闭合，变频器输入端 R、S、T 上电。同时，回路 3→4 号线 KM 动断触点断开，使 4→0 号线运行指示灯 SB1/HL1 熄灭。回路 3→5 号线 KM 动合触点闭合自锁，并与 KA1、KA2 实现顺序启动。5→0 号线运行指示灯 SB2/HL2 亮，指示接触器 KM 已吸合，变频器已上电。10→0 号线运行指示灯 SB3/HL3 亮，根据参数表设置变频器参数。

（二）变频器正转的启动与停止

1. 正转运行启动

按下启动按钮 SB4，回路经 1→2→3→5→6→7→8→0 闭合，KA1 线圈得电。回路 13→15 号线 KA1 动合触点闭合，变频器的正转端 FWD 和公共端 CM 接通，变频器 U、V、W 输出，电动机按 F07 加速时间 1 加速至频率设定值，正转运行。运行频率由外置电位器进行调节，变频器控制面板运行指示灯亮，显示信息为 RUN。

同时，回路 6→7 号线 KA1 动合触点闭合自锁，7→0 号线正转运行指示灯 SB4/HL4 亮。回路 2→3 号线 KA1 动合触点闭合，与停止按钮 SB1 实现联锁，以保证 KA1 与 KM 实现顺序停止。回路 6→9 号线 KA1 动断触点断开，10→0 号线运行指示灯 SB3/HL3 熄灭。回路 11→12 号线 KA1 动断触点断开，以保证 KA1 与 KA2 实现联锁。

2. 正转运行停止

按下停止按钮 SB3，回路 5→6 断开，KA1 线圈失电。回路 13→15 号线 KA1 动合触点断开，变频器的正转端 FWD 和公共端 CM 断开，变频器的 U、V、W 端停止输出，电动机按照 F08 减速时间 1 减速至 F25 停止频率 1 后停止运行。

同时，回路 6→7 号线 KA1 动合触点断开，KA1 解除自锁，7→0 号线正转运行指示灯 SB4/HL4 熄灭。回路 2→3 号线 KA1 动合触点断开，解除联锁。回路 6→9 号线 KA1 动断触点闭合，10→0 号线运行指示灯 SB3/HL3 亮。回路 11→12 号线 KA1 动断触点闭合，KA1 与 KA2 解除联锁。

（三）变频器反转的启动与停止

1. 反转运行启动

按下启动按钮 SB5，回路经 1→2→3→5→6→11→12→0 闭合，KA2 线圈得电。回路 14→15 号线 KA2 动合触点闭合，变频器的反转端 REV 和公共端 CM 接通，变频器 U、V、W 输出，电动机按 F07 加速时间 1 加速至频率设定值，反转运行。运行频率由外置电位器进行调节，变频器控制面板运行指示灯亮，显示信息为 RUN。

同时，回路 6→11 号线 KA2 动合触点闭合自锁，11→0 号线反转运行指示灯 SB5/HL5 亮。回路 2→3 号线 KA2 动合触点闭合，与停止按钮 SB1 实现联锁，以保证 KA2 与 KM 实现顺序停止。回路 9→10 号线 KA2 动断触点断开，10→0 号线运行指示灯 SB3/HL3 熄灭。回路 7→8 号线 KA2 动断触点断开，以保证 KA2 与 KA1 实现联锁。

2. 反转运行停止

按下停止按钮 SB3，回路 5→6 断开，KA2 线圈失电。回路 14→15 号线 KA2 动合触点断开，变频器的反转 REV 和公共端 CM 断开，变频器的 U、V、W 端停止输出，电动机按照 F08 减速时间 1 减速至 F25 停止频率 1 后停止运行。

同时，回路 6→11 号线 KA2 动合触点断开，KA2 解除自锁，11→0 号线反转运行指示灯 SB5/HL5 熄灭。回路 2→3 号线 KA2 动合触点断开，解除联锁。回路 9→10 号线 KA2 动断触点闭合，10→0 号线运行指示灯 SB3/HL3 亮。回路 7→8 号线 KA2 动断触点闭合，KA2 与 A1 解除联锁。

（四）变频器停电

按下停止按钮 SB1，回路 2→3 断开，KM 线圈失电，KM 的主触头断开，变频器输入端 R、S、T 失电。同时，回路 3→4 号线 KM 动断触点闭合，4→0 号线运行指示灯 SB1/HL1 仍然熄灭（松开 SB1 后，指示灯 SB1/HL1 亮）。回路 3→5 号线 KM 动合触点断开，KM 失去自锁。5→0 号线运行指示灯 SB2/HL2 熄灭，指示接触器 KM 已断开，10→0 号线运行指示灯 SB3/HL3 熄灭。

这时变频器控制面板运行指示灯熄灭，显示信息为 STOP，变频器失电约 5s 以后，LED、LCD 显示器均显示消失。

实例 17　变频器由外部按钮控制的电动机正反转点动与连续运行电路

电路简介　该电路采用变频器二线接线方式及顺序启动逆序停止的设计思路，应用变频器 FWD 正转、REV 反转及 JOG 点动等功能，配合接触器与按钮的启停操作，实现变频器二线式控制的电动机正、反转点动与连续运行。图 17-1 中 SB6 是点动/连续运行选择按钮（带自锁功能），未接通 SB6 时，SB4、SB5 是正、反转连续运行按钮，分别控制继电器 KA1、KA2 用来闭合 FWD、REV 与 CM 之间的回路。接通 SB6 后，KA3 动合触点闭合 X1-CM 回路，此时 SB4、SB5 按钮，则变为正反转点动按钮。点动运行频率通过参数设置为 20Hz，连续运行频率由外置电位器调整设定。

一、原理图

变频器由外部按钮控制的电动机正反转点动与连续运行电路原理图如图 17-1 所示。

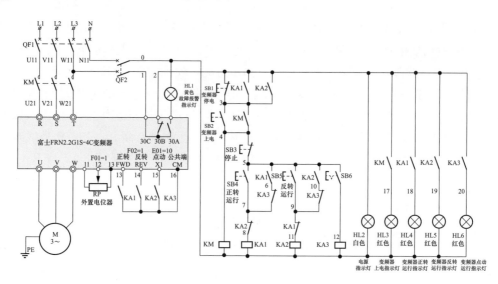

图 17-1　变频器由外部按钮控制的电动机正反转点动与连续运行电路原理图

二、图中应用的端子及主要参数

相关端子及参数功能含义的详解见表 17-1。

表 17-1　　　　　　　　　　　相关端子及参数功能含义

序号	端子名称	功能	功能代码	设定数据	设定值含义
1		数据保护	F00	0	0：可改变数据；1：不可改变数据（数据保护）
2		数据初始化	H03	1	数据初始化，需要双键操作（STOP 键＋∧键）
3	11、12、13	频率设定 1	F01	1	频率设定由电压输入 0～＋10V/0～±100%（电位器）
4	FWD/REV-CM	运行操作	F02	1	0：面板控制；1：外部端子（按钮）控制
5	X1	数字输入端子	E01	6	含义为自保持选择功能 HLD（停止按钮）
6		点动频率值	C20	20Hz	电动机点动运行时的频率为 20Hz
7	30A、30B、30C	30Ry 总警报输出	E27	99	98：轻微故障；99：整体警报

三、动作详解

（一）闭合总电源及参数设置

闭合总电源 QF1、控制回路电源 QF2。按下启动按钮 SB2，回路经 1→2→3→4→0 闭合，KM 的线圈得电，KM 的主触头闭合，变频器输入端 R、S、T 上电。回路 3→4 号线 KM 的动合触点闭合自锁，同时为继电器 KA1、KA2、KA3 闭合创造条件。根据参数表设置变频器参数。

（二）变频器正转点动运行

1. 选择点动运行功能

按下点动/连续运行选择按钮（带自锁功能）SB6，回路经 1→2→3→4→5→12→0 闭合，KA3 线圈得电。回路 15→16 号线 KA3 动合触点闭合，接通变频器的点动端 X1

和公共端 CM，变频器 LED 监视器显示点动频率设定值（C20 设定值）"20.00"，点动运行选择完成。

同时，回路 6→7 号线及 9→10 号线间 KA3 动断触点断开，分别切断 KA1 和 KA2 的自锁回路。

2. 正转点动运行启动

按下正转启动按钮 SB4，回路经 1→2→3→4→5→7→8→0 闭合，KA1 线圈得电。回路 13→16 号线 KA1 的动合触点闭合，接通正转端 FWD 和公共端 CM，变频器的 U、V、W 输出，电动机按 F07 加速时间 1 加速至点动频率设定值（20Hz）运行。

3. 正转点动运行停止

松开正转启动按钮 SB4，正转端 FWD 和公共端 CM 断开，变频器的 U、V、W 停止输出，电动机按照 F08 减速时间 1 减速至 F25（停止频率 1）后停止运行。

（三）变频器反转点动运行

1. 选择点动运行功能

按下点动/连续运行选择按钮（带自锁功能）SB6，回路经 1→2→3→4→5→12→0 闭合，KA3 线圈得电。回路 15→16 号线 KA3 动合触点闭合，接通变频器的点动端子 X1 和公共端端子 CM，变频器 LED 监视器显示点动频率设定值（C20 设定值）"20.00"，点动运行选择完成。

同时，回路 6→7 号线及 9→10 号线间 KA3 动断触点断开，分别切断 KA1 和 KA2 的自锁回路。

2. 反转点动运行启动

按下反转启动按钮 SB5，回路经 1→2→3→4→5→10→11→0 闭合，KA2 线圈得电。回路 14→16 号线 KA2 的动合触点闭合，接通变频器的反转端子 REV 和公共端 CM，变频器的 U、V、W 输出，电动机按 F07 加速时间 1 加速至点动频率设定值（20Hz）运行。

3. 反转点动运行停止

松开反转启动按钮 SB5，反转端子 REV 和公共端 CM 断开，变频器的 U、V、W 停止输出，电动机按照 F08 减速时间 1 减速至 F25（停止频率 1）后停止运行。

（四）变频器正转连续运行及停止

1. 选择连续运行功能

按下点动/连续运行选择按钮 SB6，回路 5→12 断开，KA3 线圈失电。回路 15→16 号线 KA3 动合触点断开，点动端子 X1 和公共端端子 CM 断开，连续运行选择完成。

同时，回路 6→7 号线及 9→10 号线 KA3 动断触点闭合，分别接通 KA1 和 KA2 的自锁回路。

2. 正转连续运行启动

按下正转启动按钮 SB4，回路经 1→2→3→4→5→7→8→0 闭合，KA1 线圈得电。回路 13→16 号线 KA1 动合触点闭合，接通正转端 FWD 和公共端 CM，变频器的 U、V、W 输出，电动机按 F07 加速时间 1 加速至频率设定值，电动机正转连续运行。运行频率由外置电位器进行调节。变频器控制面板运行指示灯亮，显示信息为 RUN。

同时，回路 5→6 号线 KA1 的动合触点闭合自锁。回路 2→3 号线 KA1 动合触点闭合，与停止按钮 SB1 实现联锁，以保证 KA1 与 KM 实现顺序停止。回路 10→11 号线 KA1 动断触点断开，以保证 KA1 与 KA2 实现联锁。

3. 正转连续运行停止

按下停止按钮 SB3，回路 4→5 断开，KA1 线圈失电。回路 13→16 号线 KA1 动合触点断开，变频器正转端 FWD 和公共端 CM 断开，变频器的 U、V、W 停止输出，电动机按照 F08 减速时间 1 减速至 F25（停止频率 1）后停止运行。

同时，回路 5→6 号线 KA1 动合触点断开，解除自锁。回路 2→3 号线 KA1 动合触点断开，解除联锁。回路 10→11 号线 KA1 动断触点闭合，解除联锁。

（五）变频器反转连续运行及停止

1. 选择连续运行功能

按下点动/连续运行选择按钮 SB6，回路 5→12 断开，KA3 线圈失电。回路 15→16 号线 KA3 动合触点断开，点动端 X1 和公共端 CM 断开，连续运行选择完成。

同时，回路 6→7 号线及 9→10 号线 KA3 动断触点闭合，分别接通 KA1 和 KA2 的自锁回路。

2. 反转连续运行启动

按下反转启动按钮 SB5，回路经 1→2→3→4→5→10→11→0 闭合，KA2 线圈得电。回路 14→16 号线 KA2 动合触点闭合，接通反转端 REV 和公共端 CM，变频器的 U、V、W 输出，电动机按 F07 加速时间 1 加速至频率设定值，电动机反转连续运行。运行频率由外置电位器进行调节。变频器控制面板运行指示灯亮，显示信息为 RUN。

同时，回路 5→9 号线 KA2 的动合触点闭合自锁。回路 2→3 号线 KA2 动合触点闭合，与停止按钮 SB1 实现联锁，以保证 KA2 与 KM 实现顺序停止。回路 7→8 号线 KA2 动断触点断开，以保证 KA1 与 KA2 实现联锁。

3. 反转连续运行停止

按下停止按钮 SB3，回路 4→5 断开，KA2 线圈失电。回路 14→16 号线 KA2 动合触点断开，反转端 REV 和公共端 CM 断开，变频器的 U、V、W 停止输出，电动机按照 F08 减速时间 1 减速至 F25（停止频率 1）后停止运行。

同时，回路 5→9 号线 KA2 动合触点断开，解除自锁。回路 2→3 号线 KA2 动合触点断开，解除联锁。回路 7→8 号线 KA2 动断触点闭合，解除联锁。

（六）变频器停电

按下停止按钮 SB1，回路 2→3 断开，KM 线圈失电，KM 主触头断开，变频器输入端 R、S、T 失电。同时，回路 3→4 号线 KM 动合触点断开，KM 解除自锁。

这时变频器控制面板运行指示灯熄灭，显示信息为 STOP，变频器失电约 5s 以后，LED、LCD 显示器均显示消失。

实例 18 变频器由三线式控制的电动机正反转点动与连续运行电路

电路简介 该电路应用变频器 JOG 点动运行、HLD 自保持选择、FWD 及 REV 等功能，配合三线式接线法，实现了变频器控制的电动机正反转点动与连续运行。

电路中应用带自锁功能的按钮 SB5，用来切换点动/连续运行功能。自锁功能按钮 SB5 未闭合时，SB3、SB4 是正、反转连续运行按钮，分别接通 FWD、REV 与 CM 之间的回路。SB5 闭合后，SB3、SB4 按钮变为正反转点动按钮。

点动运行频率通过参数调整，设置为 20Hz。连续运行频率由外置电位器调整设定。

一、原理图

变频器由三线式控制的电动机正反转点动与连续运行电路原理图如图 18-1 所示。

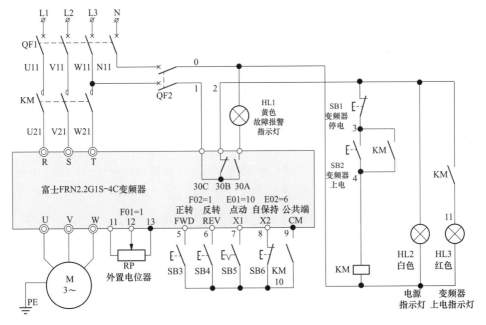

图 18-1 变频器由三线式控制的电动机正反转点动与连续运行电路原理图

二、图中应用的端子及主要参数

相关端子及参数功能含义的详解见表 18-1。

表 18-1 相关端子及参数功能含义

序号	端子名称	功能	功能代码	设定数据	设定值含义
1		数据保护	F00	0	0：可改变数据；1：不可改变数据（数据保护）
2		数据初始化	H03	1	数据初始化，需要双键操作（STOP 键＋∧键）

续表

序号	端子名称	功能	功能代码	设定数据	设定值含义
3	11、12、13	频率设定1	F01	1	频率设定由电压输入 0～＋10V/0～±100％（电位器）
4	FWD/REV-CM	运行操作	F02	1	0：面板控制；1：外部端子（按钮）控制
5	X1	数字输入端子	E01	6	含义为自保持选择功能 HLD（停止按钮）
6	X2	数字输入端子	E02	6	设定值6的含义为自保持选择功能
7		点动频率值	C20	20Hz	电动机点动运行时的频率为20Hz
8	30A、30B、30C	30Ry 总警报输出	E27	99	98：轻微故障；99：整体警报

三、动作详解

（一）闭合总电源及参数设置

闭合总电源 QF1、控制回路电源 QF2。按下启动按钮 SB2，回路经 1→2→3→4→0 闭合，KM 的线圈得电，KM 的主触头闭合，变频器输入端 R、S、T 上电。同时，回路 2→3 号线 KM 的动合触点闭合自锁。回路 9→10 号线 KM 动合触点闭合，为其他各项控制功能的实现做好准备。根据参数表设置变频器参数。

（二）变频器正转点动运行

1. 选择点动运行功能

按下点动/连续运行选择按钮（带闭锁功能）SB5，回路经 7→10→9 闭合，接通变频器的点动端 X1 和公共端 CM，变频器 LED 监视器上显示点动频率设定值（C20 设定值）"20.00"，点动运行选择完成。

2. 正转点动运行启动

按下正转启动按钮 SB3，回路经 5→10→9 闭合，接通变频器的正转端 FWD 和公共端 CM，变频器的 U、V、W 输出，电动机按 F07 加速时间 1 加速至点动频率设定值（20Hz）正转运行。

3. 正转点动运行停止

松开正转启动按钮 SB3，回路 5→10 断开，变频器的正转端 FWD 和公共端 CM 断开，变频器的 U、V、W 停止输出，电动机按照 F08 减速时间 1 减速至 F25 停止频率 1 后停止运行。

（三）变频器反转点动运行

1. 选择点动运行功能

按下点动/连续运行选择按钮（带闭锁功能）SB5，回路经 7→10→9 闭合，接通变频器的点动端 X1 和公共端 CM，变频器 LED 监视器上显示点动频率设定值（C20 设定值）"20.00"，点动运行选择完成。

2. 反转点动运行启动

按下反转启动按钮 SB4，回路经 6→10→9 闭合，接通变频器的反转端 REV 和公共端 CM，变频器的 U、V、W 输出，电动机按 F07 加速时间 1 加速至点动频率设定值（20Hz）反转运行。

3. 反转点动运行停止

松开反转启动按钮 SB4，回路 6→10 断开，变频器的反转端 REV 和公共端 CM 断开，变频器的 U、V、W 停止输出，电动机按照 F08 减速时间 1 减速至 F25 停止频率 1 后停止运行。

（四）变频器正转连续运行及停止

1. 选择连续运行功能

按下点动/连续运行选择按钮 SB5，回路 7→10 断开，点动端 X1 和公共端 CM 断开，连续运行选择完成。

2. 正转连续运行启动

按下正转启动按钮 SB3，回路经 5→10→9 闭合，接通变频器的正转端 FWD 和公共端 CM，变频器的 U、V、W 输出，电动机按 F07 加速时间 1 加速至频率设定值，电动机正转运行。松开 SB3，由于自保持端 X2 与公共端 CM 已接通，电动机保持正转连续运行。运行频率由外置电位器进行调节。变频器控制面板运行指示灯亮，显示信息为 RUN。

3. 正转连续运行停止

按下自保持按钮 SB6，回路 8→10 断开，自保持端 X2 和公共端 CM 断开，变频器的 U、V、W 停止输出，电动机按照 F08 减速时间 1 减速至 F25 停止频率 1 后停止运行。

（五）变频器反转连续运行及停止

1. 选择连续运行功能

按下点动/连续运行选择按钮 SB5，回路 7→10 断开，点动端子 X1 和公共端 CM 断开，连续运行选择完成。

2. 反转连续运行启动

按下反转启动按钮 SB4，回路经 6→10→9 闭合，接通变频器的反转端 REV 和公共端 CM，变频器的 U、V、W 输出，电动机按 F07 加速时间 1 加速至频率设定值，电动机反转运行。松开 SB4，由于自保持端 X2 与公共端 CM 接通，电动机保持反转连续运行。运行频率由外置电位器进行调节。变频器控制面板运行指示灯亮，显示信息为 RUN。

3. 反转连续运行停止

按下自保持按钮 SB6，回路 8→10 断开，自保持端 X2 和公共端 CM 断开，变频器的 U、V、W 停止输出，电动机按照 F08 减速时间 1 减速至 F25 停止频率 1 后停止运行。

（六）变频器停止

按下停止按钮 SB1，回路 1→2 断开，KM 线圈失电，KM 的主触头断开，变频器输入端 R、S、T 失电。同时，回路 2→3 号线 KM 动合触点断开，KM 解除自锁。回路

9→10 号线 KM 动合触点断开，将公共端 CM 与自保持端 X2 断开。

这时变频器控制面板运行指示灯熄灭，显示信息为 STOP，变频器失电约 5s 以后，LED、LCD 显示器均显示消失。

实例 19 英威腾变频器由外部按钮控制的电动机正反转点动与连续运行电路

电路简介 该电路采用变频器二线接线方式完成电动机的正、反转控制。英威腾变频器可以将两个数字输入端子分别设置为正反转点动控制方式，所以无需输入旋转方向指令即可实现点动运行。

按钮 SB4、SB5 分别控制继电器 KA1、KA2，用来接通 S1-COM 端子回路和 S2-COM 端子回路以实现电动机正、反转连续运行。按钮 SB6、SB7 分别控制继电器 KA3、KA4，用来接通 S3-COM 端子回路和 S4-COM 端子回路以实现电动机正反转寸动运行。

一、原理图

英威腾变频器由外部按钮控制的电动机正反转点动与连续运行电路原理图如图 19-1 所示。

二、图中应用的主要参数

相关端子及参数功能含义的详解见表 19-1。

三、动作详解

（一）闭合总电源及参数设置

闭合总电源 QF1、控制回路电源 QF2。按下启动按钮 SB2，回路经 1→2→3→4→0 闭合，KM 的线圈得电，KM 主触头闭合，变频器输入端 R、S、T 上电。回路 3→4 号线 KM 的动合触点闭合，KM 实现自锁。同时为继电器 KA1、KA2、KA3、KA4 闭合创造条件。

根据参数表设置变频器参数。

（二）变频器正转点动运行

1. 正转点动运行启动

按下正转点动按钮 SB6，回路经 1→2→3→4→5→10→0 闭合，KA3 线圈得电。回路 14→16 号线 KA3 动合触点闭合，接通变频器的正转寸动端子 S3 和公共端 COM，变频器的 U、V、W 输出，电动机按 P08.07 点动运行加速时间加速至 P08.06 点动运行频率的设定值，电动机正转运行。

2. 正转点动运行停止

松开 SB6，回路 5→10 断开，KA3 线圈失电。回路 14→16 号线 KA3 动合触点断开，变频器的正转寸动端子 S3 和公共端 COM 断开，变频器的 U、V、W 停止输出，电动机按 P08.08 点动运行减速时间减速至停止状态。

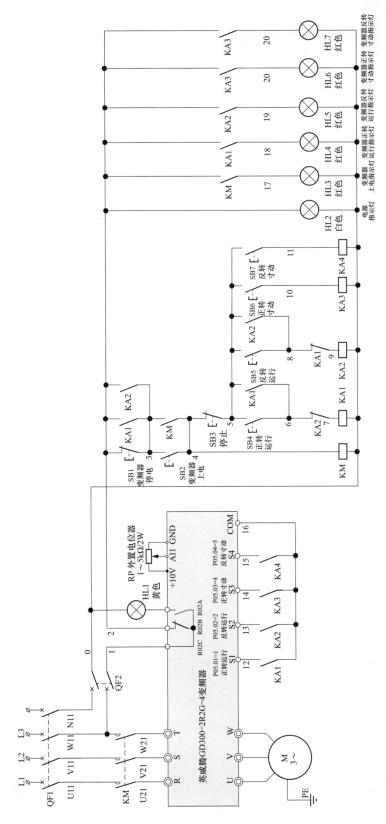

图 19-1 英威腾变频器由外部按钮控制的电动机正反转点动与连续运行电路原理图

表 19-1　　　　　　　　　　　　相关端子及参数功能含义

序号	端子名称	功能	功能代码	设定数据	设定值含义
1		用户密码	P07.00	0	将 P07.00 设置为 00000，可以清除以前设置的用户密码，并使密码保护功能无效
2		功能参数恢复	P00.18	1	将所有用户修改的功能数据全部恢复为原出厂设定数据（数据初始化）
3		运行指令通道	P00.01	1	变频器控制命令是由多功能输入端子进行运行指令控制
4	+10V AI1 GND	A 频率指令选择	P00.06	1	频率由模拟量输入端来设定，设定值为"1"，说明模拟量由 AI1 设定。那么频率由外置电位器设定
5		点动运行频率	P08.06	5Hz	定义点动运行时变频器的给定频率，设定范围：0.00Hz-P00.03（最大输出频率）
6		点动运行加速时间	P08.07	5s	点动加速时间指变频器从 0Hz 加速到最大输出频率（P00.03）所需时间，设定范围：0.0～3600.0s
7		点动运行减速时间	P08.08	5s	点动减速时间指变频器从最大输出频率（P00.03）减速到 0Hz 所需时间，设定范围：0.0～3600.0s
8	S1	S1 端子功能选择	P05.01	1	P05.01 对应设定的是 S1 输入端子的功能，设定值为 1，那么 S1 端子实现的是正转运行
9	S2	S2 端子功能选择	P05.02	2	P05.02 对应设定的是 S2 输入端子的功能，设定值为 2，那么 S2 端子实现的是反转运行
10	S3	S3 端子功能选择	P05.03	4	P05.03 对应设定的是 S3 输入端子的功能，设定值为 4，那么 S3 端子实现的是正转寸动
11	S4	S3 端子功能选择	P05.04	5	P05.04 对应设定的是 S4 输入端子的功能，设定值为 5，那么 S4 端子实现的是反转寸动
12	R02A、 R02B、 R02C	总警报输出	P06.04	5	R20C 是公共端，R20A 是动合端子，R20B 是动断端子，变频器故障时，输出继电器 R02 动作，R02B－R02C 断开

（三）变频器反转点动运行

1. 反转点动运行启动

按下反转点动按钮 SB7，回路经 1→2→3→4→5→11→0 闭合，KA4 线圈得电。回路 15→16 号线 KA4 动合触点闭合，接通变频器的反转寸动端子 S4 和公共端 COM，变频器的 U、V、W 输出，电动机按 P08.07 点动运行加速时间加速至 P08.06 点动运行频率的设定值，电动机反转运行。

2. 反转点动运行停止

松开 SB7，回路 5→11 断开，KA4 线圈失电。回路 15→16 号线 KA4 动合触点断开，变频器的反转寸动端子 S4 和公共端 COM 断开，变频器的 U、V、W 停止输出，电动机按 P08.08 点动运行减速时间减速至停止状态。

（四）变频器正转连续运行及停止

1. 正转连续运行启动

按下正转启动按钮 SB4，回路经 1→2→3→4→5→6→7→0 闭合，KA1 线圈得电。回路 12→16 号线 KA1 的动合触点闭合，接通正转运行端子 S1 和公共端 COM，变频器的 U、V、W 输出，电动机按 P00.11 加速时间 1 加速至频率设定值，电动机正转连续运行。运行频率由外置电位器进行调节。变频器控制面板运行指示灯 RUN/TUNE 亮，LOCAL/REMOT 灯闪烁。

同时，回路 5→6 号线 KA1 动合触点闭合自锁。回路 2→3 号线 KA1 动合触点闭合，与停止按钮 SB1 实现联锁，以保证 KA1 与 KM 实现顺序停止。回路 8→9 号线 KA1 动断触点断开，以保证 KA1 与 KA2 实现联锁。

2. 正转连续运行停止

按下停止按钮 SB3，回路 4→5 断开，KA1 线圈失电，停止工作。回路 12→16 号线 KA1 动合触点断开，变频器的正转运行端子 S1 和公共端 COM 断开，变频器的 U、V、W 停止输出，电动机按照 P00.12 减速时间 1 减速至停止状态。变频器控制面板运行指示灯 RUN/TUNE 熄灭，LOCAL/REMOT 灯闪烁，显示信息为闪烁面板电位器给定的频率值。

同时，回路 5→6 号线 KA1 动合触点断开，解除自锁。回路 2→3 号线 KA1 动合触点断开，解除联锁。回路 8→9 号线 KA1 动断触点闭合，解除联锁，为启动 KA2 做好准备。

（五）变频器反转连续运行及停止

1. 反转连续运行启动

按下反转启动按钮 SB5，回路经 1→2→3→4→5→8→9→0 闭合，KA2 线圈得电，继电器吸合。回路 13→16 号线 KA2 的动合触点闭合，接通反转运行端子 S2 和公共端 COM，电动机按 P00.11 加速时间 1 加速至频率设定值，电动机反转连续运行。运行频率由外置电位器进行调节。变频器控制面板运行指示灯 RUN/TUNE 亮，LOCAL/REMOT 灯闪烁。

同时，回路 5→8 号线 KA2 动合触点闭合自锁。回路 2→3 号线 KA2 动合触点闭合，与停止按钮 SB1 实现联锁，以保证 KA2 与 KM 实现顺序停止。回路 6→7 号线 KA2 动断触点断开，以保证 KA2 与 KA1 实现联锁。

2. 反转连续运行停止

按下停止按钮 SB3，回路 4→5 断开，KA2 线圈失电，停止工作。回路 13→16 号线 KA2 动合触点断开，变频器的反转运行端子 S2 和公共端 COM 断开，变频器停止输出。电动机按照 P00.12 减速时间 1 减速至停止状态。变频器控制面板运行指示灯 RUN/TUNE 熄灭，LOCAL/REMOT 灯闪烁，显示信息为闪烁面板电位器给定的频率值。

同时，回路 5→8 号线 KA2 动合触点断开，解除自锁。回路 2→3 号线 KA2 动合触点断开，解除联锁。回路 6→7 号线 KA2 动断触点闭合，解除联锁，为启动 KA1 做好准备。

（六）变频器停电

按下停止按钮 SB1，回路 2→3 断开，KM 线圈失电，KM 的主触头断开，变频器输入端 R、S、T 失电。同时 3→4 号线 KM 动合触点断开，KM 解除自锁。

这时变频器控制面板运行指示灯 RUN/TUNE 熄灭，LOCAL/REMOT 灯闪烁，显示信息为 P.0FF 闪烁，变频器失电约 5s 以后，LED、LCD 显示器均显示消失。

实例 20　电动葫芦变频器应用电路

电路简介　该电路主要由大车控制电路、小车控制电路、吊钩控制电路三部分组成。继电控制电路均采用点动控制方法，控制手柄安装有总启/停按钮 SB1，可通过接触器切断主电源。

SB2 是常速/慢速功能选择按钮。吊钩变频器控制一台 15kW 锥形转子电动机，安装了能量回馈单元，可将频繁点动刹车产生的高压电量，转换成 380V 交流电能回馈电网。大车变频器，并联安装两台 1.5kW 锥形转子电动机。小车变频器，并联安装两台 0.8kW 锥形转子电动机。

一、原理图

电动葫芦变频器应用电路原理图如图 20-1 所示。

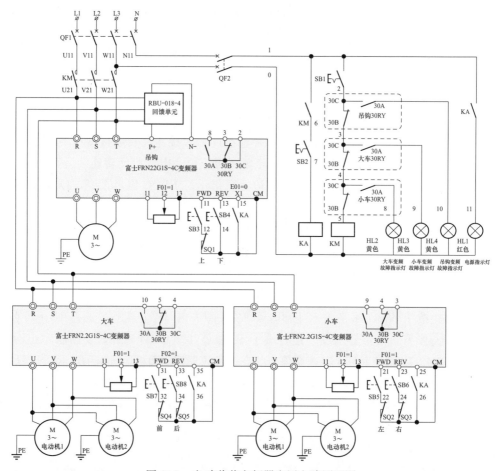

图 20-1　电动葫芦变频器应用电路原理图

二、图中应用的端子及主要参数

相关端子及参数功能含义的详解见表 20-1～表 20-3。

表 20-1　　　　　　　　　　　吊钩变频器参数功能设置及含义

序号	端子名称	功能	功能代码	设定数据	设定值含义
1		数据保护	F00	0	0：可改变数据；1：不可改变数据（数据保护）
2		数据初始化	H03	1	数据初始化，需要双键操作（STOP 键＋∧键）
3	11、12、13	频率设定 1	F01	1	频率设定由电压输入 0～＋10V/0～±100%（电位器）
4		运行操作	F02	1	设定运行操作由外部端子 FWD、REV 输入运行命令
5		加速时间 1	F07	3s	输出频率从 0Hz 到达最高频率所需的加速时间
6		减速时间 1	F08	3s	从最高频率到 0Hz 所需的减速时间
7		直流制动开始频率	F20	50Hz	直流制动开始的频率为 50Hz 及以下
8		制动值	F21	100%	设定直流制动时的输出电流。变频器额定输出电流为 100%
9		制动时间	F22	3s	设定直流制动的动作时间为 3s
10		启动频率	F23	10Hz	为确保启动的启动转矩，设定合适的启动频率
11	X1	数字输入端子	E01	0	多段速
12		多步频率 4	C08	20Hz	低速运行时频率设置为 20Hz

表 20-2　　　　　　　　　　　小车变频器参数功能设置及含义

序号	端子名称	功能	功能代码	设定数据	设定值含义
1		数据保护	F00	0	0：可改变数据；1：不可改变数据（数据保护）
2		数据初始化	H03	1	数据初始化，需要双键操作（STOP 键＋∧键）
3	11、12、13	频率设定 1	F01	1	频率设定由电压输入 0～＋10V/0～±100%（电位器）
4	FWD/REV-CM	运行操作	F02	1	0：面板控制；1：外部端子（按钮）控制
5		加速时间 1	F07	3s	输出频率从 0Hz 到达最高频率所需的加速时间
6		减速时间 1	F08	3s	从最高频率到 0Hz 所需的减速时间
7		启动频率	F23	10Hz	为确保启动的启动转矩，设定合适的启动频率
8	X1	数字输入端子	E01	0	多段速
9		多步频率 4	C08	20Hz	低速运行时频率设置为 20Hz

表 20-3　　　　　　　　　　大车变频器参数功能设置及含义

序号	端子名称	功能	功能代码	设定数据	设定值含义
1		数据保护	F00	0	0：可改变数据；1：不可改变数据（数据保护）
2		数据初始化	H03	1	数据初始化，需要双键操作（STOP 键＋∧键）
3	11、12、13	频率设定 1	F01	1	频率设定由电压输入 0～＋10V/0～±100％（电位器）
4		运行操作	F02	1	设定运行操作由外部端子 FWD、REV 输入运行命令
5		加速时间 1	F07	3s	输出频率从 0Hz 到达最高频率所需的加速时间
6		减速时间 1	F08	3s	从最高频率到 0Hz 所需的减速时间
7		启动频率	F23	10Hz	为确保启动的启动转矩，设定合适的启动频率
8	X1	可编程数字输入端子	E01	0	多段速
9		多步频率 4	C08	20Hz	低速运行时频率设置为 20Hz

三、动作详解

（一）闭合总电源及参数设置

闭合总电源 QF1、控制回路电源 QF2。按下总启/停按钮（带闭锁功能）SB1，回路经 1→2→3→4→5→0 闭合，KM 线圈得电，KM 的主触头闭合，三台变频器输入端 R、S、T 上电。回路 1→6 号线 KM 的动合触点闭合，为常速/慢速选择做准备。根据参数表分别设置三台变频器参数。

（二）吊钩变频器的运行

1. 吊钩上升

上升方向行程终点安装有限位保护开关 SQ1。按下上升启动按钮 SB3，回路经 11→12→14 闭合，接通正转端 FWD 和公共端 CM，吊钩变频器的 U、V、W 输出，电动机按 F07 加速时间 1 加速至外置电位器给定的频率值，吊钩上升。松开 SB3，正转端 FWD 和公共端 CM 断开，电动机停止。当吊钩上升运行碰触到限位开关 SQ1 时，12→14 号线 SQ1 动断触点断开，正转端 FWD 和公共端 CM 断开，吊钩停止上升。

2. 吊钩下降

按下下降启动按钮 SB4，回路 13→14 闭合，接通反转端 REV 和公共端 CM，吊钩变频器的 U、V、W 输出，电动机按 F07 加速时间 1 加速至外置电位器给定的频率值，电动机反转运行，吊钩开始下降。松开 SB4，反转端 REV 和公共端 CM 断开，吊钩停止运行。

（三）小车变频器的运行

1. 小车向左

在左、右方向行程终点安装有限位保护开关 SQ2、SQ3。按下向左运行启动按钮 SB5，回路经 21→22→26 闭合，接通正转端 FWD 和公共端 CM，小车变频器的 U、V、W 输出，电动机按 F07 加速时间 1 加速至外置电位器给定的频率值，小车向左运行。松开 SB5,正转端 FWD 和公共端 CM 断开,小车停止运行。当小车向左运行碰触到限位开关 SQ2 时,22→26 号线 SQ2 动断触点断开,正转端 FWD 和公共端 CM 断开,小车停止运行。

2. 小车向右

按下向右运行启动按钮 SB6,回路经 23→24→26 闭合,接通反转端 REV 和公共端 CM 回路,小车变频器的 U、V、W 输出,电动机按 F07 加速时间 1 加速至外置电位器给定的频率值,小车向右运行。松开 SB6,反转端子 REV 和公共端 CM 断开,小车停止运行。当电动机向右运行碰触到限位开关 SQ3 时,24→26 号线 SQ3 动断触点断开,反转端子 REV 和公共端 CM 断开,小车停止运行。

(四)大车变频器的运行

1. 大车向前

在前、后方向行程终点安装有限位保护开关 SQ4、SQ5。按下向前运行启动按钮 SB7,回路经 31→32→36 闭合,接通正转端 FWD 和公共端 CM,大车变频器的 U、V、W 输出,电动机按 F07 加速时间 1 加速至外置电位器给定的频率值,大车向前运行。松开 SB7,正转端 FWD 和公共端 CM 断开,大车停止。当电动机向前运行碰触到限位开关 SQ4 时,32→36 号线 SQ4 动断触点断开,正转端 FWD 和公共端 CM 断开,大车停止运行。

2. 大车向后

按下向后运行启动按钮 SB8,回路经 33→34→36 闭合,接通反转端 REV 和公共端 CM 回路,大车变频器的 U、V、W 输出,电动机按 F07 加速时间 1 加速至外置电位器给定的频率值,大车向后运行。松开 SB8,反转端 REV 和公共端 CM 断开,大车停止运行。当电动机向后运行碰触到限位开关 SQ5 时,34→36 号线 SQ5 动断触点断开,反转端 REV 和公共端 CM 断开,大车停止运行。

(五)高、低速切换

1. 切换低速

按下带闭锁功能的常速/慢速选择按钮 SB2,回路经 1→6→7→0 闭合,KA1 线圈得电。吊钩变频器 14→15 号线、小车变频器 25→26 号线及大车变频器 35→36 号线的 KA1 动合触点同时闭合,分别接通三台变频器的数字功能输入端 X1 与公共端 CM 回路,此时按下各方向的行进按钮,变频器均按预设的 20Hz 低速运行。

2. 恢复常速

再次按压常速/慢速选择按钮 SB2,回路 6→7 断开,KA1 线圈失电。吊钩变频器 14→15 号线、小车变频器 25→26 号线及大车变频器 35→36 号线的 KA1 动合触点同时断开,三台变频器的 X1 端子与公共端 CM 回路断开,各方向行进均恢复常速运行。

(六)变频器停电

按下总启/停按钮(带闭锁功能)SB1,回路 1→2 号线 SB1 接点断开,KM 线圈失电。KM 的主触头断开,三台变频器同时断电。

这时变频器控制面板运行指示灯熄灭,显示信息为 STOP,变频器失电约 5s 以后,LED、LCD 显示器均显示消失。

实例 21 变频器由外部按钮两地控制的电动机正反转电路

电路简介 该电路是经接触器接通变频器的总电源，变频器输出控制采用二线式接线方式。甲、乙两地控制电动机的启停是利用按钮串并联的方法实现。即将甲、乙两地启动按钮并联。甲、乙两地停止按钮串联。

在控制回路采用顺序启动逆序停止的方法，控制变频器的上电及运行。即启动时变频器先接通主电路后，才能输出运行指令，停止时先停止变频器的运行输出，然后再断开变频器的主电路。

一、原理图

变频器由外部按钮两地控制的电动机正反转电路原理图如图 21-1 所示。

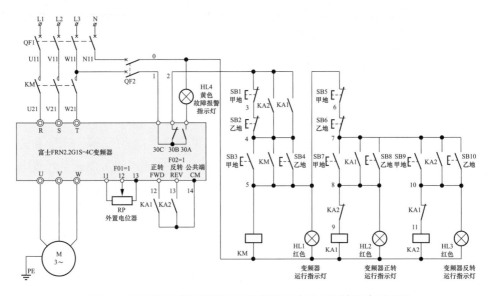

图 21-1 变频器由外部按钮两地控制的电动机正反转电路原理图

二、图中应用的端子及主要参数

相关端子及参数功能含义的详解见表 21-1。

表 21-1　　　　　　　　　　相关端子及参数功能含义

序号	端子名称	功能	功能代码	设定数据	设定值含义
1		数据保护	F00	0	0：可改变数据；1：不可改变数据（数据保护）
2		数据初始化	H03	1	数据初始化，需要双键操作（STOP键＋∧键）
3	11、12、13	频率设定1	F01	1	频率设定由电压输入 0～＋10V/0～±100%（电位器）
4	FWD/REV-CM	运行操作	F02	1	0：面板控制；1：外部端子（按钮）控制
5	30A、30B、30C	30Ry 总警报输出	E27	99	98：轻微故障；99：整体警报

三、动作详解

（一）闭合总电源及参数设置

闭合总电源 QF1、控制回路电源 QF2。甲地按下启动按钮 SB3 或者乙地按下启动按钮 SB4，回路经 1→2→3→4→5→0 闭合，KM 的线圈得电，KM 的主触头闭合，变频器输入端 R、S、T 上电。同时，回路 4→5 号线 KM 动合触点闭合自锁，接触器 KM 与 KA1、KA2 实现顺序启动。

根据参数表设置变频器参数。

（二）变频器的启动及运行

1. 正转运行启动

甲地按下启动按钮 SB7 或乙地按下启动按钮 SB8，回路经 1→2→3→4→5→6→7→8→9→0 闭合，KA1 线圈得电。回路 12→14 号线 KA1 动合触点闭合，变频器的正转端 FWD 和公共端 CM 接通，变频器的 U、V、W 输出，电动机按 F07 加速时间 1 加速至频率设定值，电动机正转运行。运行频率由外置电位器进行调节，变频器控制面板运行指示灯亮，显示信息为 RUN。

同时，回路 7→8 号线 KA1 动合触点闭合自锁。回路 10→11 号线 KA1 动断触点断开，以保证 KA1 与 KA2 实现联锁。回路 2→4 号线 KA1 动合触点闭合，与 SB1、SB2 实现联锁，以保证 KA1 与接触器 KM 实现顺序停止。

2. 正转运行停止

甲地按下停止按钮 SB5 或者乙地按下停止按钮 SB6，回路 5→6 或 6→7 断开，KA1 线圈失电。回路 12→14 号线 KA1 动合触点断开，变频器的正转端 FWD 和公共端 CM 断开，变频器的 U、V、W 端停止输出。电动机按 F08 减速时间 1 减速至 F25 停止频率 1 后停止运行。

同时，回路 7→8 号线 KA1 动合触点断开，KA1 解除自锁。回路 10→11 号线 KA1 动断触点闭合，KA1 与 KA2 解除联锁。回路 2→4 号线 KA1 动合触点断开，解除联锁。

（三）变频器反转的启动与停止

1. 反转运行启动

甲地按下启动按钮 SB9 或者乙地按下启动按钮 SB10，回路经 1→2→3→4→5→6→7→10→11→0 闭合，KA2 线圈得电。回路 13→14 号线 KA2 动合触点闭合，变频器的反转端 REV 和公共端 CM 接通，变频器的 U、V、W 输出，电动机按 F07 加速时间 1 加速至频率设定值，电动机反转运行。运行频率由外置电位器进行调节，变频器控制面板运行指示灯亮，显示信息为 RUN。

同时，回路 7→10 号线 KA2 动合触点闭合自锁。回路 8→9 号线 KA2 动断触点断开，以保证 KA2 与 KA1 实现联锁。回路 2→4 号线 KA2 动合触点闭合，与 SB1、SB2 实现联锁，以保证 KA2 与接触器 KM 实现顺序停止。

2. 反转运行停止

甲地按下停止按钮 SB5 或乙地按停止按钮 SB6，回路 5→6 或 6→7 断开，KA2 线圈失电。回路 13→14 号线 KA2 动合触点断开，变频器的反转端 REV 和公共端 CM

断开，变频器的 U、V、W 端停止输出，电动机按照 F08 减速时间 1 减速至 F25 停止频率 1 后停止运行。

同时，回路 7→10 号线 KA2 动合触点自断开，KA2 解除自锁。回路 8→9 号线 KA2 动断触点闭合，KA2 与 KA1 解除联锁。回路 2→4 号线 KA2 动合触点断开，解除联锁。

（四）变频器停电

甲地按下停止按钮 SB1 或乙地按下停止按钮 SB2，回路 2→3 或 3→4 断开，KM 线圈失电。KM 的主触头断开，变频器输入端 R、S、T 失电，同时回路 4→5 号线 KM 动合触点断开，KM 解除自锁。

这时变频器控制面板运行指示灯熄灭，显示信息为 STOP，变频器断电约 5s 以后，LED、LCD 显示器均显示消失。

实例 22　变频器由三线式两地控制的电动机正反转电路

电路简介　该电路是经接触器接通变频器的总电源，控制回路利用三线式的接线方法，利用"自保持"参数设置的功能特点，配合接触器与按钮的启动操作，实现两地控制。甲、乙两地控制电动机的启停是利用按钮串并联的方法实现，即将甲、乙两地启动按钮并联，甲、乙两地停止按钮串联。

一、原理图

变频器由三线式两地控制的电动机正反转电路原理图如图 22-1 所示。

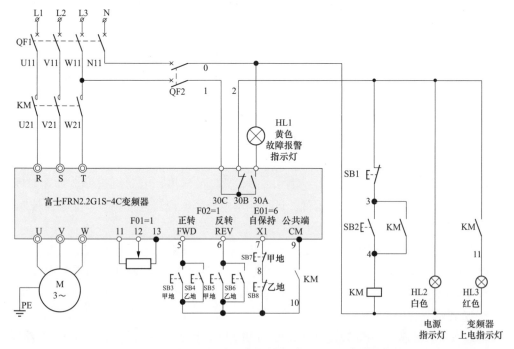

图 22-1　变频器由三线式两地控制的电动机正反转电路原理图

二、图中应用的端子及主要参数

相关端子及参数功能含义的详解见表 22-1。

表 22-1 相关端子及参数功能含义

序号	端子名称	功能	功能代码	设定数据	设定值含义
1		数据保护	F00	0	0：可改变数据；1：不可改变数据（数据保护）
2		数据初始化	H03	1	数据初始化，需要双键操作（STOP 键＋∧键）
3	11、12、13	频率设定 1	F01	1	频率设定由电压输入 0～＋10V/0～±100%（电位器）
4	FWD/REV-CM	运行操作	F02	1	0：面板控制；1：外部端子（按钮）控制
5	X1	数字输入端子	E01	6	含义为自保持选择功能 HLD（停止按钮）
6	30A、30B、30C	30Ry 总警报输出	E27	99	98：轻微故障；99：整体警报

三、动作详解

（一）闭合总电源及参数设置

闭合总电源 QF1、控制回路电源 QF2。按下启动按钮 SB2，回路经 1→2→3→4→0 闭合，KM 的线圈得电，KM 的主触头闭合，变频器输入端 R、S、T 上电。同时，回路 9→10 号线 KM 动合触点闭合，变频器自保持端 X1 与公共端 CM 接通，为电动机运行做好准备。回路 2→3 号线 KM 动合触点闭合自锁。根据参数表设置变频器参数。

（二）变频器的启动及运行

1. 正转运行启动

甲地按下启动按钮 SB3 或者乙地按下启动按钮 SB4，回路经 5→10→9 闭合，变频器正转端 FWD 与公共端 CM 接通，变频器的 U、V、W 输出，电动机按 F07 加速时间 1 加速至频率设定值，电动机正转运行。运行频率由外置电位器进行调节。变频器控制面板运行指示灯亮，显示信息为 RUN。

2. 正转运行停止

甲地按下停止按钮 SB7 或乙地按下停止按钮 SB8，回路 7→8 或 8→10 断开，变频器自保持端 X1 与公共端 CM 断开，变频器的 U、V、W 端停止输出，电动机按照 F08 减速时间 1 减速至 F25 停止频率 1 后停止运行。松开 SB7 或者 SB8，回路经 7→8→10 闭合，为下次的运行做好准备。

（三）变频器反转的启动与停止

1. 反转运行启动

甲地按下启动按钮 SB5 或者乙地按下启动按钮 SB6，回路经 6→10→9 闭合，变频器反转端 REV 与公共端 CM 接通，变频器的 U、V、W 输出，电动机按 F07 加速时间 1 加速至频率设定值，电动机反转运行。运行频率由外置电位器进行调节。变频器控制面板运行指示灯亮，显示信息为 RUN。

2. 反转运行停止

甲地按下停止按钮 SB7 或乙地按下停止按钮 SB8，回路 7→8 或 8→10 断开，变频器自保持端 X1 与公共端 CM 断开，变频器的 U、V、W 端停止输出，电动机按照 F08 减速时间 1 减速至 F25 停止频率 1 后停止运行。松开 SB7 或者 SB8，回路经 7→8→10 闭合，为下次的运行做好准备。

（四）变频器停电

按下停止按钮 SB1，回路 1→2 断开，KM 线圈失电，KM 的主触头断开，变频器输入端 R、S、T 失电。同时，回路 9→10 号线 KM 动合触点断开，变频器自保持端 X1 与公共端 CM 断开。回路 2→3 号线 KM 动合触点断开，KM 解除自锁。

这时变频器控制面板运行指示灯熄灭，显示信息为 STOP，变频器断电约 10s 后，LED、LCD 显示器均显示消失。

实例 23   带有冷却风机的变频专用电动机正反转电路

电路简介   该电路是经接触器接通变频器的总电源，变频器输出控制采用二线式接线方式。使用的电动机为变频专用电动机，电动机的冷却风机安装在电动机的护罩内，为防止电动机低速运行时发生过热现象，电路采用顺序启动逆序停止的方法，即电动机运行前必须先启动冷却风机、否则电动机无法启动。停止时先停止主电动机，后停止冷却风机。

一、原理图

带有冷却风机的变频专用电动机正反转电路原理图如图 23-1 所示。

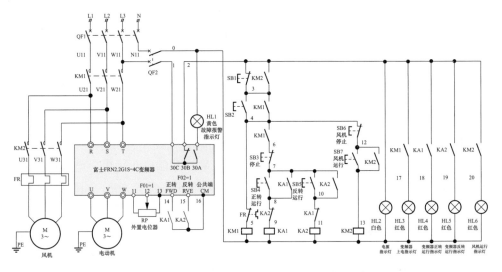

图 23-1   带有冷却风机的变频专用电动机正反转电路原理图

二、图中应用的端子及主要参数

相关端子及参数功能含义的详解见表 23-1。

表 23-1   相关端子及参数功能含义

序号	端子名称	功能	功能代码	设定数据	设定值含义
1		数据保护	F00	0	0：可改变数据；1：不可改变数据（数据保护）
2		数据初始化	H03	1	数据初始化，需要双键操作（STOP 键＋∧键）
3	11、12、13	频率设定 1	F01	1	频率设定由电压输入 0～＋10V/0～±100%（电位器）
4	FWD/REV-CM	运行操作	F02	1	0：面板控制；1：外部端子（按钮）控制
5	30A、30B、30C	30Ry 总警报输出	E27	99	98：轻微故障；99：整体警报

三、动作详解

（一）闭合总电源及参数设置

闭合总电源 QF1、控制回路电源 QF2。按下启动按钮 SB2，回路经 1→2→3→4→5→0 闭合，KM1 的线圈得电，KM1 的主触头闭合，变频器输入端 R、S、T 上电，接触器 KM12 上侧带电，为冷却风机运行做好准备。同时，回路 3→4 号线接触器 KM1 动合触点闭合自锁，并与接触器 KM12 实现顺序启动。根据参数表设置变频器参数。

（二）变频器的启动及运行

按下启动按钮 SB7，回路经 1→2→3→4→12→13→0 闭合，KM12 线圈得电，KM12 主触头闭合，冷却风机运行。同时，回路 12→13 号线 KM12 动合触点闭合自锁。回路 4→6 号线 KM12 动合触点闭合，与 KA1、KA2 实现顺序启动。回路 2→3 号线 KM12 动合触点闭合，与停止按钮 SB1 实现联锁，以保证 KM12 与 KM1 实现顺序停止。

工艺要求：先启动变频器，再启动冷却风机，最后启动变频电动机。

1. 正转运行启动

按下正转启动按钮 SB4，回路经 1→2→3→4→6→7→8→9→0 闭合，KA1 线圈得电。回路 14→16 号线 KA1 动合触点闭合，变频器的正转端子 FWD 和公共端 CM 接通，变频器 U、V、W 输出，电动机按 F07 加速时间 1 加速至频率设定值，正转运行。运行频率由外置电位器进行调节，变频器控制面板运行指示灯亮，显示信息为 RUN。

同时，回路 7→8 号线 KA1 动合触点闭合自锁。回路 10→11 号线 KA1 动断触点断开，以保证 KA1 与 KA2 实现联锁。

2. 正转运行停止

按下停止按钮 SB3，回路 6→7 断开，KA1 线圈失电。回路 14→16 号线 KA1 动合触点断开，变频器的正转端 FWD 和公共端 CM 断开，变频器的 U、V、W 端停止输出，电动机按照 F08 减速时间 1 减速至 F25 停止频率 1 后停止运行。

同时，回路 7→8 号线 KA1 动合触点断开，KA1 解除自锁。回路 10→11 号线 KA1 动断触点闭合，KA1 与 KA2 解除联锁。

（三）变频器反转的启动与停止

1. 反转运行启动

按下反转启动按钮 SB5，回路经 1→2→3→4→6→7→10→11→0 闭合，KA2 线圈

得电。回路 15→16 号线 KA2 动合触点闭合，变频器的反转端 REV 和公共端 CM 接通，变频器 U、V、W 输出，电动机按 F07 加速时间 1 加速至频率设定值，反转运行。运行频率由外置电位器进行调节。变频器控制面板运行指示灯亮，显示信息为RUN。

同时，回路 7→10 号线 KA2 动合触点闭合自锁，回路 8→9 号线 KA2 动断触点断开，以保证 KA2 与 KA1 实现联锁。

2. 反转运行停止

按下停止按钮 SB3，回路 6→7 断开，KA2 线圈失电。回路 15→16 号线 KA2 动合触点断开，变频器的反转端 REV 和公共端 CM 断开，变频器的 U、V、W 端停止输出，电动机按照 F08 减速时间 1 减速至 F25 停止频率 1 后停止运行。

同时，回路 7→10 号线 KA2 动合触点断开，KA2 解除自锁。回路 8→9 号线 KA2 动断触点闭合，KA1 与 KA2 解除联锁。

（四）冷却风机停止

按下按钮 SB6，回路 4→12 断开，KM12 线圈失电，KM12 主触头断开，冷却风机停止运行。同时，回路 12→13 号线 KM12 动合触点断开，KM12 解除自锁。回路 4→6 号线 KM12 动合触点断开，为下次启动做准备。回路 2→3 号线 KM12 动合触点断开，解除联锁。

（五）停止运行

电动机无论是正转运行还是反转运行，可以直接按下冷却风机停止按钮 SB6，回路 4→12 断开，KM12 线圈失电。回路 4→6 号线 KM12 动合触点断开，KA1、KA2 线圈失电。这时电动机和冷却风机同时停止运行。

（六）变频器停电

按下停止按钮 SB1，回路 2→3 断开，KM1 线圈失电，KM1 的主触头断开，变频器输入端 R、S、T 失电。同时，回路 3→4 号线 KM1 动合触点断开，KM1 解除自锁。

这时变频器控制面板运行指示灯熄灭，显示信息为 STOP，变频器断电约 5s 以后，LED、LCD 显示器均显示消失。

实例 24 两台变频器控制两台电动机顺序启动控制电路

电路简介 该电路两台变频器各控制一台电动机，变频器电源由接触器输入，变频器启动运行时采用顺序启动的控制方法，即先启动 1 号变频器，然后启动 2 号变频器。

由于 1 号变频器停止按钮 SB3 设计在 1 号、2 号变频器控制回路上端，所以停止时，即可以 1 号、2 号变频器同时停止。也可以先 2 号、后 1 号逆序停止。

一、原理图

两台变频器控制两台电动机顺序启动控制电路原理图如图 24-1 所示。

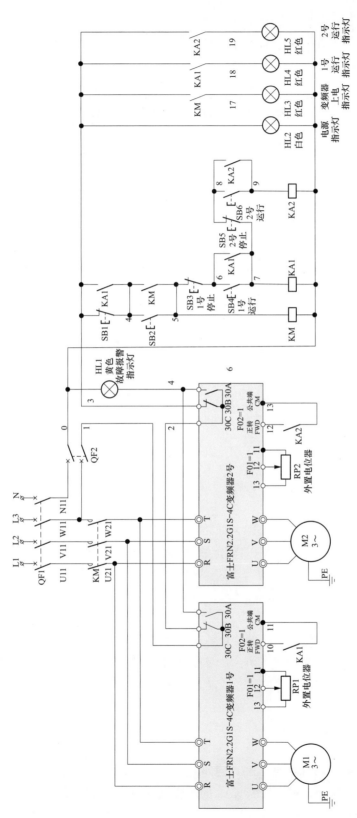

图24-1 两台变频器控制两台电动机顺序启动控制电路原理图

二、图中应用的端子及主要参数

相关端子及参数功能含义的详解见表24-1。

表 24-1　　　　　　　1号、2号变频器端子及参数功能含义

序号	端子名称	功能	功能代码	设定数据	设定值含义
1		数据保护	F00	0	0：可改变数据；1：不可改变数据（数据保护）
2		数据初始化	H03	1	数据初始化，需要双键操作（STOP键＋∧键）
3	11、12、13	频率设定1	F01	1	频率设定由电压输入 0～＋10V/0～±100％（电位器）
4	FWD/REV-CM	运行操作	F02	1	0：面板控制；1：外部端子（按钮）控制
5	30A、30B、30C	30Ry 总警报输出	E27	99	98：轻微故障；99：整体警报

三、动作详解

（一）闭合总电源及参数设置

闭合总电源 QF1、控制回路电源 QF2。按下启动按钮 SB2，回路经 1→2→3→4→5→0 闭合，KM 线圈得电，KM 的主触头闭合，1号、2号变频器输入端 R、S、T 上电。回路 4→5 号线 KM 动合触点闭合自锁。同时为继电器 KA1、KA2 闭合创造条件。根据参数表分别设置1号、2号变频器参数。

（二）两台变频器顺序启动

两台变频器必须按照先1号、后2号的顺序启动。

1. 1号变频器启动

按下1号变频器启动按钮 SB4，回路经 1→2→3→4→5→6→7→0 闭合，KA1 线圈得电。回路 10→11 号线 KA1 的动合触点闭合，接通1号变频器的正转端 FWD 和公共端 CM 回路，1号变频器的 U、V、W 输出，电动机按 F07 加速时间 1 加速至外置电位器给定的频率值，电动机正转运行。变频器控制面板运行指示灯亮，显示信息为 RUN。

同时，回路 6→7 号线 KA1 的动合触点闭合自锁，并为继电器 KA2 闭合创造条件。回路 3→4 号线 KA1 动合触点也闭合，与停止按钮 SB1 实现联锁，以保证 KA1 与 KM 实现顺序停止。

2. 2号变频器启动

2号变频器控制回路电源取自 7 号线，所以只有在1号变频器运行后才可以启动2号变频器。

按下2号变频器启动按钮 SB6，回路经 1→2→3→4→5→6→7→8→9→0 闭合，KA2 线圈得电。回路 12→13 号线 KA2 的动合触点闭合，接通2号变频器正转端 FWD 和公共端 CM 回路，2号变频器的 U、V、W 输出，电动机按 F07 加速时间 1 加速至频

率设定值，电动机正转运行。运行频率由外置电位器进行调节，同时，回路 8→9 号线 KA2 的动合触点闭合自锁。

（三）两台变频器的停止

1 号、2 号变频器都在运行时，根据生产工艺要求，即可以 1 号、2 号变频器同时停止。（直接按下停止按钮 SB3）。也可以先 2 号、后 1 号的顺序停止（先断开 SB5，再断开 SB3）。

1. 两台变频器同时停止动作过程

按下停止按钮 SB3，回路 5→6 断开，KA1、KA2 线圈同时失电。回路 10→11 号线 KA1 动合触点断开，回路 12→13 号线 KA2 动合触点断开，1 号、2 号变频器的正转端 FWD 和公共端 CM 均断开，两台变频器的 U、V、W 停止输出，电动机按照 F08 减速时间 1 减速至 F25（停止频率 1）后停止运行。

同时，回路 6→7 号线 KA1 动合触点断开，KA1 解除自锁。回路 8→9 号线 KA2 动合触点断开，KA2 解除自锁。回路 3→4 号线 KA1 动合触点断开，解除联锁。

2. 先 2 号、后 1 号的顺序停止过程

按下停止按钮 SB5，回路 7→8 断开，KA2 线圈失电。回路 12→13 号线 KA2 动合触点断开，2 号变频器的正转端 FWD 和公共端 CM 断开，变频器的 U、V、W 停止输出，电动机按照 F08 减速时间 1 减速至 F25（停止频率 1）后停止运行。回路 8→9 号线 KA2 动合触点断开，KA2 解除自锁。

2 号变频器停止后，再按下停止按钮 SB3，回路 5→6 断开，KA1 线圈失电。回路 10→11 号线 KA1 动合触点断开，1 号变频器的正转端 FWD 和公共端 CM 断开，变频器停止输出，电动机按照 F08 减速时间 1 减速至 F25（停止频率 1）后停止运行。回路 6→7 号线 KA1 动合触点断开，KA1 解除自锁。回路 3→4 号线 KA1 动合触点断开，解除联锁，为断开 KM 做准备。

（四）变频器停电

按下停止按钮 SB1，回路 3→4 断开，KM 线圈失电。KM 的主触头断开，1 号、2 号变频器输入端 R、S、T 失电。回路 4→5 号线 KM 动合触点断开，KM 解除自锁。

这时变频器控制面板运行指示灯熄灭，显示信息为 STOP，变频器失电约 5s 以后，LED、LCD 显示器均显示消失。

实例 25　变频器由双重联锁控制的电动机正反转电路

电路简介　该电路采用变频器二线接线方式完成电动机的正反转控制，在两个继电器 KA1、KA2 线圈回路中分别串入对方继电器动断辅助触点，实现继电器的电气联锁。同时将正反转回路启动按钮 SB4、SB5 的动断触点分别接入对方的线路中，实现按钮的机械联锁。两种联锁方法同时应用，从而实现了电气与机械双重联锁控制下的变

频调速电动机正、反转运行。

一、原理图

变频器由双重联锁控制的电动机正反转电路原理图如图 25-1 所示。

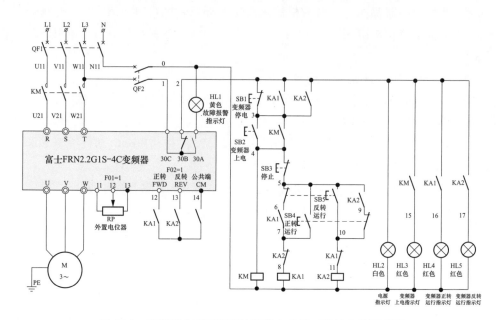

图 25-1　变频器由双重联锁控制的电动机正反转电路原理图

二、图中应用的端子及主要参数

相关端子及参数功能含义的详解见表 25-1。

表 25-1　　　　　　　　　　相关端子及参数功能含义

序号	端子名称	功能	功能代码	设定数据	设定值含义
1		数据保护	F00	0	0：可改变数据；1：不可改变数据（数据保护）
2		数据初始化	H03	1	数据初始化，需要双键操作（STOP 键＋∧键）
3	11、12、13	频率设定 1	F01	1	频率设定由电压输入 0～＋10V/0～±100%（电位器）
4	FWD/REV-CM	运行操作	F02	1	0：面板控制；1：外部端子（按钮）控制
5	30A、30B、30C	30Ry 总警报输出	E27	99	98：轻微故障；99：整体警报

三、动作详解

（一）闭合总电源及参数设置

闭合总电源 QF1、控制回路电源 QF2。按下启动按钮 SB2，回路经 1→2→3→4→0

闭合，KM 的线圈得电，KM 的主触头闭合，变频器输入端 R、S、T 上电。回路 3→4 号线 KM 的动合触点闭合自锁。同时为继电器 KA1、KA2 闭合创造条件。根据参数表设置变频器参数。

（二）变频器双重联锁正转启、停过程

1. 变频器正转启动

按下正转启动按钮 SB4。

（1）5→7 号线 SB4 的动合触点闭合，回路经 1→2→3→4→5→7→8→0 闭合，KA1 线圈得电。12→14 号线 KA1 动合触点闭合，接通正转端 FWD 和公共端 CM 回路，变频器的 U、V、W 输出，电动机按 F07 加速时间 1 加速至频率设定值，电动机正转运行。运行频率由外置电位器进行调节，变频器控制面板运行指示灯亮，显示信息为 RUN。

同时，5→6 号线 KA1 的动合触点闭合自锁。2→3 号线 KA1 动合触点闭合，与停止按钮 SB1 实现联锁，以保证 KA1 与 KM 实现顺序停止。

（2）回路 10→11 号线 KA1 动断触点断开，切断 KA2 线圈回路，使 KA1、KA2 实现电气联锁。9→10 号线 SB4 动断触点断开 KA2 线圈回路，使 KA1、KA2 实现机械联锁。松开启动按钮 SB4，其动合、动断触点恢复初始状态。

2. 变频器正转停止

按下停止按钮 SB3，回路 4→5 断开，KA1 线圈失电。12→14 号线 KA1 动合触点断开，变频器正转端 FWD 和公共端 CM 断开，变频器的 U、V、W 停止输出，电动机按照 F08 减速时间 1 减速至 F25（停止频率 1）后停止运行。

同时，回路 5→6 号线 KA1 的动合触点断开，KA1 解除自锁。2→3 号线 KA1 动合触点断开，解除联锁。10→11 号线 KA1 动断触点闭合，解除联锁，为启动 KA2 创造条件。

（三）变频器双重联锁反转启、停过程

1. 变频器反转启动

按下反转启动按钮 SB5。

（1）5→10 号线 SB5 的动合触点闭合，回路经 1→2→3→4→5→10→11→0 闭合，KA2 线圈得电。13→14 号线 KA2 动合触点闭合，接通反转端 REV 和公共端 CM 回路，变频器的 U、V、W 输出，电动机按 F07 加速时间 1 加速至频率设定值，电动机反转运行。运行频率由外置电位器进行调节，变频器控制面板运行指示灯亮，显示信息为 RUN。

同时，回路 5→9 号线 KA2 的动合触点闭合自锁。2→3 号线 KA2 动合触点闭合，与停止按钮 SB1 实现联锁，以保证 KA2 与 KM 实现顺序停止。

（2）7→8 号线 KA2 动断触点断开，断开 KA1 线圈回路，使 KA1、KA2 实现电气联锁。6→7 号线 SB5 动断触点断开 KA1 线圈回路，使 KA1、KA2 实现机械联锁。松开启动按钮 SB5，其动合、动断触点恢复初始状态。

2. 变频器反转停止

按下停止按钮 SB3，回路 4→5 断开，KA2 线圈失电。13→14 号线 KA2 动合触点断开，变频器的反转端 REV 和公共端 CM 断开，变频器的 U、V、W 停止输出，电动机停止运行。

同时，回路 5→9 号线 KA2 动合触点断开，KA2 解除自锁。2→3 号线 KA2 动合触点断开，解除联锁。7→8 号线 KA2 动断触点闭合，解除联锁，为启动 KA1 创造条件。

(四) 变频器运行时直接反向切换

1. 正转时直接切换到反转

变频器正转运行时直接按压反转启动按钮 SB5，6→7 号线 SB5 动断触点断开，KA1 线圈失电。12→14 号线 KA1 动合触点断开，变频器正转端 FWD 和公共端 CM 断开，变频器按照 F08 减速时间 1 减速至 F25 (停止频率 1) 后停止运行。回路 2→3 号线及 5→6 号线 KA1 动合触点断开，10→11 号线 KA1 动断触点闭合，解除联锁，为启动 KA2 做好准备。

此时 5→10 号线反转启动按钮 SB5 动合触点闭合，KA2 线圈得电。13→14 号线 KA2 动合触点闭合，接通反转端 REV 和公共端 CM 回路，电动机按 F07 加速时间 1 加速至频率设定值，电动机反转运行。运行频率由外置电位器进行调节，变频器控制面板运行指示灯亮，显示信息为 RUN。

回路 5→9 号线及 2→3 号线 KA2 动合触点闭合，7→8 号线 KA2 动断触点断开，断开 KA1 线圈回路，KA1、KA2 实现电气联锁。

2. 反转时直接切换到正转

变频器反转运行时直接按下正转启动按钮 SB4，9→10 号线 SB4 动断触点断开，KA2 线圈失电。13→14 号线 KA2 动合触点断开，变频器反转端 REV 和公共端 CM 断开，变频器按照 F08 减速时间 1 减速至 F25 (停止频率 1) 后停止运行。回路 2→3 号线及 5→9 号线 KA2 动合触点断开，7→8 号线 KA2 动断触点闭合，解除联锁，为启动 KA1 做好准备。

此时 5→7 号线正转启动按钮 SB4 动合触点闭合，KA1 线圈得电，继电器吸合。12→14 号线 KA1 动合触点闭合，接通正转端 FWD 和公共端 CM 回路，电动机按 F07 加速时间 1 加速至频率设定值，电动机正转运行。

回路 5→6 号线及 2→3 号线 KA1 动合触点闭合，10→11 号线 KA1 动断触点断开，断开 KA2 线圈回路，使 KA1、KA2 实现电气联锁。

(五) 变频器停电

按下停止按钮 SB1，回路 2→3 断开，KM 线圈失电。KM 主触头断开，变频器输入端 R、S、T 失电。同时回路 3→4 号线 KM 动合触点断开，KM 解除自锁。

这时变频器控制面板运行指示灯熄灭，显示信息为 STOP，变频器失电约 5s 以后，LED、LCD 显示器均显示消失。

实例 26　变频控制电动机位置控制应用电路

电路简介　该电路采用变频器二线接线方式完成电动机的正、反转控制，同时在继电器 KA1、KA2 回路中，分别安装两个位置控制元件 SQ1、SQ2，在设备运行至设定位置后切断位置开关信号，确保设备停止运行。从而实现了电动机在变频调速状态下的位置控制。

一、原理图

变频控制电动机位置控制应用电路如图 26-1 所示。

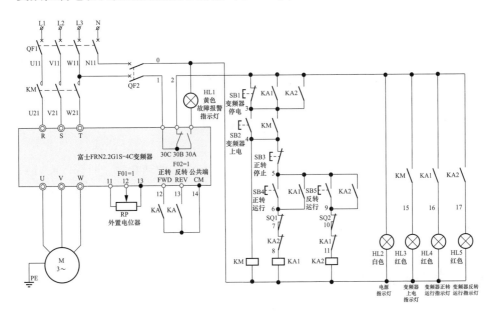

图 26-1　变频控制电动机位置控制应用电路

二、图中应用的端子及主要参数

相关端子及参数功能含义的详解见表 26-1。

表 26-1　　　　　　　　　　相关端子及参数功能含义

序号	端子名称	功能	功能代码	设定数据	设定值含义
1		数据保护	F00	0	0：可改变数据；1：不可改变数据（数据保护）
2		数据初始化	H03	1	数据初始化，需要双键操作（STOP 键＋∧键）
3	11、12、13	频率设定 1	F01	1	1：频率设定由电压输入 0～＋10V/0～±100%（电位器）
4	FWD/REV-CM	运行操作	F02	1	0：面板控制；1：外部端子（按钮）控制
5	30A、30B、30C	30Ry 总警报输出	E27	99	98：轻微故障；99：整体警报

三、动作详解

（一）闭合总电源及参数设置

闭合总电源 QF1、控制回路电源 QF2。按下启动按钮 SB2，回路经 1→2→3→4→0 闭合，KM 的线圈得电，KM 的主触头闭合，变频器输入端 R、S、T 上电。回路 3→4 号线 KM 的动合触点闭合自锁。同时为继电器 KA1、KA2 闭合创造条件。根据参数表设置变频器参数。

（二）变频器正转运行位置控制动作过程

1. 正转运行

按下正转启动按钮 SB4，回路经 1→2→3→4→5→6→7→8→0 闭合，KA1 线圈得电。12→14 号线 KA1 的动合触点闭合，接通正转端 FWD 和公共端 CM，变频器的 U、V、W 输出，电动机按 F07 加速时间 1 加速至频率设定值，电动机正转运行。运行频率由外置电位器进行调节，变频器控制面板运行指示灯亮，显示信息为 RUN。

同时，回路 5→6 号线 KA1 的动合触点闭合自锁。回路 2→3 号线 KA1 动合触点也闭合，与停止按钮 SB1 实现联锁，以保证 KA1 与 KM 实现顺序停止。回路 10→11 号线的 KA1 动断触点断开，使 KA1 与 KA2 实现联锁。

2. 位置开关动作过程

当设备运行碰触到限位开关 SQ1 时，6→7 号线 SQ1 的动断触点断开，KA1 线圈失电。12→14 号线 KA1 动合触点断开，变频器正转端 FWD 和公共端 CM 断开，变频器的 U、V、W 停止输出，电动机按照 F08 减速时间 1 减速至 F25 停止频率 1 后停止运行。

同时，回路 5→6 号线 KA1 动合触点断开，KA1 解除自锁。2→3 号线 KA1 动合触点也断开，解除联锁。10→11 号线 KA1 动断触点闭合，解除联锁，为反转运行做好准备。

3. 正转停止

电动机运行时，按下停止按钮 SB3，回路 4→5 断开，KA1 线圈失电。其他动作过程同位置开关动作过程。

（三）变频器反转运行位置控制动作过程

1. 反转运行

按下反转启动按钮 SB5，回路经 1→2→3→4→5→9→10→11→0 闭合，KA2 线圈得电。回路 13→14 号线 KA2 的动合触点闭合，接通反转端 REV 和公共端 CM，变频器的 U、V、W 输出，电动机按 F07 加速时间 1 加速至外置电位器设定的频率值，电动机反转运行。变频器控制面板运行指示灯亮，显示信息为 RUN。

同时，回路 5→9 号线 KA2 的动合触点闭合自锁。2→3 号线 KA2 动合触点闭合，与停止按钮 SB1 实现联锁，以保证 KA2 与 KM 实现顺序停止。7→8 号线 KA2 动断触点断开，使 KA2 与 KA1 实现联锁。

2. 位置开关动作过程

当设备运行碰触到限位开关 SQ2 时，9→10 号线 SQ2 的动断触点断开，KA2 线圈失电。回路 13→14 号线 KA2 动合触点断开，变频器反转端 REV 和公共端 CM 断开，变频器的 U、V、W 停止输出，电动机按照 F08 减速时间 1 减速至 F25 停止频率 1 后停止运行。

同时，回路 5→9 号线 KA2 动合触点断开，KA2 解除自锁。2→3 号线 KA2 动合触点断开，解除联锁。7→8 号线的 KA2 动断触点闭合，解除联锁，为正转运行做好准备。

3. 反转停止

电动机运行时，按下停止按钮 SB3，回路 4→5 断开，KA2 线圈失电，其他动作过程同位置开关动作过程。

（四）变频器断电

按下停止按钮 SB1，回路 2→3 断开，KM 线圈失电，KM 主触头断开，变频器输入端 R、S、T 失电。同时回路 3→4 号线 KM 动合触点断开，KM 解除自锁。

这时变频器控制面板运行指示灯熄灭，显示信息为 STOP，变频器失电约 5s 以后，LED、LCD 显示器均显示消失。

实例 27　变频控制电动机自动往返应用电路

电路简介　该电路采用变频器二线接线方式完成电动机的正反转控制，同时在继电器 KA1、KA2 回路中，分别装有两个位置元件 SQ1、SQ2，该元件在设备运行至设定位置后可以切断同向运行信号，并接通反向运行信号，从而实现电气设备在变频调速状态下的自动往返控制。

一、原理图

变频控制电动机自动往返应用电路如图 27-1 所示。

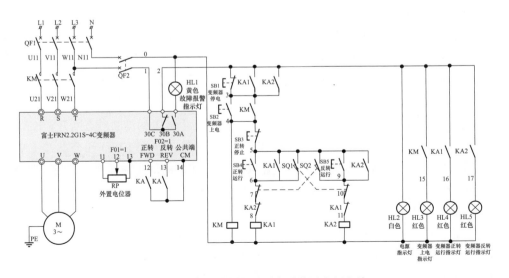

图 27-1　变频控制电动机自动往返应用电路

二、图中应用的端子及主要参数

相关端子及参数功能含义的详解见表27-1。

表 27-1　　　　　　　　　相关端子及参数功能含义

序号	端子名称	功能	功能代码	设定数据	设定值含义
1		数据保护	F00	0	0：可改变数据；1：不可改变数据（数据保护）
2		数据初始化	H03	1	数据初始化，需要双键操作（STOP键＋∧键）
3	11、12、13	频率设定1	F01	1	频率设定由电压输入 0～＋10V/0～±100％（电位器）
4	FWD/REV-CM	运行操作	F02	1	0：面板控制；1：外部端子（按钮）控制
5	30A、30B、30C	30Ry总警报输出	E27	99	98：轻微故障；99：整体警报

三、动作详解

（一）闭合总电源及参数设置

闭合总电源 QF1、控制回路电源 QF2。按下启动按钮 SB2，回路经 1→2→3→4→0 闭合，KM 的线圈得电，KM 的主触头闭合，变频器输入端 R、S、T 上电。回路 3→4 号线 KM 的动合触点闭合自锁。同时为继电器 KA1、KA2 闭合创造条件。根据参数表设置变频器参数。

（二）自动往返运行过程

1. 正转启动

按下正转启动按钮 SB4，回路经 1→2→3→4→5→6→7→8→0 闭合，KA1 线圈得电。回路 12→14 号线 KA1 动合触点闭合，接通正转端 FWD 和公共端 CM，变频器的 U、V、W 输出，电动机按 F07 加速时间 1 加速至频率设定值，电动机正转运行。运行频率由外置电位器进行调节，变频器控制面板运行指示灯亮，显示信息为 RUN。

同时，回路 5→6 号线 KA1 的动合触点闭合自锁。回路 2→3 号线 KA1 动合触点也闭合，与停止按钮 SB1 实现联锁，以保证 KA1 与 KM 实现顺序停止。回路 10→11 号线 KA1 动断触点断开，切断 KA2 线圈回路，使 KA1 与 KA2 实现联锁。

2. 反转切换动作过程

当设备正转运行碰触到限位开关 SQ1 时，6→7 号线 SQ1 的动断触点断开，KA1 线圈失电。回路 12→14 号线 KA1 动合触点断开，变频器正转端 FWD 和公共端 CM 断开，变频器的 U、V、W 停止输出，电动机按照 F08 减速时间 1 减速至 F25 停止频率 1 后停止运行。5→6 号线及 2→3 号线 KA1 动合触点断开。10→11 号线 KA1 动断触点闭合，为反转运行做好准备。

此时，5→9 号线限位开关 SQ1 的动合触点闭合，回路经 1→2→3→4→5→9→10→11→0 闭合，KA2 线圈得电。回路 13→14 号线 KA2 动合触点闭合，接通反转端 REV 和公共端 CM，变频器的 U、V、W 输出，电动机按 F07 加速时间 1 加速至频率设定值，电动机反转运行。变频器控制面板运行指示灯亮，显示信息为 RUN。

5→9 号线 KA2 的动合触点闭合自锁。2→3 号线 KA2 动合触点闭合，与停止按钮 SB1 实现联锁，以保证 KA2 与 KM 实现顺序停止。7→8 号线 KA2 动断触点断开，切断 KA1 线圈回路，使 KA2 与 KA1 实现联锁。

当设备反转离开 SQ1 动作区域后，5→9 号线 SQ1 的动合触点、6→7 号线 SQ1 的动断触点恢复初始状态，为下一次碰触限位开关做准备。

3. 正转切换动作过程

当设备反转运行碰触到限位开关 SQ2 时，9→10 号线 SQ2 的动断触点断开，KA2 线圈失电。回路 13→14 号线 KA2 动合触点断开，变频器反转端 REV 和公共端 CM 断开，变频器的 U、V、W 停止输出，电动机按照 F08 减速时间 1 减速至 F25 停止频率 1 后停止运行。5→9 号线及 2→3 号线 KA2 的动合触点断开。7→8 号线 KA2 动断触点闭合，为正转运行做好准备。

此时，5→6 号线限位开关 SQ2 的动合触点闭合，回路经 1→2→3→4→5→6→7→8→0 闭合，KA1 线圈得电。回路 12→14 号线 KA1 动合触点闭合，接通正转端 FWD 和公共端 CM，电动机按 F07 加速时间 1 加速至频率设定值，电动机正转运行。变频器控制面板运行指示灯亮，显示信息为 RUN。

当设备正转离开 SQ2 动作区域后，5→6 号线 SQ2 的动合触点、9→10 号线 SQ2 的动断触点恢复初始状态，为下一次碰触限位开关做准备。

（三）运行停止

按下停止按钮 SB3，回路 4→5 断开，正、反转继电器 KA1、KA2 线圈失电。变频器公共端 CM 与正转或反转端回路也被断开。变频器的 U、V、W 停止输出，电动机停止运行。

（四）变频器断电

按下停止按钮 SB1，回路 2→3 断开，KM 线圈失电，KM 主触头断开，变频器输入端 R、S、T 失电。同时回路 3→4 号线 KM 动合触点断开，KM 解除自锁。

这时变频器控制面板运行指示灯熄灭，显示信息为 STOP，变频器失电约 5s 以后，LED、LCD 显示器均显示消失。

第三章

变频器内外置时序工频、变频转换功能应用及参数设置

实例 28 三菱 F740 变频器应用内装继电器输出卡控制的工频、变频转换电路

电路简介 该电路应用三菱变频器内置的选件继电器卡，自动完成对三个接触器的直接控制，以完成变频器控制电动机的工频转变频运行或变频转工频运行。

一、原理图

三菱 FR-F740 变频器内置继电器卡工频、变频切换电路原理图如图 28-1 所示。

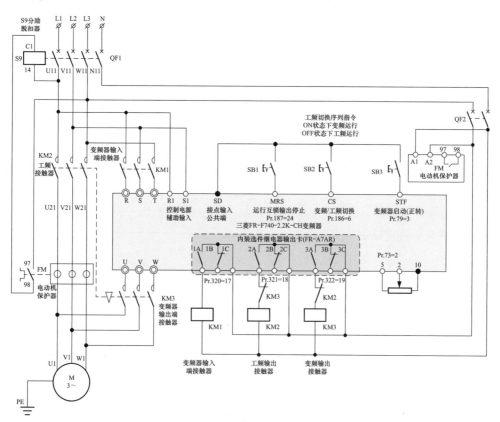

图 28-1 三菱 FR-F740 变频器内置继电器卡工频、变频切换电路原理图

由于晶体管输出端子 IPE、OL、FU 容量限制，在连接接触器时需加装三菱 FR-A7AR 型内装选件继电器输出卡，对交流接触器进行直接控制。而且 KM2 和 KM3 接

触器除采用电气联锁以外，还必须加装机械联锁模块，以防止同时闭合。

晶体管输出端子额定电压为 DC 24V，最大负载电流为 50mA。继电器输出卡接点容量 AC 250V，最大负载电流为 0.3A，或者 DC 48V/0.5A。

二、图中应用的端子及主要参数

相关端子及参数功能含义见表 28-1。

表 28-1 相关端子及参数功能含义说明

序号	端子名称	功能	功能代码	设定数据	设定值含义
1	R1、S1	控制电源辅助输入端子			变频器控制电源输入：分别取自 U11 相、V11 相，电压为 380V
2	1		Pr. 73	2	由外部电位器设定，模拟量输入选择端子 2 输入电压
3		参数禁止写入选择	Pr. 77	2	含义是在所有的运行模式下，不管状态如何都能够写入
4		数据初始化	ALLC	1	0：不能进行清除；1：全部参数恢复初始值
5		再启动自由运行时间	Pr. 57	1s	含义为设定通过变频器进行再启动的等待时间
6		再启动上升时间	Pr. 58	1.5s	含义为切换上升时间，设定再启动时的电压上升时间
7		KM 切换互锁时间	Pr. 136	1s	含义为设定 KM2 和 KM3 的动作互锁时间
8		KM3 运行等待时间	Pr. 137	1s	开始启动等待时间，设定值应比从 ON 信号输入 KM3 后到实际接通为止的时间稍微长点（大约 0.3~0.5s）
9		变频器-工频电源自动切换频率	Pr. 139	50Hz	含义为设定从变频器运行切换到工频运行的频率
10		商用变频器自动切换动作范围	Pr. 159	0.5s	含义为设定在通过 Pr. 139 从变频器运行切换到工频运行后，再次切换到变频器运行的时间（Pr. 139~Pr. 159）
11	10、2、5	频率设定方法	Pr. 161	1	1：当设定值为 1 时，为 M 旋钮电位器模式；2：频率设定（电压）；5：频率设定公共端；10：频率设定用电源
12	SD、STF	运行模式选择	Pr. 79	3	含义为外部/PU 组合运行模式
13		STF 端子功能选择	Pr. 178	60	外部信号 STF 正转输入运行命令，即端子 STF-SD 间：闭合为正转运行；断开为减速停止
14	第 2 功能选择	工频运行切换功能	Pr. 135	1	0：无工频切换顺控；1：有工频切换顺控
15	CS	工频、变频切换内置时序功能	Pr. 186	6	含义为工频切换内置时序 50Hz 功能；ON→OFF：即变频器运行→工频运行；OFF→ON：即工频运行→变频器运行

序号	端子名称	功能	功能代码	设定数据	设定值含义
16	MRS端子功能选择	MRS（输出停止）	Pr.187	24	OFF时变频器输出停止；ON时变频器运行许可
17	RA1继电器输出选择	内置安装的继电器输出卡可以将变频器主体上的晶体管输出端子变换为继电器输出三菱变频器有相应的参数代码	Pr.320	17	含义为继电器卡1控制变频器输入接触器KM1（MC1）：内置选件继电器输出端子1（1A/1C）代替晶体管输出IPE端子，1A、1C为动合触头，该端子连接变频器输入端接触器KM1线圈MC1
18	RA2继电器输出选择		Pr.321	18	含义为继电器卡2控制变频器输出接触器KM2（MC2）：内置选件继电器输出端子2（2A/2C）代替晶体管输出OL端子，2A、2C为动合触头，该端子连接为工频输入KM2线圈MC2
19	RA3继电器输出选择		Pr.322	19	含义为继电器卡3控制连接工频输入KM3（MC3）：内置选件继电器输出端子3（3A/3C）代替晶体管输出PL端子，3A、3C为动合触头，该端子连接变频器输出端接触器KM3线圈MC3

三、动作详解

（一）闭合总电源及参数设置

闭合总电源QF1、QF2，由于变频器控制电源R1、S1连接于KM1、KM2接触器上端，所以变频器控制电源及电动机保护器均得电。根据参数表设置变频器参数。

当设置完参数后，继电器输出卡的1A/1C动合触点闭合，变频器输入接触器KM1线圈回路接通，KM1主触头自动闭合。而且无论是工频运行还是变频运行KM1始终处于闭合状态，仅变频器检测到异常时才断开。此时变频器并未输出。

（二）运行与停止选择

按下MRS自锁式按钮SB1，运行互锁输出控制端子MRS和公共端端子SD回路接通，变频器运行许可。

再次按下MRS自锁式按钮SB1，端子MRS和公共端端子SD回路断开，变频器输出停止。此时KM1一直处于闭合状态（MRS端子功能类似于紧急停止按钮）。

（三）变频与工频运行选择

（1）将自锁式按钮SB2置于闭合位置，继电器输出卡的3A/3C动合触点闭合，变频器输出端接触器KM3主触头自动闭合，但是变频器并未输出。如果闭合控制电源QF2之前SB2已处于闭合状态，当闭合QF2时，变频器输入接触器KM1和变频器输出接触器KM3将自动同时闭合。

（2）如果将自锁式按钮 SB2 置于断开位置，继电器输出卡的 2A/2C 动合触点闭合，工频运行接触器 KM2 将自动闭合，即直接工频启动运行。如果在闭合控制电源 QF2 之前 SB2 已处于断开状态，当闭合 QF2 时，KM1 和 KM2 将自动同时闭合。

（四）变频启动与运行

当自锁式按钮 SB1、SB2 都处于闭合状态时，按下自锁式启动与停止按钮 SB3，正转运行端子 STF 与接点输入公共端 SD 回路接通，变频器按 Pr.07 加速时间 1 加速至频率设定值，运行频率按外置电位器给定的频率运行。变频器控制面板运行指示灯亮，显示信息为运行频率 50.00。

（五）变频运行停止

再次按下启动与停止按钮 SB3，正转端子 STF 和 SD 回路断开，变频器按照 Pr.08 减速时间 1 减速至 Pr.587 停止频率 1 后电动机停止运行。变频器控制面板运行指示灯熄灭，显示信息为 0.00Hz。此时交流接触器 KM1 和 KM3 仍处于闭合状态。

如果要重新启动只需按下启动自锁式按钮 SB3 即可重新启动。

（六）变频转工频运行

按下变频/工频选择自锁式按钮 SB2，断开端子 CS 和端子 SD 回路。变频器输出端接触器 KM3 主触头自动断开，变频器输出端 U、V、W 主电路断开。同时，KM3 动断触点闭合，解除联锁。

同时变频器继电器输出端子 2A/2C 自动接通，KM2 线圈得电。KM2 主触头闭合。工频主电源接通，电动机工频运行。同时，KM2 动断触点断开，与变频器输出端接触器 KM3 线圈互锁，以保证 KM2、KM3 实现电气联锁。

这时变频器控制面板运行指示灯闪烁，但运行频率显示为 0.00Hz。

（七）工频运行停止

当变频运行转换为工频运行后，按下自锁式按钮 SB1，端子 MRS 和端子 SD 回路断开，变频器立即断开工频接触器 KM2，工频运行停止，电动机按自由旋转方式惯性停车。

（八）工频直接启动

按下自锁式按钮 SB1，端子 MRS 和端子 SD 回路接通，此时端子 CS 和端子 SD 回路处于断开位置。KM2 自动闭合，主电路闭合，电动机全压直接工频启动。

由于工频启动电流为电动机额定电流的 6～7 倍。变频启动电流为电动机额定电流的 1.25～2.0 倍，故硬启动都将产生较大的机械冲击电流，所以启动时应尽量采用变频软启方式。

（九）工频转变频

当电动机处于工频运行时，按下变频/工频选择自锁式按钮 SB2，端子 CS 和端子 SD 回路接通，工频接触器 KM2 断开。然后变频器输出端接触器 KM3 自动闭合，变频器输入端 R、S、T 和输出端 U、V、W 主电路接通。电动机变频运行。此时变频器从启动频率 Pr.13 开始输出，变频转工频及工频转变频运转时序记录示例图如图 28-2 所示。

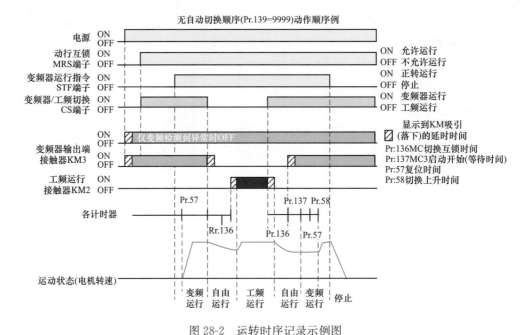

图 28-2　运转时序记录示例图

实例 29　富士 G1S 变频器应用内装继电器输出卡控制的工频、变频转换电路（含视频讲解）

　　电路简介　该电路应用富士变频器内置的选件继电器卡，自动完成对三个接触器的直接控制，以完成变频器控制电动机的工频转变频运行或变频转工频运行，控制回路采用变频器三线式的接线方法，利用"自保持"参数设置的功能特点，只用两只按钮便实现了变频器控制电动机的正转运行与停止。

　　在工频转变频时变频器直接输出 50Hz。即无论电位器给定的频率是多少，变频器都将以 50Hz 的频率接通电动机，然后再从 50Hz 升（降）至电位器设定的频率连续运行。

　　并且在变频运行状态下变频器检测到有故障后自动转换至工频运行。

　　一、原理图

　　富士 G1S 变频器应用内装继电器输出卡控制工频、变频转换电路原理图如图 29-1 所示。

　　由于晶体管输出端子 Y1、Y2、Y3、Y4 容量限制，在连接接触器时需加装 OPC-G1-RY 型内置继电器输出卡，对交流接触器进行直接控制。而且 KM2 和 KM3 接触器除采用电气联锁以外，还必须加装机械联锁模块，以防止同时闭合。晶体管输出端子 Y1、Y2、Y3、Y4 分别由内置继电器输出卡 1（1A、1B、1C）、内置继电器输出卡 2（2A、2B、2C）、内置继电器输出卡 3（3A、3B、3C）、内置继电器输出卡 4（4A、4B、4C）替代。由 E20～E23 分别设置 Y1、Y2、Y3、Y4 的功能。

　　晶体管输出端子额定电压为 DC 24V，最大负载电流为 50mA，继电器输出卡接点容量 AC 250V，最大负载电流为 0.3A，或者 DC 48V/0.5A。

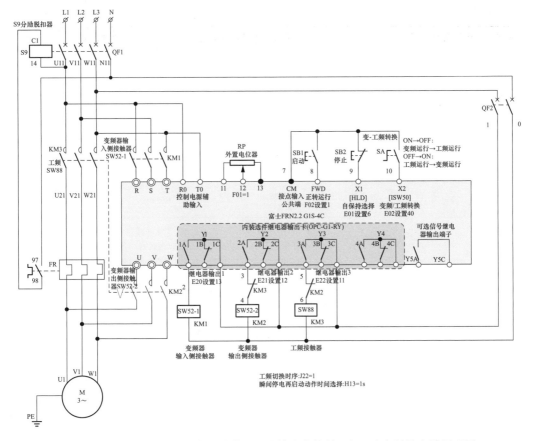

图 29-1 富士 G1S 变频器应用内装继电器输出卡控制工频、变频转换电路原理图

二、图中应用的端子及主要参数

相关端子及参数功能含义见表 29-1。

表 29-1 相关端子及参数功能含义

序号	端子名称	功能	功能代码	设定数据	设定值含义
1	R0、T0	控制电源辅助输入端子			变频器控制电源输入：分别取自 U11 相、W11 相，电压为 380V
2		数据保护	F00	0	0：可改变数据；1：不可改变数据（数据保护）
3		数据初始化	H03	1	数据初始化，需要双键操作（STOP 键 ＋ ∧ 键）
4	11、12、13	频率设定	F01	1	频率设定由电压输入 0～＋10V/0～±100%（电位器）
5	FWD、CM	运行操作	F02	1	0：面板控制；1：外部端子（按钮）控制
6	X1	数字输入端子	E01	6	含义为自保持选择功能 HLD（停止按钮）
7	X2		E02	40	含义为内置时序工变频切换功能（50Hz）（ISW50）

续表

序号	端子名称	功能	功能代码	设定数据	设定值含义
8	1A、1B、1C	将变频器主体上的 Y1～Y4 晶体管输出端子变换为继电器输出	E20	13	含义为由继电器卡 1 控制变频器输入接触器 KM1（SW52-1）
9	2A、2B、2C		E21	12	含义为由继电器卡 2 控制变频器输出接触器 KM2（SW52-2）
10	3A、3B、3C		E22	11	含义为由继电器卡 3 控制工频接触器 KM3（SW88）
11		动作时间	H13	1s	含义为工频、变频转换时等待时间设定值，范围为 0.1～10.0s
12		模拟故障	H45	1	含义为可模拟性地发出报警。该参数需要双键操作（STOP 键＋∧键或∨键）
13		工频切换时序	J22	1	变频器运转状态下发生警报后自动切换到工频电源运转

三、动作详解

（一）闭合总电源及参数设置

闭合总电源 QF1、QF2，由于变频器控制电源 R0、T0 连接于 KM1 接触器上端，所以变频器控制电源得电、KM3 接触器上端以及电动机保护器均得电。

根据参数表设置变频器参数，设置参数时如果将转换开关 SA 置于闭合位置（X2-CM），当设置完 E02＝40 和 E20、E21 和 E22 后，变频器输入端接触器 KM1 和变频器输出端接触器 KM2 将自动闭合，但是变频器并未输出。

如果转换开关 SA 置于断开位置，3 个接触器均不动作。

（二）变频启动与运行

（1）闭合变频/工频选择开关 SA，变频器输入端接触器 KM1（1A/1C）和变频器输出端接触器 KM2（2A/2C）将分别自动闭合（KM1 先于 KM2 接触器 0.2s 闭合），KM1、KM2 线圈得电。变频器输入端 R、S、T 和输出端 U、V、W 主电路接通。

同时，KM2 动断触点断开，工频接触器 KM3 线圈不能得电，以保证 KM2、KM3 实现电气联锁。

（2）按下启动按钮 SB1，变频器正转端子 FWD 和接点输入公共端端子 CM 回路接通，变频器按 F07 加速时间 1 加速至频率设定值，运行频率按外置电位器给定的频率运行。变频器控制面板运行指示灯亮，显示信息为 RUN。

（三）变频运行停止

按下停止按钮 SB2，变频器"自保持"端子 X1 和接点输入公共端端子 CM 回路断开，X1 自保持选择解除，变频器按照 F08 减速时间 1 减速至 F25 停止频率 1 后电动机停止运行。变频器控制面板运行指示灯熄灭，显示信息为 STOP，运行频率显示为闪烁的频率设置值 50.00Hz。

如果要重新启动只需按下启动按钮 SB1 即可重新启动。

（四）变频转工频运行

当变频器运行至 50Hz 后，将转换开关 SA 旋至开路，变频/工频转换端子 X2 与公共端端子 CM 回路断开。变频器继电器输出端子 1A/1C、2A/2C 断开，KM1、KM2 线圈失电。KM1（1A/1C）和 KM2（2A/2C）主触头立即同时复位断开。

同时，KM2 动断触点闭合，解除联锁。经瞬间停电再启动设定值 H13 所设定的时间"1s"后，继电器输出端子 3A/3C 自动接通，KM3 线圈得电。KM3 主触头闭合，工频主电源接通，电动机工频运行（50Hz）。变频转工频运转时序记录示例图见图 28-2。同时，KM3 动断触点断开，变频器输出继电器 KM2 线圈不能得电，以保证 KM2、KM3 实现电器联锁。

这时变频器控制面板运行指示灯亮，显示信息仍然为 RUN，但运行频率显示为 0.00Hz。

（五）工频运行停止

当变频转换为工频运行后，按下停止按钮 SB2，"自保持"端子 X1 和公共端端子 CM 回路断开，X1 自保持选择解除，变频器立即断开接触器 KM3（3A/3C），KM3 线圈失电。KM3 主触头断开，工频运行停止。电动机按自由旋转方式惯性停车。同时，KM3 动断触点闭合，解除联锁。

变频器控制面板运行指示灯熄灭，显示信息为 STOP，运行频率显示为闪烁的频率设置值 50.00Hz。

（六）工频直接启动

将转换开关 SA 旋至开路，按下启动按钮 SB1，继电器输出端子 3A/3C 自动接通，KM3 线圈得电。KM3 主触头闭合，电动机全压直接工频启动。变频器 LED 屏频率值显示为"＿＿＿＿＿"（5 个下划线代码含义为仅有控制电源辅助输入，主频器主电源没有接通）。同时，KM3 动断触点断开，变频器输出继电器 KM2 线圈不能得电，以保证 KM2、KM3 实现电器联锁。

由于工频启动电流为电动机额定电流的 6～7 倍。变频启动电流为电动机额定电流的 1.25～2.0 倍，故硬启动都将产生较大的机械冲击电流，因此，启动时应尽量采用变频软启方式。

（七）工频转变频

当电动机处于工频运行时，将工频、变频转换开关 SA 旋至闭合，工频接触器 KM3（3A/3C）断开，KM3 线圈失电。变频器输入端接触器 KM1（1A/1C）和变频器输出端接触器 KM2（2A/2C）分别自动闭合，变频器输入端 R、S、T 和输出端 U、V、W 主电路接通。经瞬间停电再启动设定值 H13 所设定的时间"1s"后，变频器输出端 U、V、W 直接输出 50Hz 接通电动机，电动机变频运行。

无论外置电位器给定的频率是多少，变频器都以 50Hz 的频率接通电动机，然后再从 50Hz 升（降）至电位器设定的频率连续运行。工频转变频运转时序记录示例图如图 29-2 所示。

（八）变频自动转工频

通过设置功能代码 J22，变频器发生报警时，可以选择是否能够自动切换为工频电源运行。设定值见表 29-1。

当 J22 设定为 1 时，变频器发生报警时，可以自动切换为工频电源运行。当自动切换为工频电源运行后，即使在电路中连接某端子 X4 或 X5 并且设定为外部报警功能 THR 或强制停止功能 STOP 都将失去作用，只能用断开自保持选择功能（按下停止按钮）停止工频运行。

当变频器内部发生严重故障时，有时不能正常动作。所以在重要的设备上，在外部要设计紧急切换电路。如果工频电源侧的接触器 KM3 和变频器输出侧 KM2（二次侧）接触器同时置于 ON，则从变频器的输出侧（二次侧）将输入主电源，有可能造成变频器损坏。所以外部电路务必采用电器互锁并在两个接触器间加装机械联锁模块，以防止 KM3 和 KM2 同时闭合。

（九）工频检测到故障后自动停机

当工频运行时如果电动机发生故障，电动机保护器 FM 动合触点 97、98 闭合，接通 S9 分励脱扣器线圈，S9 分励脱扣器带动断路器 QF1 脱扣，断开总电源，变频器、接触器及电动机失电，接触器主触头断开，电动机停止运行。

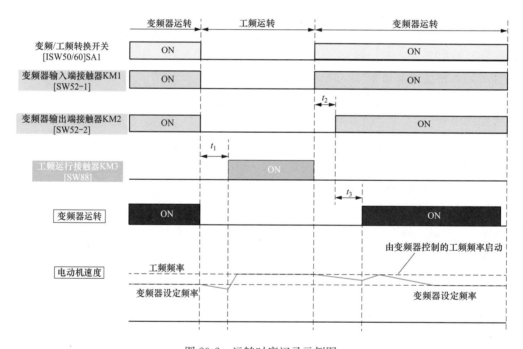

图 29-2 运转时序记录示例图

图 29-2 中的 t_1：0.2s＋H13（瞬时停电再启动动作等待时间），t_2：0.2s＋主电路的运转准备过程结束时间，t_3：0.2s＋H13（瞬时停电再启动动作等待时间）。

四、关于变频器主电源的连接

（1）在电路设计时即使不连接变频器警报总输出 30A/30B/30C 端子，当变频器检测到有故障时，在报警后也能自动完成变频转工频，并停止变频输出。

（2）如果不使用交流接触器 KM1 供给变频器主电源，而采用断路器为变频器直接供电的情况下，指令序列也能正常动作，也能自动完成变频转工频，并停止变频输出。

（3）在使用交流接触器 KM1 供给变频器的主电源的情况下，应将控制电源辅助输入端子 RO、TO 连接于 KM1 上端。以保证变频器控制电源始终供电。

五、关于运行操作位置的选择

当 F02 运行操作指令设置为 0 时，变频与工频都由操作面板上的 FWD、STOP 键控制电动机的运行与停止命令。

当 F02 运行操作指令设置为 1 时，变频与工频都由外部按钮控制电动机的运行与停止命令。

六、关于模拟故障 H45 代码

为了确认保护功能是否正常动作，可以用 H45 设置为 1，模拟性地发出报警。在该电路中 H45 用于检验变频器检测到故障后，是否能自动转工频运行，所以正常不用设置。

实例 30 富士 G1S 变频器应用内置时序切换功能控制的工频、变频转换电路 1

电路简介 该电路应用富士变频器内置的工频、变频转换功能，通过中间继电器自动完成对三个接触器的控制，以完成变频器控制电动机的工频转变频运行或变频转工频运行，该电路具有紧急切换功能，并且在变频器的警报输出时有自动切换功能。

在工频转变频时变频器直接输出 50Hz。即无论电位器给定的频率是多少，变频器都以 50Hz 的频率接通电动机，然后再从 50Hz 升（降）至电位器设定的频率连续运行，并且在变频运行状态下变频器检测到有故障后自动转换至工频运行。

一、原理图

富士 G1S 变频器应用内置时序切换功能的工频、变频切换电路原理图 1 如图 30-1 所示。

二、图中应用的主要参数表

相关端子及参数功能含义见表 30-1。

三、动作详解

（一）闭合总电源及参数设置

闭合电源 QF1、QF2，变频器控制电源（R0、T0）得电（控制电源得电后变频器只可以设置参数）。

由于在外部电路 KM2 和 KM3 采用了联锁设计，所以，工频电源侧的接触器 KM3（SW88）和变频器输出侧 KM2（二次侧）接触器（SW52-2）不可能同时接通，也就不可能从变频器的输出侧（二次侧）输入主电源，保证了变频器的安全运行。根据参数表设置变频器参数。

（二）变频运行与停止

1. 工频、变频运行选择

工频、变频转换开关 SA1 置于"变频运行"位置，转换开关的①→②接点闭合。正常/紧急转换开关 SA2 置于"正常运行"位置，转换开关的①→②接点闭合。

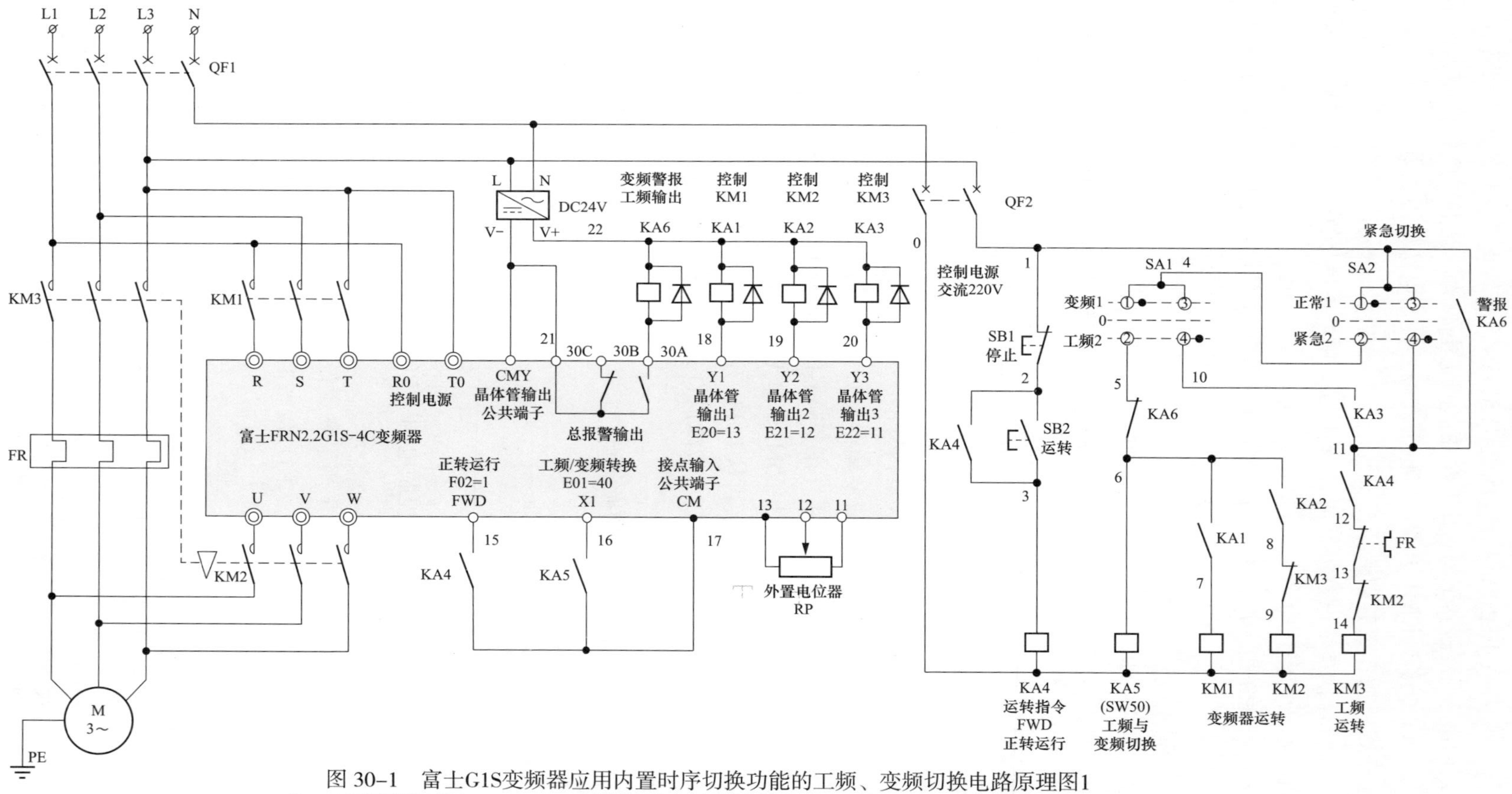

图 30-1 富士G1S变频器应用内置时序切换功能的工频、变频切换电路原理图1

注 1. 由于晶体管输出端子Y1、Y2、Y3、Y4容量限制，该电路中的接触器必须采用额定电压24V，闭合时最大负载电流小于50mA。
2. 使用小型中间继电器间接对交流接触器进行控制。而且KM2和KM3接触器必须加装机械联锁模块，以防止同时闭合。

表 30-1 相关端子及参数功能含义

序号	端子名称	功能	功能代码	设定数据	设定值含义
1		数据保护	F00	0	0：可改变数据；1：不可改变数据（数据保护）
2		数据初始化	H03	1	数据初始化，需要双键操作（STOP 键＋∧键）
3	11、12、13	频率设定 1	F01	1	频率设定由电压 0～＋10V/0～±100%（电位器）
4	FWD、CM	运行操作	F02	1	0：面板控制；1：外部端子（按钮）控制
5		动作时间	H13	1s	含义为瞬间停电再启动（等待时间 1s）
6	X1	数字输入端子	E01	15	含义为内置时序工频、变频转换指令；ON→OFF：变频运行→工频运行；OFF→ON：工频运行→变频运行
7	Y1		E20	13	含义为晶体管 1 控制变频器输入中间继电器 KA1
8	Y2	晶体管输出端子	E21	12	含义为晶体管 2 控制变频器输出中间继电器 KA2
9	Y3		E22	11	含义为晶体管 3 控制工频中间继电器 KA3
10	30A、30B、30C	30Ry 总警报输出	E27	99	98：轻微故障；99：整体警报

回路经 1→4→5→6→0 闭合，中间继电器 KA5 线圈得电，回路 16→17 号线间 KA5 动合触点闭合，接通变频器工频、变频选择端子 X1 与公共端端子 CM。

同时，变频器晶体管输出端子 Y1、Y2 输出 ON 信号，中间继电器 KA1、KA2 线圈工作，分别控制 KM1、KM2 线圈回路。

回路 6→7 号线间 KA1 动合触点闭合，KM1 线圈得电。KM1 主触头闭合，变频器输入端 R、S、T 上电。

0.2s 后回路 6→8 号线间 KA2 动合触点闭合，KM2 线圈得电。KM2 主触头闭合，变频器输出端 U、V、W 接通电动机的主回路（KM1 先于 KM2 接触器 0.2s 闭合，该时间值不可设定），但变频器没有输出。回路 13→14 号线间 KA2 动断触点断开，切断 KM3 线圈回路，以保证工频 KM3 与变频 KM2 两个接触器实现电气联锁。

2. 变频启动

按下变频运行启动按钮 SB2，回路经 1→2→3→0 闭合，KA4 线圈得电。回路 15→17 号线间 KA4 动合触点闭合，接通正转端 FWD 与公共端 CM，变频器的 U、V、W 输出。电动机按 F07 加速时间 1 加速至频率设定值，电动机正转运行。运行频率由外置电位器设定（50Hz），此时变频器控制面板运行指示灯亮，显示信息为 RUN。

同时，回路 2→3 号线间 KA4 动合触点闭合，实现自锁。回路 11→12 号线间

KA4 动合触点也闭合，为转换工频运行创造条件。

3. 变频运行停止

按下停止按钮 SB1，回路 1→2 断开，KA4 线圈失电。回路 15→17 号线间 KA4 动合触点断开，断开正转端 FWD 与公共端 CM。电动机按照 F08 减速时间 1 减速至 F25 停止频率 1 后停止运行。变频器控制面板运行指示灯熄灭，显示信息为 STOP，运行频率显示为闪烁的频率设置值 50.00Hz。

同时，回路 2→3 号线间 KA4 动合触点断开，解除自锁。回路 11→12 号线间 KA4 动合触点也断开，解除变频或工频运行。

如果要重新启动只需按下启动按钮 SB2 即可重新启动。

（三）变频转工频运行

变频运行时，工频、变频转换开关 SA1 置于"变频运行"位置，转换开关的①→②接点闭合。正常/紧急转换开关 SA2 置于"正常运行"位置，转换开关的①→②接点闭合。中间继电器 KA1、KA2、KA4、KA5 和接触器 KM1、KM2 都处于闭合运行状态。

1. 变频运行停止

工频、变频转换开关 SA1 置于"工频运行"位置，转换开关①→②接点断开。回路 4→5 断开，KA5 线圈失电。回路 16→17 号线间 KA5 动合触点断开，变频器工频、变频选择端 X1 与公共端 CM 断开，变频器晶体管输出 Y1、Y2 同时输出 OFF 信号，中间继电器 KA1、KA2 线圈同时失电，但是 KA4 线圈仍然处于工作状态。

回路 6→7 号线间 KA1 动合触点断开，KM1 线圈失电。KM1 主触头断开，变频器输入端 R、S、T 失电。同时，回路 6→8 号线间 KA2 动合触点断开，KM2 线圈失电。KM2 主触头断开，变频器输出端 U、V、W 与电动机主回路断开。电动机按照 F08 减速时间 1 减速至 F25 停止频率 1 后停止运行。变频器控制面板运行指示灯熄灭，显示信息为 STOP，运行频率显示为闪烁的频率设置值 50.00Hz。同时，回路 13→14 号线间 KA2 动断触点闭合，解除电气联锁，为工频运行做好准备。

2. 转工频运行

工频、变频转换开关 SA1 置于"工频运行"位置，转换开关③→④接点闭合。回路经 1→4→10 闭合，回路 11→12→13→14→0 号线接通，此时 KA3 线圈并没有工作，10→11 号线间 KA3 动合触点仍然处于开路状态。

经瞬间停电再启动设定值 H13＝1s 所设定的时间到后，变频器晶体管输出端子 Y3 输出 ON 信号，中间继电器 KA3 线圈得电，回路 10→11 号线间 KA3 动合触点闭合，KM3 线圈得电。工频接触器 KM3 主触头闭合，电动机工频运行。这时变频器控制面板运行指示灯亮，显示信息仍然为 RUN，运行频率显示为 0.00Hz。

同时，回路 8→9 号线间 KM3 动断触点断开，切断 KM2 线圈回路，以保证工频 KM3 与变频 KM2 两个接触器实现电气联锁。

3. 工频运行停止

按下停止按钮 SB1, 回路 1→2 断开, KA4 线圈失电。回路 15→17 号线间 KA4 动合触点断开, 断开正转端子 FWD 与公共端端子 CM。回路 2→3 号线间 KA4 动合触点断开, 解除自锁。

同时, 回路 11→12 号线间 KA4 动合触点也断开, KM3 线圈失电。KM3 主触头断开, 电动机的主回路与工频主电源断开, 工频运行停止, 电动机按自由旋转方式惯性停车。回路 8→9 号线间 KM3 动断触点闭合, 解除电气联锁, 为变频运行做好准备。

(四) 工频转变频运行

1. 工频运行停止

电动机工频运行时, 将工频、变频转换开关 SA1 置于 "变频运行" 位置, 转换开关③→④接点断开。回路 4→10 断开, KM3 线圈失电。KM3 主触头断开, 电动机的主回路与工频主电源断开, 工频运行停止, 电动机按自由旋转方式惯性停车。回路 8→9 号线间 KM3 动断触点闭合, 解除电气联锁, 为变频运行做好准备。

2. 变频运行

工频、变频转换开关 SA1 置于 "变频运行" 位置, 转换开关①→②接点闭合。回路经 1→4→5→6→0 闭合, 中间继电器 KA5 线圈得电。回路 16→17 号线间 KA5 动合触点闭合, 接通变频器工频、变频选择端子 X1 与公共端 CM, 经瞬间停电再启动设定值 H13＝1s 所设定的时间到后, 变频器晶体管输出端子 Y1、Y2 输出 ON 信号, 中间继电器 KA1、KA2 线圈工作, 分别控制 KM1、KM2 线圈回路。动作过程同 "(二) 中的第 1 部分"。

按下变频运行启动按钮 SB2, 回路经 1→2→3→0 闭合, KA4 线圈得电。动作过程同 "(二) 中的第 2 部分"。

变频器直接输出 50Hz, 然后再从 50Hz 升 (降) 至电位器设定的频率连续运行。电动机正转运行。运行频率由外置电位器设定, 此时变频器控制面板运行指示灯亮, 显示信息为 RUN。

3. 变频运行停止

按下停止按钮 SB1, 回路 1→2 断开, KA4 线圈失电。动作过程同 "(二) 中的第 3 部分"。

(五) 紧急情况下的工频直接启动运行

当电动机处于停止状态时, 将正常/紧急转换开关 SA2 置于 "紧急运行" 位置, 转换开关的③→④接点闭合。按下启动按钮 SB2, 回路经 1→2→3→0 闭合, KA4 线圈得电。回路 11→12 号线间 KA4 动合触点闭合, KM3 线圈得电。KM3 主触头闭合, 接通电动机工频主电源, 电动机工频运行。

工频启动电流为电动机额定电流的 6～7 倍, 变频启动电流为电动机额定电流的 1.25～2.0 倍, 故硬启动产生较大的机械冲击电流, 所以启动时应尽量采用变频软启方式。

（六）紧急情况下的工频运行停止

按下停止按钮 SB1，回路 1→2 断开，KA4 线圈失电。回路 11→12 号线间 KA4 动合触点断开，KM3 线圈失电。KM3 主触头断开，电动机的主回路与工频主电源断开，工频运行停止，电动机按自由旋转方式惯性停车。

（七）变频自动转工频

变频运行时，变频器检测到故障发出报警，变频器晶体管输出端子 Y1、Y2 输出 OFF 信号，中间继电器 KA1、KA2 线圈同时失电，分别控制 KM1、KM2 线圈也同时失电，变频器输入、输出端接触器均断开，变频器停止运行。此时变频器故障总输出 30A/30C 端子动合触点也闭合，中间继电器 KA6 线圈得电。

（1）回路 1→11 号线间 KA6 的动合触点闭合，回路 13→14 号线间 KM2 动断触点闭合，所以回路经 1→11→12→13→14→0 号线闭合，KM3 线圈得电。KM3 主触头闭合，接通电动机的工频电源，电动机工频运行。同时，回路 5→6 号线间 KA6 动断触点断开，切断变频运行回路，以保证工频与变频实现电气联锁。

（2）工频运行时，电动机发生故障，回路 12→13 号线间 FR 动断触点断开，KM3 线圈失电。KM3 主触头断开，切断工频运行主电源，电动机停止运行。

实例 31 富士 G1S 变频器应用内置时序切换功能控制的工频、变频转换电路 2

电路简介 该电路应用富士变频器内置的工频、变频转换功能，通过中间继电器自动完成对 3 个接触器的控制，以完成变频器控制电动机的工频转变频运行或变频转工频运行，当变频器内部发生严重故障时，该电路具有紧急切换至工频功能。

在工频转变频时变频器直接输出 50Hz，即无论电位器给定的频率是多少，变频器都将以 50Hz 的频率接通电动机，然后再从 50Hz 升（降）至电位器设定的频率连续运行。

一、原理图

富士 G1S 变频器应用内置时序切换功能的工频、变频切换电路原理图如图 31-1 所示。

二、图中应用的主要参数

相关端子及参数功能含义见表 31-1。

三、动作详解

（一）闭合总电源及参数设置

闭合电源 QF1、QF2，变频器控制电源（R0、T0）得电（控制电源得电后变频器只可以设置参数），根据参数表设置变频器参数。

紧急切换开关 SA1 置于"正常（变频）"位置，转换开关的③→④接点闭合，①→②接点断开。回路经 1→4 闭合。

（二）变频启动与运行

1. 变频运行/工频运行选择

闭合工频、变频切换开关 SA2，回路经 12→14 闭合，接通变频器工频、变频选择

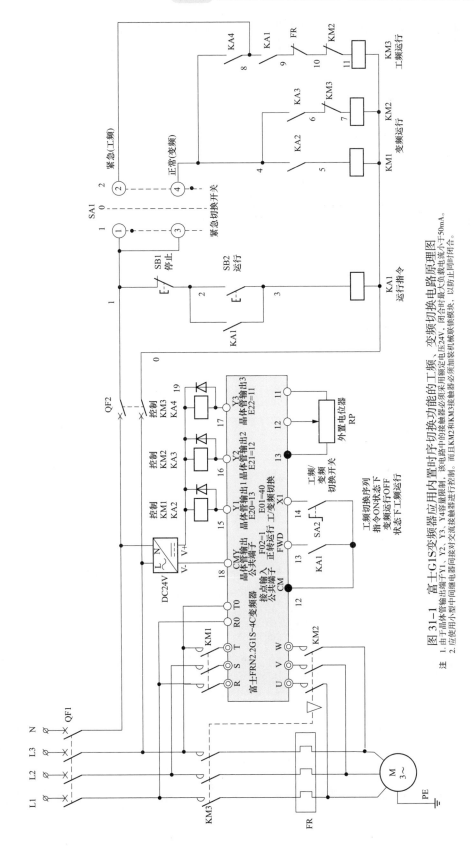

图 31—1 富士 G1S 变频器应用内置时序工频、变频切换功能的工频、变频切换电路原理图

注 1. 由于晶体管输出端子 Y1、Y2、Y3、Y4 容量限制，该电路中的接触器必须采用额定电压 24V。闭合时最大负载电流小于 50mA。
2. 应使用小型中间继电器间接对交流接触器进行控制。而且 KM2 和 KM3 接触器必须加装机械联锁模块，以防止同时闭合。

端子 X1 与公共端端子 CM，变频器晶体管输出端子 Y1、Y2 输出 ON 信号，中间继电器 KA2、KA3 线圈得电，分别控制 KM1、KM2 线圈回路。回路 4→5 号线间 KA2 动合触点闭合，KM1 线圈得电。KM1 主触头闭合，变频器输入端 R、S、T 上电。

回路 4→6 号线间 KA3 动合触点闭合，KM2 线圈得电。KM2 主触头闭合，变频器输出端 U、V、W 接通电动机的主回路（KM1 先于 KM2 接触器 0.2s 闭合），但变频器没有输出。同时，回路 10→11 号线间 KM2 动断触点断开，切断 KM3 线圈回路，以保证工频接触器 KM3 与变频接触器 KM2 实现电气联锁。

表 31-1 相关端子及参数功能含义

序号	端子名称	功能	功能代码	设定数据	设定值含义
1	R0 T0	控制电源辅助输入端子			变频器控制电源输入：分别取自 L1 相、L3 相，电压为 380V
2		数据保护	F00	0	0：可改变数据；1：不可改变数据（数据保护）
3		数据初始化	H03	1	数据初始化，需要双键操作（STOP 键＋∧键）
4	11、12、13	频率设定	F01	1	频率设定由电压输入 0～＋10V/0～±100%（电位器）
5	FWD、CM	运行操作	F02	1	0：面板控制；1：外部端子（按钮）控制
6		动作时间	H13	1s	含义为瞬间停电再启动（等待时间 1s）
7	X1	数字输入端子	E01	40	4 含义为内置时序工变频切换功能（50Hz）ISW50
8	Y1	晶体管输出端子	E20	13	含义为晶体管 1 控制变频器输入中间继电器 KA2
9	Y2		E21	12	含义为晶体管 1 控制变频器输出中间继电器 KA3
10	Y3		E22	11	含义为晶体管 1 控制工频中间继电器 KA4
11	30A、30B、30C	30Ry 总警报输出	E27	99	98：轻微故障；99：整体警报

2. 变频运行启动

按下启动按钮 SB2，回路经 1→2→3→0 闭合，中间继电器 KA1 线圈得电。回路 12→13 号线间 KA1 动合触点闭合，接通变频器正转端子 FWD 与公共端端子 CM，变频器 U、V、W 输出。电动机按 F07 加速时间 1 加速至频率设定值，电动机正转运行。运行频率由外置电位器进行调节，此时变频器控制面板运行指示灯亮，显示信息为 RUN。

同时，回路 2→3 号线间的 KA1 动合触点也闭合，实现自锁。回路 8→9 号线间的 KA1 动合触点闭合，为工频运行创造条件。

3. 变频运行停止

按下停止按钮 SB1，回路 1→2 断开，中间继电器 KA1 线圈失电。回路 12→13 号线间 KA1 动合触点断开，切断变频器正转端子 FWD 与公共端端子 CM，变频器 U、V、W 停止输出。电动机按照 F08 减速时间 1 减速至 F25（停止频率 1）后停止运行。变频器控制面板运行指示灯熄灭，显示信息为 STOP，运行频率显示为闪烁的频率设置值 50.00Hz。

同时，回路 2→3 号线间的 KA1 动合触点也断开，解除自锁。回路 8→9 号线间的 KA1 动合触点断开，解除工频运行准备。

如果要重新启动只需按下启动按钮 SB2 即可重新启动。

（三）变频运行转工频运行

变频运行时，中间继电器 KA1、KA2、KA3 和接触器 KM1、KM2 都处于闭合运行状态。

1. 变频运行停止

断开工频、变频切换开关 SA2，回路 12→14 断开，切断变频器工频、变频选择端子 X1 与公共端端子 CM。变频器晶体管输出端子 Y1、Y2 输出 OFF 信号，中间继电器 KA2、KA3 线圈同时失电，分别控制 KM1、KM2 线圈回路。回路 4→5 号线间 KA2 动合触点断开，KM1 线圈失电。KM1 主触头断开，变频器输入端 R、S、T 失电。

回路 4→6 号线间 KA3 动合触点断开，KM2 线圈失电。KM2 主触头断开，变频器输出端 U、V、W 与电动机主回路断开。电动机按照 F08 减速时间 1 减速至 F25 停止频率 1 后停止运行。变频器控制面板运行指示灯熄灭，显示信息为 STOP，运行频率显示为闪烁的频率设置值 50.00Hz。同时，回路 10→11 号线间 KM2 动断触点闭合，解除电气联锁，为工频运行做好准备。

2. 工频运行

经瞬间停电再启动设定值 H13＝1s 所设定的时间到后，晶体管输出端子 Y3 输出 ON 信号，中间继电器 KA4 线圈得电。回路 4→8 号线间 KA4 动合触点闭合，回路经 1→4→8→9→10→11→0 号线闭合，KM3 线圈得电。KM3 主触头闭合，工频电源接通，电动机工频运行（50Hz）。同时，回路 6→7 号线间 KM3 动断触点断开，切断 KM2 线圈回路，以保证工频 KM3 与变频 KM2 两个接触器实现电气联锁。

（四）工频运行转变频运行

工频运行时，中间继电器 KA1 和接触器 KM3 都处于闭合运行状态。

1. 工频运行停止

闭合工频、变频切换开关 SA2，回路经 12→14 闭合，接通变频器工频、变频选择端子 X1 与公共端端子 CM。晶体管输出端子 Y3 输出 OFF 信号，中间继电器 KA4 线圈失电，回路 4→8 号线间 KA4 动合触点断开，KM3 线圈失电。KM3 主触头断开，电动机的主回路与工频主电源断开，工频运行停止，电动机按自由旋转方式惯性停车。同时，回路 6→7 号线间 KM3 动断触点闭合，解除电气联锁，为变频运行做好准备。

2. 变频运行

变频器晶体管输出端子 Y3 输出 OFF 信号 0.2s 后 Y1、Y2 输出 ON 信号，中间继电器 KA2、KA3 线圈得电，分别控制 KM1、KM2 线圈回路。KM1 先于 KM2 接触器 0.2s 闭合，但变频器没有输出。同时，回路 10→11 号线间 KM2 动断触点断开，切断 KM3 线圈回路，以保证工频接触器 KM3 与变频接触器 KM2 实现电气联锁。

闭合工频、变频切换开关 SA2 后，经瞬间停电再启动设定值 H13＝1s 所设定的时间，变频器直接输出 50Hz，然后再从 50Hz 升（降）至电位器设定的频率连续运行，变频器控制面板运行指示灯亮，显示信息为 RUN。

（五）紧急情况下的工频直接启动运行

变频运行时，中间继电器 KA1、KA2、KA3 和接触器 KM1、KM2 都处于闭合运行状态。

1. 变频器内部严重故障时变频运行停止

当变频器内部发生严重故障，不能有效的切换晶体管输出端子 Y1、Y2、Y3，以及控制变频器输出时，将紧急切换开关 SA1 置于"紧急（工频）"位置，转换开关的③→④接点断开，回路 1→4 断开，KM1、KM2 线圈同时失电。KM1 主触头断开，变频器输入端 R、S、T 失电。KM2 主触头断开，变频器输出端 U、V、W 与电动机的主回路断开。电动机按照 F08 减速时间 1 减速至 F25 停止频率 1 后停止运行。变频器控制面板运行指示灯熄灭，显示信息为 STOP。

同时，回路 10→11 号线间 KM2 动断触点闭合，解除电气联锁，为工频运行做好准备。

2. 工频运行

将紧急切换开关 SA1 置于"紧急（工频）"位置，转换开关的①→②接点闭合，回路经 1→8→9→10→11→0 闭合，KM3 线圈得电。KM3 主触头闭合，工频电源接通，电动机工频运行（50Hz）。

同时，回路 6→7 号线间 KM3 动断触点断开，切断 KM2 线圈回路，以保证工频 KM3 与变频 KM2 两个接触器实现电气联锁。

（六）工频运行停止

按下停止按钮 SB1，回路 1→2 断开，中间继电器 KA1 线圈失电。回路 12→13 号线间 KA1 动合触点断开，切断变频器正转端子 FWD 与公共端端子 CM。回路 2→3 号线间的 KA1 动合触点也断开，解除自锁。

同时，回路 8→9 号线间的 KA1 动合触点断开，KM3 线圈失电。KM3 主触头断开，电动机的主回路与工频主电源断开，工频运行停止，电动机按自由旋转方式惯性停车。回路 6→7 号线间 KM3 动断触点闭合，解除电气联锁，为变频运行做好准备。

实例 32　富士 G1S 变频器应用内置时序切换功能控制的工频、变频转换电路 3

电路简介　该电路应用富士变频器内置的工频、变频转换功能，通过中间继电器自动完成对 3 个接触器的控制，以完成变频器控制电动机的工频转变频运行或变频转工频运行。控制回路采用变频器三线式的接线方法，利用"自保持"参数设置的功能特点，只用两只按钮便实现了变频器控制电动机的正转运行与停止。

在工频转变频时变频器直接输出 50Hz，即无论电位器给定的频率是多少，变频器都将以 50Hz 的频率接通电动机，然后再从 50Hz 升（降）至电位器设定的频率继续运行。

一、原理图

富士 G1S 变频器应用内置时序转换功能的工频、变频转换电路原理图 3 如图 32-1 所示。

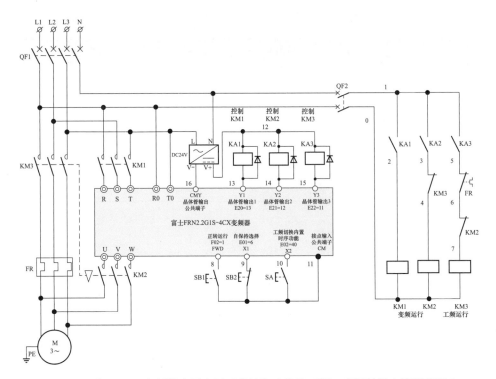

图 32-1　富士 G1S 变频器应用内置时序转换功能的工频、变频转换电路原理图 3

注　由于晶体管输出端子 Y1、Y2、Y3、Y4 容量限制，该电路中的接触器必须采用额定电压 24V，
闭合时最大负载电流小于 50mA。所以应使用小型中间继电器间接对交流接触器进行控制。而
且 KM2 和 KM3 接触器必须加装机械联锁模块，以防止同时闭合。

二、图中应用的主要参数

相关端子及参数功能含义见表 32-1。

表 32-1　　　　　　　　　　　相关端子及参数功能含义

序号	端子名称	功能	功能代码	设定数据	设定值含义
1	R0、T0	控制电源辅助输入端子			变频器控制电源输入：分别取自 L1 相、L3 相，电压为 380V
2		数据保护	F00	0	0：可改变数据；1：不可改变数据（数据保护）
3		数据初始化	H03	1	数据初始化，需要双键操作（STOP 键＋∧键）
4	11、12、13	频率设定	F01	0	频率设定由电压输入 0～＋10V/0～±100%（电位器）
5	FWD、CM	运行操作	F02	1	0：面板控制；1：外部端子（按钮）控制
6	X1	数字输入端子	E01	6	自保持选择功能 HLD（停止按钮）
7	X2		E02	40	内置时序工变频切换功能（50Hz）ISW50

87

序号	端子名称	功能	功能代码	设定数据	设定值含义
8	Y1	晶体管输出端子	E20	13	晶体管1控制变频器输入中间继电器 KA1
9	Y2		E21	12	晶体管2控制变频器输出中间继电器 KA2
10	Y3		E22	11	晶体管3控制工频中间继电器 KA3
11		动作时间	H13	1s	瞬间停电再启动（等待时间 1s）

三、动作详解

（一）闭合总电源及参数设置

闭合总电源 QF1、QF2，变频器控制电源（R0、T0）得电，控制电源得电后变频器只可以设置参数，KM1、KM3 上端带电。

由于在外部电路 KM2 和 KM3 采用了电气联锁设计，因此，工频电源侧的接触器 KM3 和变频器输出侧 KM2 接触器不可能同时接通，也就不可能从变频器的输出侧输入主电源，保证了变频器的安全运行。根据参数表设置变频器参数。

（二）变频运行与停止

1. 工频、变频运行选择

合上工频、变频转换开关 SA，回路经 10→11 闭合，接通工频、变频转换端子 X2 与公共端端子 CM。变频器晶体管输出端子 Y1、Y2 输出 ON 信号，中间继电器 KA1、KA2 线圈分别得电。

回路 1→2 号线间 KA1 动合触点闭合，KM1 线圈得电。KM1 主触头闭合，变频器输入端 R、S、T 上电。回路 1→3 号线间 KA2 动合触点闭合，KM2 线圈得电。KM2 主触头闭合，变频器输出端 U、V、W 接通电动机的主回路（KM1 先于 KM2 接触器 0.2s 闭合），但变频器没有输出。

同时，回路 6→7 号线间 KM2 动断触点断开，切断 KM3 线圈回路，以保证工频 KM3 与变频 KM2 实现电气联锁。

2. 变频运行

按下启动按钮 SB1，回路经 8→11 闭合，接通变频器正转端子 FWD 与公共端端子 CM，变频器 U、V、W 输出。电动机按 F07 加速时间 1 加速至频率设定值，电动机正转运行。运行频率由面板上的 ∧ 或 ∨ 方向键进行调节。此时变频器控制面板运行指示灯亮，显示信息为 RUN。松开 SB1，由于变频器公共端 CM 与自保持端子 X1 是接通状态，所以电动机仍然保持正转运行。

3. 变频运行停止

按下停止按钮 SB2，回路 9→11 断开，变频器公共端端子 CM 与自保持端子 X1 断开，电动机按照 F08 减速时间 1 减速至 F25（停止频率 1）后停止运行。变频器控制面板运行指示灯熄灭，显示信息为 STOP，运行频率显示为闪烁的频率设置值 50.00Hz。松开 SB2，回路经 9→11 闭合，为下次的正转运行做好准备。

如果要重新启动只需按下启动按钮 SB1 即可重新启动。

（三）变频转工频运行

变频运行时，工频、变频转换开关 SA、中间继电器 KA1、KA2 和接触器 KM1、KM2 都处于闭合运行状态。

1. 变频运行停止

断开工频、变频转换开关 SA，回路 10→11 断开，工频、变频转换端子 X2 与公共端端子 CM 断开。变频器晶体管输出端子 Y1、Y2 输出 OFF 信号，中间继电器 KA1、KA2 线圈同时失电，分别控制 KM1、KM2 线圈回路。

回路 1→2 号线间 KA1 动合触点断开，KM1 线圈失电。KM1 主触头断开，变频器输入端 R、S、T 失电。回路 1→3 号线间 KA2 动合触点断开，KM2 线圈失电。KM2 主触头断开，变频器输出端 U、V、W 与电动机主回路断开。电动机按照 F08 减速时间 1 减速至 F25 停止频率 1 后停止运行。变频器控制面板运行指示灯熄灭，显示信息为 STOP，运行频率显示为闪烁的频率设置值 50.00Hz。同时，回路 6→7 号线间 KM2 动断触点闭合，解除电气联锁，为工频运行做好准备。

2. 转工频运行

经瞬间停电再启动设定值 H13＝1s 所设定的时间，变频器晶体管输出端子 Y3 输出 ON 信号，中间继电器 KA3 线圈得电。

回路 1→5 号线间 KA3 动合触点闭合，KM3 线圈得电。KM3 主触头闭合，接通电动机的主回路，电动机工频运行（50Hz）。这时变频器控制面板运行指示灯亮，显示信息仍然为 RUN，运行频率显示为 0.00Hz。

同时，回路 3→4 号线间 KM3 动断触点断开，切断 KM2 线圈回路，以保证工频 KM3 与变频 KM2 两个接触器实现电气联锁。

（四）工频启动与停止

1. 工频、变频运行选择

断开工频、变频转换开关 SA，回路 10→11 断开，工频、变频转换端子 X2 与公共端端子 CM 断开。变频器晶体管输出端子 Y3 输出 ON 信号，中间继电器 KA3 线圈得电，控制 KM3 线圈回路。

回路 1→5 号线间 KA3 动合触点闭合，KM3 线圈得电。KM3 主触头闭合，接通电动机的主回路，电动机工频运行（50Hz）。这时变频器控制面板运行指示灯亮，显示信息仍然为 RUN，运行频率显示为 0.00Hz。

同时，回路 3→4 号线间 KM3 动断触点断开，切断 KM2 线圈回路，以保证工频 KM3 与变频 KM2 两个接触器实现电气联锁。

2. 工频启动

按下启动按钮 SB1，KM3 闭合接通主电路，电动机全压直接工频启动。由于工频启动电流为电动机额定电流的 6～7 倍，变频启动电流为电动机额定电流的

1.25～2.0 倍，故硬启动都将产生较大的机械冲击电流，所以启动时应尽量采用变频软启方式。

3. 工频运行停止

按下停止按钮 SB2，回路 9→11 断开，变频器公共端端子 CM 与自保持端子 X2 断开，电动机按自由旋转方式惯性停车。

如果要重新启动只需按下启动按钮 SB1 即可重新启动。

（五）工频运行转变频运行

工频运行时，中间继电器 KA3 和接触器 KM3 处于闭合运行状态。

1. 工频运行停止

合上工频、变频转换开关 SA，回路经 10→11 闭合，接通工频、变频转换端子 X2 与公共端端子 CM。变频器输出端子 Y3 输出 OFF 信号，中间继电器 KA3 线圈失电，控制 KM3 线圈失电。KM3 主触头断开，切断电动机的主回路。电动机按自由旋转方式惯性停车。

0.2s 后变频器晶体管输出端子 Y1、Y2 输出 ON 信号，中间继电器 KA1、KA2 线圈得电，分别控制 KM1、KM2 线圈回路。动作过程同"第（二）部分中的 1"。

2. 转变频运行

在转换开关切换至变频以后，经瞬间停电再启动设定值 H13＝1s 所设定的时间，变频器直接输出 50Hz，然后再从 50Hz 升（降）至电位器设定的频率连续运行，变频器控制面板运行指示灯亮，显示信息为 RUN。

实例 33　富士 G1S 变频器应用外部时序切换功能的工频、变频转换电路

电路简介　该电路应用外部时序工频切换的工频、变频转换功能，即 E01 设置为 15，通过转换开关、中间继电器、时间继电器和接触器，完成变频器控制电动机的工频转变频运行或变频转工频运行，并且在电路中设计了紧急切换功能。

在工频转变频时变频器直接输出 50Hz，即无论电位器给定的频率是多少，变频器都将以 50Hz 的频率接通电动机，然后再从 50Hz 升（降）至电位器设定的频率连续运行，并且在变频运行状态下变频器检测到有故障后自动转换至工频运行。

一、原理图

富士 G1S 变频器应用外部时序切换功能的工频、变频转换电路原理图如图 33-1 所示。工频、变频转换的内置时序功能与外部时序功能主要区别如下：

（1）内置时序工频运行/变频器运行切换功能 ISW50：需将 X1 或 X9 等某数字输入端子设置为 40，并且需要连接 Y1、Y2、Y3 或 Y2、Y3、Y4 端子，经小型中间继电器间接控制 KM1、KM2、KM3 接触器，或者安装内置继电器卡直接控制三个接触器，完成工频、变频转换功能。

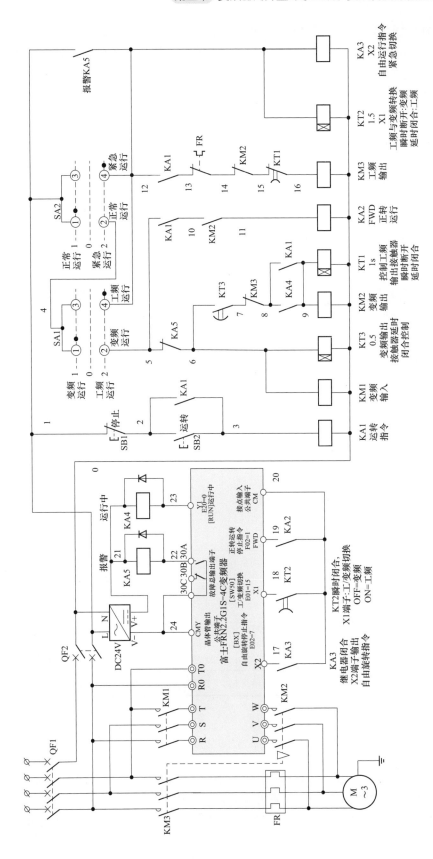

图 33-1 富士 G1S 变频器应用外部时序切序转换功能的工频、变频转换电路原理图

即使晶体管输出端子如果不连接接触器也必须将 Y2、Y3、Y4 设置为 E21＝13、E22＝12、E23＝11，否则工频、变频转换端子 X1 将不能执行工频、变频转换功能指令。X1 或 X9 端子与 CM 闭合为变频运行，开路为工频运行。

（2）外部时序工频运行/变频器运行的切换功能 SW50：需将 X1 或 X9 等某数字输入端子设置为 15，无需连接和设置晶体管输出端子 Y1、Y2、Y3 或 Y2、Y3、Y4 端子功能，工频、变频运行切换接触器由外部继电时序逻辑电路直接控制，X1 或 X9 端子即可完成工频、变频转换功能。X1 或 X9 端子与 CM 开路为变频运行，闭合为工频运行，与内置时序功能相反。

二、图中应用的主要参数

相关端子及参数功能含义见表 33-1。

表 33-1　　　　　　　　　　相关端子及参数功能含义

序号	电端子名称	功能	功能代码	设定数据	设定值含义
1	R0、T0	控制电源辅助输入端子			变频器控制电源输入：分别取自 L1 相、L3 相，电压为 380V
2		数据保护	F00	0	0：可改变数据；1：不可改变数据（数据保护）
3		数据初始化	H03	1	数据初始化，需要双键操作（STOP 键＋∧键）
4	FWD、CM	运行操作	F02	1	0：面板控制；1：外部端子（按钮）控制
5	X1	数字输入端子	E01	15	含义为变频/工频运行或工频、变频运行切换功能（50Hz）SW50：ON→OFF：工频运行→变频运行；OFF→ON：变频运行→工频运行
6	X2		E02	7	含义为自由运行指令，即立即切断变频器输出。电动机为自由运行（自由旋转）状态
7	Y1	晶体管输出端子	E20	0	含义为运行中，该端子连接变频器输出中间继电器 KA4
8	30A、30B、30C	30Ry 总警报输出	E27	99	98：轻微故障；99：整体警报
9		动作时间	H13	1.5s	含义为瞬间停电再启动（等待时间 1.5s）

三、操作步骤

（一）闭合总电源及参数设置

闭合总电源 QF1，变频器控制电源 R0、T0 得电，QF2、KM1、KM3 上端得电，闭合 QF2 后控制电路得电，根据参数表设置变频器参数。

由于在外部电路 KM2 和 KM3 采用了互锁设计，因此，工频电源侧的接触器

KM3（SW88）和变频器输出侧 KM2（次级侧）接触器（SW52-2）不可能同时接通，也就不可能从变频器的输出侧（次级侧）输入主电源，保证了变频器的安全运行。

（二）变频启动与运行

1. 工频、变频运行选择

分别将工频、变频转换开关 SA1 置于变频运行位置，正常/紧急转换开关 SA2 置于正常运行位置。工频、变频转换开关 SA1 的①→②接点闭合，正常/紧急转换开关 SA2 ①→②接点也闭合，电路处于变频运行选择状态。

（1）回路经 1→4→5→6→0 闭合，接触器 KM1 和时间继电器 KT3 线圈得电，KM1 主触头闭合，变频器输入端 R、S、T 上电，变频器主电路接通。

（2）同时时间继电器 KT3 动合触点（延时闭合，瞬时断开）经延时后，其 6→7 号线间延时闭合触头闭合，为变频器输出接触器 KM2 闭合创造条件。

（3）由于时间继电器 KT2 动合触点（瞬时闭合，延时断开）处于断开状态，使工频、变频切换端子 X1 与公共端 CM 开路，变频器处于变频运行选择状态。

2. 变频运行启动

按下运行指令按钮 SB2，回路经 1→2→3→0 闭合，KA1 线圈得电，其四个动合触点同时闭合。

（1）回路 2→3 号线间动合触点闭合，实现自锁。

（2）回路 12→13 号线间动合触点闭合，为 SA2 紧急切换工频运行创造条件。

（3）同时 5→10 号线间动合触点闭合，为正转运行指令控制继电器 KA2 回路接通创造条件。

（4）回路 8→9 号线间动合触点闭合，变频器输出端接触器 KM2 线圈得电。KM2 主触头闭合，接通变频器输出端 U、V、W。同时，回路 10→11 号线间 KM2 动合触点闭合，回路经 1→4→5→10→11→0 闭合，运行指令控制继电器 KA2 线圈得电。回路 19→20 号线间 KA2 动合触点闭合，接通正转运行端子 FWD 与公共端 CM，电动机按 F07 加速时间 1 加速至频率设定值，运行频率由面板上的 Λ 或 V 方向键进行调节，此时变频器控制面板运行指示灯亮，显示信息为 RUN，电动机正转运行。

同时回路 14→15 号线间 KM2 动断触点断开，切断 KM3 线圈回路，以保证变频 KM2 和工频 KM3 实现电气联锁。

KA2 线圈得电的同时 KT1 线圈也得电。回路 15→16 号线间 KT1 动断触点（瞬时断开，延时闭合）瞬时断开，切断 KM3 线圈回路，以保证变频 KM2 和工频 KM3 实现电气联锁。

（5）当变频器正转运行端子 FWD 与公共端端子 CM 接通后，变频器晶体管输出端子 Y1 输出 ON 信号，中间继电器 KA4 闭合，输出运行中信号。其 8→9 号线间的接通动合触点闭合。

总之，转换开关 SA1、SA2 分别转至变频运行位置、正常运行位置，按下运转指令按钮 SB2 后，KM1、KT3、KA1、KM2、KT1、KA2 分别动作，其动合触点或动断触点也相应动作。

3. 变频运行停止

按下停止按钮 SB1，回路 1→2 号线断开，KA1 线圈失电，其 2→3 号线断开，解除自锁。同时 5→10 号线断开，KA2 线圈失电，其 19→20 号线断开变频器正转输入端子 FWD 和公共端子 CM，电动机按照 F08 减速时间 1 减速至 F25（停止频率 1）后停止运行。变频器控制面板运行指示灯熄灭，显示信息为 STOP，运行频率显示为闪烁的频率设置值 50.00Hz。

如果要重新启动只需按下启动按钮 SB2。无论变频还是工频启动与停止都是用 SB2 和 SB1 控制。

（三）变频转工频运行

（1）在变频运行状态下，将工频、变频转换开关 SA1 置于工频运行位置。其①→②接点断开，KM1、KT3、KM2、KT1、KA2 线圈失电，其动合触点断开，动断触点复位。其中 KA2 的 19→20 触头断开，变频器运行停止。同时变频器晶体管输出端子 Y1 输出 OFF 信号，继电器 KA4 的 8→9 动合触点断开。

（2）同时工频、变频转换开关 SA1 的③→④接点闭合，时间继电器 KT2 线圈得电，其 18→20 动合触点瞬时闭合，变频器工频、变频切换端子 X1 与公共端 CM 接通。变频器处于工频控制状态。同时中间继电器 KA3 线圈得电，其 17→20 动合触点闭合，接通自由运行指令 X2 与公共端子 CM，电动机自由停车。

（3）KT1 线圈失电后，其 15→16 触点延时闭合，回路经 1→4→12→13→14→15→16→0 闭合，KM3 线圈得电，主触头闭合，电动机工频运行。

（4）KM3 得电后，其 7→8 动断触点断开，切断变频运行接触器 KM2 回路，以保证 KM3 与 KM2 实现电气联锁。

（四）工频转变频运行

（1）在工频运行状态下，将工频、变频转换开关 SA1 置于变频运行位置。其③→④接点断开，KM3、KT2、KA3 线圈失电，其动合触点断开，动断触点复位。KM3 主触头断开，电动机惯性停车。

（2）同时工频、变频转换开关 SA1 的①→②接点闭合，KM1、KT3、KM2、KT1、KA2 线圈分别得电，其中时间继电器 KT2 的 18→20 触点延时断开，变频器工频、变频切换端子 X1 与公共端 CM 断开。变频器经瞬间停电再启动设定值 H13 所设定的时间到后，变频器输出端 U、V、W 直接输出 50Hz 接通电动机，电动机变频运行。

如果设定的频率不是 50Hz，变频器在输出 50Hz 后，降（升）至面板设定的频率继续运行。即无论面板设定的频率是多少，变频器都将以 50Hz 的频率接通电动机，然后再从 50Hz 升（降）至控制面板设定的频率连续运行。

（五）工频运行停止

在工频运行状态下，按下停止按钮 SB1，KA1 线圈失电，回路 2→3 号线间 KA1 动合触点断开，解除自锁。KA1 动合触点 12→13 断开，KM3 的线圈失电。KM3 主触头断开，7→8 号线 KM3 动断触点闭合，为变频启动做好准备。电动机的主回路与工频主电源断开，工频运行停止，电动机按自由旋转方式惯性停车。

（六）紧急情况下的工频启动运行

当变频器及外部电路发生故障时，将正常/紧急转换开关 SA2 旋至紧急运行位置，①→②接点断开，③→④接点闭合。KM1、KT3、KM2、KT1、KA2 线圈失电，其动合触点断开，动断触点复位。同时回路 14→15 号线间 KM2 动断触点闭合，KM3 线圈得电，KM3 主触头闭合，接通电动机的主回路。工频主电源接通，电动机工频运行（50Hz）。

工频启动电流为电动机额定电流的 6～7 倍。变频启动电流为电动机额定电流的1.25～2.0 倍，故硬启动都将产生较大的机械冲击电流，所以启动时应尽量采用变频器软启动方式。

（七）紧急情况下的工频运行停止

按下停止按钮 SB1，回路 2→3 号线间 KA1 自锁触头断开，KA1 动合触点 12→13 断开，KM3 线圈失电。KM3 主触头断开，电动机的主回路与工频主电源断开，工频运行停止，电动机按自由旋转方式惯性停车。同时，7→8 号线 KM3 动断触点闭合，为变频启动做好准备。

（八）变频运行故障后自动转工频运行

（1）当电动机变频运行时，如果变频器检测到故障，变频器总报警输出 30A/30C端子动合触点闭合。中间继电器 KA5 线圈得电。其 5→6 动断触点断开变频运行电路，KM1、KT3、KM2、KT1 线圈均失电。KM1、KT3、KM2、KT1 的动合触点断开，动断触点复位。

（2）同时由于 KM2 的 10→11 动合触点也断开，所以 KA2 线圈也失电，其 19→20动合触点断开，断开正转运行端子 FWD 与公共端 CM，变频器停止输出。

（3）同时 KA5 的 1→12 动合触点闭合，接通工频运行电路。KA3、KT2 线圈同时得电，时间继电器 KT2 的 18→20 动合触点瞬时闭合，变频器工频、变频切换端子X1 与公共端 CM 瞬时接通。变频器处于工频控制状态，同时中间继电器 KA3 线圈得电，其 17→20 动合触点闭合，接通自由运行指令 X2 与公共端子 CM，电动机自由停车。

（4）KT1 线圈失电后，其 15→16 动合触点延时闭合，回路经 1→4→12→13→14→15→16→0 号线闭合，KM3 线圈得电，主触头闭合，电动机工频运行。

四、运转时序记录示例图

工频转变频运转时序记录示例图如图 33-2 所示。

变频器典型应用电路100例 第二版

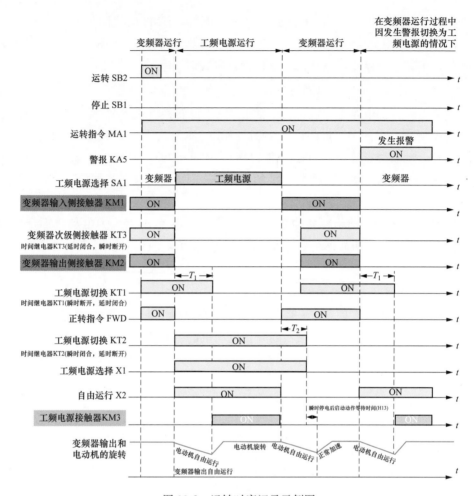

图 33-2　运转时序记录示例图

图中，T_1：0.2s＋H13（瞬时停电再启动动作等待时间）；

T_2：0.2s＋主电路的运转准备过程结束时间；

T_3：0.2s＋H13（瞬时停电再启动动作等待时间）。

第四章

常规工频、变频转换电路

实例 34 带有一只转换开关及四只按钮的富士变频器工频、变频转换电路（含视频讲解）

电路简介 该电路采用转换开关控制工频、变频运行切换，变频器主电源由断路器直接输入，工频及变频运行由 4 只按钮分别直接控制启停。而且整个电路采用了 1 只转换开关、2 只接触器和 4 只按钮组成控制电路，降低了电路的故障率。

一、原理图

带有一只转换开关及四只按钮的富士变频器工频、变频转换电路原理图如图 34-1 所示。

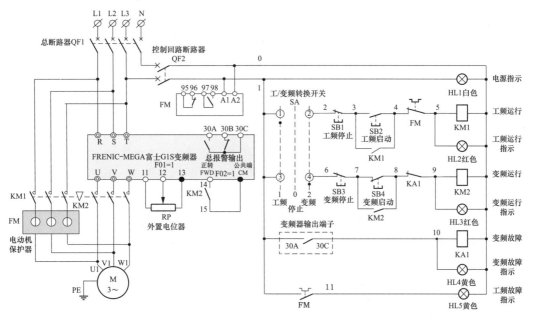

图 34-1 带有一只转换开关及四只按钮的富士变频器工频、变频转换电路原理图

二、图中应用的端子及主要参数表

相关端子及参数功能含义见表 34-1。

表 34-1 相关端子及参数功能含义

序号	端子名称	功能	功能代码	设定数据	设定值含义
1		数据保护	F00	0	0：可改变数据；1：不可改变数据（数据保护）
2		数据初始化	H03	1	数据初始化，需要双键操作（STOP 键＋∧键）

续表

序号	端子名称	功能	功能代码	设定数据	设定值含义
3	11、12、13	频率设定1	F01	1	频率设定由电压输入 0～＋10V/0～±100％（电位器）
4	FWD、CM	运行操作	F02	1	0：面板控制；1：外部端子（按钮）控制
5	30A、30B、30C	30Ry 总警报输出	E27	99	98：轻微故障；99：整体警报

三、动作详解

（一）闭合总电源及参数设置

闭合总电源 QF1、控制回路电源 QF2。KM1 上端、变频器输入端 R、S、T 带电，控制回路得电，电源指示灯 HL1 亮。此时转换开关 SA 选择工频、变频状态。根据参数表设置变频器参数。

（二）变频启动与停止

1. 变频启动

将工频、变频转换开关 SA 切换至变频状态，SA 的③→④接点闭合，①→②接点断开。按下变频启动按钮 SB4，回路经 1→6→7→8→9→0 号线闭合，KM2 线圈得电，其 7→8 号线的 KM2 动合触点闭合自锁，同时 12→13 号线闭合，接通变频器的正转端子 FWD 和公共端端子 CM，KM2 主触头闭合，变频器 U、V、W 输出，电动机正转运行。

运行频率由外置电位器进行调节。变频器控制面板运行指示灯亮，显示信息为 RUN，变频运行指示灯 HL3 亮。

2. 变频停止

按下变频停止按钮 SB3，回路 6→7 触点断开，KM2 线圈失电，其 7→8 号线动合触点断开，同时 12→13 号线的 KM2 动合触点断开变频器正转端子 FWD 和公共端端子 CM，KM2 主触头断开，变频器 U、V、W 停止输出，电动机停止运行。变频器控制面板运行指示灯熄灭，显示信息为 STOP，变频运行指示 HL3 灯熄灭。

（三）工频启动与停止

1. 工频启动

将工频、变频转换开关 SA 切换至工频状态，SA 的①→②接点闭合，③→④接点断开。按下工频启动按钮 SB2，回路经 1→2→3→4→5→0 号线闭合，KM1 线圈得电，其 3→4 动合触点 KM1 闭合自锁，同时主触头闭合，电动机正转运行，工频运行指示 HL2 灯亮。

2. 工频停止

按下工频停止按钮 SB1，回路 2→3 号线触点断开，KM1 线圈失电，其 3→4 号线的 KM1 动合触点断开，同时 KM1 主触头断开，电动机停止运行。工频运行指示 HL2 灯熄灭。

实例 35　带有三只按钮的富士变频器工频、变频转换电路

电路简介　该电路由外部控制电路实现工频、变频转换电路，电路采用具有自锁功能的控制按钮 SB1 控制中间继电器，利用中间继电器常开及动断触点完成对工频、变频接触器的控制，以实现对电路的工频转变频、变频转工频运行切换。

一、原理图

带有三只按钮的富士变频器工频、变频转换电路原理图如图 35-1 所示。

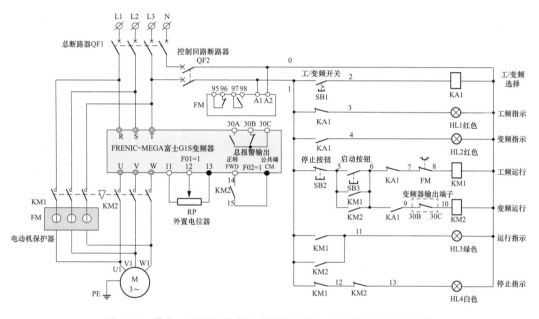

图 35-1　带有三只按钮的富士变频器工频、变频转换电路原理图

二、图中应用的端子及主要参数表

相关端子及参数功能含义见表 35-1。

表 35-1　　　　　　　　　　　相关端子及参数功能含义

序号	端子名称	功能名称	功能代码	设定数据	设定值含义
1		数据保护	F00	0	0：可改变数据；1：不可改变数据（数据保护）
2		数据初始化	H03	1	数据初始化，需要双键操作（STOP 键＋∧键）
3	11、12、13	频率设定 1	F01	1	频率设定由电压输入 0～＋10V/0～±100%（电位器）
4	FWD、CM	运行操作	F02	1	0：面板控制；1：外部端子（按钮）控制
5	30A、30B、30C	30Ry 总警报输出	E27	99	98：轻微故障；99：整体警报

三、动作详解

（一）闭合总电源及参数设置

闭合总电源 QF1、控制回路电源 QF2。KM1、变频器输入端 R、S、T 带电，工频

指示灯 HL1 亮、停止指示灯 HL4 亮，根据参数表设置变频器参数。

（二）变频启动与停止

1. 变频启动

按下带有自锁功能的按钮 SB1，回路经 1→2→0 号线闭合，其 KA1 线圈得电，1→4、6→9 号线的 KA1 动合触点闭合，变频指示灯亮。同时 1→3、6→7 号线的 KA1 动断触点断开，工频指示灯熄灭。

按下启动按钮 SB3，回路经 1→5→6→9→10→0 号线闭合，KM2 线圈得电，其 5→6 号线的 KM2 的动合触点闭合自锁，14→15 号线的 KM2 动合触点闭合接通变频器的正转端子 FWD 和公共端端子 CM，变频器的 U、V、W 输出，电动机输入端得电，电动机正转运行。同时 1→11 号线的 KM2 动合触点闭合，运行指示灯亮，12→13 号线的 KM2 动断触点断开，停止指示灯熄灭。

运行频率由外置电位器进行调节。变频器控制面板运行指示灯亮，显示信息为 RUN。

2. 变频停止

按下停止按钮 SB2，回路 1→5 触点断开，KM2 线圈失电，其 5→6 号线的 KM2 动合触点断开，同时 14→15 号线的 KM2 动合触点断开变频器的正转端子 FWD 和公共端端子 CM，变频器的 U、V、W 停止输出，电动机停止运行。这时变频器控制面板运行指示灯熄灭，显示信息为 STOP。同时 1→11 号线的 KM2 动合触点断开，运行指示灯熄灭，12→13 号线的 KM2 动断触点复位闭合，停止指示灯亮。

（三）工频启动与停止

1. 工频启动

再次按下带有自锁功能的按钮 SB1，回路 1→2 号线接点断开，KA1 线圈失电，其 1→3、6→7 号线的 KA1 动断触点复位闭合，工频指示灯亮。同时 1→4、6→9 号线的 KA1 动合触点断开，变频指示灯熄灭。

按下启动按钮 SB3，回路经 1→5→6→7→8→0 号线闭合，KM1 线圈得电，其 5→6 号线的 KM1 动合触点头闭合自锁，KM1 主触头闭合，电动机正转运行。同时 1→11 号线的 KM1 动合触点闭合，运行指示灯亮，1→12 号线的 KM1 动断触点断开，停止指示灯熄灭。

2. 工频停止

按下停止按钮 SB2，回路 1→5 触点断开，KM1 线圈失电，其 5→6 号线的 KM1 动合触点断开，KM1 主触头断开，电动机停止运行。同时 1→11 号线的 KM1 动合触点断开，运行指示灯熄灭，1→12 号线的 KM1 动断触点闭合，停止指示灯亮。

实例 36 带有温度控制器的富士变频器工频、变频转换电路

电路简介 该电路由外部控制电路实现工频、变频转换电路，电路采用转换开关控制中间继电器，利用中间继电器常开及动断触点完成对工频、变频接触器的控制，以实

现对电路的工频转变频、变频转工频运行切换。

一、原理图

带有温度控制器的富士变频器工频、变频转换电路原理图如图 36-1 所示。

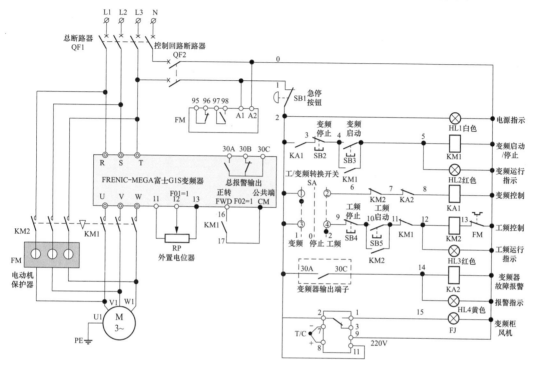

图 36-1 带有温度控制器的富士变频器工频、变频转换电路原理图

二、图中应用的端子及主要参数表

相关端子及参数功能含义见表 36-1。

表 36-1 相关端子及参数功能含义

序号	端子名称	功能名称	功能代码	设定数据	设定值含义
1		数据保护	F00	0	0：可改变数据；1：不可改变数据（数据保护）
2		数据初始化	H03	1	数据初始化，需要双键操作（STOP 键＋∧键）
3	11、12、13	频率设定 1	F01	1	频率设定由电压输入 0～＋10V/0～±100%（电位器）
4	FWD、CM	运行操作	F02	1	0：面板控制；1：外部端子（按钮）控制
5	30A、30B、30C	30Ry 总警报输出	E27	99	98：轻微故障；99：整体警报

三、动作详解

（一）闭合总电源及参数设置

闭合总电源 QF1、控制回路电源 QF2。KM2 上端、变频器输入端 R、S、T 带电，控制回路得电，检查急停按钮 SB1 位置，电源指示灯 HL1 亮。根据参数表设置变频器参数。

（二）变频启动与停止

1. 变频启动

将工频、变频转换开关 SA 转至变频状态，SA 的①→②接点闭合，③→④接点断开。回路经 1→2→6→7→8→0 号线闭合，KA1 线圈得电，同时 2→3 号线的 KA1 的动合触点闭合。

按下变频启动按钮 SB3，回路经 1→2→3→4→5→0 号线闭合，KM1 线圈得电，其 4→5 号线的 KM1 动合触点闭合自锁。同时 16→17 号线的 KM1 动合触点闭合接通变频器的正转端子 FWD 和公共端端子 CM，KM1 主触头闭合，变频器 U、V、W 输出，电动机正转运行。

运行频率由外置电位器进行调节。变频器控制面板运行指示灯亮，显示信息为 RUN，变频运行指示灯 HL2 亮。

2. 变频停止

按下变频停止按钮 SB2，回路 3→4 号线触点断开，KM1 线圈失电，其 4→5 号线的 KM1 动合触点断开。16→17 号线的 KM1 动合触点断开变频器正转端子 FWD 和公共端端子 CM，KM1 主触头断开，变频器 U、V、W 停止输出，电动机停止运行。变频器控制面板运行指示灯熄灭，显示信息为 STOP，变频运行指示 HL2 灯熄灭。

（三）工频启动与停止

1. 工频启动

将工频、变频转换开关 SA 转至工频状态，SA 的③→④接点闭合，①→②接点断开。按下工频启动按钮 SB5，回路经 1→2→9→10→11→12→13→0 号线闭合，KM2 线圈得电，其 10→11 号线的 KM2 动合触点闭合自锁，KM2 主触头闭合，电动机正转运行。同时工频运行指示 HL3 灯亮。

2. 工频停止

按下工频停止按钮 SB4，回路 9→10 号线触点断开，KM2 线圈失电，其 10→11 号线的 KM2 触点断开，KM2 的主触头断开，电动机停止运行，同时工频运行指示 HL3 灯熄灭。

四、温控开关的调试

TEH400A 温度控制器 9、11 端子为电源侧 L、N，7、8 号端子为接温控探头，当变频器温度过高时，1、2 为动合触点闭合，接通变频柜风机。

仪表安装及接线后，通电仪表进入测温及控制状态，按 SET 键 2s 后松开，仪表依次进入主温度设定、主温度偏差设定、报警偏差设定状态。

按 ADD 键或 SUB 键进行内部相关参数的设定，设定完相关参数后，按 SET 键返回测温及控制状态，参数立即保存在仪表内部。当 WORK 灯亮后，表示仪表进入正常测温控制工作状态：

当测量温度小于设定值时（主设定温度－主设定偏差）OUT 灯亮，1、2 为动合触点闭合，主输出开启，变频柜风机运行。

当测量温度大于设定值时（主设定温度＋主设定偏差）OUT 灯灭，1、2 为动合触点断开，主输出关闭，变频柜风机停止运行。

实例 37　带有一只转换开关及两只按钮的富士变频器工频、变频转换电路

电路简介　该电路由外部控制电路实现工频、变频转换电路，电路采用转换开关控制交流接触器，利用交流接触器动合触点完成对工频、变频接触器的控制，以实现对电路的工频转变频、变频转工频运行切换。

一、原理图

带有一只转换开关及两只按钮的富士变频器工频、变频转换电路原理图如图 37-1 所示。

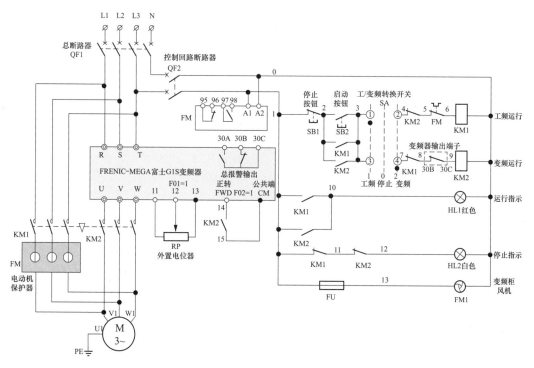

图 37-1　带有一只转换开关及两只按钮的富士变频器工频、变频转换电路原理图

二、图中应用的端子及主要参数表

相关端子及参数功能含义见表 37-1。

表 37-1　　　　　　　　　　　相关端子及参数功能含义

序号	端子名称	功能名称	功能代码	设定数据	设定值含义
1		数据保护	F00	0	0：可改变数据；1：不可改变数据（数据保护）
2		数据初始化	H03	1	数据初始化，需要双键操作（STOP 键 ＋∧键）
3	11、12、13	频率设定 1	F01	1	频率设定由电压输入 0～＋10V/0～±100%（电位器）
4	FWD、CM	运行操作	F02	1	0：面板控制；1：外部端子（按钮）控制
5	30A、30B、30C	30Ry 总警报输出	E27	99	98：轻微故障；99：整体警报

三、动作详解

（一）闭合总电源及参数设置

闭合总电源 QF1、控制回路电源 QF2。KM1 上端、变频器输入端 R、S、T 带电，控制回路得电，同时停止指示灯亮，变频柜风机 FAN1 运行。根据参数表设置变频器参数。

（二）变频启动与停止

1. 变频启动

将工频、变频转换开关 SA 转至变频状态，SA 的③→④接点闭合，①→②接点断开。按下启动按钮 SB2，回路经 1→2→3→7→8→9→0 号线闭合，KM2 线圈得电，2→3 号线的 KM2 动合触点闭合自锁，同时 14→15 号线的 KM2 动合触点闭合，接通变频器的正转端子 FWD 和公共端端子 CM，变频器的 U、V、W 输出，KM2 主触头闭合，电动机正转运行。

运行频率由外置电位器进行调节。变频器控制面板运行指示灯亮，显示信息为 RUN。同时 1→10 号线 KM2 的动合触点闭合，运行指示灯 HL1 亮。11→12 号线的 KM2 动断触点断开，停止指示灯 HL2 熄灭。

2. 变频停止

按下停止按钮 SB1，回路 1→2 号线触点断开，KM2 线圈失电，其 2→3、14→15 号线的 KM2 动合触点断开，断开变频器正转端子 FWD 和公共端端子 CM，KM2 主触头断开，变频器 U、V、W 停止输出，电动机停止运行。

变频器控制面板运行指示灯熄灭，显示信息为 STOP。同时，1→10 号线的 KM2 动合触点断开，运行指示灯 HL1 熄灭。11→12 号线的 KM2 动断触点复位，停止指示灯 HL2 亮。

（三）工频启动与停止

1. 工频启动

将工频、变频转换开关 SA 转至工频状态，SA 的①→②接点闭合，③→④接点断开。按下启动按钮 SB2，回路经 1→2→3→4→5→6→0 号线闭合，KM1 线圈得电，其 2→3 号线的 KM1 动合触点闭合自锁，KM1 主触头闭合，电动机输入端得电，电动机正转运行。

同时 1→10 号线的 KM1 动合触点闭合，运行指示灯 HL1 亮。1→11 号线的 KM1 动断触点断开，停止指示灯 HL2 熄灭。

2. 工频停止

按下停止按钮 SB1，回路 1→2 触点断开，KM1 线圈失电，2→3 号线的 KM1 的动合触点断开，KM1 的主触头断开，电动机停止运行。1→10 号线的 KM1 动合触点断开，运行指示灯 HL1 熄灭。1→11 号线的 KM1 动断触点复位，停止指示灯 HL2 亮。

实例 38 带有一只转换开关及制动单元的汇川变频器工频、变频转换电路

电路简介 该电路通过转换开关切换实现工频、变频运行；通过面板电位器调节频

率改变电动机转速，从而调节抽油机冲次，实现方便调参功能，并且带有外置制动功能。

电路有工频、变频两套各自独立保护功能：变频保护是通过变频器故障输出端子监测报警输出；工频保护通过电动机综合保护器检测设备运行的平稳性，对电动机实现断相保护、过载保护、过压保护、欠压保护功能。

一、原理图

带有一只转换开关及制动单元的汇川变频器工频、变频转换电路原理图如图 38-1 所示。

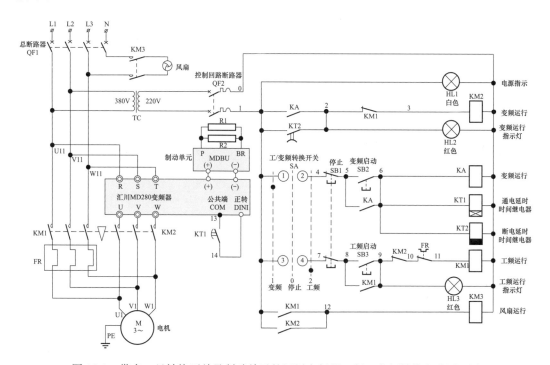

图 38-1 带有一只转换开关及制动单元的汇川变频器工频、变频转换电路原理图

二、图中应用的端子及主要参数

相关端子及参数功能含义见表 38-1。

表 38-1 相关端子及参数功能含义

序号	功能名称	功能代码	设定数据	设定值含义
1	参数初始化	FP-01	0	0：无操作；1：恢复出厂值
2	命令源选择	F0-00	1	0：操作面板命令通道（LED 灭）；1：端子命令通道（LED 亮）
3	频率源选择	F0-01	0	0：数字设定（UP、DOWN 调节）；1：AI1
4	数值设定频率记忆选择	F0-02	0	0：不记忆；1：掉电记忆；2：停机记忆
5	预置频率	F0-03	50.00Hz	0.00Hz～最大频率（F0-04）
6	最大频率	F0-04	50.00Hz	50.00～630.00Hz
7	上限频率源	F0-05	0	0：数值设定（F0-06）；1：AI1；2：AI2
8	上限频率数值设定	F0-06	50.00Hz	下限频率（F0-07）～最大频率（F0-04）

序号	功能名称	功能代码	设定数据	设定值含义
9	下限频率数值设定	F0-07	0.00Hz	0.00Hz～上限频率（F0-06）
10	加减速时间的单位	F0-08	0	0：s（秒）；1：m（分）
11	加速时间1	F0-09	机型确定	0.00～300.0s（m）
12	减速时间1	F0-10	机型确定	0.00～300.0s（m）
13	运行方向	F0-12	0	0：方向一致；1：方向相反
14	加减速时间基准频率	F0-13	0	0：最大频率；1：设定频率
15	运行时频率UP/DOWN基准	F0-14	0	0：运行频率；1：设定频率
16	DI1端子功能选择	F2-00	1	1：正转运行（FWD）；2：反转运行（REV）
17	加减速方式	F4-07	0	0：直线加减速；1：S曲线加减A；
18	停机方式	F4-10	0	0：减速停机；1：自由停机
19	电动机过载保护选择	FB-00	1	0：无过载保护功能；1：有过载保护功能
20	电动机过载保护增益	FB-01	1.00	0.20～10.00
21	电动机过载预警系数	FB-02	80%	50%～100%
22	过压失速增益	FB-03	0	0～100
23	过压失速保护电压	FB-04	130%	120%～150%
24	过流失速增益	FB-05	20	0～100
25	过电流失速保护电流	FB-06	150%	100%～200%
26	上电对地短路保护功能	FB-07	1	0：无效；1：有效
27	掉载保护功能	FB-08	0	0：无效；1：有效
28	瞬停不停功能选择	FB-09	0	0：无效；1：有效
29	瞬停不停频率下降率	FB-10	10.00Hz/s	0.00Hz/s～最大频率（F0-04）
30	瞬停不停电压回升判断时间	FB-11	0.50s	0.00～100.00s
31	瞬停不停动作判断电压	FB-12	80.0%	60.0%～100.0%
32	故障自动复位次数	FB-13	0	0～10
33	故障自动复位期间故障继电器动作选择	FB-14	0	0：不动作；1：动作，在自动复位期间，选择故障输出端子是否输出故障报警信号
34	故障自动复位间隔时间	FB-15	1.0s	0.1～60.0s
35	故障自动复位次数清除时间	FB-16	0.1h	0.1～1000.0h
36	输入缺相保护选择	FB-17	1	0：无效；1：有效
37	输出缺相保护选择	FB-18	1	0：无效；1：有效
38	停机直流制动起始频率	F4-11	30	含义为停机直流制动起始频率为30Hz
39	停机直流制动等待时间	F4-12	5	含义为停机直流制动等待时间为5s
40	停机直流制动电流	F4-13	20	按电动机的额定电流百分比设置
41	停机直流制动时间	F4-14	2	含义为停机直流制动时间为2s

三、动作详解

（一）闭合总电源及参数设置

闭合总电源QF1、控制回路电源QF2。KM1上端、变频器输入端R、S、T带电，控制回路经控制变压器TC提供控制回路220V电源，HL1电源指示灯亮。根据参数表设置变频器参数。

（二）工频启动与停止

1. 工频启动

将工频、变频转换开关SA转至工频位置，端子③→④接通。按下工频启动按钮SB3，回路经1→7→8→9→10→11→0闭合，KM1线圈得电，回路8→9线间KM1动合触点闭合自锁，工频运行指示灯 HL3 亮。控制回路中 2→3 线间 KM1 动断触点断开，断开变频控制回路，与 KM2 接触器实现电气联锁。同时主回路中 KM1 主触头闭合，电动机工频运行。

回路 1→12 线间 KM1 动合触点闭合，KM3 线圈得电，强制风机运行。

2. 工频停止

按下停止按钮 SB1，回路 7→8 断开，KM1 线圈失电，回路 8→9 线间 KM1 动合触点断开，工频运行指示灯 HL3 熄灭。回路 2→3 线间 KM1 动断触点复位，回路 1→12 线间 KM1 动合触点断开，KM3 线圈失电，强制风机停止，同时 KM1 主触头断开，电动机停止运行。

（三）变频启动与停止

1. 变频启动

将工频、变频转换开关 SA 转至变频位置，端子 1→2 接通。按下启动按钮 SB2，回路经 1→4→5→6→0 闭合，KA、KT1、KT2 线圈得电，回路 5→6 线间中间继电器 KA 动合触点闭合自锁，回路 1→2 线中间继电器 KA 动合触点闭合，经回路 1→2→3→0 闭合，变频接触器 KM2 线圈得电，主触头闭合。

同时回路 1→12 线间 KM2 动合触点闭合，风扇接触器 KM3 线圈得电，强制散热风扇运行，同时回路 9→10 线间 KM2 动断触点断开，与 KM1 接触器实现电气联锁。

当时间继电器 KT1 延时时间到达后，回路 13→14 线间 KT1 延时闭合动合触点短接变频器输入端子 DINI 与公共端端子 COM，变频器正转输出，操作面板正转、RUN 指示灯亮，电动机运行。频率数值由电位器给定，同时回路 1→2 线间时间继电器 KT2 延时断开瞬时闭合触点闭合，变频运行指示灯 HL2 亮。

频率设定：该变频器调速控制采用数字设定（UP/DOWN 调节），通过键盘 UP/DOWN 键或多功能输入端子的 UP/DOWN 来修改变频器的设定频，频率数值在面板七段数码管上显示。

2. 变频停止

按下停止按钮 SB1，回路 4→5 断开，中间继电器 KA、时间继电器 KT1、KT2 线圈失电，回路 13→14 线间时间继电器 KT1 延时闭合瞬时断开触点断开，变频器 DINI 端子与 COM 端子断开，操作面板正转、RUN 指示灯熄灭，STOP 指示灯亮，频率数值开始下降，电动机转速下降，经变频器 PB 与 P 端子之间接入外置直流制动单元，变频器开始直流制动，实现电动机快速停止。

回路中 5→6 线间 KA 的动合触点断开，回路 1→2 线间中间继电器 KA 动合触点断开，时间继电器 KT2 断电延时，延时断开触点保持，变频运行指示灯 HL2 保持，回路经 2→3 线间工频接触器 KM1 动断触点变频接触器 KM2 线圈保持，KM2 主触头保持变器输出端子与电动机输出端子的连接。

时间继电器 KT2 延时时间到达后，回路 1→2 线间 KT2 瞬时闭合延时断开触点断开，变频接触器 KM2 线圈失电，KM2 主触头断开，变频器与电动机断开连接，回路 1→12 线间 KM2 动合触点断开，KM3 线圈失电，强制散热风扇停止，变频运行指示灯 HL3 灭。

实例 39　带有制动单元及滤波器的森兰变频器工频、变频转换电路

电路简介　该电路通过转换开关实现工频、变频运行，通过面板电位器调节频率改变电动机转速，从而调节抽油机冲次，实现方便调参功能。

电路有工频、变频两套各自独立保护：变频保护是通过变频器故障输出端子监测报警输出；工频保护通过电动机综合保护器检测设备运行的平稳性，对电动机实现断相保护、过载保护、过压保护、欠压保护功能。电路中的滤波器能有效滤除在调速过程中产生的谐波，减少对周边设备的干扰。

一、原理图

带有制动单元及滤波器的森兰变频器工频、变频转换电路原理图如图39-1所示。

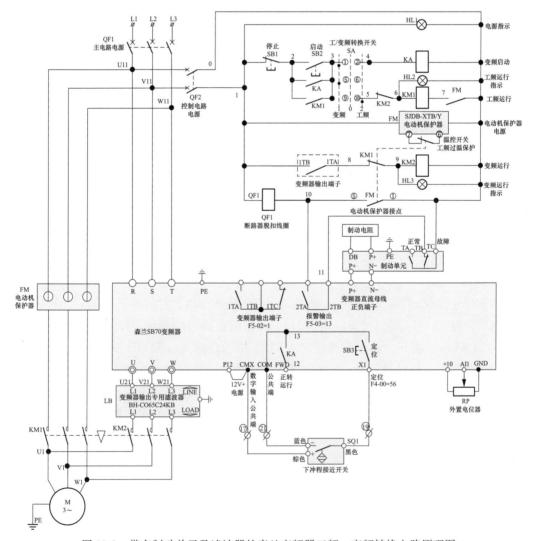

图 39-1　带有制动单元及滤波器的森兰变频器工频、变频转换电路原理图

二、变频器参数设置及工频保护器电流设定

相关端子及参数功能含义见表 39-1。

表 39-1　　　　　　　　　　　相关端子及参数功能含义

序号	功能名称	功能代码	设定数据	设定值含义
1	普通运行主给定通道	F0-01	3	0：F0-00 数字给定；3：AI1（电位器）
2	运行通道命令选择	F0-02	1	0：操作面板；1：端子；2：通信控制
3	最大频率	F0-06	50Hz	设定范围：F07～650Hz
4	上限频率	F0-07	50Hz	设定范围：F08"下限频率"～F06"最大频率"
5	下限频率	F0-08	30Hz	设定范围：0.00Hz～F0-07"上限频率"
6	方向选定	F0-09	1	0：正反均可；1：锁定正方向；2：锁定反方向
7	参数写入保护	F0-10	1	设定值为1含义：除F0-00"数字给定频率"、F7-04"PID数字给定频率"和本参数外其他参数禁止改写
8	紧急停机减速时间	F1-18	8	紧急停机减速时间 0.01～3600.0s
9	启动方式	F1-19	0	0：从启动频率启动；1：先直流制动再从启动频率启动
10	启动频率	F1-20	0.5Hz	设定范围：0.0～60.0Hz
11	启动频率保持时间	F1-21	0s	由用户单位设定时间
12	停机方式	F1-25	2	0：减速停机；1：自由停机；2：减速＋直流制动
13	停机/直流制动频率	F1-26	25Hz	0.00～60.00Hz
14	启动直流制动时间	F1-23	5s	0.0～60.0s
15	启动直流制动电流	F1-24	80%	0.0%～100.0%，以变频器额定电流为100%
16	基本频率	F2-12	50Hz	设定范围：1.00～650.00Hz
17	最大输出电压	F2-13	380V	设定值380V含义：380V级
18	X1数字输入端子功能	F4-00	56	含义为单一接近开关实现下打摆和冲次
19	FWD数字输入端子功能	F4-06	38	内部虚拟正转FWD端子
20	T1继电器输出功能	F5-02	1	0：变频器准备就绪；1：变频器运行中
21	T2继电器输出功能	F5-03	13	0：变频器准备就绪；1：变频器运行中；13：报警输出
22	电动机过载保护值	Fb-01	100%	50.0%～150.0%，以电动机额定电流为100%
23	电动机过载保护动作选择	Fb-02	2	0：不动作；1：报警；2：故障并自由停机
24	其他保护动作选择	Fb-11	0022	个位：变频器输入缺相保护，0：不动作；1：报警；2：故障并自由停机；十位：变频器输出缺相保护，0：不动作；1：报警；2：故障并自由停机；百位：操作面板掉线保护，0：不动作；1：报警；2：故障并自由停机；千位：参数存储失败动作选择，0：报警；1：故障并自由停机
25	数字输入公共端CMX			X1～X6、FWD、REV端子的公共端
26	12V电源端子COM			12V电源地
27	＋10V、AI1、GND	F6-00	0	＋10V：提供给用户＋10V基准电源；AI1：输入类型选择 V：电压型；GND：＋10V电源的接地端子
28	P＋、N-			直流母线端子，用于连接制动单元

工频保护器电流设定如下：

（1）将工频保护器上的数字拨码器按当前电动机运行功率的额定电流设定。例如，当前电动机运行功率 30kW，额定电流 60A，把工频保护器的拨码数字设定为 060 对应显示窗口。

（2）工频过载保护，过载保护采用反时限过流保护保护特性见表 39-2。

表 39-2 工频过载保护

额定电流倍数	<1.1	1.2	1.5	2	3	4	5	6	7	8	≥9
动作时间（s）	不动作	80	40	20	10	5	3	2	1	0.5	0.3

（3）工频保护器缺相及相电流不平衡保护：当缺项一相或 $I_{min}/I_{max} < 60\%$ 时，动作时间 2s。

三、动作详解

（一）闭合总电源及参数设置

闭合总电源 QF1、控制回路电源 QF2。KM1 上端、变频器输入端 R、S、T 上电，控制回路得电，HL1 电源指示灯亮，电动机保护器得电。根据参数表设置变频器参数。

（二）工频启动与停止

1. 工频启动

将工频、变频转换开关 SA 转至工频位置，SA 的⑨→⑩接点闭合，按下启动按钮 SB2，回路经 1→2→3→5→6→7→0 闭合，KM1 线圈得电，回路 2→3 线间 KM1 动合触点闭合自锁，控制回路中 8→9 线间 KM1 动断触点断开变频控制回路，与 KM2 接触器实现电气联锁。同时主回路中 KM1 主触点闭合，电动机工频运行，工频运行指示灯 HL2 亮。

2. 工频停止

按下停止按钮 SB1，回路 1→2 断开，KM1 线圈失电，2→3 线间 KM1 动合触点断开，8→9 线间 KM1 动断触点复位，同时 KM1 主触点断开，电动机停止运行，工频运行指示灯 HL2 熄灭。

（三）变频启动与停止

1. 变频启动

将工频、变频转换开关 SA 转至变频位置，SA 的①→②接点闭合，按下启动按钮 SB2，回路经 1→2→3→4→0 闭合，KA 线圈得电，回路 2→3 线间 KA 动合触点闭合自锁，变频器输入端子 FWD 与公共端端子 COM 间的 KA 动合触点闭合，变频器正转输出，变频器 T1 继电器动合触点输出端子闭合，回路经 1→8→9→0 闭合，KM2 线圈得电。同时主回路中 KM2 主触点闭合，电动机变频运行。

回路中 5→6 线间 KM2 动断触点断开，断开工频控制回路，与 KM1 接触器实现电气联锁。运行频率由外部电位器信号给定。变频器控制面板运行指示灯亮，变频运行指示灯 HL3 亮。

2. 变频停止

按下停止按钮 SB1，回路 1→2 断开，中间继电器 KA 线圈失电，回路中 2→3 线间 KA 的动合触点断开，变频器输入端子 FWD 与公共端端子 COM 间的 KA 动合触点断开，变频器停止输出，变频器的 T1 继电器动合触点输出端子断开，接触器 KM2 线圈失电，回路 5→6 线间 KM2 动断触点复位，同时 KM2 主触点断开，电动机停止运行。变频器控制面板运行指示灯熄灭，变频运行指示灯 HL3 熄灭。

实例 40　带有四只转换开关的 IPC 变频器工频、变频转换电路

电路简介　该电路采用多种运行方式，以提高电路的可靠性，可根据生产需要或是工频、变频回路发生故障，也可利用工频、变频转换开关运行到另一回路。

来电自启动功能适用于电力系统发生晃电情况下，来电自启动电路通过声音报警延时，延时后自动恢复断电前的运行方式，减少停产时间，提高生产效率。变频故障自动切工频功能，可实现当变频器自身发生故障后，自动切换到工频运行状态。

在频率调整方面有以下三种方式：①通过外部电位器手动调节；②在自动调节挡位，通过操作面板上、下键调节；③通过时间继电器 KT2 实现上下冲程的不同时间调节，提高电路的适应能力。

一、原理图

带有四只转换开关的 IPC 变频器工频、变频转换电路原理图如图 40-1 所示。

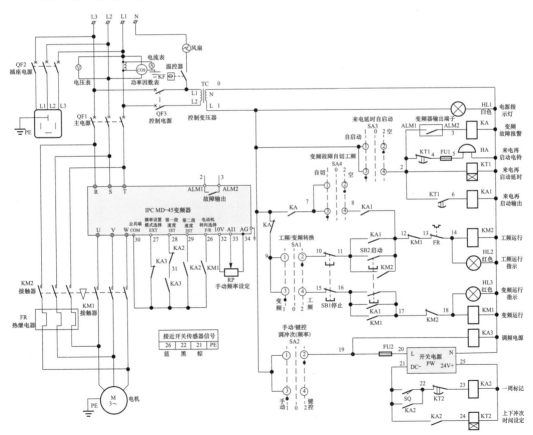

图 40-1　带有四只转换开关的 IPC 变频器工频、变频转换电路原理图

二、图中应用的端子及主要参数

按键设置及参数代码设置见表 40-1 和表 40-2。

表 40-1 **按键功能运行监控模式下有效的按键设置**

按键	功 能
频率	显示变频器实际输出频率，单位 Hz，举例：32.00，即变频器实际输出频率为 32Hz
上冲程	显示变频器上冲程设定频率，单位 Hz。例：33.3，即由键盘或电位器确定的上冲程设定频率为 33.3Hz。此时按 "▲" 与 "▼" 键能修改该设定值
下冲程	显示变频器下冲程设定频率，单位 Hz。例：28.0，即由键盘或电位器确定的下冲程设定频率为 28.0Hz。此时按 "▲" 与 "▼" 键能修改该设定值
监控	显示变频器监控变量，监控变量的显示以字母开头，标识不同监控变量；正常运行时按本键，则显示直流母线电压（U＊＊＊），此时按 "切换" 按键就能循环显示其他监控变量；当发生故障使变频器旁路，显示 "PASS" 时，按本键则显示导致旁路具体故障，如 "UU1" 等
切换	仅当按了 "监控" 键后，该键操作才有效，每按一次本键，则更换一个监控变量，具体监控变量如下： （1）变频器直流母线电压，单位 V，例：U537，即变频器内部直流母线的电压为 537V； （2）变频器输出电流，单位 A，例：C10.6，即实际测量到的输出相电流为 10.6A； （3）变频器输出线电压，单位 V，例：L336，即变频器实际输出线电压为 336V； （4）变频器当前设定频率，单位 Hz，例：F32.6，即变频器当前设定频率为 32.6Hz； （5）变频器标称电压与标称功率，单位百伏与千瓦，例：3.30，第一个数字 3 表示变频器标称电压为 380V，最后两个数字表示变频器标称功率为 30kW
显示灯	指示含义
上冲程	指示 1ST 与 COM 短接，表示变频器进入运行状态
下冲程	指示 2ST 与 COM 短接，表示变频器进入运行状态
监控	指示按下了 "监控" 按键，能观察变频器相关运行变量
参数	进入了能修改变频器内部常数的状态

表 40-2 **参数代码及设置**

参数代码	参数含义
1-＊.＊	变频器加速度时间常数，单位是 Hz/s。例："1-2.5"，即加速度是 2.5Hz/s。该参数变化范围是 0.5~9.9Hz/s。一般而言，变频器功率越大，该参数设置越小。变频器出厂时，变频器容量小于 37kW，本参数缺省设为 5.0，即从 0Hz 加速到 50Hz 的时间为 10s；变频器容量大于 37kW（包括 37kW），本参数缺省设为 2.5，即从 0Hz 加速到 50Hz 的时间为 20s
2-＊＊	上冲程最高允许输出频率，单位是 Hz，例："2-60"，即上冲程最高允许输出频率为 60Hz。该参数变化范围是 60~83Hz。变频器出厂时，本参数缺省设为 60
3-＊＊	下冲程最高允许输出频率，单位是 Hz，例："3-68"，即下冲程最高允许输出频率为 68Hz。该参数变化范围是 60~83Hz。变频器出厂时，本参数缺省设为 60
4-＊.＊	启动转矩补偿设定，单位是%。例："3-3.2"，即启动转矩补偿值是 3.2%，该参数变化范围是 1.2%~9.9%变频器出厂时，本参数缺省设为 3.2。一般而言，电动机的启动负荷越大，该值可以设大些，以保证电动机能正常启动
5-＊	变频器设定频率的输入方式：0-设定频率由数字式操作器输入；1-设定频率由变频器主板上的两个电位器输入。变频器出厂时，本参数缺省设为 0，即只能用数字式操作器改变频率设定值
6-＊	最近一次导致变频器切换至工频旁路的故障代码：1：OC；2：OL；3：OE；4：LU；5：UU1；6：OH，变频器出厂时，本参数缺省设为 0，按 "▲" 或 "▼" 键，则清除该故障记录
7-＊	自动上下冲程识别：0：不允许上下冲程识别；1：允许上下冲程自动识别。在该控制方式下，变频器判断抽油机处于上冲程，则自动以上冲程频率为设定频率，判断抽油机处于下冲程，则自动以下冲程频率为设定频率，此时 1ST 或 2ST 必须有一个与 CM 短路，作为启动运行命令，但是 1ST 与 2ST 没有选择上冲程或下冲程功能。变频器出厂时，本参数缺省设为 0，即自动识别无效

续表

参数代码	参数含义
COM	公共端子
1ST	第一段速度（对应转速由键盘按键"上冲程"或电位器 V1S 设定），0～60Hz
2ST	第二段速度（对应转速由键盘按键"下冲程"或电位器 V2S 设定），0～60Hz 如果 1ST 与 2ST 同时闭合，变频器设定频率取 V1S，V2S 中大的一个
EXT	转速由外部 AI1 模拟输入设定，0～60Hz，如果 1ST，2ST，EXT 同时闭合，则变频器设定频率由 AI1 模拟输入设定，即 EXT 级别高于 1ST 和 2ST。如果 1ST、2ST、EXT 同时断开，则变频器设定频率为 0，即变频器无输出
F/R	电动机转向选择（正转或反转），该信号断开，对应正转；该信号闭合，对应反转
AG	模拟地
AI1	外部模拟输入 1（0～10V）若 EXT 与 COM 短接，该信号决定变频器设定频率（0～10V 对应 0～60Hz）
AI2	外部模拟输入 2（0～10V）
AM	模拟输出（0～10V 对应变频器实际输出频率 0～60Hz）
+10V	+10V 稳压电源（最大输出电流 50mA）
ALM1	报警点输出（可以作为工频电源旁路接点）ALM1、ALM2 是动合触点
ALM2	

三、动作详解

1. 闭合总电源及参数设置

闭合总电源 QF1、控制回路电源 QF3。KM2 上端，变频器输入端 R、S、T 上电，控制回路得电，电源指示灯 HL1 亮。根据参数表设置变频器参数。

2. 工频启动与停止

（1）工频启动。将工频、变频转换开关 SA1 转至工频位置，端子①→②接通，③→④断开，按下启动按钮 SB2，回路经 1→9→10→11→12→13→14→0 闭合，工频接触器 KM2 线圈得电，主回路中 KM2 主触点闭合，电动机工频运行，工频运行指示灯 HL2 亮。

同时回路 11→12 线间 KM2 动合触点闭合自锁，控制回路中 17→18 线间 KM2 动断触点断开，断开变频控制回路，与变频接触器 KM1 实现电气联锁。

（2）工频停止。按下停止按钮 SB1，回路 10→11 断开，KM2 线圈失电，回路 11→12 线间 KM2 动合触点断开，17→18 线间 KM2 动断触点复位，同时 KM2 主触点断开，电动机停止运行，工频运行指示灯 HL2 熄灭。

（3）来电延时自启动。当来电延时自启动开关 SA3 闭合，端子③→④接通，工频运行方式下，当线路发生晃电或停电再来电后，回路经 1→2→0 闭合，时间继电器 KT1 线圈得电开始延时，这时回路 1→2→4→5→0 线间闭合，经熔断器 FU1 接通电铃 HA，发出报警声音并延时，当 KT1 延时时间到达后，回路 2→6 线间 KT1 延时闭合动合触点闭合，中间继电器 KA1 线圈得电，回路 11→12 线间 KA1 动合触点闭合，回路经 1→9→10→11→12→13→14→0 闭合，KM2 线圈得电，恢复工频运行方式。同时经时间继电器 KT1 延时后 2→4 线间触头断开，电铃 HA 报警声音停止。

3. 变频启动与停止

（1）变频启动。将工频、变频转换开关 SA1 置于变频位置，端子③→④接通，按下启动按钮 SB2，回路经 1→9→15→16→17→18→0 闭合，KM1 线圈得电，同时主回路中 KM1 主触点闭合。变频器 26→30 端子间 KM1 动合触点闭合，F/R 端子与 COM 端子接通，变频器输入启动信号，电动机变频运行，变频运行指示灯 HL3 亮。

回路 16→17 线间 KM1 动合触点闭合自锁，控制回路中 12→13 线间 KM1 动断触点断开，断开工频控制回路，与 KM2 接触器实现电气联锁。

（2）频率设置。当手动/键控调频率（冲次）开关 SA2 置于手动位置时，①→②断开，变频器 30→27 端子间经 KA3 动断触点 EXT 端子与 COM 端子闭合，变频器频率由外部频率给定信号确定，此时频率由变频器外置电位器给定，顺时针旋转电位器旋钮为频率增加，反之减小。

当手动/键控调频率（冲次）开关 SA2 置于键控位置时，①→②闭合，回路经 1→19→0 接通 KA3 线圈，变频器 30→27 端子间 KA3 动断触点断开，此时为变频器内部频率给定模式。

30→28 端子间 KA3 动合触点闭合，经 KA2 动断触点短接 1ST 端子与 COM 端子，此时频率由操作面板▲和▼键配合"上行""下行"键调节。

变频器以第一转速运行上行或下行时，如采用接近开关（选装件）SQ，由接近开关确定上行或下行起始位置，当接近开关触发后，回路 21→22→23→25 接通，KA2 线圈得电，回路 21→22 线间 KA2 动合触点闭合自锁，回路 28→31 线间 KA2 动断触点断开，1ST 端子与 COM 端子断开，回路 30→29 线间 KA2 动合触点闭合，2ST 端子与 COM 端子接通（多段速 1）。

变频器以第二速度上行或下行频率运行，回路 21→24 线间 KA2 动合触点闭合，时间继电器 KT2 线圈得电，延时到达后，回路 22→23 线间 KT2 延时断开动断触点断开，KA2 线圈失电，回路 30→29 线间 KA2 动合触点断开，回路 31→28 线间 KA2 动断触点复位，回路经 30→31→28 接通 1ST 与 COM 端子，变频器以第一速度上行或下行运行（多段速 2）。

根据定时器 KT2 延时范围确定半周上行或下行的时间，接近开关 SQ 确定一周及起始位置。实现上行、下行不同频率的运行方式，有助于平衡抽油机载荷。

（3）变频故障自切工频。将工频、变频转换开关 SA1 置于变频，端子③→④接通，回路 9→15 接通，来电延时自启动 SA3 闭合，回路 1→2 接通，时间继电器 KT1 线圈得电并延时，当 KT1 延时时间到达后，回路 2→6 线间 KT1 延时闭合动合触点闭合，中间继电器 KA1 线圈得电，回路 8→12 线间 KA1 动合触点闭合，变频故障自切工频 SA4 开关闭合，端子③→④接通，回路 7→8 接通，当变频器内部故障输出 ALM1、ALM2 动作时，回路 2→3 线间报警端子 ALM1、ALM2 闭合，回路经 1→2→3→0 闭合，中间继电器 KA 线圈得电，回路 1→9 线间 KA 动断触点断开，变频回路断开，回路 1→7 线间 KA 动合触点闭合接通 1→7→8，回路 2→4→5→0 线间时间继电器 KT1 延时断开触点保持闭合，经熔断器 FU1 接通电铃 HA，发出报警声音并延时，回路经 1→7→8→12→13→14→0 闭合，KM2 线圈得电，恢复工频运行方式。

注 变频故障自切工频率功能必须与变频运行、来电延时再启动一起使用，单独使用变频故障自切工频无效。

（4）来电延时自启动。当来电延时自启动开关 SA3 闭合，端子③→④接通，变频运行方式下，当线路发生晃电或停电再来电后，回路经 1→2 线间 SA3 闭合，时间继电器 KT1 线圈得电，回路 2→4 线间时间继电器 KT1 延时断开触点保持闭合，经熔断器 FU1 接通电铃 HA，发出报警声音并延时，当 KT1 延时时间到达后，回路 2→6 线间 KT1 延时闭合动合触点闭合，中间继电器 KA1 线圈得电，回路 16→17 线间 KA1 动合触点闭合，回路经 1→9→15→16→17→18→0 闭合，KM1 线圈得电，恢复变频运行方式。

（5）变频停止。按下停止按钮 SB1，回路 15→16 断开，KM1 线圈失电，16→17 线间动合触点断开，变频器控制端子 COM 与 F/R 断开，变频器启动信号断开，回路 12→13 线间 KM1 动断触点复位，同时 KM1 主触点断开，电动机停止运行，变频运行指示灯 HL3 熄灭。

实例 41　带有一只转换开关两只按钮的三垦变频器工频、变频转换电路

电路简介　该电路由三垦变频器控制，由转换开关切换工频、变频运行，通过面板电位器调节频率改变电动机转速，实现方便调参功能。

电路有工频、变频两套各自独立保护：变频运行保护通过变频器检测变频器及电动机运行状态，并且通过故障输出端子切断运行电路。工频保护通过电动机综合保护器检测设备运行状态，对电动机实现断相保护、过载保护、过压保护、欠压保护功能。

一、原理图

带有一只转换开关两只按钮的三垦变频器工频、变频转换电路原理图如图 41-1 所示。

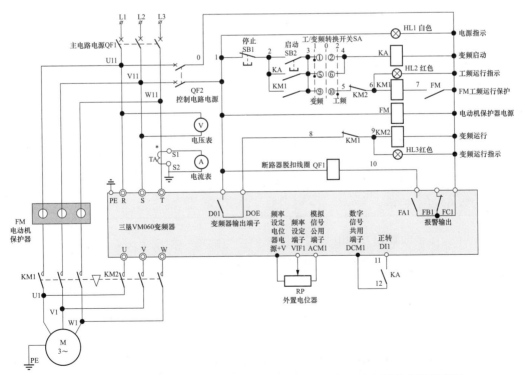

图 41-1　带有一只转换开关两只按钮的三垦变频器工频、变频转换电路原理图

二、图中应用的端子及主要参数

三垦变频器相关端子及参数功能含义见表 41-1。

表 41-1 　　　　　　　　　　　三垦变频器相关端子及参数含义

功能	功能代码	设定数据	设定值含义
运转指令选择	F1101	2	1：操作面板；2：外部端子；3：通信
启动方式	F1102	1	1：由启动频率启动；2：转速跟踪启动；3：直流制动后由启动频率启动
上限频率（Hz）	F1007	60	设定范围：5～599
下限频率（Hz）	F1008	0.05	设定范围：0.05～200
启动频率（Hz）	F1103	1	设定范围：0.05～60
运转开始频率 Hz)	F1104	0	设定范围：0～20
电动机旋转方向	F1110	1	1：正转；2：反转
增益频率（VIF1）	F1402	60Hz	0～±600Hz（5V、10V 或 20mA 的频率）
输入端子 D01 定义	F1509	1	0：未使用；1：运转中 1；2：欠压；49：反转检测信号
FA1、FB1、FC1			异常报警信号输出和多功能接点，输出报警接点选择时正常时：FA1-FC1 开路 FB1-FC1 闭合；异常时：FA1-FC1 闭合，FB1-FC1 开路
输入端子 DI1	F1414	1	0：未使用；1：FR；2：RR；253～255：工厂调整用

工频保护器电流设定如下：

（1）将保护器上的数字拨码器按当前电动机运行功率的额定电流设定，例如，当前电动机运行功率 30kW 额定电流 60A，把工频保护器的拨码数字设定为 060 对应显示窗口或根据额定电流设定。

（2）工频过载保护，过载保护采用反时限过流保护保护特性见表 41-2。

表 41-2 　　　　　　　　　　　工频过载保护

额定电流倍数	＜1.1	1.2	1.5	2	3	4	5	6	7	8	≥9
动作时间（s）	不动作	80	40	20	10	5	3	2	1	0.5	0.3

（3）工频保护器缺相及相电流不平衡保护：当缺项一相或 $I_{min}/I_{max}＜60\%$ 时，动作时间 2s。

三、动作详解

（一）闭合总电源及参数设置

闭合总电源 QF1、控制回路电源 QF2。KM1 上侧上电，变频器输入端 R、S、T 上电，控制回路得电，HL1 电源指示灯亮，电动机保护器 FM 线圈得电，回路 7→0 线间 FM 动合触点闭合。根据参数表设置变频器参数及电动机保护器参数。

（二）工频启动与停止

1. 工频启动

将工频、变频转换开关 SA 转至工频位置，SA 的⑨→⑩接点闭合，按下启动按钮 SB2，回路经 1→2→3→5→6→7→0 闭合，KM1 线圈得电，回路 2→3 间 KM1 动合触点闭合自锁，控制回路中 8→9 线间 KM1 动断触点断开，断开变频控制回路，与 KM2 接触器实现电气联锁。同时主回路中 KM1 主触点闭合，电动机工频运行，工频运行指示灯 HL2 亮。

2. 工频停止

按下停止按钮 SB1，回路 1→2 断开，KM1 线圈失电，2→3 线间 KM1 动合触点断开，8→9 线间 KM1 动断触点复位，同时 KM1 主触点断开，电动机停止运行，工频运行指示灯 HL2 熄灭。

（三）变频启动与停止

1. 变频启动

将工频、变频转换开关 SA 转至变频位置，SA 的①→②接点闭合，按下启动按钮 SB2，回路经 1→2→3→4→0 闭合，KA 线圈得电，回路 2→3 线间 KA 动合触点闭合自锁，变频器输入端子 DI1 与公共端端子 DCM1 间的 KA 动合触点闭合，变频器正转输出，变频器输出端子 D01→D0E 闭合，回路经 1→8→9→0 闭合，KM2 线圈得电。同时主回路中 KM2 主触点闭合，电动机变频运行。

回路中 5→6 线间 KM2 动断触点断开，断开工频控制回路，与 KM1 接触器实现电气联锁。

运行频率由外部电位器信号给定。变频器控制面板运行指示灯亮，变频运行指示灯 HL3 亮。

2. 变频停止

按下停止按钮 SB1，回路 1→2 断开，中间继电器 KA 线圈失电，回路中 2→3 线间 KA 的动合触点断开，变频器输入端子 DI1 与公共端端子 DCM1 间的 KA 动合触点断开，变频器停止输出，变频器的 D01→D0E 输出端子断开，接触器 KM2 线圈失电，回路 5→6 线间 KM2 动断触点复位，同时 KM2 主触点断开，抽油机停止运行。变频器控制面板运行指示灯熄灭，变频运行指示灯 HL3 灭。

实例 42　带有两只转换开关的 ABB 变频调速工频、变频转换电路

电路简介　该电路由外部控制电路实现工频、变频转换电路，电路采用转换开关控制交流接触器，利用交流接触器常开点完成对工频、变频接触器的控制，以实现对电路的工频转变频、变频转工频运行切换。而且整个电路采用了 2 只转换开关、3 只接触器和 4 只按钮组成控制电路，降低了电路的故障率。

一、原理图

带有两只转换开关的 ABB 变频调速工频、变频转换电路原理图如图 42-1 所示。

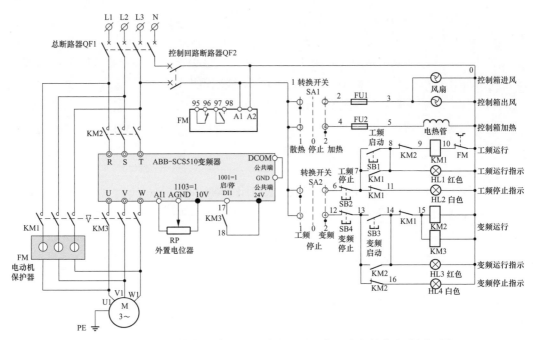

图 42-1　带有两只转换开关的 ABB 变频调速工频、变频转换电路原理图

二、图中应用的端子及主要参数

相关端子及参数功能含义见表 42-1。

表 42-1　　　　　　　　　　　相关端子及参数功能含义

序号	端子名称	功能	功能代码	设定数据	设定值含义
1		语言选择	9901	1	ACS510 型变频器设定值 1 的含义为语言选择中文；ACS550 型变频器无中文选项；设定值 0 的含义为英语，可更换 ACS-CP-D 助手型控制盘设置为 1；为中文
2		应用宏（类似于初始化）	9902	1	1 的含义为按 ABB 标准宏默认的两线式初始化；宏是厂家预先定义好的参数及端子组合，510 变频器共有 8 个组合
3	10+24V	外部 1 命令（启停命令）	1001	1	含义为由外部信号输入运行命令；表示由 DI1 端子设置为控制变频器启/停（默认顺时针旋转）
	13 DI1				
4	11 GND	公共端			辅助电压输出公共端；数字输入公共端
	12 DCOM				
5	4 10V	给定值 1 选择	1103	1	1 表示频率设置方式来自 AI1，即由外置电位器给定 0～10V 电压设置频率，0 表示操作面板设置
	5 AI1				
	6 AGND				

三、动作详解

（一）闭合总电源及参数设置

闭合总电源 QF1、控制回路电源 QF2，KM1 上端，KM2 上端得电，控制回路得电；转换开关 SA1 选择加热、散热状态。

（二）变频启动与停止

1. 变频启动

将工/频转换开关 SA2 转至变频状态，SA2 的③→④接点闭合，①→②接点断开，按下变频启动按钮 SB3，回路经 1→12→13→14→15→0 闭合，变频器输入侧交流接触器 KM2 线圈、变频器输出侧交流接触器 KM3 线圈同时得电。KM2、KM3 主触头同时闭合，变频器上电，根据参数表设置变频器参数。13→14 线间 KM2 的动合触点闭合自锁。其 17→18 线间 KM3 的动合触点闭合，接通变频器的启/停 DI1 和辅助电压输出 24V，变频器启动，变频器的 U、V、W 输出，电动机正转运行。

运行频率由外置电位器进行调节，变频器控制面板运行指示灯亮。同时回路经 1→12→13→14→0 闭合，变频运行指示灯 HL3 亮，13→16 线间 KM2 的动断触点断开，变频停止指示灯 HL4 熄灭。

2. 变频停止

按下变频停止按钮 SB4，回路 12→13 触点断开，切断控制回路，变频器输入侧交流接触器 KM2 线圈、变频器输出侧交流接触器 KM3 线圈同时失电，KM2、KM3 主触头同时断开，变频器失电，17→18 线间的 KM3 的动合触点断开变频器的启/停 DI1 和辅助电压输出 24V，电动机停止运行。

变频器控制面板运行指示灯熄灭，同时 13→14 线间 KM2 的动合触点断开，变频运行指示灯 HL3 熄灭；13→16 线间 KM2 的动断触点复位，变频停止指示灯 HL4 亮。

（三）工频启动与停止

1. 工频启动

将工/频转换开关 SA2 转至变频状态，SA2 的①→②触点闭合，触点③→④断开，按下工频启动按钮 SB1，回路经 1→6→7→8→9→10→0 闭合，KM1 线圈得电，7→8 线间 KM1 的动合触点闭合自锁；主触头闭合，电动机正转运行。其回路经 1→6→7→8→0 闭合，工频运行指示灯 HL1 亮；7→11 线间 KM1 的动断触点断开，工频停止指示灯 HL2 熄灭。

2. 工频停止

按下工频停止按钮 SB2，回路 6→7 线间触点断开，切断控制回路，KM1 线圈失电，主触头断开，电动机停止运行。7→8 线间 KM1 的动合触点断开，工频运行指示灯 HL2 熄灭；7→11 线间 KM1 的动断触点复位，回路经 1→6→7→11→0 闭合，工频停止指示灯 HL2 亮。

（四）控制柜加热、散热

将加热/散热转换开关 SA1 转至散热状态，SA 的①→②接点闭合，接点③→④断开，回路 1→2→3→0 闭合，散热风扇得电运行。

加热/散热转换开关 SA1 转至加热状态，SA 的接点③→④闭合，接点①→②断开，回路 1→4→5→0 闭合，电热管得电运行。

实例 43　带有回馈单元的艾兰德变频调速工频、变频转换电路

电路简介　该电路为油田抽油机控制电路，通过电位器调节频率，从而改变螺杆泵井转速，实现无级调速。并根据变频柜显示器显示的频率、电流、转数和扭矩数据来判断井下运行与故障情况。

变频器典型应用电路100例 第二版

一、原理图

带有回馈单元的艾兰德变频调速工频、变频转换电路原理图如图 43-1 所示。

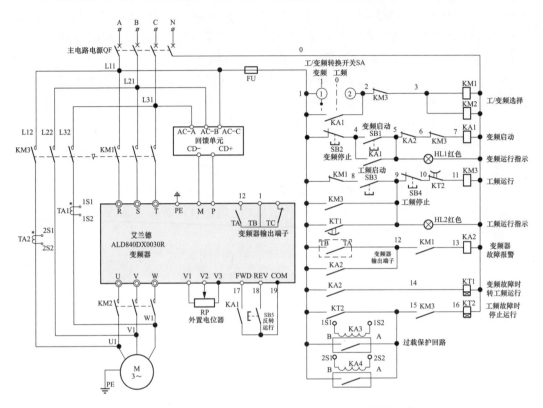

图 43-1　带有回馈单元的艾兰德变频调速工频、变频转换电路原理图

二、图中应用的端子及主要参数

相关端子及参数功能含义见表 43-1。

表 43-1　　　　　　　　　　　　相关端子及参数功能含义

功能名称	功能代码	设定数据	设定值含义
命令源选择	P0.02	1	0：操作面板命令通道（LED 灭）；1：端子命令通道（LED 亮）；2：通信命令通道（LED 闪烁）
主频率源 X 选择	P0.03	2	0：数字设定（预置频率 P0.08，UP/DWWN 可修改，掉电不记忆）；1：数字设定（预置频率 P0.08，UP/DWWN 可修改，掉电记忆）；2：FIV；3：FIC；4：保留
上限频率	P0.12	30Hz	设定范围：下限频率～最大频率
下限频率	P0.14	4Hz	设定范围：0.00Hz～上限频率
V/F 启动方式	P6.00	0	0：直接启动；1：转速追踪启动；2：异步机矢量预励磁启动
启动频率	P6.03	2Hz	设定范围：0.00～10.00Hz
停机方式	P6.10	0	0：减速停车；1：自由停车
控制板继电器功能选择	P5.02	2	0：无输出；1：伺服驱动器运行中；2：故障输出（故障停机）

120

三、动作详解

（一）闭合总电源及参数设置

闭合总电源 QF，交流接触器 KM1、KM3 上侧得电，控制回路得电。

（二）工频启动与停止

1. 工频启动

将工频、变频转换开关 SA 转至"0"工频位置。按下工频启动按钮 SB3，回路经 1→8→9→10→11→0 闭合，KM3 线圈得电，主回路中 KM3 主触点闭合，电动机工频运行，工频运行指示灯 HL2 亮。回路 1→9 线间 KM3 动合触点闭合自锁，回路中 2→3 线间 KM3 动断触点断开，断开变频输入、输出交流接触器 KM1、KM2 回路，6→7 线间 KM3 动断触点断开，断开变频控制回路，回路中 15→16 线间 KM3 动合触点闭合，为时间继电器 KT2 动作做准备。

2. 工频停止

按下工频停止按钮 SB4，回路 9→10 断开，KM3 线圈失电，1→9 线间 KM3 动合触点断开，2→3 线间 KM3 动断触点复位，6→7 线间 KM3 动断触点复位，15→16 线间动合触点断开，同时 KM3 主触点断开，电动机停止运行，工频运行指示灯 HL2 熄灭。

（三）变频启动与停止

1. 变频启动

将工频、变频转换开关 SA 转至"1"变频位置，SA 的①→②接点闭合，回路经 1→2→3→0 闭合，交流接触器 KM1、KM2 线圈得电，KM1、KM2 主触头闭合，变频器得电；根据参数表设置变频器参数。回路中 1→8 线间 KM1 动断触点断开，断开工频控制回路。回路中 12→13 线间 KM1 动合触点闭合，为中间继电器 KA2 动作做准备。

按下变频启动按钮 SB1，回路经 1→4→5→6→7→0 闭合，KA1 线圈得电，回路 4→5 线间 KA1 动合触点闭合自锁，同时变频器正转输入端子 FWD 与公共端端子 COM 间的 KA1 动合触点闭合，变频器正转输出，电动机正转运行。回路中 1→2 线间 KA1 动合触点闭合自锁，防止工频、变频转换开关 SA 误操作。

运行频率由外部电位器信号给定。变频器控制面板运行指示灯亮，变频运行指示灯 HL1 亮。

2. 变频停止

按下变频停止按钮 SB2，回路 1→4 断开，中间继电器 KA1 线圈失电，回路中 4→5 线间 KA1 的动合触点断开，解除自锁。同时变频器输入端子 FWD 与公共端端子 COM 间的 KA1 动合触点断开，变频器停止输出，电动机停止运行。回路中 1→2 线间 KA1 动合触点断开，解锁对工频、变频转换开关 SA 联锁。交流接触器 KM1、KM2 线圈失电，主触头断，变频器失电，变频器控制面板运行指示灯熄灭，变频运行指示灯 HL1 灭。

3. 反转启动与停止

将工频、变频转换开关 SA 转至"1"变频位置，SA 的①→②接点闭合，回路经

1→2→3→0 闭合，交流接触器 KM1、KM2 线圈得电，KM1、KM2 主触头闭合，变频器得电；回路中 1→8 线间 KM1 动断触点断开，断开工频控制回路。回路中 12→13 线间 KM1 动合触点闭合，为中间继电器 KA2 动作做准备。按下反转启动按钮 SB5，变频器反转输入端子 REV 与公共端端子 COM 闭合，变频器反转输出，电动机反转运行。断开反转启动按钮 SB5，变频器输入端子 REV 与公共端端子 COM 断开，变频器停止输出，电动机停止运行。

实例 44 带有变频故障自动转工频功能的台达变频器工频、变频转换电路

电路简介 该电路由台达 VFD-F 变频器控制，通过转换开关实现工频、变频运行；通过面板电位器调节频率改变电动机转速，实现方便调参功能。

电路有工频、变频两套各自独立保护：变频保护是通过变频器故障输出端子监测报警输出，故障后自动切换工频的摇头开关在闭合的状态下，电动机发生短路、过载故障后，系统将自动投入工频运行，以确保设备连续运行；工频保护通过热继电器对电动机实现断相保护、过载保护、过压保护、欠压保护功能。

一、原理图

带有变频故障自动转工频功能的台达变频器工频、变频转换电路原理图如图 44-1 所示。

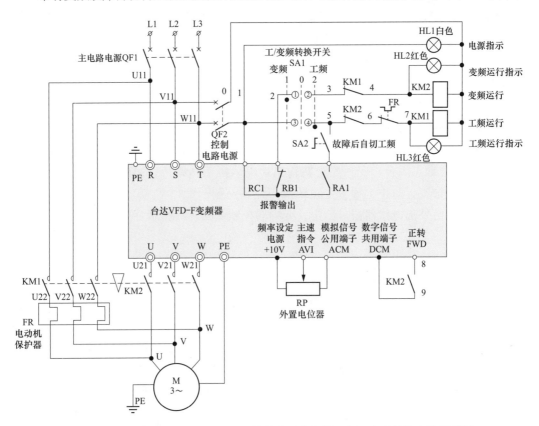

图 44-1 带有变频故障自动转工频功能的台达变频器工频、变频转换电路原理图

二、图中应用的端子及主要参数

相关端子及参数功能含义见表44-1。

表 44-1 相关端子及参数功能含义

功能	功能代码	设定数据	设定值含义
最高操作频率	01-00	55Hz	设定范围：50.00~120.00Hz
最大电压频率	01-01	50Hz	设定范围：0.100~120.00Hz
第一加速时间	01-09	20s	设定范围：0.1~3600.0s
第一减速时间	01-10	20s	设定范围：0.1~3600.0s
频率指令来源	02-00	01	模拟输入端子 AV1
运转指令来源	02-01	02	运转指令由外部端子控制，键盘 STOP 无效
停车方式	02-02	01	自由停车
正反转禁止	02-04	01	禁止反转
电源启动运转控制	02-06	00	可以运转
多功能输出 1	03-00	23	故障指示，故障时对应输出继电器闭合
散热风扇控制方式	03-15	03	温度达到 60℃时启动
直流制动电流	08-00	5%	设定范围：00%~100%
启动时直流制动时间	08-01	3s	设定范围：0.0~60.0s
加速中过流失速防止	06-01	150%	设定范围：20%~150%
运转中过流防止	06-02	150%	设定范围：20%~150%
过转矩检出基准	06-04	150%	设定范围：30%~150%
过转矩检出时间	06-05	10s	设定范围：0.1~60.0s

三、工作原理

（一）闭合总电源及参数设置

（1）闭合总电源 QF1，变频器输入端 R、S、T 上电，根据参数表设置变频器参数；

（2）闭合控制电源 QF2，控制回路得电，HL1 电源指示灯亮。

（二）变频启动与停止

（1）变频启动。将工频、变频转换开关 SA1 转至"1"变频位置，回路经 1→2→3→4→0 号线闭合，交流接触器 KM2 线圈得电，主回路 KM2 的主触点闭合，同时变频器正转端子 FWD 与 DCM 间 KM2 动合触点闭合，变频器正转输出，电动机变频运行。

变频器控制面板运行指示灯亮，显示信息为 RUN，变频运行指示灯 HL3 亮。同时 5→6 之间 KM2 触点断开，断开工频控制回路，与 KM1 接触器实现电气联锁。

（2）变频停止。将工频、变频转换开关 SA1 转至"0"停止位置，回路中 2→3 线断开，交流接触器 KM2 线圈失电，变频器输入端子 FWD 与公共端端子 COM 间的动合触点断开，变频器停止输出，回路 5→6 线间 KM2 动断触点复位，同时 KM2 主触点断开，电动机停止运行。

变频器控制面板运行指示灯熄灭，显示信息为 STOP，变频运行指示灯 HL3 灭。同时回路 5→6 之间 KM2 动断触点复位。

（三）工频启动与停止

（1）工频启动。将工频、变频转换开关 SA1 转至"2"工频位置，回路经 1→5→

6→7→0 号线闭合，接触器 KM1 线圈得电，主回路中 KM1 主触点闭合，电动机工频运行。

同时工频运行指示灯 HL2 亮。控制回路中 3→4 线间 KM1 动断触点断开，断开变频控制回路，与 KM2 接触器实现电气联锁。

（2）工频停止。将工频、变频转换开关 SA1 转至"0"停止位置，回路中 1→5 线断开，接触器 KM1 线圈失电，KM1 主触点断开，电动机停止运行。同时回路中 3→4 线间 KM1 动断触点复位，工频运行指示灯 HL2 熄灭。

实例 45　带有功能分析仪的森兰变频器工频、变频转换电路

电路简介　该电路由多功能测试分析仪监测螺杆泵井变频调参，根据现场数据采集与分析，最大程度记录现场的工作状况，以及各种电参量的连续监测，迅速反应异常情况，可靠保护现场设备，使之处于稳定的工作状态。电路通过转换开关实现工频、变频运行。电路中的滤波器能有效滤除在调速过程中产生的谐波，减少对周边设备的干扰。

一、原理图

带有功能分析仪的森兰变频器工频、变频转换电路原理图如图 45-1 所示。

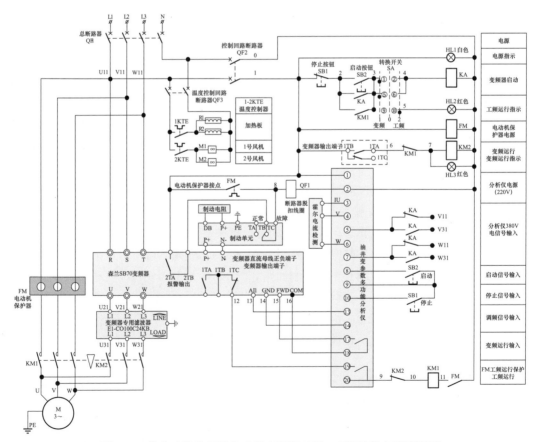

图 45-1　带有功能分析仪的森兰变频器工频、变频转换电路原理图

二、变频器、分析仪参数设置及工频保护器电流设定

（一）变频器参数设置

相关端子及参数功能含义见表45-1。

表 45-1　　　　　　　　　相关端子及参数功能含义

功能	功能代码	设定数据	设定值含义
普通运行主给定通道	F0-01	3	0：F0-00 数字给定；1：通信给定；2：UP/DOWN 调节值；3：AI1；4：AI2；5：PFI；6：算数单元 1；7：算数单元 2；8：算数单元 3；9：算数单元 4；10：面板电位器给定
运行通道命令选择	F0-02	1	0：操作面板；1：端子；2：通信控制
方向选定	F0-09	1	0：正反均可；1：锁定正方向；2：锁定反方向
启动方式	F1-19	0	0：从启动频率启动；1：先直流制动再从启动频率启动；2：转速跟踪启动
启动频率	F1-20	0.5Hz	设定范围：0.0～60.0Hz
启动频率保持时间	F1-21	0s	由用户单位设定时间
停机方式	F1-25	1	0：减速停机；1：自由停机；2：减速＋直流制动
数字输入端子功能	F4-00	59	59 含义是用于切换端子控制时的两线制 1 和三线制 1，0：不连接到下列的信号；1：多段频率选择 1；2：多段频率选择 2；59：行程开关输入
数字输入端子功能	F4-06	38	设定值为 38 含义：内部虚拟 FWD 端子，0：不连接到下列的信号；1：多段频率选择 1；2：多段频率选择 2；59：行程开关输入
T1 继电器输出功能	F5-02	1	设定值为 1 含义：变频器运行中，0：变频器准备就绪；1：变频器运行中，频率到达；73：过程 PID 休眠中
T2 继电器输出功能	F5-03	5	设定值为 5 含义：故障输出，0：变频器准备就绪；1：变频器运行中，频率到达；5：故障输出
电动机过载保护值	Fb-01	100％	50.0%～150.0%，以电动机额定电流为100%
电动机过载保护动作选择	Fb-02	2	0：不动作；1：报警；2：故障并自由停机
其他保护动作选择	Fb-11	0022	设定值为 2 含义：个位，变频器输入缺相保护；0：不动作；1：报警；2：故障并自由停机。十位，变频器输出缺相保护，0：不动作；1：报警；2：故障并自由停机。百位，操作面板掉线保护，0：不动作；1：报警；2：故障并自由停机。千位，参数存储失败动作选择，0：报警；1：故障并自由停机

（二）分析仪的参数设定

通过"＋""－"键选定"参数设置"菜单，按确认键，输入密码（密码可缺省），再按确认键即可进入参数设置子菜单。

（三）工频保护器电流设定

（1）将工频保护器上的数字拨码器按当前电动机运行功率的额定电流设定。例如，当前电动机运行功率 30kW 额定电流 60A，把工频保护器的拨码数字设定为 060 对应显

示窗口。

（2）工频过载保护，过载保护采用反时限过流保护特性见表45-2。

表 45-2   **过滤保护特性表**

额定电流倍数	<1.1	1.2	1.5	2	3	4	5	6	7	8	≥9
动作时间（s）	不动作	80	40	20	10	5	3	2	1	0.5	0.3

（3）工频保护器缺相及相电流不平衡保护，当缺一相或 $I_{min}/I_{max}<60\%$ 时，动作时间 2s。

三、工作原理

（一）闭合总电源及参数设置

闭合总电源 QF1、控制回路电源 QF2，闭合温度控制器电源 QF3。KM1 上端、变频器输入端 R、S、T 上电，控制回路得电，HL1 电源指示灯亮。电动机保护器 FM 线圈得电，回路 11→0 线间 FM 动合触点闭合；分析仪的①→②接线端子接通控制电压 220V。当柜内温度低于 0℃加热板启动以保证柜内液晶显示设备正常工作；当柜内温度高于 30℃时风机启动起到散热作用，保护长期运行设备不因过热造成绝缘老化，延长设备使用寿命。根据参数表设置变频器参数。

（二）工频启动与停止

（1）工频启动。将工频、变频转换开关 SA 转至工频位置，SA 的⑨→⑩接点闭合，按下启动按钮 SB2，分析仪启动信号输入，分析仪的 5、7 号端子经 KA 动断触点采集到 V11、W11 相的工频电压信号。回路经 1→2→3→5→0 号线闭合，工频运行指示灯 HL2 亮。同时 19→20 间动合触点闭合，回路经 1→12→9→10→11→0 号线闭合，KM1 线圈得电，控制回路中 2→3 线间 KM1 动合触点闭合自锁，控制回路中 6→7 线间 KM1 动断触点断开，断开变频控制回路，与 KM2 接触器实现电气联锁。同时主回路中 KM1 主触点闭合，电动机工频运行。

（2）工频停止。按下停止按钮 SB1，分析仪停止信号输入，同时 19→20 端子间的动合触点复位断开，KM1 线圈失电，2→3 线间动合触点断开，6→7 线间 KM1 动断触点复位，同时 KM1 主触点断开，电动机停止运行，工频运行指示灯 HL2 熄灭。

（三）变频启动与停止

（1）变频启动。将工频、变频转换开关 SA 转至变频位置，SA 的①→②接点闭合，按下启动按钮 SB2，回路径 1→2→3→4→0 号线闭合，中间继电器 KA 线圈得电，分析仪启动信号输入，分析仪的 5、7 号端子经 KA 动断触点采集到 V31、W31 相的变频电压信号。同时 17→18 间动合触点闭合，变频器输入端子 FWD 与公共端端子 COM 经 17→18 号线闭合，变频器正转输出，变频器的输出端子 1TA→1TB 接点闭合，回路经 1→6→7→0 闭合，KM2 线圈得电，控制回路中 9→10 线间 KM2 动断触点断开，断开工频控制回路，与 KM1 接触器实现电气联锁，同时主回路中 KM2 主触点闭合，电动机变频运行。变频器控制面板运行指示灯亮，变频运行指示灯 HL3 亮。

（2）变频停止。按下停止按钮 SB1，分析仪停止信号输入，回路 1→2 断开，中间继电器 KA 线圈失电，回路中 2→3 线间 KA 的动合触点断开，变频器输入端子 FWD 与公共端端子 COM 间的分析仪动合触点断开，变频器停止输出，变频器的 1TA、1TB 输出端子断开，接触器 KM2 线圈失电，回路 9→10 线间 KM2 动断触点复位，同时 KM2 主触点断开，电动机停止运行。变频器控制面板运行指示灯熄灭，变频运行指示灯 HL3 熄灭。

第五章

变频器数字输入端子功能应用及参数设置

实例 46 变频器输入端子多段速功能应用电路［0、1、2、3］（含视频讲解）

电路简介 通常变频器的频率设定方式有操作面板键盘设定、模拟量设定（电压输入、电流输入、编码器脉冲列输入）、数字输入设定（多段速、UP/DOWN 增/减控制、程序运行指令）、远程通信设定（RS-485 通信等）四大类。

多段速也是数字给定中的一种，多段速根据不同的品牌也称多步频率、多段速度、预置速度、固定频率、恒速频率等，可由外部接点数字输入信号端子的通/断功能选择变频器多段速运行。变频器的多段速是通过功能端子控制的，这些功能端子按照二进制的规律组合接通时，变频器输出各不同的段速，以输出不同的转速频率，实现对电动机调速，一般变频器可设置 15～48 个段速。多段速度的优先级别高于键盘、模拟量、高速脉冲、PLC、通信等频率的输入。

该电路应用多段速功能，通过数字输入信号端子的 ON 与 OFF 的操作，并通过参数 C05～C19 设置的不同频率，能够完成有级精确调速。

一、原理图

变频器输入端子多段速功能应用电路原理图如图 46-1 所示。

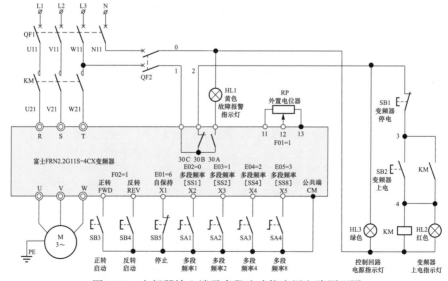

图 46-1　变频器输入端子多段速功能应用电路原理图

二、图中应用的端子及主要参数

相关端子及参数功能含义见表 46-1。

表 46-1 相关端子及参数功能含义

序号	端子名称	功能	功能代码	设定数据	设定值含义
1		数据保护	F00	0	0：可改变数据；1：不可改变数据（数据保护），需要双键操作（STOP 键＋∧键）
2		数据初始化	H03	1	数据初始化，需要双键操作（STOP 键＋∧键）
3	11、12、13	频率设定 1	F01	1	频率给定方式为电压设定（电位器）
4	FWD、REV、CM	运行操作	F02	1	0：面板控制；1：外部端子（按钮）控制
5		最高频率 1	F03	80Hz	用来设定变频器的最大输出频率
6		上限频率	F15	80Hz	上限频率，设定输出频率的上限值为 75Hz
7		多段速频率 1	C05	5Hz	多段速频率 1，设定值为 5Hz
8		多段速频率 2	C06	10Hz	多段速频率 2，设定值为 10Hz
9		多段速频率 3	C07	15Hz	多段速频率 3，设定值为 15Hz
10		多段速频率 4	C08	20Hz	多段速频率 4，设定值为 20Hz
11		多段速频率 5	C09	25Hz	多段速频率 5，设定值为 25Hz
12		多段速频率 6	C10	30Hz	多段速频率 6，设定值为 30Hz
13		多段速频率 7	C11	35Hz	多段速频率 7，设定值为 35Hz
14		多段速频率 8	C12	40Hz	多段速频率 8，设定值为 40Hz
15		多段速频率 9	C13	45Hz	多段速频率 9，设定值为 45Hz
16		多段速频率 10	C14	50Hz	多段速频率 10，设定值为 50Hz
17		多段速频率 11	C15	55Hz	多段速频率 11，设定值为 55Hz
18		多段速频率 12	C16	60Hz	多段速频率 12，设定值为 60Hz
19		多段速频率 13	C17	65Hz	多段速频率 13，设定值为 65Hz
20		多段速频率 14	C18	70Hz	多段速频率 14，设定值为 70Hz
21		多段速频率 15	C19	75Hz	多段速频率 15，设定值为 75Hz
22	X1	端子 X1～X9 是可编程数字输入端子，可以使用 E01～E09 分配各种功能	E01	6	自保持选择，即停止按钮功能
23	X2		E02	0	变频器多段频率选择 SS1
24	X3		E03	1	变频器多段频率选择 SS2
25	X4		E04	2	变频器多段频率选择 SS4
26	X5		E05	3	变频器多段频率选择 SS8
27	30A、30B、30C	30Ry 总警报输出	E27	99	98：轻微故障；99：整体警报

三、动作详解

（一）闭合总电源及参数设置

闭合总电源断路器 QF1、QF2，按下变频器上电按钮 SB2，回路经 1→2→3→4→0 闭合，KM 线圈得电。KM 主触头闭合，变频器输入端 R、S、T 上电。同时，回路 3→4 号线 KM 动合触点闭合自锁。通过正、反转启动按钮 SB3、SB4，停止按钮 SB5 控制变频器的运行与停止。根据参数表设置变频器参数。

（1）通过预定的 4 个输入端子（如 X2、X3、X4、X5）分别设置为多段速功能：

1）X2 端子＝E02＝0 多段速运行，当变频器运行中，单独闭合 SA1 开关（SS1）为多段速 1；

2）X3 端子＝E03＝1 多段速运行，当变频器运行中，单独闭合 SA2 开关（SS2）为多段速 2；

3）X4 端子＝E04＝2 多段速运行，当变频器运行中，单独闭合 SA3 开关（SS4）为多段速 4；

4）X5 端子＝E05＝3 多段速运行，当变频器运行中，单独闭合 SA4 开关（SS8）为多段速 8。

（2）用控制功能组多段速运行频率代码 C05～C19 设定多段速对应的运行频率。

（3）多段速组合是灵活的，可以设计为 1 个段速，也可以设计更多的段速，并且可以结合正反转实现正反转运行。

（二）富士 G1S 变频器 15 段速运行

通过 SA1（SS1）、SA2（SS2）、SA3（SS4）、SA4（SS8）转换开关接通与断开，按照二进制的规律组合实现不同的多段速运行，对应的编码组合见表 46-2，表中"OFF"为无效（开路），"ON"为有效（闭合）。

当 SA1、SA2、SA3、SA4 转换开关都处于断开状态时，变频器按照频率设定 1（F01）、频率设定 2（C30）的设定值运行。

四、15 段速编码关系

富士变频器输入端子 15 段速编码关系见表 46-2。

表 46-2　　　　　　　　　　富士变频器输入端子 15 段速编码关系表

多段速序号	SS1 X2-CM 端子	SS2 X3-CM 端子	SS4 X4-CM 端子	SS8 X5-CM 端子	选择频率参数代码（C05～C19）
0	OFF	OFF	OFF	OFF	在频率设定 1（F01）或频率设定 2（C30）参数上选择的设定值运行
1	ON	OFF	OFF	OFF	C05（多段速频率 1）SS1
2	OFF	ON	OFF	OFF	C06（多段速频率 2）SS2
3	ON	ON	OFF	OFF	C07（多段速频率 3）
4	OFF	OFF	ON	OFF	C08（多段速频率 4）SS4
5	ON	OFF	ON	OFF	C09（多段速频率 5）
6	OFF	ON	ON	OFF	C10（多段速频率 6）

续表

多段速序号	SS1 X2-CM 端子	SS2 X3-CM 端子	SS4 X4-CM 端子	SS8 X5-CM 端子	选择频率参数代码（C05～C19）
7	ON	ON	ON	OFF	C11（多段速频率 7）
8	OFF	OFF	OFF	ON	C12（多段速频率 8）SS8
9	ON	OFF	OFF	ON	C13（多段速频率 9）
10	OFF	ON	OFF	ON	C14（多段速频率 10）
11	ON	ON	OFF	ON	C15（多段速频率 11）
12	OFF	OFF	ON	ON	C16（多段速频率 12）
13	ON	OFF	ON	ON	C17（多段速频率 13）
14	OFF	ON	ON	ON	C18（多段速频率 14）
15	ON	ON	ON	ON	C19（多段速频率 15）

五、多段速运行时序图

多段速运行时序图如图 46-2 所示。

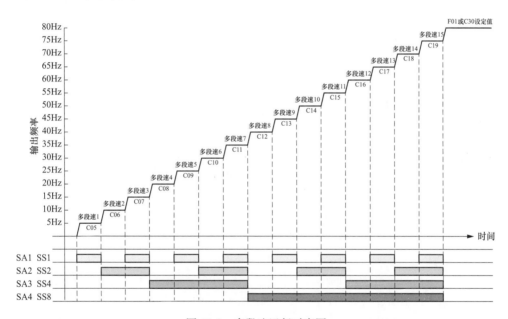

图 46-2　多段速运行时序图

实例 47　变频器输入端子加、减速时间选择功能应用电路［4、5］

电路简介　该电路应用富士变频器输入端子完成加、减速时间选择功能的应用，当变频器通过 SA1（RT1）、SA2（RT2）转换开关接通与断开，实现不同的加减速时间运行，当 SA1、SA2 转换开关都处于断开状态时，变频器按照加速时间 1（F07）、减速时间 1（F08）的设定值运行。

一、原理图

变频器输入端子加、减速时间选择功能应用电路原理图如图 47-1 所示。

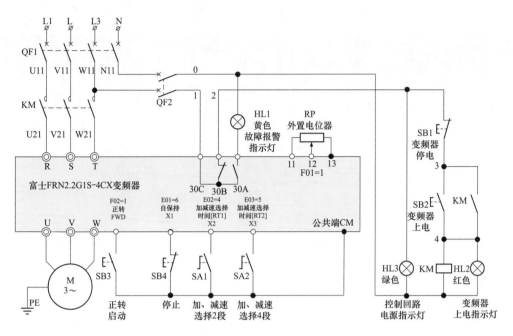

图 47-1　变频器输入端子加、减速时间选择功能应用电路原理图

二、图中应用的端子及主要参数

变频器端子及参数表含义见表 47-1。

表 47-1　　　　　　　　　变频器端子及参数表含义

序号	端子名称	功能	功能代码	设定数据	设定值含义
1		数据保护	F00	0	0：可改变数据；1：不可改变数据（数据保护）
2		数据初始化	H03	1	数据初始化，需要双键操作（STOP 键＋∧键）
3	11、12、13	频率设定1	F01	1	频率给定方式为电压设定（电位器）
4	FWD、CM	运行操作	F02	1	0：面板控制；1：外部端子（按钮）控制
5		加速时间1	F07	20s	即从 0Hz 开始到达最高输出频率所需的设定时间为 20s
6		减速时间1	FO8	20s	即从最高输出频率到达 0Hz 为止所需要的设定时间为 20s
7		加速时间2	E10	15s	即从 0Hz 开始到达最高输出频率所需要的设定时间 15s
8		减速时间2	E11	15s	即从最高输出频率到达 0Hz 为止所需要的设定时间 15s
9		加速时间3	E12	10s	即从 0Hz 开始到达最高输出频率所需要的设定时间 10s
10		减速时间3	E13	10s	即从最高输出频率到达 0Hz 为止所需要的设定时间 10s
11		加速时间4	E14	5s	即从 0Hz 开始到达最高输出频率所需要的设定时间 5s
12		减速时间4	E15	5s	即从最高输出频率到达 0Hz 为止所需要的设定时间 5s
13	FWD	正转指令	E98	98	当 E98 设定为 98，ON 时正向运行，OFF 时减速停止
14	X1	可编程数字输入端子	E01	6	自保持选择，即停止按钮功能
15	X2		E02	4	ON 时，变频器按加、减速时间2的设定时间运行
16	X3		E03	5	ON 时，变频器按加、减速时间3的设定时间运行

序号	端子名称	功能	功能代码	设定数据	设定值含义
17	30A、30B、30C	30Ry 总警报输出	E27	99	98：轻微故障；99：整体警报。当变频器检测到有故障或异常时 30A-30C 闭合、30B-30C 断开

三、动作详解

（一）闭合总电源及参数设置

闭合总电源断路器 QF1、QF2，按下变频器上电按钮 SB2，回路经 1→2→3→4→0 闭合，KM 线圈得电。KM 主触头闭合，变频器输入端 R、S、T 上电。同时，回路 3→4 号线 KM 动合触点闭合自锁。通过正启动按钮 SB3，停止按钮 SB4 控制变频器的运行与停止。根据参数表设置变频器参数。

（1）通过预定的 3 个输入端子（如 X2、X3）分别设置为加、减速时间选择指令功能：

1）X2 端子＝E02＝4 加/减速时间选择 2，单独闭合 SA1 开关（RT1）为加/减速时间选择 2；

2）X3 端子＝E03＝5 加/减速时间选择 3，单独闭合 SA2 开关（RT2）为加/减速时间选择 3；

3）同时闭合 X2、X3 端子为加/减速时间选择 4。

（2）用控制功能组加/减速运行时间代码 E10～E15 设定多个对应的加减速时间。

（3）加减速组合是灵活的，可以设计为 1 个加减速，也可以设计多个加减速，并且可以结合正转实现多个加减速正转运行。

（二）富士 G1S 变频器加、减速时间选择功能

（1）通过 SA1（RT1）、SA2（RT2）转换开关接通与断开，实现不同的加减速时间运行，对应的编码组合见表 47-2，表中"OFF"为无效（开路），"ON"为有效（闭合）。

当 SA1、SA2 转换开关都处于断开状态时，变频器按照加速时间 1（F07）、减速时间 1（F08）的设定值运行。

（2）应用加/减速时间选择时，应先选择加/减速时间，后按下启停按钮。

表 47-2　　　　富士变频器输入端子加、减速时间选择功能时序分配表

加减速时间种类	功能代码		加减速时间的切换关系		
	加速时间	减速时间	RT1（X2 端子）	RT2（X3 端子）	
加减速时间 1	F07	F08	OFF	OFF	可以通过加减速选择 RT1、RT2 进行切换（数据＝4、5）在没有分配时，加减速时间 1（F07、F08）为有效
加减速时间 2	E10	E11	ON	OFF	
加减速时间 3	E12	E13	OFF	ON	
加减速时间 4	E14	E15	ON	ON	

四、加、减速时间选择功能时序图

加、减速时间选择功能时序图如图47-2所示。

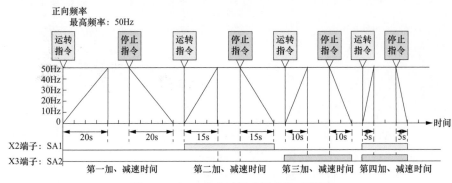

图47-2 加、减速时间选择功能时序图

实例48 变频器输入端子自保持选择、自由运行指令功能应用电路 [6、7]

电路简介 该电路应用富士变频器输入端子完成自保持选择、自由运行指令功能的应用，当变频器采用三线式运行时，HLD-CM 为 ON 时，FWD 和 REV 信号自保持，OFF 时解除自保持。

自由运行（自由停车）指令是 BX-CM 间 ON 时，变频器立即停止输出，电动机将自由旋转，不输出报警信号，BX 信号不能自保持。

一、原理图

变频器输入端子自保持选择、自由运行指令功能应用电路原理图如图48-1所示。

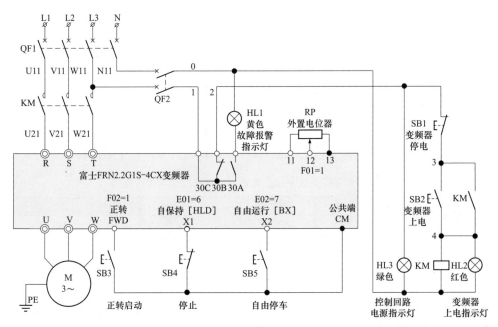

图48-1 变频器输入端子自保持选择、自由运行指令功能应用电路原理图

二、图中应用的端子及主要参数

相关端子及参数功能含义见表 48-1。

表 48-1　　　　　　　　　相关端子及参数功能含义

序号	端子名称	功能	功能代码	设定数据	设定值含义
1		数据保护	F00	0	0：可改变数据；1：不可改变数据（数据保护）
2		数据初始化	H03	1	数据初始化，需要双键操作（STOP 键＋∧键）
3	11、12、13	频率设定 1	F01	1	频率给定方式为电压设定（电位器）
4	FWD、CM	运行操作	F02	1	0：面板控制；1：外部端子（按钮）控制
5	X1	可编程数字输入端子	E01	6	自保持选择，即停止按钮功能
6	X2		E02	7	自由运行选择，ON 时立即切断变频器输出。电动机为自由运行（无警报显示）状态
7	30A、30B、30C	30Ry 总警报输出	E27	99	98：轻微故障；99：整体警报，即当变频器检测到有故障或异常时 30A-30C 闭合、30B-30C 断开

三、动作详解

（一）闭合总电源及参数设置

闭合总电源断路器 QF1、QF2，按下变频器上电按钮 SB2，回路经 1→2→3→4→0 闭合，KM 线圈得电。KM 主触头闭合，变频器输入端 R、S、T 上电。同时，回路 3→4 号线 KM 动合触点闭合自锁。通过正转启动按钮 SB3，停止按钮 SB4 控制变频器的运行与停止。根据参数表设置变频器参数。

（二）富士 G1S 变频器自保持选择、自由运行功能

通过预定的 3 个输入端子（如 X1、X2）分别设置为自保持选择、自由运行指令功能：

1）X1 端子＝E01＝6 自保持选择，即 SB4 按钮（HLD）自保持选择指令，该按钮必须接动断触点。

在三线式电路中，当自保持端子为 ON（闭合）时，正转端子 FWD 和反转端子 REV 信号可自保持连续运行。自保持端子 OFF 时解除自保持，变频器按减速时间停止运行。可任意指定一个输入端子 X1～X9，设定其功能数据为 6，此端子即为可用作自保持端子功能，该功能类似于常规电路的停止按钮。

2）X2 端子＝E02＝7 自由运行选择，运行过程中，闭合按钮 SB5（BX）电动机即立刻自由停车。

三线式电路中，自由运行指令 ON（闭合）时，立即切断变频器输出，电动机为自由运行（自由停车）状态。

在二线式电路中，如果正转端子 FWD 或反转端子 REV 信号始终保持闭合，自由运行指令 ON（闭合）时，立即切断变频器输出，但是当 OFF（断开）自由运行指令时

变频器将重新启动继续运行。

四、自由运行指令时序图

自由运行指令时序图如图 48-2 所示。

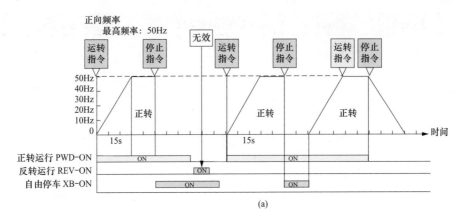

(a)

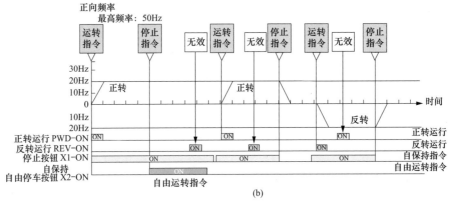

(b)

图 48-2　自由运行指令时序图

（a）两线式接线；（b）三线式接线

实例 49　变频器输入端子报警复位、外部报警、点动指令功能应用电路 [8、9、10]

电路简介　该电路应用富士变频器输入端子完成异常报警复位、外部报警功能，当变频器发生报警时，通过外部输入开关量控制异常报警复位按钮 RST 从 OFF 置为 ON，解除整体报警输出。

外部报警功能是利用外部保护器件的动断触点，当外部保护器件检测到有故障发生时，其动断触点断开，变频器得到外部报警指令后立即停止输出。

富士变频器的点动运行模式特点是接通变频器的点动端子 X4 和公共端 CM，只是点动功能选择完成，如果要运行则必须给定正转或反转运行指令。即按下正转按钮或反转按钮选择运行方向。

一、原理图

变频器输入端子报警复位、外部报警、点动指令功能应用电路原理图如图 49-1 所示。

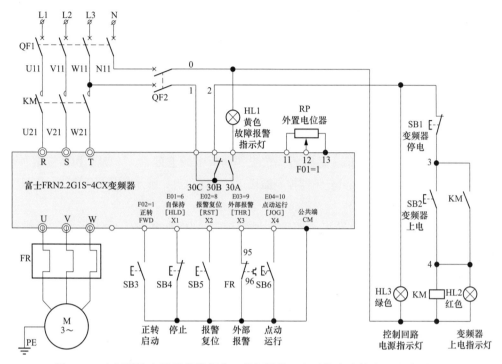

图 49-1 变频器输入端子报警复位、外部报警、点动指令功能应用电路原理图

二、图中应用的端子及主要参数

相关端子及参数功能含义见表 49-1。

表 49-1 相关端子及参数功能含义

序号	端子名称	功能	功能代码	设定数据	设定值含义
1		数据保护	F00	0	0：可改变数据；1：不可改变数据（数据保护）
2		数据初始化	H03	1	数据初始化，需要双键操作（STOP 键＋∧键）
3	11、12、13	频率设定 1	F01	1	频率给定方式为电压设定（电位器）
4	FWD、CM	运行操作	F02	1	0：面板控制；1：外部端子（按钮）控制
5	FWD	正转指令	E98	98	ON 时正向运行，OFF 时减速停止
6	X1		E01	6	自保持选择功能
7	X2		E02	8	异常报警复位
8	X3	可编程数字输入端子	E03	9	外部报警
9	X4		E04	10	选择点动运行功能
10		点动频率值	C20	10Hz	电动机点动运行时的频率为 10Hz
11	30A、30B、30C	30Ry 总报警输出	E27	99	98：轻微故障；99：整体报警，即当变频器检测到有故障或异常时 30A-30C 闭合、30B-30C 断开

三、动作详解

(一) 闭合总电源及参数设置

闭合总电源断路器 QF1、QF2，按下变频器上电按钮 SB2，回路经 1→2→3→4→0 闭合，KM 线圈得电。KM 主触头闭合，变频器输入端 R、S、T 上电。同时，回路 3→4 号线 KM 动合触点闭合自锁。通过正转启动按钮 SB3，点动运行按钮 SB6，停止按钮 SB4 控制变频器的运行与停止。

(二) 异常报警复位

1. 变频器启动运行

按下启动按钮 SB3，FWD 正转端子和 CM 接点输入公共端端子回路接通，变频器按 F07 加速时间 1 加速至频率设定值，运行频率按操作面板上的上键∧、下键∨和移位键》键给定，频率运行值设定为 50Hz，变频器控制面板运行指示灯亮，显示信息为 FWD、RUN。

2. 变频器停止运行

按下停止按钮 SB4，电动机按照 F08 减速时间 1 减速至 F25 停止频率 1 的设定值 0.5Hz 后停止运行。变频器控制面板运行指示灯熄灭，显示信息为 STOP，运行频率显示为闪烁的频率设置值 50.00Hz。

当变频器运行时，如果发生报警，按下 SB5 异常报警复位按钮，将异常报警复位键 RST 从 OFF 置为 ON 时，则解除整体报警输出变频器显示屏上显示 ALM，如果再将 ON 置为 OFF 时，则变频器显示屏上显示消去报警显示，解除报警保持状态，请确保将异常报警复位键 RST 置为 ON 的时间在 10ms 以上，另外，在正常运行时请事先置为常开（OFF）状态。

(三) 外部报警（外部保护器件报警）

当电动机保护器或热继电器报警，动断触点 THR 置为 OFF（电动机保护器或热继电器报警），则立即切断变频器输出（电动机自由运行），并且显示报警代码 0h2，输出整体警报 ALM。该信号在内部自我保持，如果外部报警复位（电动机保护器或热继电器复位）则自动解除，变频器恢复运行。（注：富士变频器接保护器动断触点。）

(四) 变频器点动运行

1. 选择点动运行功能

按下点动/连续运行选择按钮（带闭锁功能）SB6，接通变频器的点动端 X4 和公共端 CM，变频器 LED 监视器上显示的是点动频率设定值（C20 设定值）10Hz，点动运行选择完成。

2. 点动运行启动

在闭合 SB6 的同时，按下正转启动按钮 SB3，接通变频器的正转端子 FWD 和公共端 CM，变频器的 U、V、W 开始输出，电动机按 F07 加速时间 1 加速至点动频率设定值（10Hz）运行。

3. 点动运行停止

松开正转启动按钮 SB3 或断开点动/连续运行选择按钮 SB6，使变频器的正转端子 FWD 和公共端 CM 或点动端 X4 和公共端 CM 断开，变频器的 U、V、W 停止输出，电动机按照 F08 减速时间 1 减速停止运行。

四、点动功能时序图

点动功能时序图如图 49-2 所示。

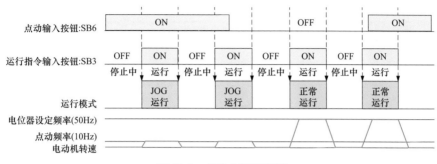

图 49-2 点动功能时序图

实例 50 变频器输入端子频率设定 1/频率设定 2 选择指令功能应用电路 [11]

电路简介 该电路应用富士变频器输入端子频率设定 1/频率设定 2 的选择指令,切换频率的设定方法。当 X2 端子 OFF 时频率运行采用频率设定 1,即 F01 设定的频率设定方法设定,ON 时频率采用 C30 设定频率,即通过变频器面板的 ∧ 增或 ∨ 减键调整变频器的输出频率。

一、原理图

变频器输入端子频率设定 1/频率设定 2 选择指令功能应用电路原理图如图 50-1 所示。

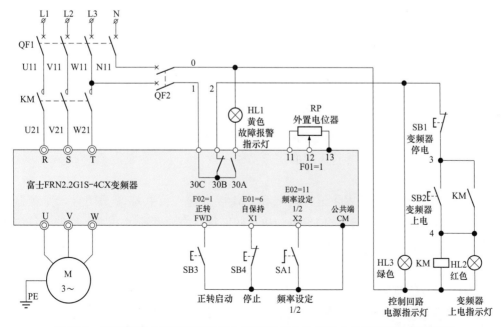

图 50-1 变频器输入端子频率设定 1/频率设定 2 选择指令功能应用电路原理图

二、图中应用的端子及主要参数

相关端子及参数功能含义见表50-1。

表50-1　　　　　　　　　　　相关端子及参数功能含义

序号	端子名称	功能	功能代码	设定数据	设定值含义
1		数据保护	F00	0	0：可改变数据；1：不可改变数据（数据保护）
2		数据初始化	H03	1	数据初始化，需要双键操作（STOP 键＋∧键）
3	11、12、13	频率设定 1	F01	1	频率给定方式为电压设定（电位器）
4	FWD、CM	运行操作	F02	1	0：面板控制；1：外部端子（按钮）控制
5		频率设定 2	C30	0	操作面板键操作
6	FWD	正转指令	E98	98	ON 时正向运行，OFF 时减速停止
7	X1		E01	6	自保持选择，即停止按钮功能
8	X2	可编程数字输入端子	E02	11	端子闭合以后为频率设定 2 功能，开路为频率设定 1
9		频率设定 2	C30	0	通过操作面板∧∨键进行频率设定
10	30A、30B、30C	30Ry 总警报输出	E27	99	98：轻微故障；99：整体警报，即当变频器检测到有故障或异常时 30A-30C 闭合、30B-30C 断开

三、动作详解

（一）闭合总电源及参数设置

闭合总电源断路器 QF1、QF2，按下变频器上电按钮 SB2，回路经 1→2→3→4→0 闭合，KM 线圈得电。KM 主触头闭合，变频器输入端 R、S、T 上电。同时，回路 3→4 号线 KM 动合触点闭合自锁。通过正转启动按钮 SB3，停止按钮 SB4 控制变频器的运行与停止。根据参数表设置变频器参数。

（二）频率设定 2/频率设定 1 的选择

1. 变频器启动运行

按下启动按钮 SB3，FWD 正转端子和 CM 接点输入公共端端子闭合，变频器按 F07 加速时间 1 加速至频率设定值，电动机正转运行，变频器通过外置电位器进行频率设定（F01＝1 频率设定 1）。

2. 频率设定模式切换

闭合频率设定 1/频率设定 2 选择开关 SA1（OFF 时为频率设定 1，ON 时为频率设定 2），频率设定模式切换为频率设定 2，当设定值为 C30＝0 时，通过操作面板进行频率设定。

3. 变频器停止运行

按下停止按钮 SB4，端子 X1 和端子 CM 回路断开，X1 自保持选择解除，变频器按照 F08 减速时间 1（20s）减速至 F25（停止频率 1），电动机停止运行。

四、F01 频率设定 1/频率设定 2

C30 设定值含义见表 50-2。

表 50-2　　　　　　　　F01 频率设定 1/C30 频率设定 2 设定值含义表

设定值	含义
0	通过操作面板∧∨键进行频率设定
1	通过输入到端子 12、11 间的电压值进行设定（DC 0～±10V）
2	通过输入到端子 C1、11 间的电流值进行设定（DC 4～20mA）
3	通过输入到端子 12、11 间的电压值和输入到端子 C1、11 间的电流值的合计结果进行设定，即电压输入＋电流输入（当合计结果在最高输出频率以上时，被最高输出频率所限制）
5	通过输入到端子 V2、11 间的电压值（DC 0～＋10V）进行设定，将主控板的滑动开关 SW5 设定在 V2 一侧（出厂状态）
7	增、减控制指令（UP/DOWN 控制）通过分配给数字输入端子的 UP 指令及 DOWN 指令进行设定，需要将 UP 指令（数据＝17）、DOWN 指令（数据＝18）分配给数字输入端子 X1～X9，启动模式见 H61
8	8：通过操作面板进行频率设定（具有非均衡无冲击功能）
10	程序运行设定
12	通过脉冲列输入 PIN 上分配的数字输入端子 X7 和 PG 接口卡（选件）进行的设定

实例 51　变频器输入端子直流制动指令、强制停止指令功能应用电路 [13、30]

电路简介　该电路为三线式的接线方式，应用变频器 FWD 及自保持等功能，配合接触器与按钮的启停操作，实现了在变频调速控制下电动机的连续运行。

当执行变频器强制停止指令时，则通过强制停止减速时间（H56）减速停止。在减速停止后显示报警故障代码 Er-6（误操作），进入警报状态。

当按下停止按钮，执行变频器直流制动指令时（当转速降至直流制动开始频率），变频器停止输出，电动机迅速停止旋转。

直流制动指令按钮功能主要用于变频器启动前对电动机采取制动，即先制动再启动，以防止电动机惯性反转运行。

一、原理图

变频器输入端子直流制动指令、强制停止指令功能应用电路原理图如图 51-1 所示。

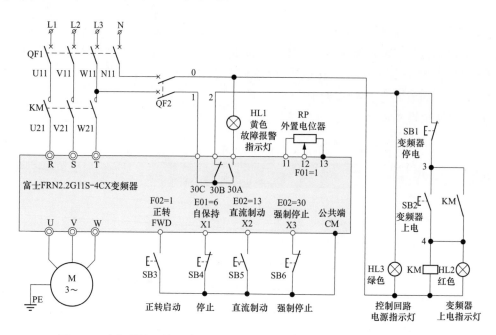

图 51-1　变频器输入端子直流制动指令、强制停止指令功能应用电路原理图

二、图中应用的端子及主要参数

相关端子及参数功能含义见表 51-1。

表 51-1 相关端子及参数功能含义

序号	端子名称	功能	功能代码	设定数据	设定值含义
1		数据保护	F00	0	0：可改变数据；1：不可改变数据（数据保护）
2		数据初始化	H03	1	数据初始化，需要双键操作（STOP 键＋∧键）
3	11、12、13	频率设定 1	F01	1	频率给定方式为电压设定（电位器）
4	FWD、CM	运行操作	F02	1	0：面板控制；1：外部端子（按钮）控制
5		直流制动开始频率	F20	20Hz	在减速停止时开始直流制动动作的频率值
6		直流制动动作值	F21	100%	直流制动的动作值
7		直流制动时间	F22	5s	直流制动的制动时间
8	FWD	正转指令	E98	98	ON 时正向运行，OFF 时减速停止
9	X1		E01	6	自保持选择功能 HLD
10	X2	可编程数字输入端子	E02	13	直流制动指令 DCBRK
11	X3		E03	30	强制停止 STOP（X3＝E03＝30）
12		强制停止减速时间	H56	10s	1 强制停止减速时间为 10s
13	H96	STOP 键急停功能	H96	3	优先功能有效，开始检查功能有效
14	30A、30B、30C	30Ry 总警报输出	E27	99	98：轻微故障；99：整体警报，即当变频器检测到有故障或异常时 30A-30C 闭合、30B-30C 断开

三、动作详解

（一）闭合总电源及参数设置

闭合总电源断路器 QF1、QF2，按下变频器上电按钮 SB2，回路经 1→2→3→4→0 闭合，KM 线圈得电。KM 主触头闭合，变频器输入端 R、S、T 上电。同时，回路 3→4 号线 KM 动合触点闭合自锁。通过正转启动按钮 SB3，停止按钮 SB4 控制变频器的运行与停止。根据参数表设置变频器参数。

（二）停止运行

1. 用停止按钮停止

当变频器正常运行时，按下停止按钮 SB4，端子 X1 和端子 CM 回路断开，X1 自保持选择解除，变频器按照 F08 减速时间 1 减速至 F20 直流制动开始频率 20Hz 后，变频器开始对电动机输出直流制动电流，当 F21 直流电流动作值设定为 100%，电动机立即停止旋转。

2. 用直流制动指令 DCBRK 按钮停止

当变频器正常运行时，按下直流制动指令按钮 SB5（按钮带自锁功能），变频器输入端子 X2（直流制动）和 CM（接点输入公共端端子）回路接通，变频器保持运行，变频器输出频率低至 F20 预设定值时开始直流制动。在该接点 ON 的状态将持续直流制动。但功能代码 F22 设定的时间和该接点信号 ON 的时间两者将按较长的时间优先。

3. 用强制停止指令 STOP 按钮停止

当变频器正常运行时，按下强制停止指令按钮 SB6，变频器输入端子 X3（强制停止）和 CM（接点输入公共端端子）回路断开，变频器通过强制停止减速时间（H56）减速停止。在减速停止后显示警报 Er-6 误操作，进入警报状态（数据 E03＝30）。可用操作面板上的 SHIFT 复位键复位。

4. 使用操作面板的 STOP 强制停止

当 H96 设置为 1 或 3 时，在通过端子台或经由通信输入运转指令的状态下，如果按下 STOP 键，也将强制性地减速停止。停止后在监视器中显示 Er6。注意，当 J22（工频切换时序）参数设置为 1 时，报警后将自动转工频运行。

四、直流制动功能时序图

直流制动功能时序图如图 51-2 所示。

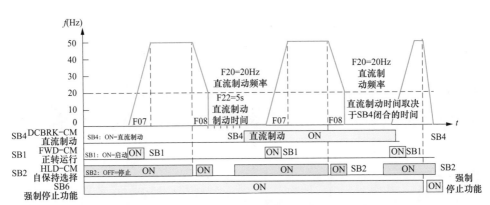

图 51-2　直流制动功能时序图

143

实例 52 变频器输入端子转矩限制 1/转矩限制 2 指令功能应用电路 [14]

电路简介 变频器转矩限制可分为驱动转矩限制和制动转矩限制两种。它是根据变频器输出电压和电流值，经 CPU 进行转矩计算，形成的两种不同限制功能，其可对加减速和恒速运行时的冲击负载恢复特性有显著改善。转矩限制功能可实现自动加速和减速控制。假设加减速时间小于负载惯量时间时，也能保证电动机按照转矩设定值自动加速和减速。

转矩控制信号可由 X1~X9 在转矩控制 1 与转矩控制 2 中选择。

一、原理图

变频器输入端子转矩限制 1/转矩限制 2 指令功能应用电路原理图如图 52-1 所示。

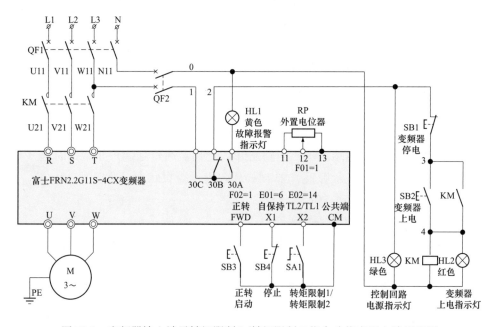

图 52-1 变频器输入端子转矩限制 1/转矩限制 2 指令功能应用电路原理图

二、图中应用的端子及主要参数

相关端子及参数功能含义见表 52-1。

表 **52-1**　　　　　　　　　　　　　　　相关端子及参数功能含义

序号	端子名称	功能	功能代码	设定数据	设定值含义
1		数据保护	F00	0	0：可改变数据；1：不可改变数据（数据保护）
2		数据初始化	H03	1	数据初始化，需要双键操作（STOP 键＋∧键）
3	11、12、13	频率设定 1	F01	1	频率给定方式为电压设定（电位器）
4	FWD、CM	运行操作	F02	1	0：面板控制；1：外部端子（按钮）控制

续表

序号	端子名称	功能	功能代码	设定数据	设定值含义
5		最高频率1	F03	50Hz	用来设定变频器的最大输出频率
6		电动机1（自整定）	P04	2	电动机停止状态，自动测量电动机的1次电阻（%R1）和对基本频率的漏抗（%X），然后，在电动机运行状态，自动测量电动机空载电流，所测量参数自动相应写入P07和P08
7		转矩限制1（驱动）	F40	999	设置范围：-300%～300%；999：转矩限制不动作
8		转矩限制1（制动）	F41	999	设置范围：-300%～300%；999：转矩限制不动作
9		转矩限制2（驱动）	E16	80	设定范围：-300%～300%；80：按80%限制转矩
10		转矩限制2（制动）	E17	0	设定范围：-300%～300%；0：自动防止由于电能再生的过电压OU跳闸
11		制动转矩限制时，增加频率上限	U01	75	设定范围是0～65535，设定值15为1Hz，即制动转矩限制时增加频率上线是5Hz
12		减速时再生回避	U60	0	转矩限制动作（高响应用途）
13	X1	可编程数字输入端子	E01	6	自保持选择，即停止按钮功能
	X2		E02	14	转矩限制2/转矩限制1
14	30A、30B、30C	30Ry总警报输出	E27	99	98：轻微故障；99：整体警报，即当变频器检测到有故障或异常时30A-30C闭合、30B-30C断开

三、动作详解

（一）闭合总电源及参数设置

闭合总电源断路器QF1、QF2，按下变频器上电按钮SB2，回路经1→2→3→4→0闭合，KM线圈得电。KM主触头闭合，变频器输入端R、S、T上电。同时，回路3→4号线KM动合触点闭合自锁。通过正转启动按钮SB3，停止按钮SB4控制变频器的运行与停止。根据参数表设置变频器参数。

X2端子=E02=14，TL1/TL2指令，闭合SA1，选择转矩限制1/转矩限制2（TL1/TL2）。

（二）转矩限制2/转矩限制1（TL2/TL1）

通过TL2/TL1信号，切换由功能代码F40、F41和E16、E17预设定的转矩限制值。转矩控制动作时的增加频率上限值通过功能U01设定。选择设定值"0%（再生回避）"时，动作模式通过功能代码U60设定。

如图52-1所示，当SA1闭合时，选择E16、E17预设定的转矩限制值，当变频器的输出转矩达到转矩限制等级以上，则操作控制输出频率，防止失速，对输出转矩进行限制。加速、减速、恒速的所有状态下维持制动转矩0%左右运行。对应负载的激烈变化状态来控制输出频率，减少变频器中再生能量，并进行 OU 跳闸回避动作，但是，减速时减速时间延长。

四、转矩限制方式

转矩限制方式如图 52-2 所示。

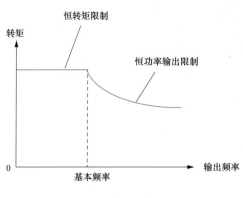

图 52-2　转矩限制方式

实例 53　变频器输入端子商用切换功能应用电路［15、16、40、41］

电路简介　变频器输出电压含有一定的谐波，其输出电压、输出电流并不是标准的正弦波，而是接近正弦波的畸变波。与工频电源相比，驱动电动机时产生的损耗和电动机的温升、振动、噪声都有所增加，电动机效率下降，另外变频器本身有损耗。

如果长时间运行在 50Hz 使用变频器运行能耗会更高，所以如果长时期运行在 50Hz，则应将运行方式切换至工频。

富士 G1S 变频器数字输入端子设置 15、16 为外部时序工频运行/变频器运行的切换功能 SW50，即需要使用外部的时间继电路对工变频电路进行切换。15（SW50）为 50Hz，16（SW60）为 60Hz。

变频器数字输入端子设置 40、41 时为内置时序工频运行/变频器运行切换功能，40（SW50）为 50Hz，41（SW60）为 60Hz。

在工频转变频时变频器直接输出 50Hz，即无论电位器给定的频率是多少，变频器都将以 50Hz 的频率接通电动机，然后再从 50Hz 升（降）至电位器设定的频率连续运行，并且在变频运行状态下变频器检测到有故障后自动转换至工频运行。

该电路应用富士变频器内置的选件继电器卡，自动完成对三个接触器的直接控制，以完成变频器控制电动机的工频转变频运行或变频转工频运行，控制回路采用变频器三线式的接线方法，利用"自保持"参数设置的功能特点，只用两只按钮便实现了变频器控制电动机的正转运行与停止。

一、原理图

变频器输入端子商用切换（50Hz）商用切换（60Hz）功能应用电路原理图如图 53-1所示。

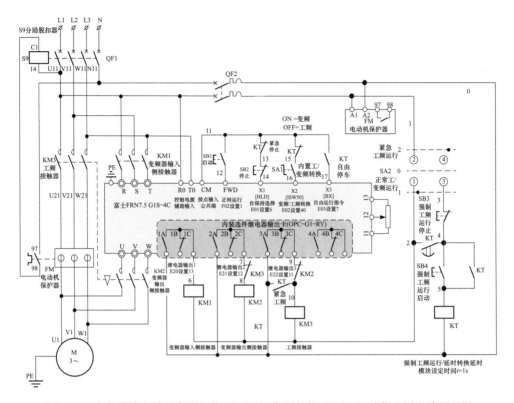

图 53-1 变频器输入端子商用切换（50Hz）商用切换（60Hz）功能应用电路原理图

二、图中应用的端子及主要参数

相关端子及参数功能含义见表 53-1。

表 53-1　　　　　　　　　　相关端子及参数功能含义

序号	端子名称	功能	功能代码	设定数据	设定值含义
1		数据保护	F00	0	0：可改变数据；1：不可改变数据（数据保护）需要双键操作（STOP 键＋∧键）
2		数据初始化	H03	1	数据初始化，需要双键操作（STOP 键＋∧键）
3	11、12、13	频率设定 1	F01	1	频率给定方式为电压设定（电位器）
4	FWD、CM	运行操作	F02	1	0：面板控制；1：外部端子（按钮）控制
5		最高频率 1	F03	50Hz	用来设定变频器的最大输出频率
6		上限频率	F15	50Hz	上限频率，设定输出频率的上限值为 50Hz
7	R0 T0	控制电源辅助输入端子			变频器控制电源输入：分别取自 L1 相、L3 相，电压为 380V
8	Y1		E20	13	含义为将 Y1 端子设置为控制变频器输入端接触器 KM1
9	Y2	晶体管输出端子	E21	12	含义为将 Y2 端子设置为控制变频器输出端接触器 KM2
10	Y3		E22	11	含义为将 Y3 端子设置为控制工频接触器 KM3

147

续表

序号	端子名称	功能	功能代码	设定数据	设定值含义
11	X1		E01	6	含义为将 X1 端子设置为自保持功能（停止按钮功能）
12	X2	可编程数字输入端子	E02	40	含义为将 X2 端子设置为内置时序变频/工频运行切换功能；ON→OFF：变频运行→工频运行；OFF→ON：工频运行→变频运行
13	X3		E03	7	含义为将 X3 端子设置为自由运行指令，当 BX 为 ON 时，立即切断变频器输出，电动机为自由运行
14		瞬间停电再启动设定值	H13	1.2s	瞬间停电再启动等待时间为 1.2s，用于工频、变频转换时等待时间
		切换功能选择	J22	1	变频器运转状态下发生警报后自动切换到工频电源运转
15	30A、30B、30C	30Ry 总警报输出	E27	99	98：轻微故障；99：整体警报，即当变频器检测到有故障或异常时 30A-30C 闭合、30B-30C 断开

三、动作详解

（一）闭合总电源及参数设置

闭合总电源 QF1，变频器控制电源 R0、T0 得电，QF2、KM1、KM3 上端得电，闭合 QF2 后控制电路得电。变频器控制面板得电，根据参数表设置变频器参数。

（二）变频启动和停止

1. 变频运行选择

设置参数时先将转换开关 SA1 置于闭合位置，其内部接点①→②闭合，然后将转换开关 SA2 至于正常工频、变频运行位置，工频、变频转换端子 X2 与公共端端子 CM 回路接通。当设置完 E02＝40、E20、E21 和 E22 后，内置继电器 1 和内置继电器 2 输出端子 1A/1C、2A/2C 接点控制变频器输入端接触器 KM1 和变频器输出端接触器 KM2 主触头闭合（KM1 先于 KM2 接触器 0.2s 闭合），变频器输入端 R、S、T 和输出端 U、V、W 主电路接通。但是变频器并未输出。同时，9→10 号线间 KM2 的动断触点断开，KM2、KM3 实现电气联锁。

2. 变频启动

按下启动按钮 SB1，回路 11→12 闭合，变频器正转端子 FWD 和接点输入公共端端子 CM 回路接通。变频器按 F07 加速时间 1 加速至频率设定值，运行频率按外置电位器给定的频率运行。变频器控制面板运行指示灯亮，显示信息为 RUN，LED 显示运行频率 50.00Hz。

3. 变频停止

按下停止按钮 SB2，回路 13→14 断开，变频器正转端子 FWD 和接点输入公共端端子 CM 回路断开，自保持解除，电动机停止运行。

变频器控制面板运行指示灯熄灭，显示信息为 STOP，运行频率显示为闪烁的频率设置值 50.00Hz。

（三）工频启动和停止

1. 工频运行选择

断开工频、变频转换开关 SA1，回路 15→16 断开，工频、变频转换端子 X2 与公共端端子 CM 回路断开，变频器处于工频运行选择状态。变频器内置继电器输出端子 1A/1C、2A/2C 接点断开，KM1、KM2 线圈失电，10→0KM2 动断触点复位。变频器 LED 屏频率值显示为"＿＿＿＿＿"（5 个下划线代码含义为仅有控制电源辅助输入，变频器主电源没有接通）。

2. 工频启动

按下启动按钮 SB1，正转端子 FWD 和端子 CM 回路接通，内置继电器 3 输出端子 3A/3C 接通按瞬间停电再启动设定值 H13，1.2s 延时动作，KM3 线圈得电。其主触头闭合，电动机工频运行。同时，7→8 号线间 KM3 动断触点断开，KM2、KM3 实现电气联锁。

3. 工频停止

当工频运行时，按下停止按钮 SB2，回路 13→14 断开，自保持解除。内置继电器 3（3A/3C）接点断开，KM3 线圈失电。KM3 主触头断开，电动机运行停止。电动机按自由旋转方式惯性停车。同时，7→8 号线间 KM3 的动断触点闭合，解除联锁。

变频器控制面板运行指示灯熄灭，显示信息为 STOP，运行频率显示为闪烁的频率设置值 50.00Hz。

（四）工频、变频转换

1. 变频转工频

变频运行时当运行频率至 50Hz 后，断开工频、变频转换开关 SA1，回路 15→16 断开，工频、变频转换端子 X2 与公共端端子 CM 回路断开。变频器内置继电器 1 和继电器 2 的 1A/1C、2A/2C 断开，KM1、KM2 线圈失电，同时，9→10 号线间 KM2 动断触点闭合，解除联锁。

经瞬间停电再启动的设定值 H13 所设定的时间 1.2s 延时后，继电器 3 输出端子 3A/3C 接点闭合，KM3 线圈得电。KM3 主触头闭合，电动机工频运行。

同时，7→8 号线间 KM3 的动断触点断开，KM2、KM3 实现电气联锁。这时变频器控制面板运行指示灯亮，显示信息仍然为 RUN，但运行频率显示为"＿＿＿＿＿"。

2. 工频转变频

当电动机处于工频运行时，闭合工频、变频转换开关 SA1，工频、变频转换端子 X2 与公共端端子 CM 回路接通。内置继电器 3（3A/3C）断开，KM3 线圈失电。同时，7→8 号线间 KM3 的动断触点闭合，解除联锁。内置继电器 1（1A/1C）和继电器 2（2A/2C）闭合，KM1、KM2 线圈得电，KM1、KM2 主触头闭合，变频器输入端 R、S、T、和输出端 U、V、W 主电路接通。经瞬间停电再启动设定值 H13 所设定的时间的 1.2s 延时后，变频器输出端 U、V、W 直接输出 50.00Hz 接通电动机，电动机变频运行。

无论外置电位器给定的频率是多少，变频器都以 50.00Hz 的频率接通电动机，然后再从 50.00Hz 升（降）至电位器设定的频率连续运行。

（五）紧急工频运行

1. 变频器严重故障状态转紧急工频运行

当变频器发生严重故障失去控制作用后，无法用变频器内置功能转换至工频运行时，将转换开关 SA2 置于强制工频位置，其内部接点③→④闭合，按下启动按钮 SB4，回路经 1→3→4→5→0 闭合，KT 线圈得电。

10→0 号线间 KT 的瞬动动合触点闭合，2→4 线间延时触点延时 1s 后闭合，回路经 1→3→4→2→10→0 闭合，KM3 线圈得电。KM3 主触头闭合，电动机工频运行。同时 7→8 线间 KM3 动断触点断开，KM2 与 KM3 实现电气联锁。

2. 变频运行状态转紧急工频运行

当变频器变频运行时，将转换开关 SA2 置于强制工频位置，其内部接点③→④闭合。按下启动按钮 SB4，回路经 1→3→4→5→0 闭合，KT 线圈得电。其 11→13 号线间 KT 的瞬动动断触点断开端子 X1 与端子 CM 回路，同时 11→15 号线间 KT 的瞬动触点断开工频、变频端子 X2 与端子 CM 回路。使变频器继电器 1 和继电器 2，1A/1C、2A/2C 断开，KM1、KM2 线圈失电。同时 11→17 号线间 KT1 的瞬动动合触点闭合，切断变频器输出，此时电动机为自由运行停车状态。

当按下启动按钮 SB4 的同时 10→0 号线间 KT 的瞬动动合触点闭合，经 2→4 线间延时闭合后，回路经 1→3→4→2→10→0 闭合，KM3 线圈得电。KM3 主触头闭合，电动机工频运行。

实例 54　变频器输入端子 UP 增指令、DUWN 减指令、编辑许可指令功能应用电路 [17、18、19]

电路简介　通常变频器的频率设定方式有操作面板键盘设定、模拟量设定（电压输入、电流输入、编码器脉冲列输入）、数字输入设定（多段速、UP 增/DOWN 减控制、程序运行指令）、远程通信设定（RS-485 通信等）四大类，该电路使用的是 UP 增/DOWN 减控制输出频率。

允许编辑指令 WE-KP 是为了防止由操作面板的误操作导致功能编辑数据更改，该功能与数据保护 F00 相同，在输入信号 WE-KP 闭合时，才可以实现更改参数的功能。

当作为频率设定的 UP 增/DOWN 减控制被选择，且在运行指令为 ON 的状态时，如果 UP 增或 DOWN 减置为 ON 状态时，则与其对应输出频率在 0Hz～最高频率的范围内增减。

一、原理图

变频器输入端子 UP 增指令、DUWN 减指令、编辑许可指令功能应用电路原理图如图 54-1 所示。

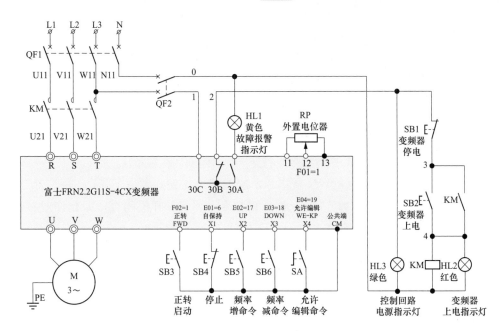

图 54-1 变频器输入端子 UP 增指令、DUWN 减指令、编辑许可指令功能应用电路原理图

二、图中应用的端子及主要参数

相关端子及参数功能含义见表 54-1。

表 54-1   相关端子及参数功能含义

序号	端子名称	功能	功能代码	设定数据	设定值含义
1		数据保护	F00	0	0：可改变数据；1：不可改变数据（数据保护）
2		数据初始化	H03	1	数据初始化，需要双键操作（STOP 键＋∧键）
3	11、12、13	频率设定 1	F01	7	增、减控制指令控制（UP/DOWN）
4	FWD、REV、CM	运行操作	F02	1	0：面板控制；1：外部端子（按钮）控制
6		最高频率 1	F03	50Hz	用来设定变频器的最大输出频率
7	X1		E01	6	自保持选择，即停止按钮功能
8	X2	可编程数字输入端子	E02	17	UP 指令（增指令）
9	X3		E03	18	DOWN 指令（减指令）
10	X4		E04	19	允许编辑指令
11		选择初始值的设定	H61	1	UP 增指令/DOWN 减指令控制初始值选择；0：启动的初始值为 0.00Hz；1：启动的初始值是根据从上次的设定值启动
12	30A、30B、30C	30Ry 总警报输出	E27	99	98：轻微故障；99：整体警报，即当变频器检测到有故障或异常时 30A-30C 闭合、30B-30C 断开

变频器典型应用电路100例 第二版

三、动作详解

（一）闭合总电源及参数设置

闭合总电源断路器 QF1、QF2，按下变频器上电按钮 SB2，回路经 1→2→3→4→0 闭合，KM 线圈得电。KM 主触头闭合，变频器输入端 R、S、T 上电。同时，回路 3→ 4 号线 KM 动合触点闭合自锁。通过正转启动按钮 SB3，停止按钮 SB4 控制变频器的运行与停止，根据参数表设置变频器参数。

（1）X2 端子＝E02＝17UP 增指令，按下 SB5 按钮，频率上升；

（2）X3 端子＝E03＝18DOWN 减指令，按下 SB6 按钮，频率下降；

（3）X4 端子＝E04＝19WE-KP 允许编辑指令，将 SA 开关闭合，即允许对参数进行编辑。

（二）频率增命令功能 UP、频率减命令功能 DOWN

按下启动按钮 SB3，变频器运行输出 0Hz，当频率增命令 SB5 按钮闭合时，按 F07 的加速时间频率从 0Hz 上升；当频率减命令 SB6 转换按钮闭合时，频率按 F08 的减速时间下降。按下停止按钮 SB4，变频器停止运行。当 UP 增指令或 DOWN 减指令的按钮开路时变频器的输出频率保持不变并连续运行。

（三）允许编辑指令 WE-KP

WE-KP 是功能代码更改的许可信号，当 SA 转换开关断开时，操作面板上不可以进行功能代码变更，即进运行了功能代码保护功能，此时在面板上设置参数会显示"无许可信号"，当 SA 转换开关闭合时，可进行功能代码数据的变更。但是当数据保护 F00 设置为 1 时，也将无法编辑参数数据，面板上会显示"数据保护"。变频器输入端子允许编辑指令功能分配见表 54-2。

表 54-2 变频器输入端子允许编辑指令功能分配表

输入信号 WE-KP SA3	功能代码的变更	
	从操作面板上进行变更	从通信上进行变更
OFF	×：不可以变更	遵照 F00 的设定
ON	遵照 F00 的设定	

四、频率增命令、频率减命令编码关系

变频器输入端子频率增命令、频率减命令编码关系见表 54-3。

表 54-3 变频器输入端子频率增命令、频率减命令编码关系表

增指令输入信号 UP X2	减指令输入信号 DOWN X3	动作含义
数据＝17	数据＝18	
OFF	OFF	两个开关都开路，频率保持不变
ON	OFF	闭合增指令 UP 开关，变频器按所选择的加速时间增加输出频率（默认加速时间为 F07）
OFF	ON	闭合减指令 DOWN 开关，变频器按所选择的减速时间减小输出频率（默认减速时间为 F08）
ON	ON	两个开关都闭合时保持输出频率

152

五、频率增命令、频率减命令运行时序图

频率增命令、频率减命令运行时序图如图 54-2 所示。

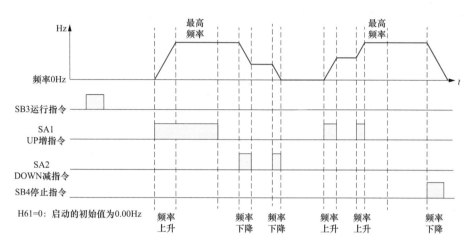

图 54-2　频率增命令、频率减命令运行时序图

实例 55　变频器输入端子正动作/反动作（模拟量）输出频率切换功能应用电路 [21]

电路简介　该电路应用富士变频器模拟量输入端子正动作/反动作输出频率切换功能，可以切换频率设定 1 或 PID 控制的输出信号（频率设定）的正向动作与反向动作。

正向动作/反向动作的切换仅对频率设定 1（F01）的模拟量频率指令端子 12（电压端子）、C1（电流端子）、V2（第二电压端子）有效，该功能也可用于由变频器内置的 PID 控制功能对工序进行控制，但对频率设定 2（C30）及 UP 增指令/DOWN 减指令控制无效。

正向动作与反向动作应用于冷气室/暖气室的切换，冷气室为了降低温度，使送风机的电动机速度上升（变频器的输出频率上升）。暖气室为了升高温度，使送电动机的速度下降（变频器的输出频率下降），可通过正向动作/反向动作的切换功能实现。

1. 正动作

以模拟量电压输入 11（模拟输入信号公共端）、12、13（频率设定电位器电源端子）为例，当 C53＝0 时（正动作），电位器调至最小，DC 0V 对应 0％（0Hz）；电位器调至最大，DC 10V 对应 100％的最高输出频率。

闭合正/反向动作输出频率选择开关：频率下降至 0Hz；断开正/反向动作输出频率选择开关：频率上升至 50Hz。

2. 反动作

以模拟量电压输入 12-13 模拟公共端为例，当 C53＝1 时（反动作），电位器调至最大，DC 10V 对应 0％（0Hz）；电位器调至最小，DC 0V 对应 100％的最高输出频率。

闭合正/反向动作输出频率选择开关：频率上升至 50Hz；断开正/反向动作输出频

率选择开关：频率下降至 0Hz。

一、原理图

变频器输入端子正动作/反动作（模拟量）输出频率切换功能应用电路原理图如图 55-1 所示。

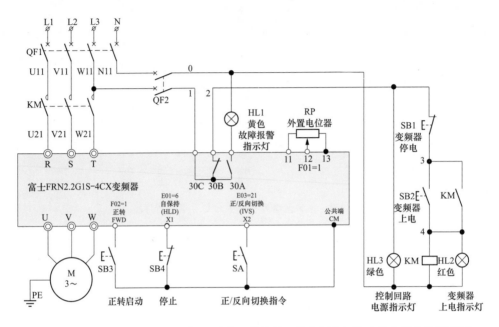

图 55-1　变频器输入端子正动作/反动作（模拟量）输出频率切换功能应用电路原理图

二、图中应用的端子及主要参数

变频器端子及参数表含义见表 55-1。

表 55-1　　　　　　　　　　　　变频器端子及参数表含义

序号	端子名称	功能	功能代码	设定数据	设定值含义
1		数据保护	F00	0	0：可改变数据；1：不可改变数据（数据保护）
2		数据初始化	H03	1	数据初始化，需要双键操作（STOP 键＋∧键）
3	11、C1	频率设定 1	F01	1	通过输入到端子 12、11 间的电压值进行设定（DC 0～±10V）
4	FWD、CM	运行操作	F02	1	0：面板控制；1：外部端子（按钮）控制
5		最高频率	F03	50	变频器输出最高频率为 50Hz
		上限频率	F15	50	变频器输出上限频率为 50Hz
6	FWD	正转指令端子	E98	98	ON 时正向运行，OFF 时减速停止
7	X1	可编程数字输入端子	E01	6	自保持选择，即停止按钮功能 HLD
8	X2		E02	21	正动作/反动作切换 IVS
9		动作选择	C53	0	正反向动作选择（频率设定 1），0：正动作；1：反动作

续表

序号	端子名称	功能	功能代码	设定数据	设定值含义
10	30A、30B、30C	30Ry 总警报输出	E27	99	98：轻微故障；99：整体警报，即当变频器检测到有故障或异常时 30A-30C 闭合、30B-30C 断开

三、动作详解

（一）闭合总电源及参数设置

闭合总电源断路器 QF1、QF2，按下变频器上电按钮 SB2，回路经 1→2→3→4→0 闭合，KM 线圈得电。KM 主触头闭合，变频器输入端 R、S、T 上电。同时，回路 3→4 号线 KM 动合触点闭合自锁。根据参数表设置变频器参数。通过预定的一个输入端子（如 X2）设置为正动作/反动作选择指令功能。

（二）富士 G1S 变频器正/反向选择指令功能

1. 变频运行

按下正转启动按钮 SB3，变频器运行，变频器 U、V、W 输出，电动机按 F07 加速时间 1 加速至频率设定值，电动机正转连续运行。运行频率由外置电位器进行调节。变频器控制面板运行指示灯亮，显示信息为 RUN。

2. 频率正/反向选择

通过 SA 转换开关接通与断开，实现模拟输入的正动作/反动作进行切换，"OFF" 为无效（开路），"ON" 为有效（闭合）。

（1）正向选择。当 SA 转换开关处于 OFF 时，变频器输出频率由外置电位器进行调节。

（2）反向选择。当 SA 转换开关处于 ON 时，变频器输出频率将下降，当断开 SA 转换开关时，变频器频率将恢复至最高频率 50Hz。

当连续接通 SA 转换开关时，变频器输出频率将下降至 0Hz，当断开 SA 转换开关时，变频器频率仍将恢复至上限频率 50Hz。

3. 变频停止

按下停止按钮 SB4，变频器停止运行。

四、C53 动作选择功能时序分配

变频器输入端子正动作/反动作（模拟量）输出频率切换功能时序分配见表 55-2。

通过将正向/反向动作选择（频率设定 1）（C53）与正向动作/反向动作的切换 IVS 端子信号相组合时的动作如下表所示。当选择模拟电压输入时，如果闭合转换开关 SA，电位器的设定将相反。

表 55-2　变频器输入端子正动作/反动作（模拟量）输出频率切换功能时序分配表

C53	输入信号（IVS）X2 转换开关 SA	设定值含义
0：正动作	OFF	当 C53 设置为 0 时，断开 X2，电位器正动作，电位器调至最大为最高频率

C53	输入信号（IVS） X2 转换开关 SA	设定值含义
0：正动作	ON	当 C53 设置为 0 时，闭合 X2，电位器调至最大时输出频率仍为 0Hz，并且电位器将不能调解频率，始终为 0Hz
1：反动作	OFF	当 C53 设置为 1 时，断开 X2，电位器反动作，电位器调至最大输出频率为 0Hz，电位器调至最小时，输出频率为最高频率
1：反动作	ON	当 C53 设置为 1 时，闭合 X2，电位器调至最小时输出频率仍为 0Hz，并且电位器将不能调解频率，始终为 0Hz

五、正动作/反动作指令选择功能时序图

正动作/反动作指令选择功能时序图如图 55-2 所示。

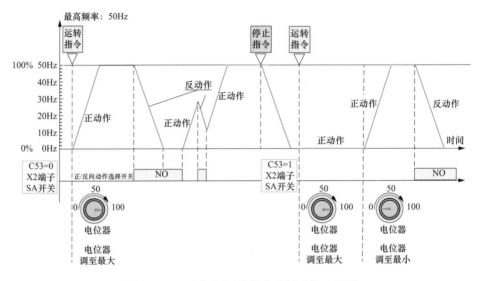

图 55-2　正动作/反动作指令选择功能时序图

实例 56　变频器输入端子操作指令位置切换功能、防止电动机结露功能应用电路 [35、39]

电路简介　采用 LOC 信号可以将运转指令及频率设定的设定位置切换为远程遥控或本地操作。在正常运转时，可以快速将变频器的控制模式由远程模式切换到本地控制（操作面板）模式，也可以快速将变频器的控制模式由本地控制模式（操作面板）切换到远程控制模式，设定方法可以由功能代码 F01、F02 设定，也可以用操作面板上的 REM/LOC 键快速切换。

本地模式：由变频器操作面板控制变频器启动、停机、正转、反转、点动、故障复位、频率等。

远程模式：由外部的按钮等元件控制变频器启动、停机、正转、反转、点动、频率等。

　　防止结露 DWP 功能是在寒冷地区使用电动机时，在变频器停止状态下通过直流电流，以防止结露。即变频器在停止状态也会以一定的时间间隔，流过直流电流，可以使电动机的温度上升防止露水凝结，该功能实际上就是利用变频器直流制动功能，给电动机输入直流电压，使电动机产生直流制动的同时输入的电流使电动机绕组加热。

一、原理图

　　变频器输入端子操作指令位置切换功能、防止电动机结露功能应用电路原理图如图 56-1 所示。

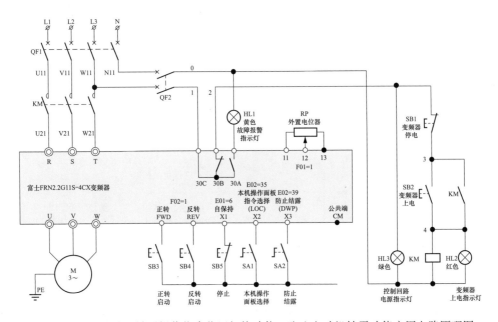

图 56-1　变频器输入端子操作指令位置切换功能、防止电动机结露功能应用电路原理图

二、图中应用的端子及主要参数

　　变频器端子及设定参数功能含义见表 56-1。

表 56-1　　　　　　　　　　变频器端子及设定参数含义

序号	端子名称	功能	功能代码	设定数据	设定值含义
1		数据保护	F00	0	0：可改变数据；1：不可改变数据（数据保护）
2		数据初始化	H03	1	1：数据初始化，需要双键操作（STOP 键＋∧键）
3	11、12、13	频率设定 1	F01	1	频率给定方式为电压设定（电位器）
4	FWD、REV、CM	运行操作	F02	1	0：面板控制；1：外部端子（按钮）控制
5		直流制动动作值	F21	100%	直流制动的动作值
6		直流制动时间	F22	10s	直流制动的制动时间
7	FWD	正转指令	E98	98	正向运行、停止指令

157

续表

序号	端子名称	功能	功能代码	设定数据	设定值含义
8	REV	反转指令	E99	99	反向运行、停止指令
9	X1		E01	6	自保持选择，即停止按钮功能
10	X2	可编程数字输入端子	E02	35	操作指令位置选择：闭合 SA1 开关，由操作面板（LOC）控制指令；断开 SA1 开关，由远程（REM）控制指令
11	X3	防止结露	E03	39	防止结露功能，在停止状态下，通过将防止结露 DWP 置为 ON，可以流过直流电流，使电动机的温度上升防止露水凝结
12		防止结露值	J21	50%	变频器在停止状态也会以一定的时间间隔，流过直流电流，可以使电动机的温度上升防止露水凝结。有效条件：在变频器停止状态，如果将防止结露 DWP 置于 ON，则防止结露功能开始运行。防止结露（J21）：流入电动机的电流服从于直流制动 1（动作值）（F21），基于相对于直流制动 1（时间）（F22）的防止结露负载（J21）的比率，进行负载控制
13	30A、30B、30C	30Ry 总警报输出	E27	99	98：轻微故障；99：整体警报，即当变频器检测到有故障或异常时 30A-30C 闭合、30B-30C 断开

三、动作详解

（一）闭合总电源及参数设置

闭合总电源断路器 QF1、QF2，按下变频器上电按钮 SB2，回路经 1→2→3→4→0 闭合，KM 线圈得电。KM 主触头闭合，变频器输入端 R、S、T 上电。同时，回路 3→4 号线 KM 动合触点闭合自锁。通过正转启动按钮 SB3，反转启动按钮 SB4，停止按钮 SB5 控制变频器的正、反转运行与停止。根据参数表设置变频器参数。

X1 端子＝E01＝6 自保持选择，闭合 SB5 按钮（HLD）为自保持选择指令；

X2 端子＝E02＝35 本机操作面板指令选择，闭合 SA1 开关为本机操作面板控制（LOC）选择指令。断开 SA1 开关为远程控制（REM）选择指令；

X3 端子＝E02＝39 防止结露选择，闭合 SA2 开关（DWP）为防止结露选择指令。

（二）本地（操作面板）指令选择 LOC

当 SA1 断开（OFF）时，选择远程模式，由外部端子控制变频器启动、停机、正转、反转、点动、频率等，此时变频器操作面板上的 REM 光标亮。

当 SA1 闭合（ON）时，选择本地模式，即由变频器操作面板控制变频器启动、停机、正转、反转、点动、故障复位、频率等，此时变频器操作面板上的 LOC 光标亮。

当从远程模式切换至本地模式时，频率设定将自动地继续维持远程模式时的频率设定。此外，在切换的时点处于运转状态时，操作面板的运转指令自动为 ON，使得旋转方向能够继续维持。

注意：当 SA1 闭合（ON）时，即使用 H96 将操作面板 STOP 键设置为急停功能，（H96＝1 或 3），操作面板的 STOP 键也将变为普通的停止功能。

（三）远程模式/本地模式的状态切换

远程模式/本地模式的状态切换见表 56-2。

表 56-2	远程模式/本地模式的状态切换表
X2 端子-SA1 开关处于的状态	含义
OFF	远程模式 REM（外部按钮控制）
ON	本地模式 LOC（操作面板控制）

（四）防止结露指令选择指令 DWP

在寒冷地区使用电动机时，在变频器停止状态下，可以通过直流电流，使电动机的温度上升防止露水凝结。通过外部的数字输入 DWP 信号进行防止结露指令选择。该功能实际上就是利用变频器直流制动功能，给电动机输入直流电压，使电动机产生直流制动的同时输入的电流使电动机绕组加热。

如图 56-1 所示，当 SA2 闭合（ON）时，选择防止结露功能，在变频器停止状态时，防止结露功能开始运行。流入电动机的电流服从于直流制动动作值（F21），基于相对于直流制动时间（F22）的防止结露负载（J21）的比率进行控制。即

$$防止结露（J21）＝\frac{直流制动时间（F22）}{T}×100$$

实际的运行状态是，假如直流制动时间（F22）设定为 10s，J21 设定为 50％（停电与通电时间相等），当 SA2 闭合后（ON），先处于 10s 停电状况，然后通电（直流电压）10s，再停电 10s，然后再通电 10s，反复循环。当得到运行指令后自动解除防止露水功能。

四、防止结露命令运行时序图

防止结露命令运行时序图如图 56-2 所示。

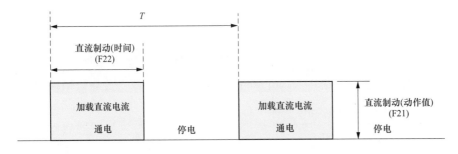

图 56-2 防止结露命令运行时序图

实例 57 智能操作器与变频器实现模拟量输入输出功能应用电路

电路简介 该电路采用富士 FRN2.2G11S-4CX 变频器和 WP-80 智能操作器联合

接线，应用 WP-80 的模拟量输入/输出功能对变频器进行控制和监控。变频器的 FMA 和 11 端子输出一个 0～5V 的模拟电压，经 WP-80 的 PVIN 端子信号输入后，在 WP-80 的 PV 显示屏显示反馈值。WP-80 的模拟输出端子输出 4～20mA 直流电流，通过变频器的 C1 和 11 端子对变频器的输出频率进行调节，调节值在智能操作器 SV 显示屏上显示。

一、原理图

智能操作器与变频器实现模拟量输入输出功能应用电路原理图如图 57-1 所示。

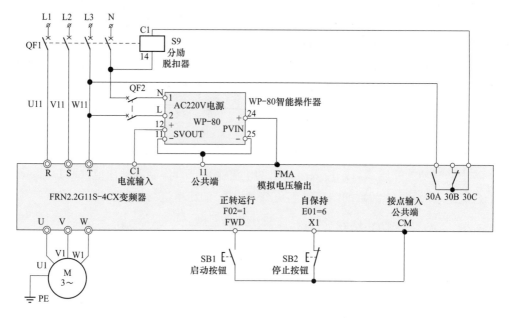

图 57-1　智能操作器与变频器实现模拟量输入输出功能应用电路原理图

二、图中应用的主要参数

变频器、WP-80 智能操作器端子及参数功能含义见表 57-1。

表 57-1　　　　　　　变频器、WP-80 智能操作器端子及参数功能含义

变频器端子及参数表含义					
序号	端子名称	功能	功能代码	设定数据	设定值含义
1		数据保护	F00	0	0：可改变数据；1：不可改变数据（数据保护）
2		数据初始化	H03	1	数据初始化，需要双键操作（STOP 键＋∧键）
3	11、C1	频率设定 1	F01	2	频率给定方式为电流设定
4	FWD、CM	运行操作	F02	1	0：面板控制；1：外部端子（按钮）控制
5	X1	可编程数字输入端	E01	6	自保持选择，即停止按钮功能

续表

变频器端子及参数表含义					
序号	端子名称	功能	功能代码	设定数据	设定值含义
6	FMA	FMA 端子动作选择	F29	0	0：电压输出（DC 0～＋10V）；1：电流输出（DC 4～20mA）
		FMA 端子输出增益	F30	50	50 时对应的输出电压为 0～5V，设定值 100 时对应的输出电压为 0～10V
		FMA 监视功能选择	F31	0	输出频率（滑差补偿之前）
7	30A、30B、30C	30RY 总报警输出	E27	99	98：轻微故障；99：整体报警

WP-80 智能操作器端子参数表含义					
序号	端子名称	功能	功能代码	设定数据	设定值含义
1		设定参数锁	CLK	132	可进入二级参数设定
2	PVIN	输入选择	SL10	15	SL10＝15 的含义为反馈输入信号为 0～5V，当反馈信号为直流电压信号时，应将内部短路环转换至 V 侧。出厂默认为电流输出
3		量程下限	SLL1	0	当反馈信号为 0V 时，对应变频器输出频率为 0Hz
4		量程上限	SLH1	50	当反馈信号为 5V 时，对应变频器输出频率为 50Hz
5	SVOUT	输出选择	Pb23	20	输出的信号为 4～20mA 模拟信号
6			KK23	1.00	设定控制输出量程的比例

三、动作详解

（一）闭合总电源及参数设置

闭合总电源 QF1，变频器输入端 R、S、T 带电。闭合电源 QF2，智能操作器 WP-80 得电。根据参数表设置变频器和 WP-80 参数。

（二）变频器的启动及运行

按下启动按钮 SB1，变频器正转 FWD 与公共端 CM 接通，变频器的 U、V、W 输出，电动机按 F07 加速时间 1 加速至频率设定值，电动机正转运行。运行频率由 4～20mA 模拟信号进行调节，此时变频器控制面板运行指示灯亮，显示信息为 RUN。

（三）变频器运行停止

按下停止按钮 SB2，端子 X1 和端子 CM 回路断开，X1 自保持选择解除，变频器按照 F08 减速时间 1 减速至 F25（停止频率 1）后，电动机停止运行，指示灯熄灭。变频器控制面板运行指示灯熄灭，示信息为 STOP。

四、智能操作器的参数设置及功能实现

（一）参数设置

智能操作器如图 57-2 所示，接通 220V 交流电源后，按 SET 键（参数设定选择键），将 CLK 参数设置为 132 后，同时按住 SET 功能键和∧键（约 3s），进入二级参数设置，设置参数时智能操作器的状态应为自动状态，即 A/M 灯处于熄灭状态。

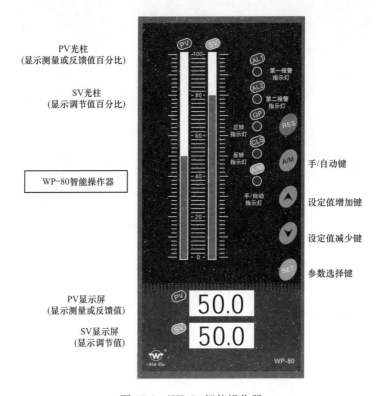

PV光柱
（显示测量或反馈值百分比）

SV光柱
（显示调节值百分比）

WP-80智能操作器

第一报警指示灯
第二报警指示灯

正转指示灯
反转指示灯

手/自动指示灯

手/自动键
设定值增加键
设定值减少键
参数选择键

PV显示屏
（显示测量或反馈值）
SV显示屏
（显示调节值）

图 57-2 WP-80 智能操作器

由于富士变频器 FMA 和 11 端子输出的为直流 0～5V 电压信号，所以参数 SL10＝15（PVIN 为多功能输入端子，根据现场信号类型选择相应参数）。

由于富士变频器 C1 和 11 为 4～20mA 电流输入端子，所以智能操作器的参数是 Pb23＝20。智能操作器的模拟输出信号出厂设定值为 4～20mA 直流电流信号，如更改为电压信号时，不仅需要将参数修改，还要将电路板上的跳线插至 V 侧。

根据反馈信号所对应的量程，设置 SLL1（PV 测量量程下限）和 SLH1（PV 测量量程上限），本例监视的变频器输出频率，所以设置下限为 0Hz，上限为 50Hz。

（二）监视及控制功能

变频器启动后，智能操作器的 PV 显示窗口显示变频器的输出频率，按下 A/M 手动、自动切换键，A/M 灯亮时，为手动调节状态，按∧、∨键可增减智能操作器的输出电流，从而控制变频器的输出频率。

实例 58 **富士 G1S 变频器数字输入端子综合应用控制电路 [4、5、6、7、8、9、10、17、18]**

电路简介 该电路讲解了富士变频器利用数字输入端子完成（实现）变频器正/反

转、点动、自保持、自由停车、增指令、减指令、外部报警、报警复位、加减速选择等常用功能，讲述了综合应用控制电路接线方式及参数设置方法。

一、原理图

富士 G1S 变频器数字输入端子综合应用控制电路原理图如图 58-1 所示。

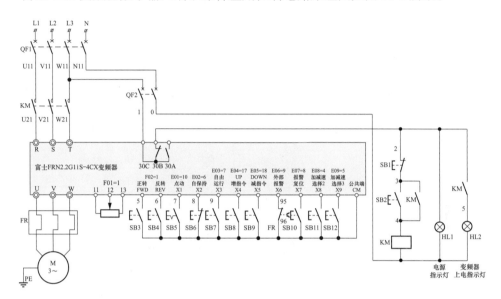

图 58-1 富士 G1S 变频器数字输入端子综合应用控制电路原理图

二、图中应用的端子及主要参数

相关端子及参数功能含义见表 58-1。

表 58-1　　　　　　　　　　相关端子及参数功能含义

序号	端子名称	功能	功能代码	设定数据	设定值含义
1		数据保护	F00	0	0：可改变数据；1：不可改变数据（数据保护）
2		数据初始化	H03	1	数据初始化，需要双键操作（STOP 键＋∧键）
3	11、12、13	频率设定 1	F01	1 或 7	1：频率给定方式为电压设定，（电位器）； 7：增、减控制指令；如果使用外置电位器设定频率 F01=1，如果使用增、减控制指令设定频率 F01=7
4	FWD、CM	运行操作	F02	1	0：面板控制；1：外部端子（按钮）控制
5		加速时间 1	F07	20s	即从 0Hz 开始到达最高输出频率所需要的设定时间为 20s
6		减速时间 1	FO8	20s	即从最高输出频率到达 0Hz 为止所需要的设定时间为 20s
7		加速时间 2	E10	15s	即从 0Hz 开始到达最高输出频率所需要的设定时间 15s
8		减速时间 2	E11	15s	即从最高输出频率到达 0Hz 为止所需要的设定时间 15s

续表

序号	端子名称	功能	功能代码	设定数据	设定值含义
9		加速时间3	E12	10s	即从0Hz开始到达最高输出频率所需要的设定时间10s
10		减速时间3	E13	10s	即从最高输出频率到达0Hz为止所需要的设定时间10s
11		加速时间4	E14	5s	即从0Hz开始到达最高输出频率所需要的设定时间5s
12		减速时间4	E15	5s	即从最高输出频率到达0Hz为止所需要的设定时间5s
13		直流制动1开始频率	F20	20	在减速停止时开始直流制动动作的频率为20Hz，设定范围：0.0～60.0Hz
14		直流制动作值	F21	100	含义为直流制动1动作值为100%
15		直流制动时间	F22	2	设定直流制动的工作时间为2.00s
16		停止频率1	F25	0.2	含义为设定变频器停止时的变频器输出切断频率为0.2Hz；设定范围：0.0～60.0Hz，当V/f控制时，即使是0.0Hz，也会以0.1Hz运行
17		点动频率	C20	5	含义为电动机点动运行时的频率为5Hz
18		点动运行加速时间	H54	6	含义为点动运行的加速时间为6s，数据设定范围：0.00～6000s
19		点动运行减速时间	H55	6	点动运行的减速时间为6s，数据设定范围：0.00～6000s
20		强制停止减速时间	H56	6	强制停止减速时间为6s，数据设定范围：0.00～6000s
21		UP/DOWN控制选择初始值	H61	0	0：启动的初始值为0.00Hz；1：启动的初始值是根据从上次的设定值启动
22	FWD	正转指令	E98	98	ON时正向运行，OFF时减速停止
23	X1		E01	10	控制点动运行指令信号
24	X2		E02	6	自保持选择，即停止按钮功能
25	X3		E03	7	自由运行选择，OFF时立即切断变频器输出。电动机为自由运行（无报警显示）状态
26	X4		E04	17	UP增指令
27	X5	可编程数字输入端子	E05	18	DOWN减指令
28	X6		E06	9	外部报警
29	X7		E07	8	异常报警复位
30	X8		E08	4	4：ON时，变频器按加、减速时间2的设定时间运行
31	X9		E09	5	5：ON时，变频器按加、减速时间3的设定时间运行
32	30A、30B、30C	30Ry总报警输出	E27	99	98：轻微故障；99：整体报警，即当变频器检测到有故障或异常时30A-30C闭合、30B-30C断开

三、动作详解

（一）闭合总电源及参数设置

闭合总电源断路器 QF1、QF2，按下变频器上电按钮 SB2，回路经 1→2→3→4→0 闭合，KM 线圈得电。KM 主触头闭合，变频器输入端 R、S、T 上电。同时，回路 3→4 号线 KM 动合触点闭合自锁。通过正启动按钮 SB3，停止按钮 SB4 控制变频器的运行与停止。根据参数表设置变频器参数。

（1）通过预定的 9 个输入端子（如 X1、X2、X3、X4、X5、X6、X7、X8、X9）分别设置为点动指令选择、自保持选择、自由运行选择、UP 增指令选择、DOWN 减指令选择、外部报警选择、异常报警复位指令选择、加、减速时间选择功能。

X1 端子＝E01＝10 点动功能，单独闭合 SB5 开关（JOG）为点动指令选择；

X2 端子＝E02＝6 自保持功能，单独闭合 SB6 开关（HLD）为自保持选择；

X3 端子＝E03＝7 自由运行功能，单独闭合 SB7 开关（BX）为自由运行选择；

X4 端子＝E04＝17 增命令功能，单独闭合 SB8 开关（UP）为增命令选择；

X5 端子＝E05＝18 减命令功能，单独闭合 SB9 开关（DOWN）为减命令选择；

X6 端子＝E06＝9 外部报警功能，当热继电器常闭端子断开时（THR）为外部报警选择；

X7 端子＝E07＝8 报警复位功能，单独闭合 SB10 开关（JOP）为报警复位选择；

X8 端子＝E08＝4 加速时间选择功能，单独闭合 SB11 开关（RT1）为加速时间选择 2；

X9 端子＝E09＝5 减速时间选择功能，单独闭合 SB12 开关（RT2）为加速时间选择 3。

（2）用控制功能组加减速运行时间代码 E07～E15 设定多个对应的加减速时间。

（3）加减速组合是灵活的，可以设计为 1 个加减速，也可以多个加减速，并且可以结合正、反转实现多个加减速正、反转运行。

（二）富士 G1S 变频器数字输入端子综合应用控制电路动特性选择指令功能

1. 点动运行指令选择

按下点动按钮 SB5，接通变频器的点动端子 X1 和公共端 CM，变频器 LED 监视器上显示的是点动频率设定值 C20 频率为 5.00Hz，点动运行选择完成。

富士变频器的点动运行模式特点是接通变频器的点动 X1 和公共端 CM，只是点动功能选择完成，如果要运行则必须给定正转或反转运行指令。即按下正转 SB3 按钮或反转 SB4 按钮选择运行方向。

2. 自保持选择指令

断开停止按钮 SB6，自保持 X2 与公共端 CM 断开，变频器控制电动机减速至停止频率 1，变频器 U、V、W 停止输出。

3. 自由运行指令

变频器在运行状态下，按下自由运行指令按钮 SB7，接通变频器的自由运行 X3 和公共端 CM，变频器 U、V、W 立即停止输出（相当于立即切断电路），电动机惯性运行逐渐停止。

4. 频率增命令功能 UP、频率减命令功能 DOWN

按下正转启动按钮 SB3 或反转启动按钮 SB4，变频器运行输出 0Hz，当频率增命令 SB8 按钮闭合时，按 F07 的加速时间从 0Hz 上升至最高频率；当频率减命令 SB9 按钮闭合时，按 F08 的减速时间从最高频率下降至 0Hz。按下停止按钮 SB6，变频器停止运行。

5. 外部报警

如果将外部报警保护器件热继电器动断触点 95、96 断开（THR 置为 OFF），则立即切断变频器输出，电动机自由运行至停止。变频器显示屏上显示报警 0h2，输出整体报警 ALM，该信号在内部自我保持，故障排除后，将热继电器复位，其动断触点 95、96 闭合，外部报警 THR 置为 ON，按下报警复位按钮则解除外部报警信号。

6. 异常报警复位

当变频器运行时，如果发生报警，按下 SB10 异常报警复位按钮，将异常报警复位 RST 从 OFF 设置为 ON 时，则解除整体报警输出变频器显示屏上显示 ALM，如果接着再从 ON 设置为 OFF 时，则变频器显示屏上显示消去报警显示，解除报警保持状态，请确保将异常报警复位 RST 设置为 ON 的时间在 10ms 以上，另外，在正常运行时请事先设置为常开（OFF）状态。

7. 富士 G1S 变频器加、减速时间选择

通过 SB11（RT1）、SB12（RT2）按钮接通与断开，按照二进制的规律组合实现不同的加减速时间运行，"OFF"为无效（开路），"ON"为有效（闭合）。

当 SB11、SB12 按钮都处于断开状态时，变频器按照加速时间 1（F07）、减速时间 1（F08）的设定值运行。

第六章

变频器晶体管输出端子功能应用及参数设置

实例59 变频器晶体管输出运行中、频率（速度）到达指令功能应用电路
（含视频讲解）

电路简介　该电路应用富士 G1S 变频器内部晶体管输出端子，控制指示灯显示变频器运行状态，当变频器正、反转运行时，运行指示灯亮。当变频器频率达到设定频率时，频率到达指示灯亮。通过此功能的设定和电路连接可以清晰了解变频器运行状态。该电路可以应用于主控室、变频器异地控制指示等场所，对变频器运行状态进行监视。

一、原理图

变频器晶体管输出运行中、频率（速度）到达指令功能应用电路如图 59-1 所示。

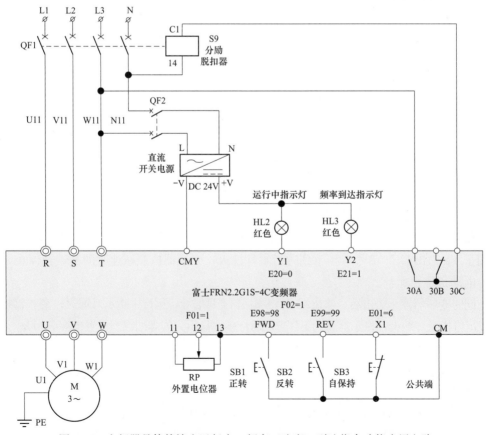

图 59-1　变频器晶体管输出运行中、频率（速度）到达指令功能应用电路

二、图中应用的端子及主要参数

相关端子及参数功能含义见表 59-1。

表 59-1　　　　　　　　　　　　相关端子及参数功能含义

序号	端子名称	功能	功能代码	设定数据	设定值含义
1		数据保护	F00	0	0：可改变数据；1：不可改变数据（数据保护）
2		数据初始化	H03	1	数据初始化，需要双键操作（STOP 键＋∧键）
3	11、12、13	频率设定 1	F01	1	频率给定方式为电压设定（电位器）
4	FWD、REV、CM	运行操作	F02	1	0：面板控制；1：外部端子（按钮）控制
5	FWD	正转指令	E98	98	正向运行端子
6	REV	反转指令	E99	99	反向运行端子
7	X1	可编程数字输入端子	E01	6	自保持选择，即停止按钮功能
8	Y1	晶体管输出端子	E20	0	在变频器运行时输出 ON 信号
9	Y2		E21	1	输出频率达到设定频率值时，输出 ON 信号
10	30A、30B、30C	30Ry 总警报输出	E27	99	98：轻微故障；99：整体警报

三、动作详解

（一）闭合总电源及参数设置

闭合总电源 QF1，变频器输入端 R、S、T 及 QF2 上侧带电，合上 QF2，24V 直流开关电源带电。根据参数表设置变频器参数。

（二）变频器正转运行 FWD

按下正转启动按钮 SB1，FWD 正转端子和 CM 接点输入公共端端子回路接通，电动机正转运行。

变频器输出端子 Y1 输出 ON 信号，运行中指示灯亮。变频器控制面板运行指示灯亮，显示信息为 FWD、RUN，当变频器按加速时间加速至外置电位器给定的频率值后，Y2 输出 ON 信号，频率到达指示灯亮。

（三）变频器正转运行停止

按下停止按钮 SB3，端子 X1 和端子 CM 回路断开，X1 自保持选择解除，变频器输出端子 Y2 输出 OFF 信号，频率到达指示灯熄灭。变频器按照减速时间减速至停止频率后，电动机停止运行。

同时变频器停止输出后，输出端子 Y1 输出 OFF 信号，运行中指示灯熄灭。变频器控制面板运行指示灯熄灭，显示信息为 STOP，运行频率显示为闪烁的频率设置值 50.00Hz。

（四）变频器反转运行 REV

按下反转启动按钮 SB2，REV 反转端子和 CM 接点输入公共端端子回路接通，电动机反转运行。

变频器输出端子 Y1 输出 ON 信号，运行中指示灯亮。变频器控制面板运行指示灯亮，显示信息为 REV、RUN，当变频器按加速时间加速至外置电位器给定的频率值后，

Y2 输出 ON 信号，频率到达指示灯亮。

（五）变频器反转运行停止

按下停止按钮 SB3，端子 X1 和端子 CM 回路断开，X1 自保持选择解除，变频器输出端子 Y2 输出 OFF 信号，频率到达指示灯熄灭。变频器按照减速时间减速至停止频率后，电动机停止运行。

同时变频器停止输出后，输出端子 Y1 输出 OFF 信号，运行中指示灯熄灭。变频器控制面板运行指示灯熄灭，显示信息为 STOP，运行频率显示为闪烁的频率设置值 50.00Hz。

如果需要重新启动只需按下启动按钮 SB1（FWD）或 SB2（REV）即可重新启动。

实例 60　变频器晶体管输出运行准备、电压不足停止中、AX 端子功能应用电路

电路简介　该电路应用富士 G1S 变频器内部晶体管输出端子，当变频器上电时，Y1 回路的变频器运行准备输出指示灯亮，显示变频器内部自检结束，变频器内部完好。

当变频器检测到直流中间电路的电压欠电压时，Y2 端子输出 ON 信号，电压不足停止指示灯亮。

变频器 AX 端子功能与运转指令联动，控制变频器输入一侧的接触器完成变频器由待机状态转运行状态，完成变频器的上电。

一、原理图

变频器晶体管输出运行准备、电压不足停止中、AX 端子功能应用电路原理图如图 60-1 所示。

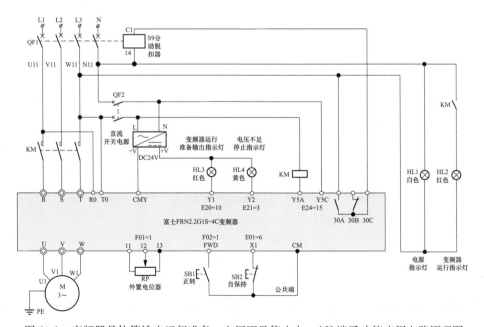

图 60-1　变频器晶体管输出运行准备、电压不足停止中、AX 端子功能应用电路原理图

二、图中应用的端子及主要参数

相关端子及参数功能含义见表 60-1。

表 60-1 相关端子及参数功能含义

序号	端子名称	功能	功能代码	设定数据	设定值含义
1		数据保护	F00	0	0：可改变数据；1：不可改变数据（数据保护）
2		数据初始化	H03	1	数据初始化，需要双键操作（STOP 键＋∧键）
3	11、12、13	频率设定 1	F01	1	频率给定方式为电压设定（电位器）
4	FWD、REV、CM	运行操作	F02	1	0：面板控制；1：外部端子（按钮）控制
5	FWD	正转指令	E98	98	正向运行端子
6	X1	可编程数字输入端子	E01	6	自保持选择，即停止按钮功能
7	Y1	晶体管输出端子	E20	10	变频器运行准备输出 RDY
8	Y2		E21	3	电压不足停止中
9	Y5A/C		E24	15	变频器 AX 端子功能 AX
10	30A、30B、30C	30Ry 总警报输出	E27	99	98：轻微故障；99：整体警报

三、动作详解

（一）闭合总电源及参数设置

闭合总电源 QF1，交流接触器上端及 QF2 上侧带电，合上 QF2，24V 直流开关电源带电。根据参数表设置变频器参数。

（二）运行准备输出 RDY

在完成主电路初期充电、控制电路初始化等硬件的准备时，变频器保护功能不工作的状态下，如果变频器达到运行状态则，变频器 Y1 端子输出 ON 信号，指示灯亮。

（三）电压不足停止中（欠压）LU

当变频器的直流中间电路的电压低于欠电压保护等级时，变频器 Y2 端子输出 ON 信号 LU，（欠压）电压不足停止指示灯亮。在电压不足时，即使施加运行指令也无法运行。当电压恢复超过电压不足的检测等级时，变频器 Y2 输出 OFF 信号，（欠压）电压不足停止指示灯熄灭。

（四）AX 端子功能 AX

AX 端子与运转指令联动，控制变频器的输入侧的电磁接触器。

1. 变频器启动运行

按下启动按钮 SB1，FWD（正转端子）和 CM（接点输入公共端端子）回路接通，变频器 Y5A/C 端子输出 ON 信号，接通电磁接触器 KM 线圈，电磁接触器主触点闭合，变频器上电。变频器按加速时间加速至频率设定值，运行频率按外置电位器给定的频率运行（50Hz），电动机运行。

2. 变频器运行停止

按下停止按钮 SB2，端子 X1 和端子 CM 回路断开，X1 自保持选择解除，变频器按照减速时间减速至停止频率。同时变频器 Y5A/C 端子输出 OFF 信号，电磁接触器 KM 线圈失电，KM 主触头断开，变频器失电，电动机停止运行。如果输入自由运行指令或为警报动作时，则变频器 Y5A/C 端子瞬间输出 OFF 信号。

实例 61 变频器晶体管输出正反转时信号功能应用电路

电路简介 该电路应用富士 G1S 变频器内部晶体管输出端子，控制指示灯显示变频器运行状态，当变频器正转运行时，正转运行指示灯亮。当变频器反转运行时，反转运行指示灯亮。通过此功能的设定和电路连接可以清晰了解变频器运行状态。该电路可以应用于主控室、变频器异地控制指示等场所，对变频器运行状态进行监视。

一、原理图

变频器晶体管输出正反转时信号功能应用电路如图 61-1 所示。

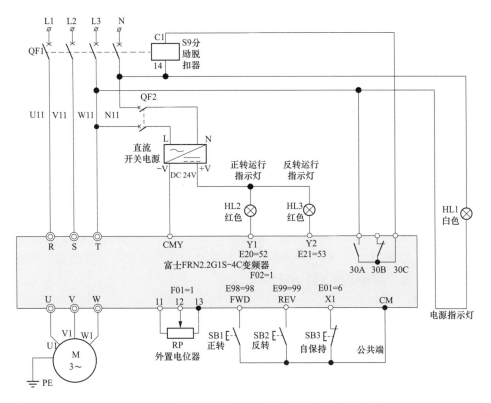

图 61-1 变频器晶体管输出正反转时信号功能应用电路

二、图中应用的端子及主要参数

相关端子及参数功能含义见表 61-1。

表 61-1 相关端子及参数功能含义

序号	端子名称	功能	功能代码	设定数据	设定值含义
1		数据保护	F00	0	0：可改变数据；1：不可改变数据（数据保护）
2		数据初始化	H03	1	数据初始化，需要双键操作（STOP 键＋∧键）

序号	端子名称	功能	功能代码	设定数据	设定值含义
3	11、12、13	频率设定1	F01	1	频率给定方式为电压设定（电位器）
4	FWD、REV、CM	运行操作	F02	1	0：面板控制；1：外部端子（按钮）控制
5	FWD	正转指令	E98	98	正向运行端子
6	REV	反转指令	E99	99	反向运行端子
7	X1	可编程数字输入端子	E01	6	自保持选择，即停止按钮功能
8	Y1	晶体管输出端子	E20	52	当变频器正转输出时输出 ON 信号
9	Y2		E21	53	当变频器反转输出时输出 ON 信号
10	30A、30B、30C	30Ry 总警报输出	E27	99	98：轻微故障；99：整体警报

三、动作详解

（一）闭合总电源及参数设置

闭合总电源 QF1，变频器输入端 R、S、T 及 QF2 上侧带电，合上 QF2，24V 直流开关电源带电。根据参数表设置变频器参数。

（二）变频器正转运行 FWD

按下正转启动按钮 SB1，FWD 正转端子和 CM 接点输入公共端端子回路接通，电动机正转运行。

变频器输出端子 Y1 输出 ON 信号，正转运行指示灯亮。变频器控制面板运行指示灯亮，显示信息为 FWD、RUN，变频器按加速时间加速至外置电位器给定的频率值，电动机按变频器显示的频率值正转运行。

（三）变频器正转运行停止

按下停止按钮 SB3，端子 X1 和端子 CM 回路断开，X1 自保持选择解除，变频器按照减速时间减速至停止频率后，电动机停止运行。

变频器输出端子 Y1 输出 OFF 信号，正转运行指示灯熄灭。变频器控制面板运行指示灯熄灭，显示信息为 STOP，运行频率显示为闪烁的频率设置值 50.00Hz。

（四）变频器反转运行 REV

按下反转启动按钮 SB2，REV 反转端子和 CM 接点输入公共端端子回路接通，电动机反转运行。

变频器输出端子 Y2 输出 ON 信号，反转运行指示灯亮。变频器控制面板运行指示灯亮，显示信息为 REV、RUN，变频器按加速时间加速至外置电位器给定的频率值，电动机按变频器显示的频率值反转运行。

（五）变频器反转运行停止

按下停止按钮 SB3，端子 X1 和端子 CM 回路断开，X1 自保持选择解除，变频器按照减速时间减速至停止频率后，电动机停止运行。

变频器输出端子 Y2 输出 OFF 信号，正转运行指示灯熄灭。变频器控制面板运行指示灯熄灭，示信息为 STOP，运行频率显示为闪烁的频率设置值 50.00Hz。

如果需要重新启动只需按下启动按钮 SB1（FWD）或 SB2（REV）即可重新启动。

四、功能时序分配

变频器晶体管输出正反转时信号功能时序分配表见表 61-2。

表 61-2   **变频器晶体管输出正反转时信号功能时序分配表**

晶体管输出端子 Y1	晶体管输出端子 Y2	旋转方向
OFF	OFF	停止状态
ON	OFF	正转运行
OFF	ON	反转运行

实例 62   变频器晶体管输出四台电动机切换功能应用电路（变频器输入端子电动机选择功能）

电路简介   该电路应用富士 G1S 变频器输入端子电动机选择切换指令及变频器输出端子电动机 1~4 切换指令，通过加装的内置继电器输出卡及转换开关，完成变频器分别对 4 台电动机进行变频控制，实现变频器一拖四的功能。该电路在同一时间段只能控制一台电动机，并且变频器在控制某台电动机时，其他电动机将停止运行，所以该电路中的 4 台电动机容量不同，只能用于对负载容量控制，如果想要真正的一拖四，可在该电路的基础上对电路重新设计。

一、原理图

变频器晶体管输出四台电动机切换功能应用电路如图 62-1 所示。

二、图中应用的端子及主要参数

相关端子及参数功能含义见表 62-1。

三、动作详解

（一）闭合总电源及参数设置

闭合总电源 QF1，变频器输入端 R、S、T 及 QF2 上侧带电，合上 QF2，KM1、KM2、KM3、KM4 线圈带电，进入运行前准备。根据参数表设置变频器参数。

变频器 A42/b42/r42 参数设定为 0 时，变频器仅限于停止状态下进行第 2~第 4 台电动机的切换。

（二）变频器第一台电动机运行 SWM1

将转换开关 SA 旋至空挡，按下 SB1 正转启动按钮，FWD 正转端子和 CM 接点输入公共端端子回路接通，变频器输出端子 Y1 输出 ON 信号 SWM1，驱动 KM1 线圈，第一台电动机得电运行，其余三台电动机无法同时运行。

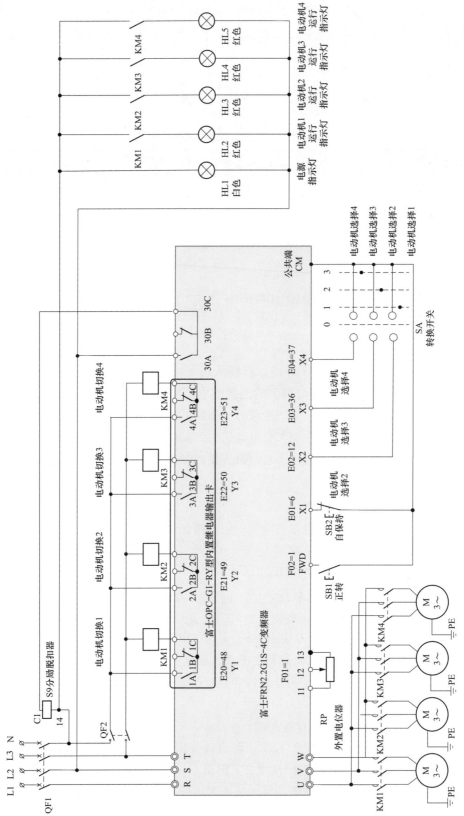

图62-1 变频器晶体管输出四台电动机切换功能应用电路

表 62-1 相关端子及参数功能含义

序号	端子名称	功能	功能代码	设定数据	设定值含义
1		数据保护	F00	0	0：可改变数据；1：不可改变数据（数据保护）
2		数据初始化	H03	1	数据初始化，需要双键操作（STOP 键＋∧键）
3	11、12、13	频率设定 1	F01	1	频率给定方式为电压设定（电位器）
4	FWD、CM	运行操作	F02	1	0：面板控制；1：外部端子（按钮）控制
5	FWD	正转指令	E98	98	正向运行端子
6		参数设定	A42/b42/r42	0	0：仅限于停止状态下进行第 2 电动机～第 4 电动机的切换；1：在运行过程中也可以进行第 2 电动机～第 4 电动机的切换
7	X1		E01	6	6 自保持选择，即停止按钮功能
8	X2	可编程数字输入端子	E02	12	电动机选择 2 切换功能 M2
9	X3		E03	36	电动机选择 3 切换功能 M3
10	X4		E04	37	电动机选择 4 切换功能 M4
11	Y1		E20	48	电动机切换 1（SWM1），接 KM1
12	Y2	晶体管输出端子	E21	49	电动机切换 2（SWM2），接 KM2
13	Y3		E22	50	电动机切换 3（SWM3），接 KM3
14	Y4		E23	51	电动机切换 4（SWM4），接 KM4
15	30A、30B、30C	30Ry 总警报输出	E27	99	98：轻微故障；99：整体警报

变频器按加速时间加速至频率设定值，运行频率按外置电位器给定的频率运行（50Hz）。变频器控制面板运行指示灯亮，显示信息为 FWD、RUN。

（三）变频器第一台电动机运行停止 SWM1

按下停止按钮 SB2，端子 X1 和端子 CM 回路断开，X1 自保持选择解除，变频器输出端子 Y1 输出 OFF 信号 SWM1，Y1 交流接触器 KM1 线圈失电，变频器按照减速时间减速至停止频率后，第一台电动机停止运行。变频器控制面板运行指示灯熄灭，显示信息为 STOP，运行频率显示为闪烁的频率设置值 50.00Hz。

（四）变频器第二台电动机运行 SWM2

将转换开关 SA 旋至一挡，按下 SB1 正转启动按钮，FWD 正转端子和 CM 接点输入公共端端子回路接通，变频器输出端子 Y2 输出 ON 信号 SWM2，驱动 KM2 线圈，

175

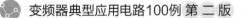

第二台电动机得电运行，其余三台电动机无法同时运行。

变频器按加速时间加速至频率设定值，运行频率按外置电位器给定的频率运行（50Hz），变频器控制面板运行指示灯亮，显示信息为 FWD、RUN。

（五）变频器第二台电动机运行停止 SWM2

按下停止按钮 SB2，端子 X1 和端子 CM 回路断开，X1 自保持选择解除，变频器输出端子 Y2 输出 OFF 信号 SWM2，Y2 交流接触器 KM2 线圈失电，变频器按照减速时间减速至停止频率后，第二台电动机停止运行。变频器控制面板运行指示灯熄灭，显示信息为 STOP，运行频率显示为闪烁的频率设置值 50.00Hz。

（六）变频器第三台电动机运行 SWM3

将转换开关 SA 旋至二档，按下 SB1 正转启动按钮，FWD 正转端子和 CM 接点输入公共端端子回路接通，变频器输出端子 Y3 输出 ON 信号 SWM3，驱动 KM3 线圈，第三台电动机得电运行，其余三台电动机无法同时运行。

变频器按加速时间加速至频率设定值，运行频率按外置电位器给定的频率运行（50Hz），变频器控制面板运行指示灯亮，显示信息为 FWD、RUN。

（七）变频器第三台电动机运行停止 SWM3

按下停止按钮 SB2，端子 X1 和端子 CM 回路断开，X1 自保持选择解除，变频器输出端子 Y3 输出 OFF 信号 SWM3，Y3 交流接触器 KM3 线圈失电，变频器按照减速时间减速至停止频率后，第三台电动机停止运行。变频器控制面板运行指示灯熄灭，显示信息为 STOP，运行频率显示为闪烁的频率设置值 50.00Hz。

（八）变频器第四台电动机运行 SWM4

将转换开关 SA 旋至三挡，按下 SB1 正转启动按钮，FWD 正转端子和 CM 接点输入公共端端子回路接通，变频器输出端子 Y4 输出 ON 信号 SWM4，驱动 KM4 线圈，第四台电动机得电运行，其余三台电动机无法同时运行。

变频器按加速时间加速至频率设定值，运行频率按外置电位器给定的频率运行（50Hz），变频器控制面板运行指示灯亮，显示信息为 FWD、RUN。

（九）变频器第四台电动机运行停止 SWM4

按下停止按钮 SB2，端子 X1 和端子 CM 回路断开，X1 自保持选择解除，变频器输出端子 Y3 输出 OFF 信号 SWM3，Y4 交流接触器 KM4 线圈失电，变频器按照减速时间减速至停止频率后，第四台电动机停止运行。变频器控制面板运行指示灯熄灭，显示信息为 STOP，运行频率显示为闪烁的频率设置值 50.00Hz。

四、功能时序分配

变频器晶体管输出四台电动机切换功能时序分配见表 62-2。

表 62-2　　　　　变频器晶体管输出四台电动机切换功能时序分配表

输入信号			被选择的电动机	输出信号			
M2	M3	M4		SWM1	SWM2	SWM3	SWM4
OFF	OFF	OFF	第1台电动机	ON	OFF	OFF	OFF

续表

输入信号			被选择的电动机	输出信号			
M2	M3	M4		SWM1	SWM2	SWM3	SWM4
ON	OFF	OFF	第2台电动机（A代码有效）	OFF	ON	OFF	OFF
OFF	ON	OFF	第3台电动机（b代码有效）	OFF	OFF	ON	OFF
OFF	OFF	ON	第4台电动机（r代码有效）	OFF	OFF	OFF	ON

实例 63　变频器晶体管输出报警内容信号功能应用电路

电路简介　该电路应用富士变频器晶体管输出端子输出的 ON 信号，显示变频器报警的故障原因，当变频器发出报警时，通过变频器晶体管输出端子 Y1、Y2、Y3、Y4 的组合来显示变频器的报警原因。

当变频器发出报警时，驱动 Y 继电器动作，由相应输出端给出一个动作信号即声光报警，该信号也可以控制继电器线圈或用于其他信号的反馈。

一、原理图

变频器晶体管输出报警内容信号功能应用电路原理图如图 63-1 所示。

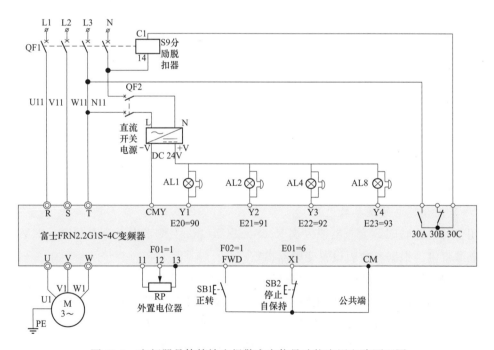

图 63-1　变频器晶体管输出报警内容信号功能应用电路原理图

二、图中应用的端子及主要参数

相关端子及参数功能含义见表 63-1。

表 63-1 相关端子及参数功能含义

序号	端子名称	功能	功能代码	设定数据	设定值含义
1		数据保护	F00	0	0：可改变数据；1：不可改变数据（数据保护）
2		数据初始化	H03	1	数据初始化，需要双键操作（STOP 键＋∧键）
3	11、12、13	频率设定 1	F01	1	频率给定方式为电压设定（电位器）
4	FWD、REV、CM	运行操作	F02	1	0：面板控制；1：外部端子（按钮）控制
5	FWD	正转指令	E98	98	正转运行端子
6	X1	可编程数字输入端子	E01	6	自保持选择，即停止按钮功能
7	Y1	晶体管输出端子	E20	90	E20 设定值 90 的含义为瞬间过电流保护、对地短路保护、熔丝熔断 AL1（Y1＝E20＝90）
8	Y2		E21	91	过电压保护 AL2（Y2＝E21＝91）
9	Y3		E22	92	电动机过载、电子热继电器（电动机 1～4）AL4（Y2＝E21＝92）
10	Y4		E23	93	存储器异常、CPU 报错、欠电压时保存报错、GAS 相关报错 AL8（Y4＝E23＝93）
11	30A、30B、30C	30Ry 总警报输出	E27	99	98：轻微故障；99：整体警报

三、动作详解

（一）闭合总电源及参数设置

闭合总电源 QF1，变频器输入端 R、S、T 及 QF2 上侧带电，合上 QF2，24V 直流开关电源带电。根据参数表设置变频器参数。

（二）瞬间过电流保护、对地短路保护、熔丝熔断 AL1

按下启动按钮 SB1，FWD 正转端子和 CM 接点输入公共端端子回路接通，变频器按加速时间加速至外置电位器给定的频率值，电动机运行。

变频器正常运行时，任何端子都不输出信号，当变频器发生瞬间过电流保护、对地短路保护、熔丝熔断中的任意一项报警时，变频器 Y1 端子输出 ON 信号，启动声光报警，变频器 LED 屏故障代码显示为 OC1 或 OC2 或 OC3 或 EF 或 FU5。

（三）过电压保护 AL2

按下启动按钮 SB1，FWD 正转端子和 CM 接点输入公共端端子回路接通，变频器按加速时间加速至外置电位器给定的频率值，电动机运行。

变频器正常运行时，任何端子都不输出信号，当变频器发生过电压保护报警时，变频器 Y2 端子输出 ON 信号，启动声光报警，变频器 LED 屏故障代码显示为 OU1、OU2 或 OU3。

（四）欠电压保护、输入缺相保护 AL1、AL2

按下启动按钮 SB1，FWD 正转端子和 CM 接点输入公共端端子回路接通，变频器按加速时间加速至外置电位器给定的频率值，电动机运行。

变频器正常运行时，任何端子都不输出信号，当变频器发生过欠电压保护、输入缺相保护中的任意一项报警时，变频器 Y1、Y2 端子同时输出 ON 信号，启动声光报警，变频器故障代码 LED 屏显示为 LU 或 Lin。

（五）电动机过载、电子热继电器（电动机 1～4）AL4

按下启动按钮 SB1，FWD 正转端子和 CM 接点输入公共端端子回路接通，变频器按加速时间加速至外置电位器给定的频率值，电动机运行。

变频器正常运行时，任何端子都不输出信号，当变频器发生电动机过载、电子热继电器（电动机 1～4）中的任意一项报警时，变频器 Y3 端子输出 ON 信号，启动声光报警，变频器 LED 屏故障代码显示为 OL1、OL2、OL3 或 OL4。

（六）变频器过载 AL1、AL3

按下启动按钮 SB1，FWD 正转端子和 CM 接点输入公共端端子回路接通，变频器按加速时间加速至外置电位器给定的频率值，电动机运行。

变频器正常运行时，任何端子都不输出信号，当变频器发生变频器过载报警时，变频器 Y1、Y3 端子同时输出 ON 信号，启动声光报警，变频器 LED 屏故障代码显示为 OLU。

（七）INV 过热保护、变频器内部过热 AL2、AL3

按下启动按钮 SB1，FWD 正转端子和 CM 接点输入公共端端子回路接通，变频器按加速时间加速至外置电位器给定的频率值，电动机运行。

变频器正常运行时，任何端子都不输出信号，当变频器发生 INV 过热保护、变频器内部过热中的任意一项报警时，变频器 Y2、Y3 端子同时输出 ON 信号，启动声光报警，变频器 LED 屏显故障代码示为 OH1 或 OH3。

（八）外部报警、DB 电阻过热、电动机过热 AL1、AL2、AL3

按下启动按钮 SB1，FWD 正转端子和 CM 接点输入公共端端子回路接通，变频器按加速时间加速至外置电位器给定的频率值，电动机运行。

变频器正常运行时，任何端子都不输出信号，当变频器发生外部报警、DB 电阻过热、电动机过热中的任意一项报警时，变频器 Y1、Y2、Y3 端子同时输出 ON 信号，启动声光报警，变频器 LED 屏故障代码显示为 OH2 或 dbH 或 OH4。

（九）存储器异常、CPU 报错、欠电压时保存报错、GAS 相关报错 AL8

按下启动按钮 SB1，FWD 正转端子和 CM 接点输入公共端端子回路接通，变频器按加速时间加速至外置电位器给定的频率值，电动机运行。

变频器正常运行时，任何端子都不输出信号，当变频器发生存储器异常、CPU 报错、欠电压时保存报错、GAS 相关报错中的任意一项报警时，变频器 Y4 端子输出 ON 信号，启动声光报警，变频器 LED 屏故障代码显示为 Er1、Er3、ErF 或 ErH。

（十）操作面板通信报错、选件通信报错 AL1、AL4

按下启动按钮 SB1，FWD 正转端子和 CM 接点输入公共端端子回路接通，变频器按加速时间加速至外置电位器给定的频率值，电动机运行。

变频器正常运行时，任何端子都不输出信号，当变频器发生操作面板通信报错、选件通信报错中的任意一项报警时，变频器 Y1、Y4 端子同时输出 ON 信号，启动声光报警，变频器 LED 屏故障代码显示为 Er2 或 Er4。

（十一）选件异常 AL2、AL4

按下启动按钮 SB1，FWD 正转端子和 CM 接点输入公共端端子回路接通，变频器按加速时间加速至外置电位器给定的频率值，电动机运行。

变频器正常运行时，任何端子都不输出信号，当变频器发生选件异常报警时，变频器 Y2、Y4 端子同时输出 ON 信号，启动声光报警，变频器 LED 屏故障代码显示为 Er5。

（十二）充电电路异常、操作步骤报错、EN 电路异常、DB 晶体管故障检测 AL1、AL2、AL4

按下启动按钮 SB1，FWD 正转端子和 CM 接点输入公共端端子回路接通，变频器按加速时间加速至外置电位器给定的频率值，电动机运行。

变频器正常运行时，任何端子都不输出信号，当变频器发生充电电路异常、操作步骤报错、EN 电路异常、DB 晶体管故障检测中的任意一项报警时，变频器 Y1、Y2、Y4 端子同时输出 ON 信号，启动声光报警，变频器 LED 屏故障代码显示为 pbF、Er6、ECF 或 dbR。

（十三）整定报错、输出缺相保护 AL3、AL4

按下启动按钮 SB1，FWD 正转端子和 CM 接点输入公共端端子回路接通，变频器按加速时间加速至外置电位器给定的频率值，电动机运行。

变频器正常运行时，任何端子都不输出信号，当变频器发生整定报错、输出缺相保护中的任意一项报警时，变频器 Y3、Y4 端子同时输出 ON 信号，启动声光报警，变频器 LED 屏故障代码显示为 Er7 或 OPL。

（十四）RS-485 通信报错 AL1、AL3、AL4

按下启动按钮 SB1，FWD 正转端子和 CM 接点输入公共端端子回路接通，变频器按加速时间加速至外置电位器给定的频率值，电动机运行。

变频器正常运行时，任何端子都不输出信号，当变频器发生 RS-485 通信报错报警时，变频器 Y1、Y3、Y4 端子同时输出 ON 信号，启动声光报警，变频器 LED 屏故障代码显示为 Er8 或 Erp。

（十五）过速度保护、PG 异常、位置偏差过大、速度不一致（速度偏差过大）、位置控制报错 AL2、AL3、AL4

按下启动按钮 SB1，FWD 正转端子和 CM 接点输入公共端端子回路接通，变频器按加速时间加速至外置电位器给定的频率值，电动机运行。

变频器正常运行时，任何端子都不输出信号，当变频器发生过速度保护、PG 异常、位置偏差过大、速度不一致（速度偏差过大）、位置控制报错中的任意一项报警时，变频器 Y2、Y3、Y4 端子同时输出 ON 信号，启动声光报警，变频器 LED 屏故障代码显示为 05、P0、Er、Ed0 或 Er0。

（十六）NTC 热敏电阻（电动机）断线检测、PID 反馈断线检测、模拟故障 AL1、AL2、AL3、AL4

按下启动按钮 SB1，FWD 正转端子和 CM 接点输入公共端端子回路接通，变频器按加速时间加速至外置电位器给定的频率值，电动机运行。

变频器正常运行时，任何端子都不输出信号，当变频器发生 NTC 热敏电阻（电动机）断线检测、PID 反馈断线检测、模拟故障中的任意一项报警时，变频器 Y1、Y2、Y3、Y4 端子同时输出 ON 信号，启动声光报警，变频器 LED 屏故障代码显示为 nrb、Cof 或 Err。

四、功能时序分配

变频器晶体管输出报警内容信号功能时序分配见表 63-2。

表 63-2　　变频器晶体管输出报警内容信号功能时序分配表

报警后液晶屏显示内容（变频器保护功能）	报警代码	输出端子			
		Y1	Y2	Y3	Y4
瞬间过电流保护、对地短路保护、熔丝熔断	OC1、OC2、OC3、EF、FU5	ON	OFF	OFF	OFF
过电压保护	OU1、OU2、OU3	OFF	ON	OFF	OFF
欠电压保护、输入缺相保护	LU、Lin	ON	ON	OFF	OFF
电动机过载、电子热继电器（电动机 1~4）	OL1、OL2、OL3、OL4	OFF	OFF	ON	OFF
变频器过载	OLU	ON	OFF	ON	OFF
INV 过热保护、变频器内部过热	OH1、OH3	OFF	ON	ON	OFF
外部报警、DB 电阻过热、电动机过热	OH2、dbH、OH4	ON	ON	ON	OFF
存储器异常、CPU 报错、欠电压时保存报错、GAS 相关报错	Er1、Er3、ErF、ErH	OFF	OFF	OFF	ON
操作面板通信报错、选件通信报错	Er2、Er4	ON	OFF	OFF	ON
选件异常	Er5	OFF	ON	OFF	ON
充电电路异常、操作步骤报错、EN 电路异常、DB 晶体管故障检测	pbF、Er6、ECF、dbR	ON	ON	OFF	ON
整定报错、输出缺相保护	Er7、OPL	OFF	OFF	ON	ON
RS-485 通信报错	Er8、Erp	ON	OFF	ON	ON
过速度保护、PG 异常、位置偏差过大、速度不一致（速度偏差过大）、位置控制报错	05、P0、ErE、d0、Er0	OFF	ON	ON	ON
NTC 热敏电阻（电动机）断线检测、PID 反馈断线检测、模拟故障	nrb、Cof、Err	ON	ON	ON	ON

第七章

用可编程控制器控制变频器运行及参数设置

实例 64 变频器电源经接触器输入，由 PLC 控制的电动机正转电路（含视频讲解）

电路简介 该电路由 PLC 控制变频器，该程序采用顺序启动逆顺停止的方法控制变频器的上电、变频器的运行。通过 PLC 的程序步完成正转运行，实现电动机正转功能。

一、原理图

变频器电源经接触器输入，由 PLC 控制的电动机正转电路原理图如图 64-1 所示。

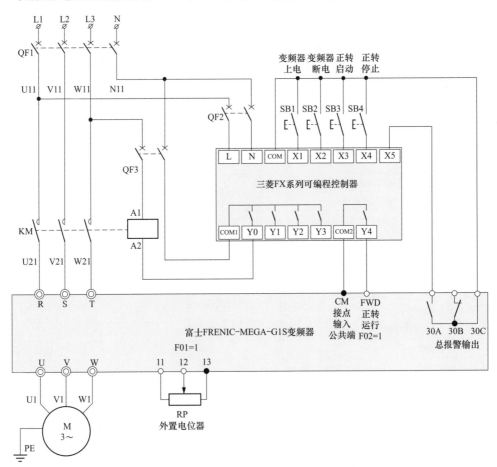

图 64-1 变频器电源经接触器输入，由 PLC 控制的电动机正转电路原理图

二、可编程控制器 I/O 分配数据

可编程控制器 I/O 分配数据见表 64-1。

表 64-1　　　　　　　　　　　可编程控制器 I/O 分配数据记录表

输入			输出		
名称	代号	输入点	名称	代号	输出点
变频器上电按钮	SB1	X1	主交流接触器	KM	Y0
变频器断电按钮	SB2	X2	变频器正转运行指令开关	FWD	Y4
正转启动按钮	SB3	X3			
正转停止按钮	SB4	X4			
变频器故障跳闸	30A-30C	X5			

三、PLC 梯形图

变频器电源经接触器输入，由 PLC 控制的电动机正转电路梯形图如图 64-2 所示。

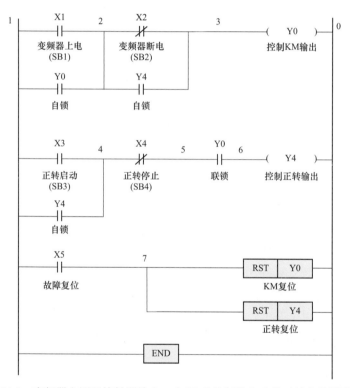

图 64-2　变频器电源经接触器输入，由 PLC 控制的电动机正转电路梯形图

四、图中应用的变频器主要参数表

相关端子参数功能含义见表 64-2。

表 64-2　　　　　　　　　　　相关端子参数功能含义

序号	端子名称	功能名称	功能代码	设定数据	设定值含义
1		数据保护	F00	0	无数据保护，无数字设定保护
2		数据初始化	H03	1	初始值（出厂时的设定值）

序号	端子名称	功能名称	功能代码	设定数据	设定值含义
3	11、12、13	频率设定1	F01	1	频率设定由电压输入 $0\sim+10\text{V}/0\sim$ $\pm100\%$（电位器）
4	FWD、CM	运行操作	F02	1	0：面板控制；1：外部端子（按钮）控制
5		最高输出频率1	F03	50Hz	$25.0\sim500.0$Hz
6		加速时间1	F07	2s	$0.00\sim6000$s
7		减速时间1	F08	2s	
8		启动频率	F23	0.5Hz	$0.0\sim60.0$Hz
9		停止频率	F25	0.2Hz	$0.0\sim60.0$Hz
10	30A、30B、30C	30Ry 总警报输出	E27	99	98：轻微故障；99：整体警报

五、动作详解

闭合总电源 QF1、PLC 电源 QF2 及变频器输入接触器控制电源 QF3，输入 PLC 程序。

（一）变频器的上电

按下变频器上电按钮 SB1，梯形图中回路 1→2 间的 X1 触点闭合，回路经 1→2→3→0 号线闭合，输出继电器 Y0 得电，PLC 外接触点 Y0 与 COM1 触点接通，主交流接触器 KM 线圈得电，主触头吸合，变频器上电。同时，梯形图中回路 1→2 间的 Y0 触点闭合自锁，保证 KM 连续运行。5→6 间的 Y0 触点闭合为变频器正转运行做准备。

（二）设置变频器参数

变频器上电后，根据参数表设置变频器参数。

（三）用 PLC 控制变频器运行输出

按下变频器正转启动按钮 SB3，梯形图中回路 1→4 间的 X3 触点闭合，回路经 1→4→5→6→0 号线闭合，输出继电器 Y4 得电，PLC 外接触点 Y4 与 COM2 触点接通，变频器外接端子 FWD 与 CM 间闭合，电动机正转运行输出。同时，梯形图中回路 1→4 间的 Y4 触点闭合自锁，电动机连续运行输出。同时，梯形图中回路 2→3 间 Y4 触点闭合，实现 X2 自锁（防止误操作按下变频器断电按钮 SB2，变频器失电）。

当变频器外接端子 FWD 与 CM 间闭合后，变频器从启动频率 F23＝0.5Hz，按加速时间 1、F07＝2s 加速至外置电位器给定的频率设定值，变频器控制面板运行指示灯亮，显示信息为 RUN。

（四）用 PLC 控制变频停止输出

按下正转停止按钮 SB4，梯形图中回路 4→5 间的 X4 触点断开，输出继电器 Y4 失电，变频器外接端子 FWD 与 CM 间断开。同时，梯形图中回路 1→4 间的 Y4 触点断开。同时，梯形图中回路 2→3 间 Y4 触点断开，解除 X2 自锁。

断开变频器，变频器按照减速时间 1、F08＝2s 减速至停止频率 F25＝0.2Hz 后，电动机停止运行。变频器控制面板运行指示灯熄灭，显示信息为 STOP，运行频率显示为外置电位器给定的频率设定值。

（五）重新启动输出

如果要重新启动只需按下正转启动按钮 SB3，即可重新启动变频器的正转输出。

（六）变频器停电

按下变频器断电按钮 SB2，梯形图中回路 2→3 间的 X2 断开，输出继电器 Y0 失电，PLC 外接触点 Y0 与 COM1 触点断开，断开主交流接触器 KM，变频器失电，停止输出。同时，梯形图中回路 1→2 间的 Y0 触点断开，解除自锁。

六、保护原理

当变频器故障报警时，30A—30C 闭合，梯形图中回路 1→7 间的 X5 触点闭合，回路经 1→7→0 号线闭合，输出继电器 Y0、Y4 复位，输出继电器 Y0 失电，PLC 外接触点 Y0 与 COM1 触点断开，断开主交流接触器 KM，变频器失电，停止输出。

实例 65　变频器电源经接触器输入，由 PLC 控制的电动机正反转电路

电路简介　该电路由 PLC 控制变频器，程序采用顺序启动逆顺停止的方法控制变频器的上电、变频器的运行。通过 PLC 的程序步完成正反转运行，实现电动机正反转功能。

一、原理图

变频器电源经接触器输入，由 PLC 控制的电动机正反转电路原理图如图 65-1 所示。

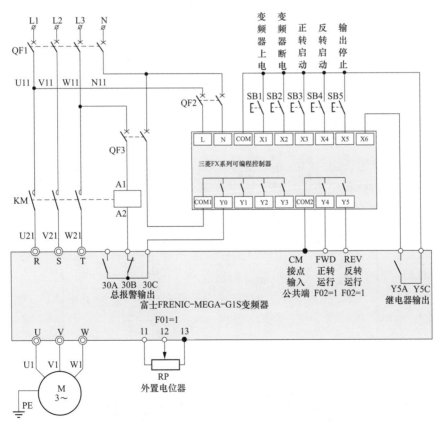

图 65-1　变频器电源经接触器输入，由 PLC 控制的电动机正反转电路原理图

二、可编程控制器 I/O 分配数据

可编程控制器 I/O 分配数据记录见表 65-1。

表 65-1　　　　　　　　　可编程控制器 I/O 分配数据记录表

输入			输出		
名称	代号	输入点	名称	代号	输出点
变频器上电按钮	SB1	X1	主交流接触器	KM	Y0
变频器断电按钮	SB2	X2	变频器正转运行指令开关	FWD	Y4
正转启动按钮	SB3	X3	变频器反转运行指令开关	REV	Y5
反转启动按钮	SB4	X4			
输出停止按钮	SB5	X5			
继电器输出	Y5A-Y5C	X6			

三、PLC 梯形图

变频器电源经接触器输入，由 PLC 控制的电动机正反转电路梯形图如图 65-2 所示。

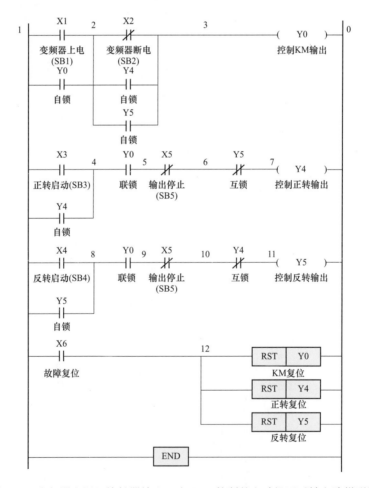

图 65-2　变频器电源经接触器输入，由 PLC 控制的电动机正反转电路梯形图

四、图中应用的变频器主要参数

相关端子及参数功能含义见表 65-2。

表 65-2 相关端子及参数功能含义

序号	端子名称	功能名称	功能代码	设定数据	设定值含义
1		数据保护	F00	0	无数据保护，无数字设定保护
2		数据初始化	H03	1	初始值（出厂时的设定值）
3	11、12、13	频率设定 1	F01	1	频率设定由电压输入 0～＋10V/0～±100%（电位器）
4	FWD、CM	正转运行	F02	1	0：面板控制；1：外部端子（按钮）控制
5	REV、CM	反转运行	F02	1	0：面板控制；1：外部端子（按钮）控制
6		最高输出频率 1	F03	50Hz	25.0～500.0Hz
7		加速时间 1	F07	2s	0.00～6000s
8		减速时间 1	F08	2s	
9		启动频率	F23	0.5Hz	0.0～60.0Hz
10		停止频率	F25	0.2Hz	0.0～60.0Hz
11	Y5A、Y5C	继电器输出	E24	99	整体警报
12	30A、30B、30C	30Ry 总警报输出	E27	99	98：轻微故障；99：整体警报

五、动作详解

闭合总电源 QF1、PLC 电源 QF2 及变频器输入接触器控制电源 QF3，输入 PLC 程序。

（一）变频器的上电

按下变频器上电按钮 SB1，梯形图中回路 1→2 间的 X1 触点闭合，回路经 1→2→3→0 号线闭合，输出继电器 Y0 得电，PLC 外接触点 Y0 与 COM1 触点接通，主交流接触器 KM 线圈得电，主触头吸合，变频器上电。同时，梯形图中回路 1→2 间的 Y0 触点闭合自锁，保证 KM 连续运行。4→5 间、8→9 间的 Y0 触点闭合为变频器正转、反转运行做准备。

（二）设置变频器参数

变频器上电后，根据参数表设置变频器参数。

（三）用 PLC 控制变频器正转运行与停止

（1）按下变频器正转启动按钮 SB3，梯形图中回路 1→4 间的 X3 触点闭合，回路经 1→4→5→6→7→0 号线闭合，正转输出继电器 Y4 得电，PLC 外接触点 Y4 与 COM2 触点接通，变频器外接端子 FWD 与 CM 间闭合，电动机正转运行输出。同时，梯形图中回路 1→4 间的 Y4 触点闭合自锁，电动机连续正转运行输出。同时，梯形图中回路 2→3 间 Y4 触点闭合，实现 X2 自锁（防止误操作按下变频器断电按钮 SB2，变频器失电）。

当变频器外接端子 FWD 与 CM 间闭合后，变频器从启动频率 F23＝0.5Hz，按加速时间 1、F07＝2s 加速至外置电位器给定的频率设定值，变频器控制面板运行指示灯亮，显示信息为 RUN。

（2）按下输出停止按钮 SB5，梯形图中回路 5→6 间的 X5 触点断开，输出继电器

Y4 失电，变频器外接端子 FWD 与 CM 间断开。同时，梯形图中回路 1→4 间的 Y4 触点断开。同时，梯形图中回路 2→3 间 Y4 触点断开，解除 X2 自锁。

断开变频器，变频器按照减速时间 1、F08＝2s 减速至停止频率 F25＝0.2Hz 后，电动机停止运行。变频器控制面板运行指示灯熄灭，显示信息为 STOP，运行频率显示为外置电位器给定的频率设定值。

（四）用 PLC 控制变频器反转运行与停止

（1）按下变频器反转启动按钮 SB4，梯形图中回路 1→8 间的 X4 触点闭合，回路经 1→8→9→10→11→0 号线闭合，输出继电器 Y5 得电，PLC 外接触点 Y5 与 COM2 触点接通，变频器外接端子 REV 与 CM 间闭合，电动机反转运行输出。同时，梯形图中回路 1→8 间的 Y5 触点闭合自锁，电动机连续反转运行输出。同时，梯形图中回路 2→3 间 Y5 触点闭合，实现 X2 自锁（防止误操作按下变频器断电按钮 SB2，变频器失电）。

当变频器外接端子 REV 与 CM 间闭合后，变频器从启动频率 F23＝0.5Hz，按加速时间 1、F07＝2s 加速至外置电位器给定的频率设定值，变频器控制面板运行指示灯亮，显示信息为 RUN。

（2）按下输出停止按钮 SB5，梯形图中回路 9→10 间的 X5 断开，输出继电器 Y5 失电，变频器外接端子 REV 与 CM 间断开。同时，梯形图中回路 1→8 间的 Y5 触点断开。同时，梯形图中回路 2→3 间 Y5 触点断开，解除 X2 自锁。

断开变频器，变频器按照减速时间 1、F08＝2s 减速至停止频率 F25＝0.2Hz 后，电动机停止运行。变频器控制面板运行指示灯熄灭，显示信息为 STOP，运行频率显示为外置电位器给定的频率设定值。

（五）重新启动输出

如果要重新启动只需按下正转或反转启动按钮 SB3 或 SB4，即可重新启动变频器的正、反转输出。

（六）变频器停电

当变频器无输出时，按下变频器断电按钮 SB2，梯形图中回路 2→3 间的 X2 断开，输出继电器 Y0 失电，PLC 外接触点 Y0 与 COM1 触点断开，断开主交流接触器 KM，变频器失电，停止输出。同时，梯形图中回路 1→2 间的 Y0 触点断开，解除自锁。

六、保护原理

当变频器故障报警时，Y5A—Y5C 闭合，梯形图中回路 1→12 间的 X6 触点闭合，回路经 1→12→0 号线闭合，输出继电器 Y0、Y4、Y5 复位，输出继电器 Y0 失电，PLC 外接触点 Y0 与 COM1 触点断开；同时，30B—30C 断开，断开主交流接触器 KM，变频器失电，停止输出。

实例 66 变频器电源经接触器输入，由 PLC 及 4 只开关控制的 15 段调速电路

电路简介　电路由 PLC 控制变频器，程序采用顺序启动逆顺停止的方法控制变频

器的上电、变频器的运行。通过 PLC 的程序步完成 15 段频率调速，实现 4 单极开关控制 15 段速调速功能。

一、原理图

变频器电源经接触器输入，由 PLC 及 4 只开关控制的 15 段调速电路原理图如图 66-1 所示。

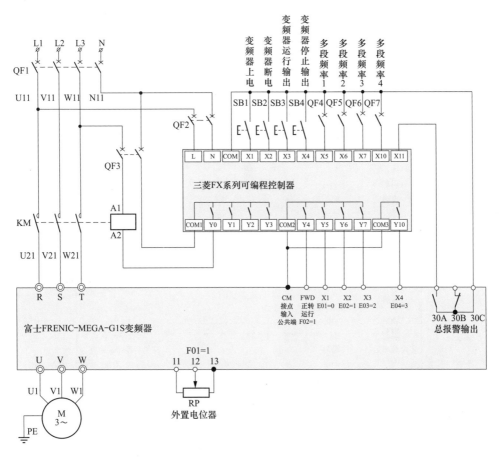

图 66-1 变频器电源经接触器输入，由 PLC 及 4 只开关控制的 15 段调速电路原理图

二、可编程控制器 I/O 分配数据记录表

可编程控制器 I/O 分配数据记录见表 66-1。

表 66-1 I/O 分配数据记录表

输入			输出		
名称	代号	输入点	名称	代号	输出点
变频器上电按钮	SB1	X1	主交流触器	KM	Y0
变频器停电按钮	SB2	X2	变频器正转运行指令开关	FWD	Y4
变频器运行输出按钮	SB3	X3	变频器多段速输入开关 1	X1	Y5
变频器停止输出按钮	SB4	X4	变频器多段速输入开关 2	X2	Y6
多段频率 1	QF4	X5	变频器多段速输入开关 3	X3	Y7

输入			输出		
名称	代号	输入点	名称	代号	输出点
多段频率2	QF5	X6	变频器多段速输入开关4	X4	Y10
多段频率3	QF6	X7			
多段频率4	QF7	X10			
变频器故障跳闸	30A-30C	X11			

三、PLC 梯形图

变频器电源经接触器输入，由 PLC 及 4 只开关控制的 15 段调速电路梯形图如图 66-2 所示。

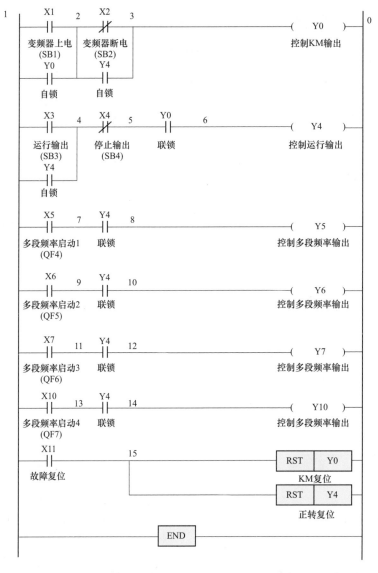

图 66-2　变频器电源经接触器输入，由 PLC 及 4 只开关控制的 15 段调速电路梯形图

四、图中应用的变频器主要参数表

相关端子及参数功能含义见表66-2。

表 66-2　　　　　　　　　　相关端子及参数功能含义

序号	端子名称	功能名称	功能代码	设定数据	设定值含义
1		数据保护	F00	0	无数据保护，无数字设定保护
2		数据初始化	H03	1	初始值（出厂时的设定值）
3	11、12、13	频率设定1	F01	1	频率设定由电压输入0～＋10V/0～±100%（电位器）
4	FWD、CM	正转运行	F02	1	0：面板控制；1：外部端子（按钮）控制
5		最高输出频率1	F03	50Hz	25.0～500.0Hz
6		加速时间1	F07	2s	0.00～6000s
7		减速时间1	F08	2s	
8		启动频率	F23	0.5Hz	0.0～60.0Hz
9		停止频率	F25	0.2Hz	0.0～60.0Hz
10	X1、CM	X1端子功能	E01	0	0（1000）：多段频率选择（0～1级）（SS1）
11	X2、CM	X2端子功能	E02	1	1（1001）：多段频率选择（0～3级）（SS2）
12	X3、CM	X3端子功能	E03	2	2（1002）：多段频率选择（0～7级）（SS4）
13	X4、CM	X4端子功能	E04	3	3（1003）：多段频率选择（0～15级）（SS8）
14		多频率设定1	C05	8Hz	
15		多频率设定2	C06	10Hz	
16		多频率设定3	C07	13Hz	
17		多频率设定4	C08	15Hz	
18		多频率设定5	C09	18Hz	
19		多频率设定6	C10	20Hz	
20		多频率设定7	C11	23Hz	
21		多频率设定8	C12	25Hz	0.00～500.00Hz
22		多频率设定9	C13	28Hz	
23		多频率设定10	C14	30Hz	
24		多频率设定11	C15	33Hz	
25		多频率设定12	C16	35Hz	
26		多频率设定13	C17	38Hz	
27		多频率设定14	C18	40Hz	
28		多频率设定15	C19	45Hz	
29	30A、30B、30C	30Ry总警报输出	E27	99	98：轻微故障；99：整体警报

五、动作详解

闭合总电源 QF1、PLC 电源 QF2 及变频器输入接触器控制电源 QF3，输入 PLC 程序。

（一）变频器的上电

按下变频器上电按钮 SB1，梯形图中回路 1→2 间的 X1 闭合，回路经 1→2→3→0 号线闭合，输出继电器 Y0 得电，PLC 外接触点 Y0 与 COM1 触点接通，主交流接触器 KM 线圈得电，主触头吸合，变频器上电。同时，梯形图中回路 1→2 间的 Y0 触点闭合自锁，保证 KM 连续运行。5→6 间 Y0 触点闭合为变频器运行做准备。

（二）设置变频器参数

变频器上电后，根据参数表设置变频器参数。

（三）用 PLC 控制变频器运行输出

按下变频器运行输出按钮 SB3，梯形图中回路 1→4 间的 X3 触点闭合，回路经 1→4→5→6→0 号线闭合，输出继电器 Y4 得电，PLC 外接触点 Y4 与 COM2 触点接通，变频器外接端子 FWD 与 CM 间闭合，变频器从启动频率 F23＝0.5Hz，按加速时间 1、F07＝2s 加速至外置电位器给定的频率设定值，变频器控制面板运行指示灯亮，显示信息为 RUN，电动机正转运行输出。同时，梯形图中回路 1→4 间的 Y4 触点闭合自锁，电动机连续运行输出。同时，梯形图中回路 2→3 间 Y4 触点闭合，实现 X2 自锁（防止误操作按下变频器断电按钮 SB2，变频器失电）。同时，梯形图中回路 7→8、9→10、11→12、13→14 间 Y4 触点闭合，实现联锁。

（四）15 段速运行

（1）闭合多段频率 1 开关 QF4，梯形图中回路 1→7 间的 X5 触点闭合，回路经 1→7→8→0 号线闭合，输出继电器 Y5 得电，PLC 外接触点 Y5 与 COM2 触点接通，变频器外接端子 X1 与 CM 间闭合，电动机按频率 1 运行。

（2）断开多段频率 1 开关 QF4，闭合多段频率 2 开关 QF5，梯形图中回路 1→9 间的 X6 闭合，回路经 1→9→10→0 号线闭合，输出继电器 Y6 得电，PLC 外接触点 Y6 与 COM2 触点接通，变频器外接端子 X2 与 CM 间闭合，电动机按频率 2 运行。

（3）同时闭合多段频率 1 开关 QF4、多段频率 2 开关 QF5，梯形图中回路 1→7 间的 X5 触点闭合，回路经 1→7→8→0 号线闭合，输出继电器 Y5 得电，PLC 外接触点 Y5 与 COM2 触点接通，变频器外接端子 X1 与 CM 间闭合。同时，梯形图中回路 1→9 间的 X6 触点闭合，回路经 1→9→10→0 号线闭合，输出继电器 Y6 得电，PLC 外接触点 Y6 与 COM2 触点接通，变频器外接端子 X2 与 CM 间闭合，电动机按频率 3 运行。

（4）同时断开多段频率 1 开关 QF4、多段频率 2 开关 QF5，闭合多段频率 3 开关 QF6，梯形图中回路 1→11 间的 X7 触点闭合，回路经 1→11→12→0 号线闭合，输出继电器 Y7 得电，PLC 外接触点 Y7 与 COM2 触点接通，变频器外接端子 X3 与 CM 间闭合，电动机按频率 4 运行。

（5）断开多段频率 3 开关 QF6，同时闭合多段频率 1 开关 QF4、多段频率 3 开关 QF6，梯形图中回路 1→7 间的 X5 触点闭合，回路经 1→7→8→0 号线闭合，输出继电器 Y5 得电，PLC 外接触点 Y5 与 COM2 触点接通，变频器外接端子 X1 与 CM 间闭合。同时，梯形图中回路 1→11 间的 X7 触点闭合，回路经 1→11→12→0 号线闭合，输出继电器 Y7 得电，PLC 外接触点 Y7 与 COM2 触点接通，变频器外接端子 X3 与 CM 间闭合，电动机按频率 5 运行。

（6）同时断开多段频率 1 开关 QF4、多段频率 3 开关 QF6，同时闭合多段频率 2 开关 QF5、多段频率 3 开关 QF6，梯形图中回路 1→9 间的 X6 触点闭合，回路经 1→9→10→0 号线闭合，输出继电器 Y6 得电，PLC 外接触点 Y6 与 COM2 触点接通，变频器外接端子 X2 与 CM 间闭合。同时，梯形图中回路 1→11 间的 X7 触点闭合，回路经 1→11→12→0 号线闭合，输出继电器 Y7 得电，PLC 外接触点 Y7 与 COM2 触点接通，变频器外接端子 X3 与 CM 间闭合，电动机按频率 6 运行。

（7）同时闭合多段频率 1 开关 QF4、多段频率 2 开关 QF5、多段频率 3 开关 QF6，梯形图中回路 1→7 间的 X5 触点闭合，回路经 1→7→8→0 号线闭合，输出继电器 Y5 得电，PLC 外接触点 Y5 与 COM2 触点接通，变频器外接端子 X1 与 CM 间闭合。同时，梯形图中回路 1→9 间的 X6 触点闭合，回路经 1→9→10→0 号线闭合，输出继电器 Y6 得电，PLC 外接触点 Y6 与 COM2 触点接通，变频器外接端子 X2 与 CM 间闭合。同时，梯形图中回路 1→11 间的 X7 触点闭合，回路经 1→11→12→0 号线闭合，输出继电器 Y7 得电，PLC 外接触点 Y7 与 COM2 触点接通，变频器外接端子 X3 与 CM 间闭合，电动机按频率 7 运行。

（8）同时断开多段频率 1 开关 QF4、多段频率 2 开关 QF5、多段频率 3 开关 QF6，闭合多段频率 4 开关 QF7，梯形图中回路 1→13 间的 X10 触点闭合，回路经 1→13→14→0 号线闭合，输出继电器 Y10 得电，PLC 外接触点 Y10 与 COM3 触点接通，变频器外接端子 X4 与 CM 间闭合，电动机按频率 8 运行。

（9）同时闭合多段频率 1 开关 QF4、多段频率 4 开关 QF7，梯形图中回路 1→7 间的 X5 触点闭合，回路经 1→7→8→0 号线闭合，输出继电器 Y5 得电，PLC 外接触点 Y5 与 COM2 触点接通，变频器外接端子 X1 与 CM 间闭合。同时，梯形图中回路 1→13 间的 X10 触点闭合，回路经 1→13→14→0 号线闭合，输出继电器 Y10 得电，PLC 外接触点 Y10 与 COM3 触点接通，变频器外接端子 X4 与 CM 间闭合，电动机按频率 9 运行。

（10）同时断开多段频率 1 开关 QF4、多段频率 4 开关 QF7，同时闭合多段频率 2 开关 QF5、多段频率 4 开关 QF7，梯形图中回路 1→9 间的 X6 触点闭合，回路经 1→9→10→0 号线闭合，输出继电器 Y6 得电，PLC 外接触点 Y6 与 COM2 触点接通，变频器外接端子 X2 与 CM 间闭合。同时，梯形图中回路 1→13 间的 X10 触点闭合，回路经 1→13→14→0 号线闭合，输出继电器 Y10 得电，PLC 外接触点 Y10 与 COM3 触点接通，变频器外接端子 X4 与 CM 间闭合，电动机按频率 10 运行。

（11）同时断开多段频率 2 开关 QF5、多段频率 4 开关 QF7，同时闭合多段频率 1 开关 QF4、多段频率 2 开关 QF5、多段频率 4 开关 QF7，梯形图中回路 1→7 间的 X5 触点闭合，回路经 1→7→8→0 号线闭合，输出继电器 Y5 得电，PLC 外接触点 Y5 与

变频器典型应用电路100例 第二版

COM2 触点接通，变频器外接端子 X1 与 CM 间闭合。同时，梯形图中回路 1→9 间的 X6 闭合，回路经 1→9→10→0 号线闭合，输出继电器 Y6 得电，PLC 外接触点 Y6 与 COM2 触点接通，变频器外接端子 X2 与 CM 间闭合。同时，梯形图中回路 1→13 间的 X10 触点闭合，回路经 1→13→14→0 号线闭合，输出继电器 Y10 得电，PLC 外接触点 Y10 与 COM3 触点接通，变频器外接端子 X4 与 CM 间闭合，电动机按频率 11 运行。

（12）同时断开多段频率 1 开关 QF4、多段频率 2 开关 QF5、多段频率 4 开关 QF7，同时闭合多段频率 3 开关 QF6、多段频率 4 开关 QF7，梯形图中回路 1→11 间的 X7 触点闭合，回路经 1→11→12→0 号线闭合，输出继电器 Y7 得电，PLC 外接触点 Y7 与 COM2 触点接通，变频器外接端子 X3 与 CM 间闭合。同时，梯形图中回路 1→13 间的 X10 触点闭合，回路经 1→13→14→0 号线闭合，输出继电器 Y10 得电，PLC 外接触点 Y10 与 COM3 触点接通，变频器外接端子 X4 与 CM 间闭合，电动机按频率 12 运行。

（13）同时断开多段频率 3 开关 QF6、多段频率 4 开关 QF7，同时闭合多段频率 1 开关 QF4、多段频率 3 开关 QF6、多段频率 4 开关 QF7，梯形图中回路 1→7 间的 X5 触点闭合，回路经 1→7→8→0 号线闭合，输出继电器 Y5 得电，PLC 外接触点 Y5 与 COM2 触点接通，变频器外接端子 X1 与 CM 间闭合。同时，梯形图中回路 1→11 间的 X7 闭合，回路经 1→11→12→0 号线闭合，输出继电器 Y7 得电，PLC 外接触点 Y7 与 COM2 触点接通，变频器外接端子 X3 与 CM 间闭合。同时，梯形图中回路 1→13 间的 X10 闭合，回路经 1→13→14→0 号线闭合，输出继电器 Y10 得电，PLC 外接触点 Y10 与 COM3 触点接通，变频器外接端子 X4 与 CM 间闭合，电动机按频率 13 运行。

（14）同时断开多段频率 1 开关 QF4、多段频率 3 开关 QF6、多段频率 4 开关 QF7，同时闭合多段频率 2 开关 QF5、多段频率 3 开关 QF6、多段频率 4 开关 QF7，梯形图中回路 1→9 间的 X6 触点闭合，回路经 1→9→10→0 号线闭合，输出继电器 Y6 得电，PLC 外接触点 Y6 与 COM2 触点接通，变频器外接端子 X2 与 CM 间闭合。同时，梯形图中回路 1→11 间的 X7 触点闭合，回路经 1→11→12→0 号线闭合，输出继电器 Y7 得电，PLC 外接触点 Y7 与 COM2 触点接通，变频器外接端子 X3 与 CM 间闭合。同时，梯形图中回路 1→13 间的 X10 触点闭合，回路经 1→13→14→0 号线闭合，输出继电器 Y10 得电，PLC 外接触点 Y10 与 COM3 触点接通，变频器外接端子 X4 与 CM 间闭合，电动机按频率 14 运行。

（15）同时闭合多段频率 1 开关 QF4、多段频率 2 开关 QF5、多段频率 3 开关 QF6、多段频率 4 按钮 QF7，梯形图中回路 1→7 间的 X5 触点闭合，回路经 1→7→8→0 号线闭合，输出继电器 Y5 得电，PLC 外接触点 Y5 与 COM2 触点接通，变频器外接端子 X1 与 CM 间闭合。同时，梯形图中回路 1→9 间的 X6 触点闭合，回路经 1→9→10→0 号线闭合，输出继电器 Y6 得电，PLC 外接触点 Y6 与 COM2 触点接通，变频器外接端子 X2 与 CM 间闭合。同时，梯形图中回路 1→11 间的 X7 触点闭合，回路经 1→11→12→0

号线闭合，输出继电器 Y7 得电，PLC 外接触点 Y7 与 COM2 触点接通，变频器外接端子 X3 与 CM 间闭合。同时，梯形图中回路 1→13 间的 X10 触点闭合，回路经 1→13→14→0 号线闭合，输出继电器 Y10 得电，PLC 外接触点 Y10 与 COM3 触点接通，电动机按频率 15 运行。

（五）用 PLC 控制变频停止输出

按下停止输出按钮 SB4，梯形图中回路 4→5 间的 X4 触点断开，输出继电器 Y4 失电，变频器外接端子 FWD 与 CM 间断开，变频器按照减速时间 1、F08＝2s 减速至停止频率 F25＝0.2Hz 后，电动机停止运行。变频器控制面板运行指示灯熄灭，显示信息为 STOP，运行频率显示为外置电位器给定的频率设定值。同时，7→8、9→10、11→12、13→14 间 Y4 触点断开，输出继电器 Y5、Y6、Y7、Y10 停止输出。同时，梯形图中回路 1→4 间的 Y4 触点断开、回路 2→3 间 Y4 触点断开，解除 X2 自锁。

（六）重新启动输出

如果要重新启动只需按下变频器运行输出按钮，即可重新启动变频器的正转输出。

（七）变频器停电

当变频器无输出时，按下变频器断电按钮 SB2，梯形图中回路 2→3 间的 X2 触点断开，输出继电器 Y0 失电，PLC 外接触点 Y0 与 COM1 触点断开，断开主交流接触器 KM，变频器失电，停止输出。同时，梯形图中回路 1→2 间的 Y0 触点断开，解除自锁。

六、保护原理

当变频器故障报警时，30A—30C 闭合，梯形图中回路 1→15 间的 X11 触点闭合，回路经 1→15→0 号线闭合，输出继电器 Y0、Y4 复位，输出继电器 Y0 失电，PLC 外接触点 Y0 与 COM1 触点断开，断开主交流接触器 KM，变频器失电，停止输出。

实例 67　变频器电源经接触器输入，由 PLC 及 7 只按钮控制的 7 段调速电路

电路简介　该电路由 PLC 控制变频器，程序采用顺序启动逆顺停止的方法控制变频器的上电、变频器的运行。通过 PLC 的程序步完成 7 段频率调速，实现 7 按钮控制 7 段速调速功能。

一、原理图

变频器电源经接触器输入，由 PLC 及 7 只按钮控制的 7 段调速电路原理图如图67-1所示。

二、可编程控制器 I/O 分配数据记录

可编程控制器 I/O 分配数据记录见表 67-1。

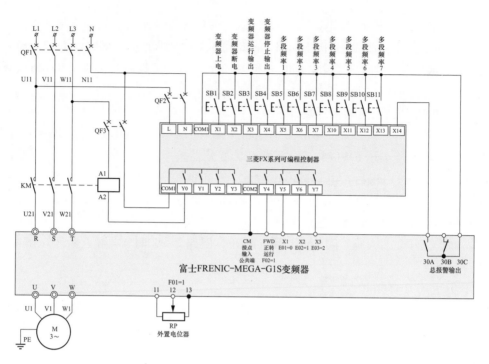

图 67-1 变频器电源经接触器输入，
由 PLC 及 7 只按钮控制的 7 段调速电路原理图

表 67-1   **可编程控制器 I/O 分配数据记录表**

输入			输出		
名称	代号	输入点	名称	代号	输出点
变频器上电按钮	SB1	X1	主交流接触器	KM	Y0
变频器断电按钮	SB2	X2	变频器正转运行指令开关	FWD	Y4
变频器运行输出按钮	SB3	X3	变频器多段速输入开关 1	X1	Y5
变频器停止输出按钮	SB4	X4	变频器多段速输入开关 2	X2	Y6
多段频率 1	SB5	X5	变频器多段速输入开关 3	X3	Y7
多段频率 2	SB6	X6			
多段频率 3	SB7	X7			
多段频率 4	SB8	X10			
多段频率 5	SB9	X11			
多段频率 6	SB10	X12			
多段频率 7	SB11	X13			
变频器故障跳闸	30A、30C	X14			

三、PLC梯形图

变频器电源经接触器输入，由 PLC 及 7 只按钮控制的 7 段调速电路梯形图如图67-2所示。

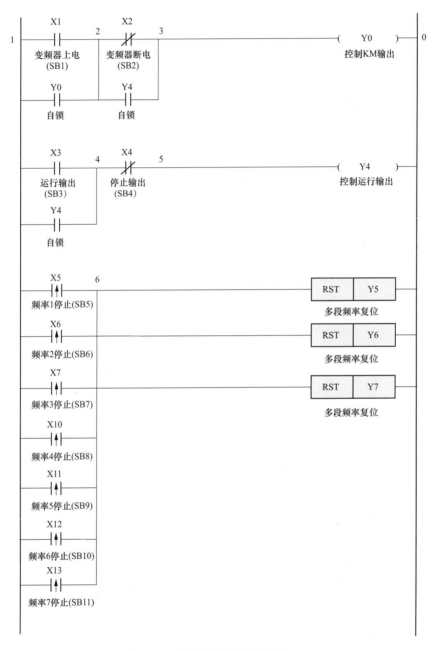

图 67-2 变频器电源经接触器输入，
由 PLC 及 7 只按钮控制的 7 段调速电路梯形图（一）

变频器典型应用电路100例 第 二 版

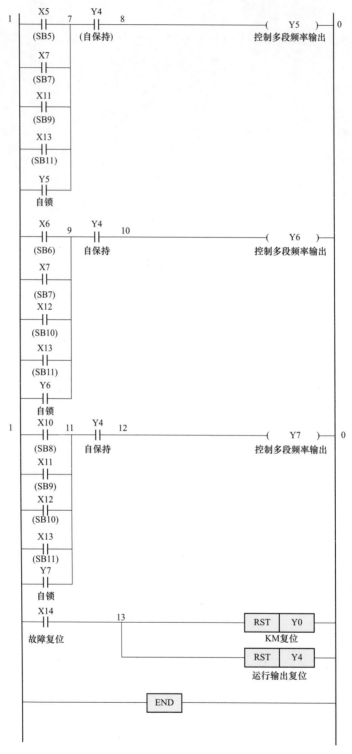

图 67-2 变频器电源经接触器输入，
由 PLC 及 7 只按钮控制的 7 段调速电路梯形图（二）

198

四、图中应用的变频器主要参数表

相关端子及参数功能含义见表 67-2。

表 67-2　　　　　　　　　　　相关端子及参数功能含义

序号	端子名称	功能名称	功能代码	设定数据	设定值含义
1		数据保护	F00	0	无数据保护，无数字设定保护
2		数据初始化	H03	1	初始值（出厂时的设定值）
3	11、12、13	频率设定 1	F01	1	频率设定由电压输入 0～＋10V/0～±100%（电位器）
4	FWD、CM	正转运行	F02	1	0：面板控制；1：外部端子（按钮）控制
5		最高输出频率 1	F03	50Hz	25.0～500.0Hz
6		加速时间 1	F07	2s	0.00～6000s
7		减速时间 1	F08	2s	
8		启动频率	F23	0.5Hz	0.0～60.0Hz
9		停止频率	F25	0.2Hz	0.0～60.0Hz
10	X1、CM	X1 端子功能	E01	0	0（1000）：多段频率选择（0～1 级）（SS1）
11	X2、CM	X2 端子功能	E02	1	1（1001）：多段频率选择（0～3 级）（SS2）
12	X3、CM	X3 端子功能	E03	2	2（1002）：多段频率选择（0～7 级）（SS4）
13		多频率设定 1	C05	10Hz	
14		多频率设定 2	C06	15Hz	
15		多频率设定 3	C07	20Hz	
16		多频率设定 4	C08	25Hz	0.00～500.00Hz
17		多频率设定 5	C09	30Hz	
18		多频率设定 6	C10	35Hz	
19		多频率设定 7	C11	40Hz	
20	30A、30B、30C	30Ry 总警报输出	E27	99	98：轻微故障；99：整体警报

五、动作详解

闭合总电源 QF1、PLC 电源 QF2 及变频器输入接触器控制电源 QF3，输入 PLC 程序。

（一）变频器的上电

按下变频器上电按钮 SB1，梯形图中回路 1→2 间的 X1 闭合，回路经 1→2→3→0 号线闭合，输出继电器 Y0 得电，PLC 外接触点 Y0 与 COM1 触点接通，主交流接触器 KM 线圈得电，主触头吸合，变频器上电。同时，梯形图中回路 1→2 间的 Y0 触点闭合自锁，保证 KM 连续运行。

（二）设置变频器参数

变频器上电后，根据参数表设置变频器参数。

（三）用 PLC 控制变频器运行输出

按下变频器运行输出按钮 SB3，梯形图中回路 1→4 间的 X3 闭合，回路经 1→4→5→0

变频器典型应用电路100例 第二版

号线闭合，输出继电器 Y4 得电，PLC 外接触点 Y4 与 COM2 触点接通，变频器外接端子 FWD 与 CM 间闭合，变频器从启动频率 F23＝0.5Hz，按加速时间 1、F07＝2s 加速至外置电位器给定的频率设定值，变频器控制面板运行指示灯亮，显示信息为 RUN，电动机正转运行输出。同时梯形图中回路 1→4 间的 Y4 触点闭合自锁，电动机连续运行输出。同时梯形图中回路 2→3 间 Y4 触点闭合，实现 X2 自锁（防止误操作按下变频器断电按钮 SB2，变频器失电）。同时梯形图中回路 7→8、9→10、11→12 间 Y4 触点闭合，实现自保持。

（四）7 段速运行

(1) 按下频率 1 按钮 SB5，梯形图中回路 1→6 间的 X5 触点瞬时闭合，回路经 1→6→0 号线闭合，输出继电器 Y5、Y6、Y7 复位。同时，梯形图中回路 1→7 间的 X5 触点闭合，回路经 1→7→8→0 号线闭合，输出继电器 Y5 得电，PLC 外接触点 Y5 与 COM2 触点接通，变频器外接端子 X1 与 CM 间闭合，电动机按频率 1 运行。同时，梯形图中回路 1→7 间的 Y5 触点闭合自锁，电动机连续运行输出。

(2) 按下频率 2 按钮 SB6，梯形图中回路 1→6 间的 X6 触点瞬时闭合，回路经 1→6→0 号线闭合，输出继电器 Y5、Y6、Y7 复位。同时，梯形图中回路 1→9 间的 X6 触点闭合，回路经 1→9→10→0 号线闭合，输出继电器 Y6 得电，PLC 外接触点 Y6 与 COM2 触点接通，变频器外接端子 X2 与 CM 间闭合，电动机按频率 2 运行。同时，梯形图中回路 1→9 间的 Y6 触点闭合自锁，电动机连续运行输出。

(3) 按下频率 3 按钮 SB7，梯形图中回路 1→6 间的 X7 触点瞬时闭合，回路经 1→6→0 号线闭合，输出继电器 Y5、Y6、Y7 复位。同时，梯形图中回路 1→7 间的 X7 触点闭合，回路经 1→7→8→0 号线闭合，输出继电器 Y5 得电，PLC 外接触点 Y5 与 COM2 触点接通，变频器外接端子 X1 与 CM 间闭合。同时，梯形图中回路 1→9 间的 X7 触点闭合，回路经 1→9→10→0 号线闭合，输出继电器 Y6 得电，PLC 外接触点 Y6 与 COM2 触点接通，变频器外接端子 X2 与 CM 间闭合，电动机按频率 3 运行。同时，梯形图中回路 1→7、1→9 间的 Y5、Y6 触点闭合自锁，电动机连续运行输出。

(4) 按下频率 4 按钮 SB8，梯形图中回路 1→6 间的 X10 触点瞬时闭合，回路经 1→6→0 号线闭合，输出继电器 Y5、Y6、Y7 复位。同时，梯形图中回路 1→11 间的 X10 触点闭合，回路经 1→11→12→0 号线闭合，输出继电器 Y7 得电，PLC 外接触点 Y7 与 COM2 触点接通，变频器外接端子 X3 与 CM 间闭合，电动机按频率 4 运行。同时，梯形图中回路 1→11 间的 Y7 触点闭合自锁，电动机连续运行输出。

(5) 按下频率 5 按钮 SB9，梯形图中回路 1→6 间的 X11 触点瞬时闭合，回路经 1→6→0 号线闭合，输出继电器 Y5、Y6、Y7 复位。同时，梯形图中回路 1→7 间的 X11 触点闭合，回路经 1→7→8→0 号线闭合，输出继电器 Y5 得电，PLC 外接触点 Y5 与 COM2 触点接通，变频器外接端子 X1 与 CM 间闭合。同时，梯形图中回路 1→11 间的 X11 触点闭合，回路经 1→11→12→0 号线闭合，输出继电器 Y7 得电，PLC 外接触点 Y7 与 COM2 触点接通，变频器外接端子 X3 与 CM 间闭合，电动机按频率 5 运行。同时，梯形图中回路 1→7、1→11 间的 Y5、Y7 触点闭合自锁，电动机连续运行输出。

（6）按下频率 6 按钮 SB10，梯形图中回路 1→6 间的 X12 触点瞬时闭合，回路经 1→6→0 号线闭合，输出继电器 Y5、Y6、Y7 复位。同时，梯形图中回路 1→9 间的 X12 触点闭合，回路经 1→9→10→0 号线闭合，输出继电器 Y6 得电，PLC 外接触点 Y6 与 COM2 触点接通，变频器外接端子 X2 与 CM 间闭合。同时，回路 1→11 间的 X12 触点闭合，回路经 1→11→12→0 号线闭合，输出继电器 Y7 得电，PLC 外接触点 Y7 与 COM2 触点接通，变频器外接端子 X3 与 CM 间闭合，电动机按频率 6 运行。同时，梯形图中回路 1→9、1→11 间的 Y6、Y7 触点闭合自锁，电动机连续运行输出。

（7）按下频率 7 按钮 SB11，梯形图中回路 1→6 间的 X13 触点瞬时闭合，回路经 1→6→0 号线闭合，输出继电器 Y5、Y6、Y7 复位。同时，梯形图中回路 1→7 间的 X13 触点闭合，回路经 1→7→8→0 号线闭合，输出继电器 Y5 得电，PLC 外接触点 Y5 与 COM2 触点接通，变频器外接端子 X1 与 CM 间闭合。同时，梯形图中回路 1→9 间的 X13 触点闭合，回路经 1→9→10→0 号线闭合，输出继电器 Y6 得电，PLC 外接触点 Y6 与 COM2 触点接通，变频器外接端子 X2 与 CM 间闭合。同时，梯形图中回路 1→11 间的 X13 触点闭合，回路经 1→11→12→0 号线闭合，输出继电器 Y7 得电，PLC 外接触点 Y7 与 COM2 触点接通，变频器外接端子 X3 与 CM 间闭合，电动机按频率 7 运行。同时，梯形图中回路 1→7、1→9、1→11 间的 Y5、Y6、Y7 触点闭合自锁，电动机连续运行输出。

（五）用 PLC 控制变频停止输出

按下停止输出按钮 SB4，梯形图中回路 4→5 间的 X4 触点断开，输出继电器 Y4 失电，变频器外接端子 FWD 与 CM 间断开，变频器按照减速时间 1、F08＝2s 减速至停止频率 F25＝0.2Hz 后，电动机停止运行，变频器控制面板运行指示灯熄灭，显示信息为 STOP，运行频率显示为外置电位器给定的频率设定值。同时，梯形图中回路 7→8、9→10、11→12 间 Y4 触点断开，输出继电器 Y5、Y6、Y7 停止输出。同时，梯形图中回路 1→4 间的 Y4 触点断开。同时，梯形图中回路 2→3 间 Y4 触点断开，解除 X2 自锁。

（六）重新启动输出

如果要重新启动只需按下变频器运行输出按钮，即可重新启动变频器的正转输出。

（七）变频器停电

当变频器无输出时，按下变频器断电按钮 SB2，梯形图中回路 2→3 间的 X2 断开，输出继电器 Y0 失电，PLC 外接触点 Y0 与 COM1 触点断开，断开主交流接触器 KM，变频器失电，停止输出。同时，梯形图中回路 1→2 间的 Y0 触点断开，解除自锁。

六、保护原理

当变频器故障报警时，30A—30C 闭合，梯形图中回路 1→13 间的 X14 触点闭合，回路经 1→13→0 号线闭合，输出继电器 Y0、Y4 复位，输出继电器 Y0 失电，PLC 外接触点 Y0 与 COM1 触点断开，断开主交流接触器 KM，变频器失电，停止输出。

实例68 变频器电源经断路器输入，由 PLC 控制的两台电动机顺序启动控制电路

电路简介　该电路由 PLC 控制两台变频器，经断路器输入控制两台变频器的上电、变频器的运行。程序通过 PLC 的程序步完成顺序启动逆顺停止，实现两台电动机顺序启动功能。

一、原理图

变频器电源经断路器输入，由 PLC 控制的两台电动机顺序启动控制电路原理图如图 68-1 所示。

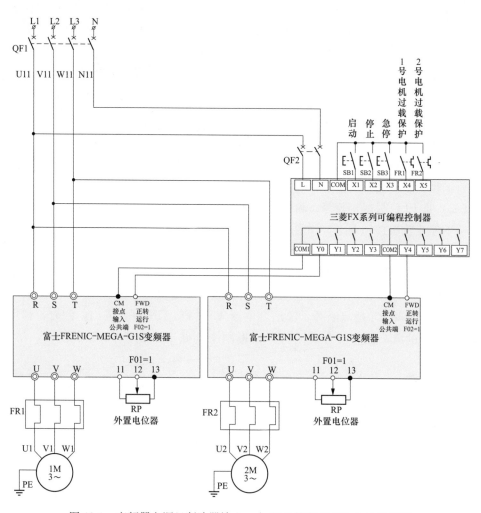

图 68-1　变频器电源经断路器输入，由 PLC 控制的两台电动机顺序
启动控制电路原理图

二、可编程控制器 I/O 分配数据记录表

可编程控制器 I/O 分配数据记录见表 68-1。

表 68-1   可编程控制器 I/O 分配数据记录表

输入			输出		
名称	代号	输入点	名称	代号	输出点
启动按钮	SB1	X1	第一台变频器正转运行指令开关	FWD	Y0
停电按钮	SB2	X2	第二台变频器正转运行指令开关	FWD	Y4
急停按钮	SB3	X3			
1号电动机过载保护	FR1	X4			
2号电动机过载保护	FR2	X5			

三、PLC 梯形图

变频器电源经断路器输入，由 PLC 控制的两台电动机顺序启动控制电路梯形图如图 68-2 所示。

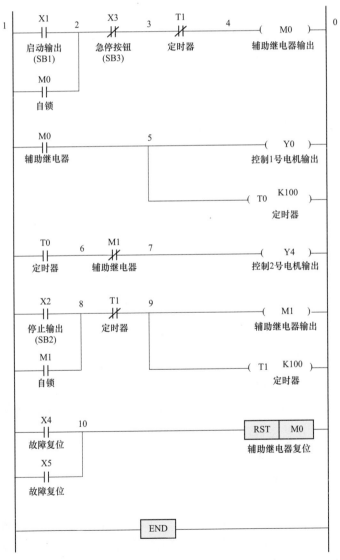

图 68-2 变频器电源经断路器输入，由 PLC 控制的两台电动机顺序启动控制电路梯形图

四、图中应用的变频器主要参数表

相关端子及参数功能含义见表 68-2。

表 68-2   相关端子及参数功能含义

序号	端子名称	功能名称	功能代码	设定数据	设定值含义
1		数据保护	F00	0	无数据保护，无数字设定保护
2		数据初始化	H03	1	初始值（出厂时的设定值）
3	11、12、13	频率设定1	F01	1	频率设定由电压输入 0～＋10V/0～±100%（电位器）
4	FWD、CM	正转运行	F02	1	0：面板控制；1：外部端子（按钮）控制
5		最高输出频率1	F03	50Hz	25.0～500.0Hz
6		加速时间1	F07	2s	0.00～6000s
7		减速时间1	F08	2s	
8		启动频率	F23	0.5Hz	0.0～60.0Hz
9		停止频率	F25	0.2Hz	0.0～60.0Hz

五、动作详解

闭合总电源 QF1、PLC 电源 QF2，输入 PLC 程序。

（一）设置变频器参数

变频器上电后，根据参数表设置变频器参数。

（二）两台变频器顺序启动

按下启动按钮 SB1，梯形图中回路 1→2 间的 X1 触点闭合，回路经 1→2→3→4→0 号线闭合，辅助继电器 M0 得电，梯形图中回路 1→2 间的 M0 触点闭合自锁；同时，梯形图中回路 1→5 间的 M0 触点闭合，回路经 1→5→0 号线闭合，输出继电器 Y0 得电，PLC 外接触点 Y0 与 COM1 触点接通，第一台变频器外接端子 FWD 与 CM 间闭合，第一台变频器从启动频率 F23＝0.5Hz，按加速时间1、F07＝2s 加速至外置电位器给定的频率设定值，变频器控制面板运行指示灯亮，显示信息为 RUN，第一台电动机正转运行输出。同时定时器 T0 得电，开始计时 10s。

10s 后，梯形图中回路 1→6 间的 T0 触点闭合，回路经 1→6→7→0 号线闭合，输出继电器 Y4 得电，PLC 外接触点 Y4 与 COM2 触点接通，第二台变频器外接端子 FWD 与 CM 间闭合，第二台变频器从启动频率 F23＝0.5Hz，按加速时间1、F07＝2s 加速至外置电位器给定的频率设定值，变频器控制面板运行指示灯亮，显示信息为 RUN，第二台电动机正转运行输出。

（三）两台变频器逆序停止

按下停止输出按钮 SB2，梯形图中回路 1→8 间的 X2 闭合，回路经 1→8→9→0 号线闭合，辅助继电器 M1 得电，定时器 T1 得电，开始计时 10s；同时，梯形图中回路 1→8 间的 M1 触点闭合自锁；同时，梯形图中回路 6→7 间的 M1 触点断开，输出继电器 Y4 失电，第二台变频器外接端子 FWD 与 CM 间断开，第二台变频器按照减速时间1、F08＝2s 减速至停止频率 F25＝0.2Hz 后，第二台电动机停止运行，变频器控制面板

运行指示灯熄灭，显示信息为 STOP，运行频率显示为外置电位器给定的频率设定值。

10s 后，梯形图中回路 3→4 间定时器 T1 触点断开，辅助继电器 M0 失电，梯形图中回路 1→2 间的 M0 触点断开，解除自锁；同时，梯形图中回路 1→5 间的 M0 触点断开，输出继电器 Y0 失电，第一台变频器外接端子 FWD 与 CM 间断开，第一台变频器按照减速时间 1、F08＝2s 减速至停止频率 F25＝0.2Hz 后，第一台电动机停止运行，变频器控制面板运行指示灯熄灭，显示信息为 STOP，运行频率显示为外置电位器给定的频率设定值；同时，梯形图中回路 8→9 间定时器 T1 动断触点断开，定时器 T1 失电。

（四）重新启动输出

如果要重新启动只需按下启动按钮 SB1，即可两台变频器重新顺序启动。

（五）当两台电动机运行，出现故障需要急停时

按下急停按钮 SB3，梯形图中回路 2→3 间的 X3 触点断开，输出继电器 M0 失电，梯形图中回路 1→5 间的 M0 触点断开，输出继电器 Y0 失电，第一台变频器外接端子 FWD 与 CM 间断开，第一台变频器按照减速时间 1、F08＝2s 减速至停止频率 F25＝0.2Hz 后，第一台电动机停止运行，变频器控制面板运行指示灯熄灭，显示信息为 STOP，运行频率显示为外置电位器给定的频率设定值；同时，定时器 T0 失电，梯形图中回路 1→6 间的 T0 触点断开，输出继电器 Y4 失电，第二台变频器外接端子 FWD 与 CM 间断开，第二台变频器外接端子 FWD 与 CM 间断开，第二台变频器按照减速时间 1、F08＝2s 减速至停止频率 F25＝0.2Hz 后，第二台电动机停止运行，变频器控制面板运行指示灯熄灭，显示信息为 STOP，运行频率显示为外置电位器给定的频率设定值。

六、保护原理

当电动机 1 或电动机 2 发生故障，热继电器 FR1 或 FR2 触点闭合，梯形图中回路 1→10 间的 X4 或 X5 触点闭合，回路经 1→10→0 号线闭合，辅助继电器 M0 复位，输出继电器 Y0 失电、计时器 T0 失电，PLC 外接触点 Y0 与 COM1 触点断开，同时，梯形图中回路 1→6 间的 T0 触点断开输出继电器 Y4 失电，PLC 外接触点 Y4 与 COM2 触点断开，第一台、第二台变频器外接端子 FWD 与 CM 间同时断开，两台电动机停止运行。

实例69 变频器电源经接触器输入，由 PLC 控制的电动机程序运行电路

电路简介 该电路由 PLC 控制变频器，程序采用顺序启动逆顺停止的方法控制变频器的上电、变频器的运行通过 PLC 的程序步内部时控器完成多段频率运行输出，实现电动机自动程序运行功能。

一、原理图

变频器电源经接触器输入，由 PLC 控制的电动机程序运行电路原理图如图 69-1 所示。

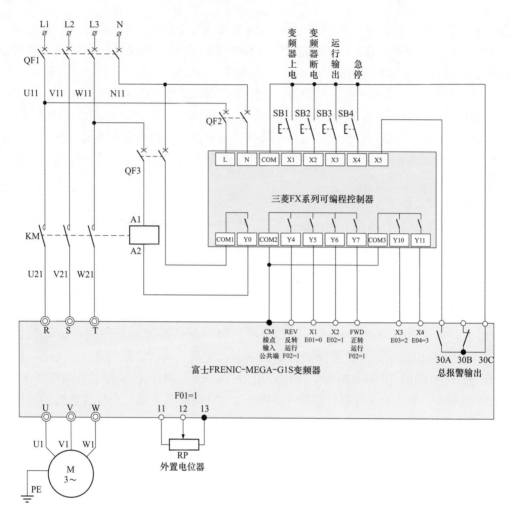

图 69-1　变频器电源经接触器输入，由 PLC 控制的电动机程序运行电路原理图

二、可编程控制器 I/O 分配数据记录

可编程控制器 I/O 分配数据记录见表 69-1。

表 69-1　　　　　　　　　可编程控制器 I/O 分配数据记录表

输入			输出		
名称	代号	输入点	名称	代号	输出点
变频器上电按钮	SB1	X1	主交流触器	KM	Y0
变频器断电按钮	SB2	X2	变频器反转运行指令开关	REV	Y4
运行输出按钮	SB3	X3	变频器正转运行指令开关	FWD	Y7
急停按钮	SB4	X4	变频器多段速输入开关 1	X1	Y5
变频器故障跳闸	30A、30C	X5	变频器多段速输入开关 2	X2	Y6
			变频器多段速输入开关 3	X3	Y10
			变频器多段速输入开关 4	X4	Y11

三、PLC 梯形图

变频器电源经接触器输入，由 PLC 控制的电动机程序运行电路梯形图如图 69-2 所示。

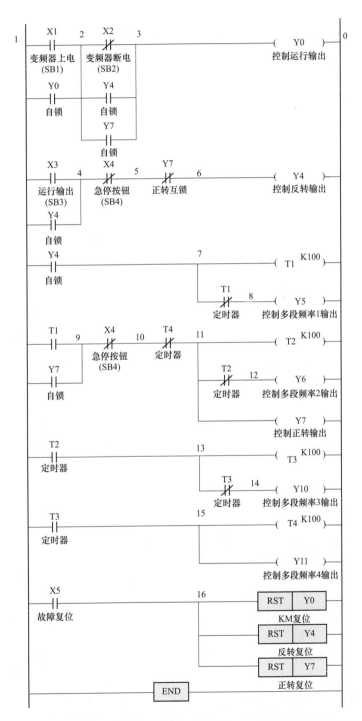

图 69-2 变频器电源经接触器输入，由 PLC 控制的电动机程序运行电路梯形图

四、图中应用的变频器主要参数

相关端子及参数功能含义见表69-2。

表 69-2　　　　　　　　　　　相关端子及参数功能含义

序号	端子名称	功能名称	功能代码	设定数据	设定值含义
1		数据保护	F00	0	无数据保护，无数字设定保护
2		数据初始化	H03	1	初始值（出厂时的设定值）
3	11、12、13	频率设定1	F01	1	1频率设定由电压输入 0～＋10V/0～±100%（电位器）
4	FWD、CM	正转运行	F02	1	0：面板控制；1：外部端子（按钮）控制
5	REV、CM	反转运行	F02	1	0：面板控制；1：外部端子（按钮）控制
6		最高输出频率1	F03	50Hz	25.0～500.0Hz
7		加速时间1	F07	2s	0.00～6000s
8		减速时间1	F08	2s	
9		启动频率	F23	0.5Hz	0.0～60.0Hz
10		停止频率	F25	0.2Hz	0.0～60.0Hz
11	X1、CM	X1端子功能	E01	0	0（1000）：多段频率选择（0～1级）SS1
12	X2、CM	X2端子功能	E02	1	1（1001）：多段频率选择（0～3级）SS2
13	X3、CM	X3端子功能	E03	2	2（1002）：多段频率选择（0～7级）SS4
14	X4、CM	X4端子功能	E04	3	3（1002）：多段频率选择（0～7级）SS8
15		多频率设定1	C05	10Hz	0.00～500.00Hz
16		多频率设定2	C06	15Hz	
17		多频率设定3	C08	20Hz	
18		多频率设定4	C12	30Hz	
19	30A、30B、30C	30Ry总警报输出	E27	99	98：轻微故障　99：整体警报

五、动作详解

闭合总电源 QF1、PLC 电源 QF2 及变频器输入接触器控制电源 QF3，输入 PLC 程序。

（一）变频器的上电

按下变频器上电按钮 SB1，梯形图中回路 1→2 间的 X1 触点闭合，回路经 1→2→3→0 号线闭合，输出继电器 Y0 得电，PLC 外接触点 Y0 与 COM1 触点接通，主交流接触器 KM 线圈得电，主触头吸合，变频器上电。同时，梯形图中回路 1→2 间的 Y0 触点闭合自锁，保证 KM 连续运行。

（二）设置变频器参数

变频器上电后，根据参数表设置变频器参数，程序运行如图 69-3 所示。

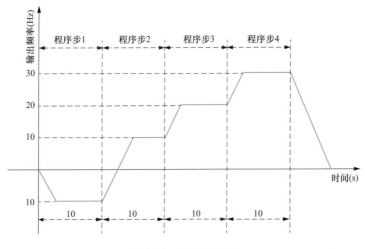

图 69-3　程序运行图

（三）变频器程序运行输出

程序运行如图 73-3，按下变频器运行输出按钮 SB3，梯形图中回路 1→4 间的 X3 触点闭合，回路经 1→4→5→6→0 号线闭合，输出继电器 Y4 得电，PLC 外接触点 Y4 与 COM2 触点接通，变频器外接端子 REV 与 CM 间闭合，变频器反转输出；同时，梯形图中回路 1→4 间的 Y4 触点闭合自锁。同时，梯形图中回路 2→3 间 Y4 触点闭合，实现 X2 自锁（防止误操作按下变频器断电按钮 SB2，变频器失电）。

同时，梯形图中回路 1→7 间的 Y4 触点闭合，回路经 1→7→0 号线闭合，定时器 T1 得电，开始计时 10s；回路经 1→7→8→0 号线闭合，输出继电器 Y5 得电，PLC 外接触点 Y5 与 COM2 触点接通，变频器外接端子 X1 与 CM 间闭合，电动机按频率 1 运行。

10s 后，梯形图中回路 7→8 间的定时器 T1 触点断开，输出继电器 Y5 失电，变频器外接端子 X1 与 CM 间断开，电动机停止；同时，梯形图中回路 1→9 间的定时器 T1 触点闭合，回路经 1→9→10→11→0 号线闭合，定时器 T2 得电，开始计时 10s；同时，回路经 1→9→10→11→0 号线闭合，输出继电器 Y7 得电，PLC 外接触点 Y7 与 COM2 触点接通，变频器外接端子 FWD 与 CM 间闭合，变频器正转输出；同时，梯形图中回路 5→6 间的 Y7 触点断开，实现互锁，输出继电器 Y4 失电，变频器外接端子 REV 与 CM 间断开，变频器停止反转输出。

同时，回路经 1→9→10→11→12→0 号线闭合，输出继电器 Y6 得电，PLC 外接触点 Y6 与 COM2 触点接通，变频器外接端子 X2 与 CM 间闭合，电动机按频率 2 运行；同时，梯形图中回路 1→9 间的 Y7 触点闭合自锁。同时，梯形图中回路 2→3 间 Y7 触点闭合，实现 X2 自锁（防止误操作按下变频器断电按钮 SB2，变频器失电）。

10s 后，梯形图中回路 11→12 间的定时器 T2 触点断开，输出继电器 Y6 失电，变频器外接端子 X2 与 CM 间断开，电动机停止；同时，梯形图中回路 1→13 间的定时器 T2 触点闭合，回路经 1→13→0 号线闭合，定时器 T3 得电，开始计时 10s；同时，回路经 1→13→14→0 号线闭合，输出继电器 Y10 得电，PLC 外接触点 Y10 与 COM2 触点接通，变频器外接端子 X3 与 CM 间闭合，电动机按频率 3 运行。

10s 后，梯形图中回路 13→14 间的定时器 T3 触点断开，输出继电器 Y10 失电，变频器外接端子 X3 与 CM 间断开，电动机停止；同时，梯形图中回路 1→15 定时器 T3 触点闭合，回路经 1→15→0 号线闭合，输出继电器 Y11 得电，PLC 外接触点 Y11 与 COM2 触点接通，变频器外接端子 X4 与 CM 间闭合，电动机按频率 4 运行。同时，定时器 T4 得电，开始计时 10s。

10s 后，梯形图中回路 10→11 间的定时器 T4 动断触点断开，输出继电器 Y7 失电，变频器外接端子 FWD 与 CM 间断开，变频器按照减速时间 1、F08＝2s 减速至停止频率 F25＝0.2Hz 后，电动机停止运行，变频器控制面板运行指示灯熄灭，显示信息为 STOP，运行频率显示为外置电位器给定的频率设定值。

同时，定时器 T2 失电，梯形图中回路 1→13 间的定时器 T2 触点断开，定时器 T3 失电，梯形图中回路 1→15 间的定时器 T3 触点断开，输出继电器 Y11 与定时器 T4 失电；同时，梯形图中回路 1→9 间的 Y7 触点断开。同时，梯形图中回路 2→3 间 Y7 触点断开，解除 X2 自锁。

（四）当程序运行，出现故障需要急停时

如程序运行在程序步 1 时，按下急停按钮 SB4，梯形图中回路 4→5 间的 X4 触点断开，输出继电器 Y4 失电，梯形图中回路 1→7 间的 Y4 触点断开，输出继电器 Y5 失电，变频器外接端子 REV 与 CM 间断开，变频器按照减速时间 1、F08＝2s 减速至停止频率 F25＝0.2Hz 后，电动机停止运行，变频器控制面板运行指示灯熄灭，显示信息为 STOP；同时，梯形图中回路 2→3 间 Y4 触点断开，解除 X2 自锁。

如程序运行在程序步 2、3、4 时，按下急停按钮 SB4，梯形图中回路 9→10 间的 X4 触点断开，输出继电器 Y7 失电，变频器外接端子 FWD 与 CM 间断开，变频器按照减速时间 1、F08＝2s 减速至停止频率 F25＝0.2Hz 后，电动机停止运行，变频器控制面板运行指示灯熄灭，显示信息为 STOP，运行频率显示为外置电位器给定的频率设定值。同时，定时器 T2 失电，梯形图中回路 1→13 间的定时器 T2 触点断开，定时器 T3 失电，梯形图中回路 1→15 间的定时器 T3 触点断开，输出继电器 Y11 与定时器 T4 失电；同时，梯形图中回路 1→9 间的 Y7 触点断开。同时，梯形图中回路 2→3 间 Y7 触点断开，解除 X2 自锁。

（五）重新启动输出

如果要重新启动只需按下变频器运行输出按钮 SB3，即可重新启动变频器的程序运行输出。

（六）变频器停电

当变频器无输出时，按下变频器断电按钮 SB2，梯形图中回路 2→3 间的 X2 触点断开，输出继电器 Y0 失电，PLC 外接触点 Y0 与 COM1 触点断开，断开主交流接触器 KM，变频器失电，停止输出。同时，梯形图中回路 1→2 间的 Y0 触点断开，解除自锁。

六、保护原理

当变频器故障报警时，30A—30C 闭合，梯形图中回路 1→16 间的 X5 触点闭合，回路经 1→16→0 号线闭合，输出继电器 Y0、Y4、Y7 复位，输出继电器 Y0 失电，PLC 外接触点 Y0 与 COM1 触点断开，断开主交流接触器 KM，变频器失电，停止输出。

实例 70 变频器电源经断路器输入，由 PLC 控制的两台电动机同时启动停止、单独启动停止控制电路

电路简介 该电路由 PLC 控制两台变频器，经断路器输入控制两台变频器的上电、变频器的运行。通过 PLC 的程序步实现两台电动机同时启动停止、单独启动停止控制功能。

一、原理图

变频器电源经断路器输入，由 PLC 控制的两台电动机同时启动停止、单独启动停止控制电路原理图如图 70-1 所示。

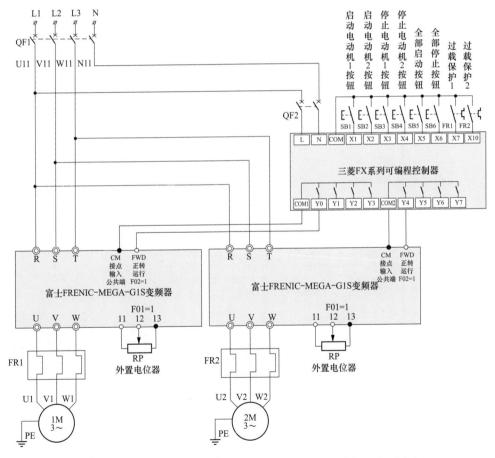

图 70-1 变频器电源经断路器输入，由 PLC 控制的两台电动机同时
启动停止、单独启动停止控制电路原理图

二、可编程控制器 I/O 分配数据记录

可编程控制器 I/O 分配数据记录见表 70-1。

表 70-1   可编程控制器 I/O 分配数据记录表

输入			输出		
名称	代号	输入点	名称	代号	输出点
启动电动机 1 按钮	SB1	X1	第一台变频器正转运行指令开关	FWD	Y0
启动电动机 2 按钮	SB2	X2	第二台变频器正转运行指令开关	FWD	Y4
停止电动机 1 按钮	SB3	X3			
停止电动机 2 按钮	SB4	X4			
全部启动按钮	SB4	X5			
全部停止按钮	SB5	X6			
外部报警 1	FR1	X7			
外部报警 2	FR2	X10			

三、PLC 梯形图

变频器电源经断路器输入，由 PLC 控制的两台电动机同时启动停止、单独启动停止控制电路梯形图如图 70-2 所示。

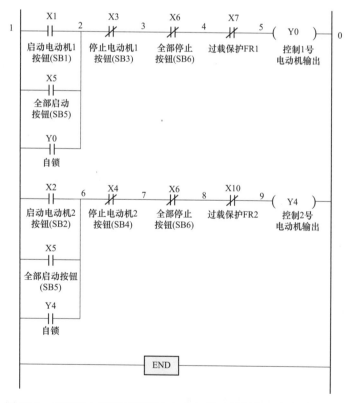

图 70-2　变频器电源经断路器输入，由 PLC 控制的两台电动机同时
启动停止、单独启动停止控制电路梯形图

四、图中应用的变频器主要参数

相关端子及参数功能含义见表 70-2。

表 70-2   相关端子及参数功能含义

序号	端子名称	功能名称	功能代码	设定数据	设定值含义
1		数据保护	F00	0	无数据保护，无数字设定保护
2		数据初始化	H03	1	初始值（出厂时的设定值）
3	11、12、13	频率设定 1	F01	1	1：频率设定由电压输入 0～＋10V/0～±100％（电位器）
4	FWD、CM	正转运行	F02	1	0：面板控制；1：外部端子（按钮）控制
5		最高输出频率 1	F03	50Hz	25.0～500.0Hz
6		加速时间 1	F07	2s	0.00～6000s
7		减速时间 1	F08	2s	
8		启动频率	F23	0.5Hz	0.0～60.0Hz
9		停止频率	F25	0.2Hz	0.0～60.0Hz

五、动作详解

闭合总电源 QF1、PLC 电源 QF2，输入 PLC 程序。

（一）设置变频器参数

变频器上电后，根据参数表设置变频器参数。

（二）两台变频器分别控制两台电动机单独启动停止

第一台电动机启动、停止：按下启动 1 按钮 SB1，梯形图中回路 1→2 间的 X1 触点闭合，回路经 1→2→3→4→5→0 号线闭合，输出继电器 Y0 得电，PLC 外接触点 Y0 与 COM1 触点接通，第一台变频器外接端子 FWD 与 CM 间闭合，第一台变频器从启动频率 F23＝0.5Hz，按加速时间 1、F07＝2s 加速至外置电位器给定的频率设定值，变频器控制面板运行指示灯亮，显示信息为 RUN，第一台电动机正转运行输出，梯形图中回路 1→2 间的 Y0 触点闭合自锁；按下停止 1 按钮 SB3，梯形图中回路 2→3 间的 X3 触点断开，输出继电器 Y0 失电，PLC 外接触点 Y0 与 COM1 触点断开，第一台变频器外接端子 FWD 与 CM 间断开，第一台变频器按照减速时间 1、F08＝2s 减速至停止频率 F25＝0.2Hz 后，第一台电动机停止运行，变频器控制面板运行指示灯熄灭，显示信息为 STOP，运行频率显示为外置电位器给定的频率设定值；梯形图中回路 1→2 间的 Y0 触点断开，解除自锁。

第二台电动机启动、停止：按下启动 2 按钮 SB2，梯形图中回路 1→6 间的 X2 触点闭合，回路经 1→6→7→8→9→0 号线闭合，输出继电器 Y4 得电，PLC 外接触点 Y4 与 COM2 触点接通，第二台变频器外接端子 FWD 与 CM 间闭合，第二台变频器从启动频率 F23＝0.5Hz，按加速时间 1、F07＝2s 加速至外置电位器给定的频率设定值，变频器控制面板运行指示灯亮，显示信息为 RUN，第二台电动机正转运行输出，梯形图中回路 1→6 间的 Y4 触点闭合自锁；按下停止 2 按钮 SB4，梯形图中回路 6→7 间的 X4 触点断开，输出继电器 Y4 失电，PLC 外接触点 Y4 与 COM2 触点断开，第二台变频器外接端子 FWD 与 CM 间断开，第二台变频器按照减速时间 1、F08＝2s 减速至停止频率 F25＝0.2Hz 后，第二台电动机停止运行，变频器控制面板运行指示灯熄灭，显示信息为 STOP，运行频率显示为外置电位器给定的频率设定值；梯形图中回路 1→6 间的 Y4 触点断开，解除自锁。

（三）两台变频器分别控制两台电动机同时启动停止

按下全部启动按钮 SB5，梯形图中回路 1→2 间的 X5 触点闭合，回路经 1→2→3→4→5→0 号线闭合，输出继电器 Y0 得电，PLC 外接触点 Y0 与 COM1 触点接通，第一台变频器外接端子 FWD 与 CM 间闭合，第一台变频器从启动频率 F23＝0.5Hz，按加速时间 1、F07＝2s 加速至外置电位器给定的频率设定值，变频器控制面板运行指示灯亮，显示信息为 RUN，第一台电动机正转运行输出，梯形图中回路 1→2 间的 Y0 触点闭合自锁；同时，梯形图中回路 1→6 间的 X5 触点闭合，回路经 1→6→7→8→9→0 号线闭合，输出继电器 Y4 得电，PLC 外接触点 Y4 与 COM2 触点接通，第二台变频器外接端子 FWD 与 CM 间闭合，第二台变频器从启动频率 F23＝0.5Hz，按加速时间 1、F07＝2s 加速至外置电位器给定的频率设定值，变频器控制面板运行指示灯亮，显示信息为 RUN，第二台电动机正转运行输出，梯形图中回路 1→6 间的 Y4 触点闭合自锁。

按下全部停止按钮 SB6，梯形图中回路 3→4 间的 X6 触点断开，输出继电器 Y0 失电，PLC 外接触点 Y0 与 COM1 触点断开，第一台变频器外接端子 FWD 与 CM 间断开，第一台变频器按照减速时间 1、F08＝2s 减速至停止频率 F25＝0.2Hz 后，第一台电动机停止运行，变频器控制面板运行指示灯熄灭，显示信息为 STOP，运行频率显示为外置电位器给定的频率设定值；梯形图中回路 1→2 间的 Y0 触点断开，解除自锁；同时，梯形图中回路 7→8 间的 X6 触点断开，输出继电器 Y4 失电，PLC 外接触点 Y4 与 COM2 触点断开，第二台变频器外接端子 FWD 与 CM 间断开，第二台变频器按照减速时间 1、F08＝2s 减速至停止频率 F25＝0.2Hz 后，第二台电动机停止运行，变频器控制面板运行指示灯熄灭，显示信息为 STOP，运行频率显示为外置电位器给定的频率设定值；梯形图中回路 1→6 间的 Y4 触点断开，解除自锁。

六、保护原理

（一）当电动机 1 故障

热继电器 FR1 触点闭合，梯形图中回路 4→5 间 X7 触点断开，输出继电器 Y0 失电，PLC 外接触点 Y0 与 COM1 触点断开，第一台变频器外接端子 FWD 与 CM 间断开，第一台变频器按照减速时间 1、F08＝2s 减速至停止频率 F25＝0.2Hz 后，第一台电动机停止运行，变频器控制面板运行指示灯熄灭，显示信息为 STOP，运行频率显示为外置电位器给定的频率设定值；梯形图中回路 1→2 间的 Y0 触点断开，解除自锁。

（二）当电动机 2 故障

热继电器 FR2 触点闭合，梯形图中回路 8→9 间的 X10 触点断开，输出继电器 Y4 失电，PLC 外接触点 Y4 与 COM2 触点断开，第二台变频器外接端子 FWD 与 CM 间断开，第二台变频器按照减速时间1、F08＝2s减速至停止频率F25＝0.2Hz后，第二台电动机停止运行，变频器控制面板运行指示灯熄灭，显示信息为STOP，运行频率显示为外置电位器给定的频率设定值；梯形图中回路1→6间的Y4触点断开，解除自锁。

实例71 **变频器电源经断路器输入，由 PLC 两地控制的电动机正反转电路**

电路简介 该电路由 PLC 控制变频器，经断路器输入控制两台变频器的上电、变频器的运行。程序通过 PLC 的程序步完成两地控制，实现电动机两地控制正反转功能。

一、原理图

变频器电源经断路器输入，由 PLC 两地控制的电动机正反转电路原理图如图 71-1 所示。

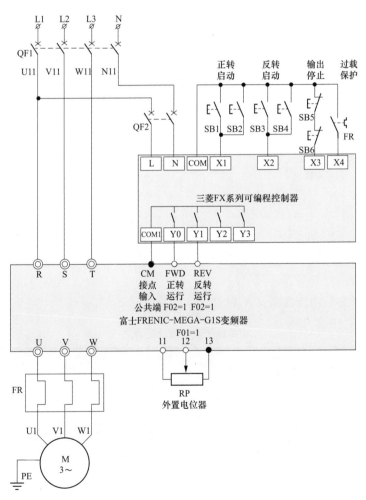

图 71-1 变频器电源经断路器输入，由 PLC 两地控制的电动机正反转电路原理图

二、可编程控制器 I/O 分配数据记录

可编程控制器 I/O 分配数据记录见表 71-1。

表 71-1   I/O 分配数据记录表

输入			输出		
名称	代号	输入点	名称	代号	输出点
正转启动按钮	SB1、SB2	X1	变频器正转运行指令开关	FWD	Y0
反转启动按钮	SB3、SB4	X2	变频器反转运行指令开关	REV	Y1
输出停止按钮	SB5、SB6	X3			
过载保护	FR	X4			

三、PLC 梯形图

变频器电源经断路器输入，由 PLC 两地控制的电动机正反转电路梯形图 71-2 所示。

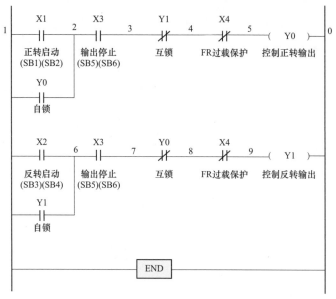

图 71-2 变频器电源经断路器输入，由 PLC 两地控制的电动机正反转电路梯形图

四、图中应用的变频器主要参数

相关端子及参数功能含义见表 71-2。

表 71-2   相关端子及参数功能含义

序号	端子名称	功能名称	功能代码	设定数据	设定值含义
1		数据保护	F00	0	无数据保护，无数字设定保护
2		数据初始化	H03	1	初始值（出厂时的设定值）
3	11、12、13	频率设定 1	F01	1	1：频率设定由电压输入 0～＋10V/0～±100%（电位器）
4	FWD、CM	正转运行	F02	1	0：面板控制；1：外部端子（按钮）控制
5	REV、CM	反转运行	F02	1	0：面板控制；1：外部端子（按钮）控制
6		最高输出频率 1	F03	50Hz	25.0～500.0Hz
7		加速时间 1	F07	2s	0.00～6000s
8		减速时间 1	F08	2s	
9		启动频率	F23	0.5Hz	0.0～60.0Hz
10		停止频率	F25	0.2Hz	0.0～60.0Hz

五、动作详解

闭合总电源 QF1、PLC 电源 QF2，输入 PLC 程序。

（一）设置变频器参数

变频器上电后，根据参数表设置变频器参数。

（二）用 PLC 控制变频调速电动机两地可逆控制

（1）正转启动时，按下正转启动按钮 SB1 或 SB2，梯形图中回路 1→2 间的 X1 触点闭合，回路经 1→2→3→4→5→0 号线闭合，输出继电器 Y0 得电，PLC 外接触点 Y0 与 COM1 触点接通，变频器外接端子 FWD 与 CM 间闭合，变频器从启动频率 F23＝0.5Hz，按加速时间 1、F07＝2s 加速至外置电位器给定的频率设定值，变频器控制面板运行指示灯亮，显示信息为 RUN，电动机正转运行输出，梯形图中回路 1→2 间的 Y0 触点闭合自锁。

（2）反转启动时，由于梯形图中回路 7→8 间的 Y0 触点断开，按下反转启动按钮 SB3 或 SB4 无效，所以，应先按下停止输出按钮 SB5 或 SB6，梯形图中回路 2→3 间的 X3 触点断开，输出继电器 Y0 失电，PLC 外接触点 Y0 与 COM1 触点断开，变频器外接端子 FWD 与 CM 间断开，变频器按照减速时间 1、F08＝2s 减速至停止频率 F25＝0.2Hz 后，电动机停止运行，变频器控制面板运行指示灯熄灭，显示信息为 STOP，运行频率显示为外置电位器给定的频率设定值；梯形图中回路 1→2 间的 Y0 触点断开，解除自锁。再按下反转启动按钮 SB3 或 SB4，梯形图中回路 1→6 间的 X2 触点闭合，回路经 1→6→7→8→9→0 号线闭合，输出继电器 Y1 得电，PLC 外接触点 Y1 与 COM1 触点接通，变频器外接端子 REV 与 CM 间闭合，变频器从启动频率 F23＝0.5Hz，按加速时间 1、F07＝2s 加速至外置电位器给定的频率设定值，变频器控制面板运行指示灯亮，显示信息为 RUN，电动机反转运行输出，梯形图中回路 1→2 间的 Y0 触点闭合自锁。同时，梯形图中回路 3→4 间的 Y1 动断触点断开，实现互锁。

六、保护原理

（一）电动机正转运行时

过载保护动作，热继电器 FR 触点闭合，梯形图中回路 4→5 间 X4 触点断开，输出继电器 Y0 失电，PLC 外接触点 Y0 与 COM1 触点断开，变频器外接端子 FWD 与 CM 间断开，变频器按照减速时间 1、F08＝2s 减速至停止频率 F25＝0.2Hz 后，电动机停止运行，变频器控制面板运行指示灯熄灭，显示信息为 STOP，运行频率显示为外置电位器给定的频率设定值；梯形图中回路 1→2 间的 Y0 触点断开，解除自锁。

（二）电动机反转运行时

过载保护动作，热继电器 FR 触点闭合，梯形图中回路 8→9 间 X4 触点断开，输出继电器 Y1 失电，PLC 外接触点 Y1 与 COM1 触点断开，变频器外接端子 REV 与 CM 间断开，变频器按照减速时间 1、F08＝2s 减速至停止频率 F25＝0.2Hz 后，电动机停止运行，变频器控制面板运行指示灯熄灭，显示信息为 [STOP]，运行频率显示为外置电位器给定的频率设定值；梯形图中回路 1→6 间的 Y1 触点断开，解除自锁。

实例 72 变频器电源经接触器输入，由 PLC 控制的电动机工频、变频调速电路

电路简介 该电路由 PLC 控制变频器，程序采用顺序启动逆顺停止的方法控制变频器的上电、变频器的运行。通过 PLC 的程序步完成工频运行、变频运行、故障报警及复位等功能，实现电动机工频、变频调速功能。

一、原理图

变频器电源经接触器输入，由 PLC 控制的电动机工频、变频调速电路原理图如图 72-1 所示。

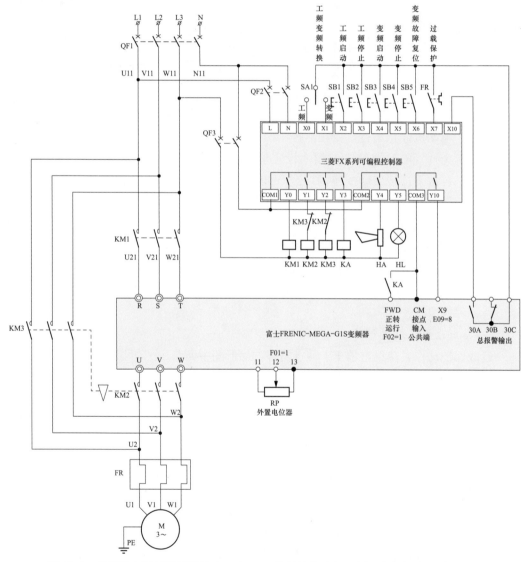

图 72-1 变频器电源经接触器输入，由 PLC 控制的电动机工频、变频调速电路原理图

二、可编程控制器 I/O 分配数据记录

可编程控制器 I/O 分配数据记录见表 72-1。

表 72-1   可编程控制器 I/O 分配数据记录表

输入			输出		
名称	代号	输入点	名称	代号	输出点
工频运行	SA1	X0	变频电源流触器	KM1	Y0
变频运行	SA1	X1	变频输出接触器	KM2	Y1
工频启动	SB1	X2	工频输出接触器	KM3	Y2
工频停止	SB2	X3	变频升速继电器	KA	Y3
变频启动	SB3	X4	蜂鸣器	HA	Y4
变频停止	SB4	X5	指示灯	HL	Y5
故障复位	SB5	X6	复位输入	RST	Y10
过载保护	FR	X7			
变频器故障跳闸	30A-30C	X10			

三、PLC 梯形图

变频器电源经接触器输入，由 PLC 控制的电动机工频、变频调速电路梯形图如图 72-2 所示。

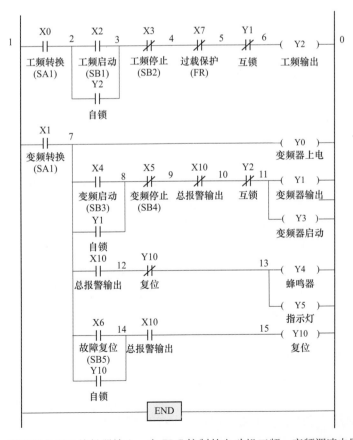

图 72-2   变频器电源经接触器输入，由 PLC 控制的电动机工频、变频调速电路梯形图

四、图中应用的变频器主要参数

相关端子及参数功能含义见表72-2。

表72-2   **相关端子及参数功能含义**

序号	端子名称	功能名称	功能代码	设定数据	设定值含义
1		数据保护	F00	0	无数据保护，无数字设定保护
2		数据初始化	H03	1	初始值（出厂时的设定值）
3	11、12、13	频率设定1	F01	1	1 频率设定由电压输入 0～＋10V/0～±100%（电位器）
4	FWD、CM	正转运行	F02	1	0：面板控制；1：外部端子（按钮）控制
5		最高输出频率1	F03	50Hz	25.0～500.0Hz
6		加速时间1	F07	2s	0.00～6000s
7		减速时间1	F08	2s	
8		启动频率	F23	0.5Hz	0.0～60.0Hz
9		停止频率	F25	0.2Hz	0.0～60.0Hz
10	X9、CM	故障复位	E09	8	警报（异常）复位
11	30A、30B、30C	30Ry 总警报输出	E27	99	98：轻微故障；99：整体警报

五、动作详解

闭合总电源 QF1、PLC 电源 QF2 及接触器控制电源 QF3，输入 PLC 程序。

（一）工频运行

选择开关 SA1 旋至"工频"位置，梯形图 1→0 间 X0 触点闭合，为工频运行做好准备。按工频启动按钮 SB1，梯形图中回路 2→3 间的 X2 触点闭合，回路经 1→2→3→4→5→6→0 号线闭合，输出继电器 Y2 得电，同时 2→3 间 Y2 触点闭合自锁，交流接触器 KM3 线圈得电主触点闭合，电动机工频运行。同时梯形图 10→11 间触点断开，实现工、变频互锁。

按工频停止按钮 SB2，梯形图中回路 3→4 间的 X3 触点断开，输出继电器 Y2 失电，交流接触器 KM3 线圈失电主触点断开，电动机停止运行。电动机过载，热继电器 FR 触点闭合，梯形图中 4→7 间的 X7 触点断开，输出继电器 Y2 失电，交流接触器 KM3 线圈失电主触点断开，电动机停止运行。

（二）变频上电和运行

选择开关 SA1 旋至"变频"位置，梯形图中 1→7 间 X1 触点闭合，输出继电器 Y0 得电，交流接触器 KM1 线圈得电主触点闭合，变频器上电设置参数。按变频启动按钮 SB3，梯形图中 7→8 间的 X4 触点闭合，回路经 1→7→8→9→10→11→0 号线闭合，输出继电器 Y1 得电，同时 7→8 间 Y1 触点闭合自锁，交流接触器 KM2 线圈得电主触点闭合为电动机变频运行做准备，同时输出继电器 Y3 得电，中间继电器 KA 线圈得电接通变频器的 FWD 和 CM 端子，电动机变频运行。同时梯形图 5→6 间触点断开，实现工、变频互锁。

按变频停止按钮 SB4，梯形图中回路 8→9 间的 X5 触点断开，输出继电器 Y1、Y3 同时失电，交流接触器 KM3 线圈失电主触点断开，中间继电器 KA 线圈失电断开变频器的 FWD 和 CM 端子，电动机停止运行。

六、保护原理

变频因故障而跳闸，变频器的"30A-30C"闭合，梯形图中 9→10 间的 X10 触点断开，输出继电器 Y1、Y3 同时失电，交流接触器 KM3 线圈失电主触点断开，中间继电器 KA 线圈失电断开变频器的 FWD 和 CM 端子，电动机停止运行。同时 7→12 间的 X10 触点闭合，输出继电器 Y4、Y5 得电接通外部蜂鸣器和指示灯声光报警。同时 14→15 间 X10 触点闭合，为变频器复位做准备。

声光报警查找到故障原因并处理后，按下故障复位按钮 SB5，梯形图中 7→14 间的 X6 触点闭合，输出继电器 Y10 线圈得电接通变频器 X9 端子和 CM 端子，变频器故障复位，同时 12→13 间的 Y10 触点断开，输出继电器 Y4、Y5 失电断开外部蜂鸣器和指示灯声光报警。同时变频器的"30A-30C"断开，梯形图中 14→15 间的 X10 触点断开，输出继电器 Y10 线圈失电断开变频器 X9 端子和 CM 端子。

第八章

供水专用变频器在恒压供水电路中的应用

供水专用变频器控制两台变频循环泵、带一台辅助泵的应用电路

电路简介 该电路应用森兰供水专用变频器继电器输出功能,自动完成对五个接触器的直接控制,以完成变频器根据 PID 压力反馈信号控制电动机的变频/工频运行,并且通过 PID 压力反馈信号控制变频器的运行频率及休眠以达到恒压运行的目的。

当管网压力低于给定压力时 1 号增压泵电动机变频启动运行,启动频率从下限频率上升到上限频率,管网压力还没达到压力设定值时,1 号增压泵电动机由变频转工频运行。2 号增压泵电动机变频启动运行,管网压力还达不到压力设定值,3 号增压泵电动机工频启动运行,使压力达到给定压力保持恒压。

当压力高于给定压力时,3 号增压泵电动机停止运行,2 号增压泵电动机变频运行、1 号增压泵电动机工频运行,如反馈压力还高于给定压力,1 号增压泵电动机停止工频运行,2 号增压泵电动机继续变频运行保持恒压,压力保持在恒压区域后,2 号增压泵电动机频率会逐渐降低直至休眠。

一、原理图

供水专用变频器控制两台变频循环泵、带一台辅助泵的应用电路原理图如图 73-1 所示。

二、图中应用的端子及主要参数

相关端子及参数功能含义见表 73-1。

三、动作详解

(一)闭合总电源及参数设置

闭合总电源断路器 QF1、变频器电源断路器 QF2,变频器上电。建议先将数据初始化,再根据参数表进行设置变频器参数。闭合 QF3~QF7,闭合控制回路断路器 QF8。

(二)给定压力

当反馈压力低于给定压力 0.4MPa 时(压力变送器量程为 0~1MPa),1T 继电器输出,1KM1 接触器线圈得电,主触头闭合,1 号泵电动机 M1 变频启动运行,从启动频率 F1-12 上升到设定的上限频率 F0-07=50Hz。

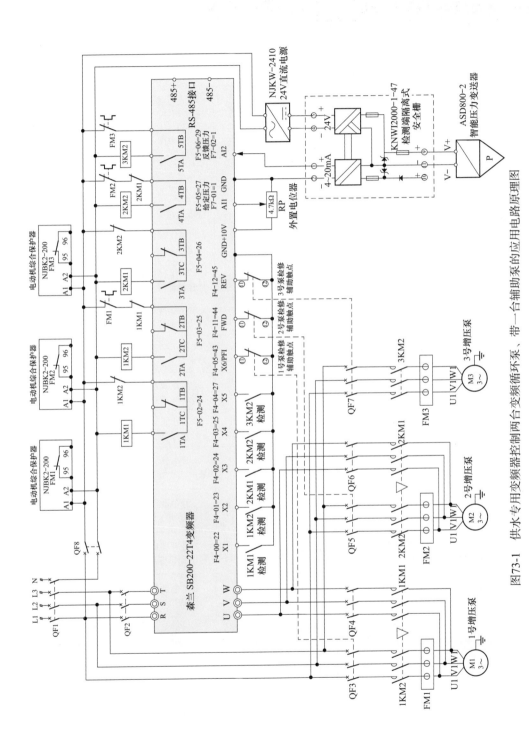

图73-1 供水专用变频器控制两台变频循环泵、带一台辅助泵的应用电路原理图

表 73-1   相关端子及参数功能含义

序号	端子名称	功能	功能代码	设定数据	设定值含义
1		数据保护	F0-10	0	全部参数允许被改写（只读参数除外）
2		数据初始化	F0-11	11	初始化
3		运行命令通道选择	F0-02	0	操作面板
4		上限频率	F0-07	50Hz	设定范围：F0-08"下限频率"～F0-06"最大频率"
5		下限频率	F0-08	20Hz	设定范围：0.000Hz～F0-07"上限频率"
6	X1：数字输入端子	端子 X1～REV 是可编程数字输入端子，F4-00～F4-12 分配各种功能	F4-00	22	1KM1 接触器检测，用于 1 号泵变频运行接触器检测
7	X2：数字输入端子		F4-01	23	1KM2 接触器检测，用于 1 号泵工频运行接触器检测
8	X3：数字输入端子		F4-02	24	2KM1 接触器检测，用于 2 号泵变频运行接触器检测
9	X4：数字输入端子		F4-03	25	2KM2 接触器检测，用于 2 号泵工频运行接触器检测
10	X5：数字输入端子		F4-04	27	3KM2 接触器检测，用于 3 号泵工频运行接触器检测
11	X6：数字输入端子		F4-05	43	1 号水泵禁止（检修指令）输入用于 1 号水泵禁止/电动机选择 1
12	FWD：数字输入端子		F4-11	44	2 号水泵禁止（检修指令）输入，用于 2 号水泵禁止/电动机选择 2
13	REV：数字输入端子		F4-12	45	3 号水泵禁止（检修指令）输入，用于 3 号水泵禁止/电动机选择 3
14	T1：数字输出端子	端子 T1～T5 是继电器输出端子，F5-02～F5-06 分配各种功能	F5-02	24	1 号电动机变频运行输出控制，用于 1 号电动机变频运行
15	T2：数字输出端子		F5-03	25	1 号电动机工频运行输出控制，用于 1 号电动机工频运行
16	T3：数字输出端子		F5-04	26	2 号电动机变频运行输出控制，用于 2 号电动机变频运行
17	T4：数字输出端子		F5-05	27	2 号电动机工频运行输出控制，用于 2 号电动机工频运行
18	T5：数字输出端子		F5-06	29	3 号电动机工频运行输出控制，用于 3 号电动机工频运行
19		PID 控制功能选择	F7-00	3	PID 控制功能选择，用于恒压供水频率给定
20	AI1	给定通道选择	F7-01	0	给定通道选择，用于 F7-04 给定信号输入
21	AI2	反馈通道选择	F7-02	1	反馈通道选择，用于压力反馈信号输入
22	GND	地			模拟输入/输出、数字输入/输出、PFI、PF0、通信和＋10V、24V 电源接地端子

续表

序号	端子名称	功能	功能代码	设定数据	设定值含义
23		PID 参考量	F7-03	1	设定范围：根据压力传感器量程设置 0.00~100.00
24		PID 数字给定	F7-04	0.4	设定范围：－F7-03~F7-03
25		比例增益 1	F7-05	2.0	根据现场实际进行调节
26		积分时间 1	F7-06	2.0	根据现场实际进行调节
27		微分时间 1	F7-07	2.0	根据现场实际进行调节
28		供水模式选择	F8-00	1	供水模式选择，用于普通 PI 调节恒压供水
29		水泵配置及休眠选择	F8-01	03012	水泵配置及休眠选择，用于变频循环泵台数为 2，工频辅助台数为 1，休眠方式为主泵休眠。 个位：变频循环投切泵的数量 1~5。 十位：辅助运行泵的数量 0~4。 百位：辅助泵启动方式，0：直接启动；1：通过软启动器启动。 千位：休眠及休眠泵选择，0：不选择休眠泵；1：休眠泵变频运行；2：休眠泵工频运行；3：主泵休眠运行。 万位：排污泵选择，0：不控制排污泵；1：控制排污泵
30		故障及 PID 下限选择	F8-02	01	故障及 PID 下限选择，用于 PID 下限保持运行，故障停止运行。 个位：PID 下限，0：停止运行，1：保持运行。 十位：故障动作选择，0：全部泵停止运行，处于故障状态；1：保持工频运行，故障复位后继续运行；2：保持工频运行的泵，故障复位后处于待机状态
31		加泵延时时间	F8-10	60s	设定范围：0.0~600.0s
32		减泵延时时间	F8-11	60s	设定范围：0.0~600.0s
33		休眠频率	F8-20	30Hz	设定范围：1.00~50.00Hz
34		休眠等待时间	F8-21	60s	设定范围：1.0~1800.0s
35		唤醒偏差设定	F8-22	－0.1	设定范围：－F7-03~F7-03
36		唤醒延时时间	F8-23	60s	设定范围：0.1~300s
37		水泵最低运行频率	F8-24 F8-25	20	1 号水泵最低运行频率，2 号水泵最低运行频率，设置范围：1.00~F0-7（上限频率）。水泵最低运行频率，为相应水泵变频运行时的下限频率，根据系统分别设置各泵的下限频率，有利于系统运行更合理

序号	端子名称	功能	功能代码	设定数据	设定值含义
38		水泵额定电流	F8-30 F8-31		分别根据1号、2号水泵额定电流（铭牌参数）设置，用于各泵过载报警，只对在变频器运行状态下的水泵进行过载保护测试

（三）1号泵电动机M1变频转换工频

1号泵电动机M1变频启动后频率达到F0-07＝50Hz。压力还没达到给定压力设定值0.4MPa，再经过加泵延时时间F8-10＝60s，1T继电器停止输出，1KM1接触器线圈失电，主触头断开，1号泵电动机M1变频停止运行。同时2T继电器输出，1KM2接触器线圈得电，主触头闭合，1号泵电动机M1转换为工频运行。

（四）2号泵电动机M2启动变频

同时3T继电器输出，2KM1接触器线圈得电，主触头闭合，2号泵电动机M2变频启动运行，从下限频率F0-08＝20Hz上升到设定的上限频率F0-07＝50Hz。

（五）3号泵电动机M3启动工频

如果1号电动机M1泵工频和2号泵电动机M2变频压力还没达到给定压力0.4MPa，再经过加泵延时时间F8-10＝60s，5T继电器输出，3KM2接触器线圈得电，主触头闭合，3号泵电动机M3工频启动运行，使压力达到给定压力设定值0.4MPa，保持恒压。

（六）恒压运行减泵

当压力高于0.4MPa恒压运行时，会经过减泵延时时间F8-11＝60s。5T继电器停止输出，3KM2接触器线圈失电，主触头断开，3号泵电动机停止工频运行。2号泵电动机变频继续运行，使压力保持在恒压区域，如反馈压力还高于给定压力再经过减泵延时时间F8-11＝60s，2T继电器停止输出，1KM2接触器线圈失电，主触头断开，1号泵电动机停止工频运行。2号泵电动机继续变频运行，使压力始终在恒压区域工作。

（七）休眠

压力保持在恒压区域，2号泵频率会逐渐降低，低于F8-20＝30Hz，并高于F8-25＝20Hz，就会进入休眠等待时期，休眠等待时间F8-21＝60s，休眠等待频率低于F8-20＝30Hz并高于F8-25＝20Hz，这时3T继电器停止输出，2KM1接触器线圈失电，主触头断开，2号泵电动机变频停止运行，进入休眠状态。

（八）重复工作

在休眠时期压力会下降，当压力下降到唤醒压力（给定值＋F8-22）0.3MPa时，再经过唤醒延时时间F8-23＝60s，系统恢复正常供水，重复以上步骤。

（九）系统运行时序图

系统运行时序图如图73-2所示。

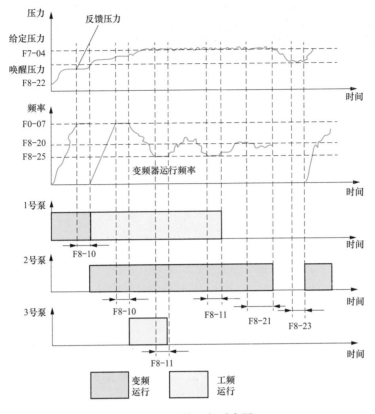

图 73-2　系统运行时序图

实例 74　供水专用变频器控制一台增压泵、带清水池及污水池液位的应用电路（含视频讲解）

电路简介　该电路应用森兰变频器继电器输出功能，自动完成对三个接触器的直接控制，以完成变频器根据 PID 压力反馈信号控制增压泵电动机的变频运行，并且通过液位浮球经变频器控制清水泵、污水泵电动机工频运行。

当清水池缺水时，清水泵电动机工频运行，直至清水池水位达到上限，清水泵电动机停止工频运行。污水池达到上限时，污水泵电动机工频运行，直至污水池水位达到下限，污水泵电动机停止运行。

当管网压力低于设定值时，增压泵电动机变频运行，并根据 PID 反馈压力信号自动调节运行频率，直至管网压力高于设定值，增压泵电动机停止运行。

一、原理图

供水专用变频器控制一台增压泵、带清水池及污水池液位的应用电路原理图如图 74-1 所示。

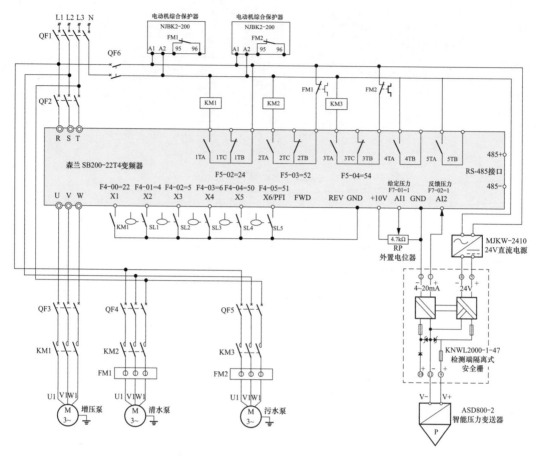

图 74-1 供水专用变频器控制一台增压泵、带清水池及污水池液位的应用电路原理图

二、图中应用的端子及主要参数

相关端子及参数功能含义见表 74-1。

表 74-1 相关端子及参数功能含义

序号	端子名称	功能	功能代码	设定数据	设定值含义
1		数据保护	F0-10	0	全部参数允许被改写（只读参数除外）0：不保护；1：F0-00、F7-04 除外；2：全保护
2		数据初始化	F0-11	11	初始化
3		运行命令通道选择	F0-02	0	操作面板
4		上限频率	F0-07	50Hz	设定范围：F0-08 "下限频率" ～F0-06 "最大频率"
5		下限频率	F0-08	20Hz	设定范围：0.000Hz～F0-07 "上限频率"
6	X1：数字输入端子		F4-00	22	KM1 接触器检测，用于增压泵变频运行接触器检测
7	X2：数字输入端子	端子 X1～REV 是可编程数字输入端子，F4-00～F4-12 分配各种功能	F4-01	4	清水池上限水位检测
8	X3：数字输入端子		F4-02	5	清水池下限水位检测
9	X4：数字输入端子		F4-03	6	清水池缺水水位检测
10	X5：数字输入端子		F4-04	50	污水池下限水位检测
11	X6：数字输入端子		F4-05	51	污水池上限水位检测

续表

序号	端子名称	功能	功能代码	设定数据	设定值含义
12	T1：数字输入端子	端子 T1～T3 是继电器输出端子，F5-02～F5-04 分配各种功能	F5-02	24	1号电动机变频运行输出控制，用于增压泵电动机变频运行
13	T2：数字输入端子		F5-03	52	进水池缺水，用于控制清水泵电动机工频运行
14	T3：数字输入端子		F5-04	54	污水泵控制，用于控制污水泵电动机工频运行
15		PID 控制功能选择	F7-00	3	PID 控制功能选择，用于恒压供水频率给定
16	AI1	给定通道选择	F7-01	0	给定通道选择，用于 F7-04 给定信号输入
17	AI2	反馈通道选择	F7-02	1	反馈通道选择，用于压力反馈信号输入
18		PID 参考量	F7-03	0	根据压力传感器量程设置 0.00～100.00
19		PID 数字给定	F7-04	0.4	设定范围：－F7-03～F7-03
20		比例增益 1	F7-05	2.0	根据现场实际进行调节
21		积分时间 1	F7-06	2.0	根据现场实际进行调节
22		微分时间 1	F7-07	2.0	根据现场实际进行调节
23	GND	地			模拟输入/输出、数字输入/输出、PFI、PF0、通信和＋10V、24V 电源接地端子
24		供水模式选择	F8-00	1	供水模式选择，用于普通 PI 调节恒压供水。0：不选择供水功能；1：普通 PI 调节恒压供水；2：水位控制；3：单台泵依次运行；4：专供消防供水
25		水泵配置及休眠选择	F8-01	10001	水泵配置及休眠选择，用于变频循环泵台数为 0。个位：变频循环投切泵的数量 1～5。十位：辅助运行泵的数量 0～4。百位：辅助泵启动方式，0：直接启动；1：通过软启动器启动。千位：休眠及休眠泵选择，0：不选择休眠泵；1：休眠泵变频运行 2：休眠泵工频运行；3：主泵休眠运行。万位：排污泵选择，0：不控制排污泵；1：控制排污泵
26		故障及 PID 下限选择	F8-02	01	故障及 PID 下限选择。个位：PID 下限选择，0：停止运行；1：保持运行。十位：故障动作选择，0：全部泵停止运行，处于故障状态；1：保持工频运行，故障复位后继续运行；2：保持工频运行，故障复位后处于待机状态

续表

序号	端子名称	功能	功能代码	设定数据	设定值含义
27	清水池、污水池水位信号选择		F8-03	44	清水池、污水池水位信号选择。 十位：污水池信号选择。 个位：清水池信号选择。 设置值0：不检测水位信号；1：AI1；2：AI2；3：AI3；4：数字信号
28	清水池缺水时压力给定		F8-07	2	F8-07设置2的含义：当清水池低于缺水水位时，将自动切换到缺水时的压力给定运行。 设定范围：根据压力传感器量程设置0.00～100.00，设定值：2。 当水位低于缺水位时，将自动切换到缺水时压力给定，当水位信号低于下限水位信号时，系统停止运转，并报清水池缺水故障
29	水泵最低运行频率		F8-24	20Hz	F8-24为1号水泵最低运行频率，设置范围：1.00～F0-7（上限频率）。 水泵最低运行频率，为相应水泵变频运行时的下限频率，根据系统分别设置各泵的下限频率，有利于系统运行更合理
30	水泵额定电流		F8-30		根据增压泵额定电流（铭牌参数）设置，用于各泵过载报警，只在变频器运行状态下的水泵进行过载保护测试

三、动作详解

（一）闭合总电源及参数设置

闭合总电源断路器 QF1、变频器电源断路器 QF2，变频器上电。根据参数表进行设置变频器参数。闭合 QF3～QF5，闭合控制回路断路器 QF6。

（二）清水池供水

当清水池水位达到缺水限时，缺水位置浮球开关接点 SL3 闭合，X4 与 GND 导通，

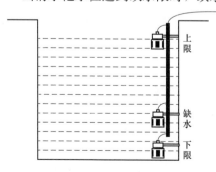

图 74-2 清水池信号检测

2T 继电器输出，KM2 接触器闭合，清水泵电动机工频运行，对清水池进行注水。清水池水位到达上限时，清水池上限位置浮球开关接点 SL1 闭合 X2 与 GND 导通，2T 继电器失电，KM2 断开，清水泵电动机停运，根据水位自动重复以上步骤，信号检测如图 74-2 所示。

当清水池水位信号低于缺水水位时，将自动切换到缺水时压力给定 0.2MPa，2T 继电器输出，对清水池注水，如未能正常进水，水位

持续下降到下限水位时，下限水位浮球开关接点 SL2 闭合 X3 与 GND 导通，系统停止运转，并报清水池缺水故障，代码为 ER.PLL。

（三）污水池排污

当污水池水位达到上限时，SL5 闭合 X6 与 GND 导通，3T 继电器输出，KM3 接触器闭合，污水泵电动机工频启动运行，对污水池进行排水。污水池水位到达下限时，SL4 闭合 X5 与 GND 导通，3T 继电器线圈失电，污水泵电动机停止运行，如图 74-3 所示。

（四）增压泵工作

当管网反馈压力低于 0.4MPa 时（系统使用 0～1MPa 压力传感器），1T 继电器输出，KM1 接触器线圈得电，主触头闭合，增压泵电动机变频启动运行，根据管网压力反馈信号自动调节频率，从启动频率 F1-12 上升到设定的上限频率 F0-07＝50Hz。增压泵电动机运行直至管网压力高于 0.4MPa，1T 继电器停止输出，KM1 接触器线圈失电，主触头断开，增压泵电动机停止运行。

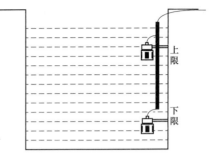

图 74-3　污水池信号检测

实例 75　供水专用变频器控制两台自动轮换增压泵、带清水池液位的应用电路

电路简介　该电路应用森兰供水专用变频器继电器输出功能，自动完成对 5 个接触器的直接控制，以完成变频器根据 PID 压力反馈信号控制电动机的变频/工频运行，并且通过 PID 压力反馈信号控制变频器的运行频率及休眠以达到恒压运行的目的。

当管网压力低于给定压力时 1 号泵电动机变频启动运行，启动频率从下限频率上升到上限频率，管网压力还没达到压力设定值时，1 号泵电动机由变频转工频运行。同时 2 号泵电动机变频启动运行，随管网压力反馈调整运行频率，双泵同时运行，使压力达到给定压力保持恒压。

当压力高于给定压力时，1 号电动机停止运行，2 号电动机变频运行，压力保持在恒压区域后，2 号泵电动机频率会逐渐降低直至休眠。随着管网压力的降低，2 号电动机变频运行，启动频率从下限频率上升到上限频率，管网压力还没达到压力设定值时，2 号泵电动机由变频转工频运行。同时 1 号泵电动机变频启动运行，随管网压力反馈调整运行频率，双泵同时运行，实现双泵自动轮换工作。

一、原理图

供水专用变频器控制两台自动轮换增压泵、带清水池液位的应用电路原理图如图 75-1 所示。

变频器典型应用电路100例 第二版

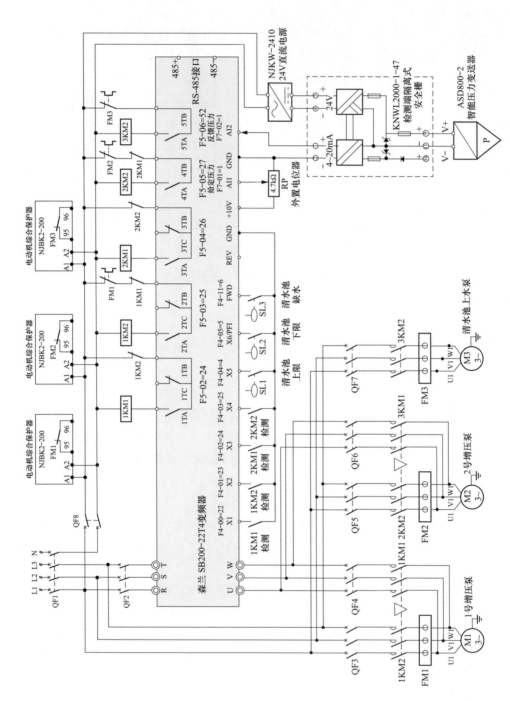

图 75-1　供水专用变频器控制两台自动轮增压泵、带清水池液位的应用电路原理图

二、图中应用的端子及主要参数

相关端子及参数功能含义见表75-1。

表 75-1　　　　　　　　　　　　相关端子及参数功能含义

序号	端子名称	功能	功能代码	设定数据	设定值含义
1		数据保护	F0-10	0	全部参数允许被改写（只读参数除外）
2		数据初始化	F0-11	11	初始化
3		运行命令通道选择	F0-02	0	操作面板
4		上限频率	F0-07	50HZ	设定范围：F0-08"下限频率"～F0-06"最大频率"
5		下限频率	F0-08	20HZ	设定范围：0.000Hz～F0-07"上限频率"
6	X1：数字输入端子		F4-00	22	1KM1接触器检测，用于1号泵变频运行接触器检测
7	X2：数字输入端子		F4-01	23	1KM2接触器检测，用于1号泵工频运行接触器检测
8	X3：数字输入端子		F4-02	24	2KM1接触器检测，用于2号泵变频运行接触器检测
9	X4：数字输入端子	端子 X1～REV 是可编程数字输入端子，F4-00～F4-12分配各种功能	F4-03	25	2KM2接触器检测，用于2号泵工频运行接触器检测
10	X5：数字输入端子		F4-04	4	清水池上限水位检测，用于检测清水池上限
11	X6：数字输入端子		F4-05	5	清水池下限水位检测，用于检测清水池下限
12	FWD：数字输入端子		F4-11	6	清水池缺水水位检测，用于检测清水池缺水水位
13	T1：数字输出端子		F5-02	24	1号电动机变频运行输出控制，用于1号增压泵电动机变频运行
14	T2：数字输出端子		F5-03	25	1号电动机工频运行输出控制，用于1号增压泵电动机工频运行
15	T3：数字输出端子	端子 T1～T5 是继电器输出端子，F5-02～F5-06分配各种功能	F5-04	26	2号电动机变频运行输出控制，用于2号增压泵电动机变频运行
16	T4：数字输出端子		F5-05	27	2号电动机工频运行输出控制，用于2号增压泵电动机工频运行
17	T5：数字输出端子		F5-06	52	清水泵工频运行输出控制，用于清水池缺水时，清水泵电动机工频运行
18		PID控制功能选择	F7-00	3	PID控制功能选择，用于恒压供水频率给定
19	AI1	给定通道选择	F7-01	0	给定通道选择，用于 F7-04 给定信号输入

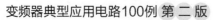

续表

序号	端子名称	功能	功能代码	设定数据	设定值含义
20	AI2	反馈通道选择	F7-02	1	反馈通道选择,用于压力反馈信号输入
21	GND	地			模拟输入/输出、数字输入/输出、PFI、PF0、通信和＋10V、24V电源接地端子
22		PID参考量	F7-03	1	设定范围:根据压力传感器量程设置0.00～100.00
23		PID数字给定	F7-04	0.4	设定范围:－F7-03～F7-03
24		比例增益1	F7-05	2.0	根据现场实际进行调节
25		积分时间1	F7-06	2.0	根据现场实际进行调节
26		微分时间1	F7-07	2.0	根据现场实际进行调节
27		供水模式选择	F8-00	1	供水模式选择,用于普通PI调节恒压供水
28		水泵配置及休眠选择	F8-01	00002	水泵配置及休眠选择,用于变频循环泵台数为2。个位:变频循环投切泵的数量1～5。十位:辅助运行泵的数量0～4。百位:辅助泵启动方式,0:直接启动,1:通过软启动器启动。千位:休眠及休眠泵选择,0:不选择休眠泵;1:休眠泵变频运行;2:休眠泵工频运行;3:主泵休眠运行。万位:排污泵选择,0:不控制排污泵;1:控制排污泵
29		故障及PID下限选择	F8-02	01	故障及PID下限选择。个位:PID下限选择,0:停止运行;1:保持运行。十位:故障动作选择,0:全部泵停止运行,处于故障状态;1:保持工频运行,故障复位后继续运行;2:保持工频运行,故障复位后处于待机状态
30		清水池水位信号选择	F8-03	04	清水池水位信号选择。十位:污水池信号选择。个位:清水池信号选择,设置值0:不检测水位信号;1:AI1;2:AI2;3:AI3;4:数字信号
31		清水池缺水时压力给定	F8-07	0.2	用于当清水池水位低于缺水水位时,将自动切换到缺水时压力给定。当水位信号低于下限水位时,系统停止运转,并报清水池缺水故障

序号	端子名称	功能	功能代码	设定数据	设定值含义
32		加泵延时时间	F8-10	60s	设定范围：0.0～600.0s
33		减泵延时时间	F8-11	60s	设定范围：0.0～600.0s
34		休眠频率	F8-20	30Hz	设定范围：1.00～50.00Hz
35		休眠等待时间	F8-21	60s	设定范围：1.0～1800.0s
36		唤醒偏差设定	F8-22	−0.1	设定范围：−F7-03～F7-03
37		唤醒延时时间	F8-23	60s	设定范围：0.1～300s
38		水泵最低运行频率	F8-24 F8-25	20	1号水泵最低运行频率，2号水泵最低运行频率。 设置范围：1.00～F0-7（上限频率），水泵最低运行频率，为相应水泵变频运行时的下限频率，根据系统分别设置各泵的下限频率，有利于系统运行更合理
39		水泵额定电流	F8-30 F8-31		分别根据1号、2号水泵额定电流（铭牌参数）设置，用于各泵过载报警，只对在变频器运行状态下的水泵进行过载保护测试

三、动作详解

（一）闭合总电源及参数设置

闭合总电源断路器 QF1、变频器电源断路器 QF2，变频器上电。建议先将数据初始化，再根据参数表进行设置变频器参数。闭合 QF3～QF7，闭合控制回路断路器 QF8。

（二）清水池供水

当清水池水位达到缺水限时，缺水位置浮球开关接点 SL3 闭合，FWD 与 GND 导通，5T 继电器输出，3KM2 接触器闭合，清水泵电动机工频运行，对清水池进行注水。清水池水位到达上限时，清水池上限位置浮球开关接点 SL1 闭合 X5 与 GND 导通，5T 继电器失电，3KM2 断开，清水泵电动机停运，根据水位自动重复以上步骤。

当清水池水位信号低于缺水水位时，将自动切换到缺水时压力给定 F8-07 = 0.2MPa，5T 继电器输出，对清水池注水，如未能正常进水，水位持续下降到下限水位时，下限水位浮球开关接点 SL2 闭合 X3 与 GND 导通，系统停止运转，并报清水池缺水故障，代码为 ER.PLL。

（三）给定压力

当反馈压力低于给定压力 0.4MPa 时（系统使用 0～1MPa 压力传感器），1T 继电器输出，1KM1 接触器线圈得电，主触头闭合，1 号泵电动机 M1 变频启动运行，从启动频率 F1-12 上升到设定的上限频率 F0-07 = 50Hz。

（四）1 号增压泵电动机 M1 变频转换工频

1 号增压泵电动机 M1 变频启动后频率达到 F0-07 = 50Hz。压力还没达到给定压力设定值 0.4MPa，再经过加泵延时时间 F8-10 = 60s，1T 继电器停止输出，1KM1 接触器线圈失电，主触头断开，1 号增压泵电动机 M1 变频停止运行。同时 2T 继电器输出，1KM2 接触器线圈得电，主触头闭合，1 号泵电动机 M1 转换为工频运行。

（五）2 号增压泵电动机 M2 启动变频

同时 3T 继电器输出，2KM1 接触器线圈得电，主触头闭合，2 号增压泵电动机 M2 变频启动运行，随管网压力反馈调整运行频率，双泵同时运行。

（六）恒压运行减泵

当管网压力高于 0.4MPa，2 号增压泵降至最低频率时，再经过减泵延时时间 F8-11＝60s，2T 继电器停止输出，1 号增压泵电动机停止工频运行，由 2 号增压泵单台变频运行，如管网反馈压力还高于 0.4MPa 时，2 号增压泵经一段延时进入休眠运行，变频器停止输出。

（七）休眠

压力保持在恒压区域，2 号泵频率会逐渐降低，低于 F8-20＝30Hz，并高于 F8-25＝20Hz，就会进入休眠等待时期，休眠等待时间 F8-21＝60s，休眠等待频率低于 F8-20＝30H 并高于 F8-25＝20Hz，这时 3T 继电器停止输出，2KM1 接触器线圈失电，主触头断开，2 号泵电动机变频停止运行，进入休眠状态。

（八）重复工作

在休眠时期压力会下降，当压力下降到唤醒压力（给定值＋F8-22）0.3MPa 时，再经过唤醒延时时间 F8-23＝60s，2 号增压泵恢复变频运行，如 2 号增压泵电动机变频运行至最高频率时，管网反馈压力持续低于设定压力 0.4MPa，3T 继电器停止输出，2KM1 接触器线圈失电，主触头断开，2 号增压泵电动机 M2 变频停止运行。4T 继电器输出，2KM2 接触器线圈得电，主触头闭合，2 号泵电动机 M2 转换为工频运行，同时 1T 继电器输出，1 号增压泵变频启动，随管网压力反馈调整运行频率，双泵同时运行，实现双泵自动轮换工作。系统恢复正常供水，重复以上步骤。

（九）系统运行时序图

系统运行时序图如图 75-2 所示。

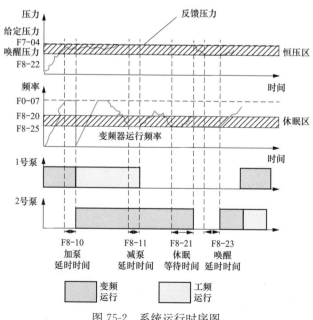

图 75-2　系统运行时序图

实例 76 供水专用变频器控制两台自动轮换增压泵、带污水池液位的应用电路

电路简介 该电路应用森兰供水专用变频器继电器输出功能，自动完成对五个接触器的直接控制，以完成变频器根据 PID 压力反馈信号控制电动机的变频/工频运行，并且通过 PID 压力反馈信号控制变频器的运行频率及休眠以达到恒压运行的目的。

当管网压力低于给定压力时 1 号泵电动机变频启动运行，启动频率从下限频率上升到上限频率，管网压力还没达到压力设定值时，1 号泵电动机由变频转工频运行。同时 2 号泵电动机变频启动运行，随管网压力反馈调整运行频率，双泵同时运行，使压力达到给定压力保持恒压。

当压力高于给定压力时，1 号电动机停止运行，2 号电动机变频运行，压力保持在恒压区域后，2 号泵电动机频率会逐渐降低直至休眠。随着管网压力的降低，2 号电动机变频运行，启动频率从下限频率上升到上限频率，管网压力还没达到压力设定值时，2 号泵电动机由变频转工频运行。同时 1 号泵电动机变频启动运行，随管网压力反馈调整运行频率，双泵同时运行，实现双泵自动轮换工作。

一、原理图

供水专用变频器控制两台自动轮换增压泵、带污水池液位的应用电路原理图如图 76-1 所示。

二、图中应用的端子及主要参数表

相关端子及参数功能含义见表 76-1。

三、动作详解

(一) 闭合总电源及参数设置

闭合总电源断路器 QF1、变频器电源断路器 QF2，变频器上电。建议先将数据初始化，再根据参数表进行设置变频器参数。闭合 QF3～QF7，闭合控制回路断路器 QF8。

(二) 污水池供水

当污水池水位达到上限时，SL2 动作 X6 与 GND 导通，5T 继电器输出，3KM2 接触器闭合，污水泵电动机工频启动运行，对污水池进行排水。污水池水位到达下限时，SL1 动作 X5 与 GND 导通 5T 继电器线圈失电，污水泵电动机停止运行。

(三) 给定压力

当反馈压力低于给定压力 0.4MPa 时（系统使用 0～1MPa 压力传感器），1T 继电器输出，1KM1 接触器线圈得电，主触头闭合，1 号泵电动机 M1 变频启动运行，从启动频率 F1-12 上升到设定的上限频率 50Hz。

(四) 1 号增压泵电动机 M1 变频转换工频

1 号增压泵电动机 M1 变频启动后频率达到 F0-07＝50Hz。压力还没达到给定压力设定值 0.4MPa，再经过加泵延时时间 F8-10＝60s，1T 继电器停止输出，1KM1 接触器线圈失电，主触头断开，1 号增压泵电动机 M1 变频停止运行。同时 2T 继电器输出，1KM2 接触器线圈得电，主触头闭合，1 号泵电动机 M1 转换为工频运行。

变频器典型应用电路100例 第二版

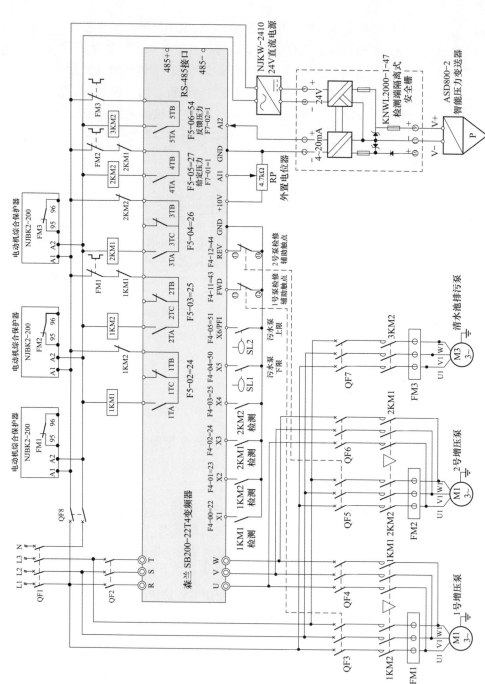

图76-1 供水专用变频器控制两台自动轮增压泵、等污水水液位的应用电路原理图

表 76-1   相关端子及参数功能含义

序号	端子名称	功能	功能代码	设定数据	设定值含义
1		数据保护	F0-10	0	全部参数允许被改写（只读参数除外），不保护
2		数据初始化	F0-11	11	初始化
3		运行命令通道选择	F0-02	0	操作面板
4		上限频率	F0-07	50Hz	设定范围：F0-08"下限频率"～F0-06"最大频率"
5		下限频率	F0-08	20Hz	设定范围：0.000Hz～F0-07"上限频率"
6	X1：数字输入端子	端子 X1～REV 是可编程数字输入端子，F4-00～F4-12 分配各种功能	F4-00	22	1KM1 接触器检测，用于 1 号泵变频运行接触器检测
7	X2：数字输入端子		F4-01	23	1KM2 接触器检测，用于 1 号泵工频运行接触器检测
8	X3：数字输入端子		F4-02	24	2KM1 接触器检测，用于 2 号泵变频运行接触器检测
9	X4：数字输入端子		F4-03	25	2KM2 接触器检测，用于 2 号泵工频运行接触器检测
10	X5：数字输入端子		F4-04	50	污水池下限水位检测，用于检测污水池下限
11	X6：数字输入端子		F4-05	51	污水池上限水位检测，用于检测清水池上限
12	FWD：数字输入端子		F4-11	43	1 号水泵禁止（检修指令）输入，用于 1 号水泵禁止/电动机选择 1
13	REV：数字输入端子		F4-12	44	2 号水泵禁止（检修指令）输入，用于 2 号水泵禁止/电动机选择 2
14	T1：数字输入端子	端子 T1～T5 是继电器输出端子，F5-02～F5-06 分配各种功能	F5-02	24	1 号电动机变频运行输出控制，用于 1 号增压泵电动机变频运行
15	T2：数字输入端子		F5-03	25	1 号电动机工频运行输出控制，用于 1 号增压泵电动机工频运行
16	T3：数字输入端子		F5-04	26	2 号电动机变频运行输出控制，用于 2 号增压泵电动机变频运行
17	T4：数字输入端子		F5-05	27	2 号电动机工频运行输出控制，用于 2 号增压泵电动机工频运行
18	T5：数字输入端子		F5-06	54	排污泵控制，用于排污泵电动机工频运行
19		PID 控制功能选择	F7-00	3	PID 控制功能选择，用于恒压供水频率给定。0：不选择过程 PID 控制；1：选择过程 PID 控制（PID 输出以最大频率为 100%）；2：选择 PID 对给定频率修正（PID 输出以最大频率为 100%）；3：选择过程 PID 控制，用于恒压供水频率给定
20	AI1	给定通道选择	F7-01	0	给定通道选择，用于 F7-04 给定信号输入
21	AI2	反馈通道选择	F7-02	1	反馈通道选择，用于压力反馈信号输入
22	GND	地			模拟输入/输出、数字输入/输出、PFI、PF0、通信和＋10V、24V 电源接地端子

序号	端子名称	功能	功能代码	设定数据	设定值含义
23		PID 参考量	F7-03	1	设定范围：根据压力传感器量程设置 0.00～100.00
24		PID 数字给定	F7-04	0.4	设定范围：－F7-03～F7-03
25		比例增益 1	F7-05	2.0	根据现场实际进行调节
26		积分时间 1	F7-06	2.0	根据现场实际进行调节
27		微分时间 1	F7-07	2.0	根据现场实际进行调节
28		供水模式选择	F8-00	1	供水模式选择，用于普通 PI 调节恒压供水
29		水泵配置及休眠选择	F8-01	10002	水泵配置及休眠选择，用于变频循环泵台数为 2，控制排污泵。个位：变频循环投切泵的数量 1～5。十位：辅助运行泵的数量 0～4。百位：辅助泵启动方式，0：直接启动；1：通过软启动器启动。千位：休眠及休眠泵选择，0：不选择休眠泵；1：休眠泵变频运行 2：休眠泵工频运行；3：主泵休眠运行。万位：排污泵选择，0：不控制排污泵；1：控制排污泵
30		故障及 PID 下限选择	F8-02	01	故障及 PID 下限选择。个位：PID 下限选择，0：停止运行；1：保持运行。十位：故障动作选择，0：全部泵停止运行，处于故障状态；1：保持工频运行，故障复位后继续运行；2：保持工频运行，故障复位后处于待机状态
31		污水池水位信号选择	F8-03	40	污水池水位信号选择。十位：污水池信号选择。个位：清水池信号选择，设置值 0：不检测水位信号；1：AI1；2：AI2、3：AI3；4：数字信号
32		加泵延时时间	F8-10	60s	设定范围：0.0～600.0s
33		减泵延时时间	F8-11	60s	设定范围：0.0～600.0s
34		休眠频率	F8-20	30Hz	设定范围：1.00～50.00Hz
35		休眠等待时间	F8-21	60s	设定范围：1.0～1800.0s
36		唤醒偏差设定	F8-22	－0.1	设定范围：－F7-03～F7-03
37		唤醒延时时间	F8-23	60s	设定范围：0.1～300s
38		水泵最低运行频率	F8-24、F8-25	20	1 号水泵最低运行频率，2 号水泵最低运行频率，设置范围：1.00～F0-7（上限频率），水泵最低运行频率，为相应水泵变频运行时的下限频率，根据系统分别设置各泵的下限频率，有利于系统运行更合理
39		水泵额定电流	F8-30、F8-31		分别根据 1 号、2 号水泵额定电流（铭牌参数）设置，用于各泵过载报警，只对在变频器运行状态下的水泵进行过载保护测试

（五）2 号增压泵电动机 M2 启动变频

同时 3T 继电器输出，2KM1 接触器线圈得电，主触头闭合，2 号增压泵电动机 M2 变频启动运行，随管网压力反馈调整运行频率，双泵同时运行。

（六）恒压运行减泵

当管网压力高于 0.4MPa，2 号增压泵降至最低频率时，再经过减泵延时时间 F8-11＝60s，2T 继电器停止输出，1 号增压泵电动机停止工频运行，由 2 号增压泵单台变频运行，如管网反馈压力还高于 0.4MPa 时，2 号增压泵经一段延时进入休眠运行，变频器停止输出。

（七）休眠

压力保持在恒压区域，2 号泵频率会逐渐降低，低于 F8-20＝30Hz，并高于 F8-25＝20Hz，就会进入休眠等待时期，休眠等待时间 F8-21＝60s，休眠等待频率低于 F8-20＝30Hz 并高于 F8-25＝20Hz，这时 3T 继电器停止输出，2KM1 接触器线圈失电，主触头断开，2 号泵电动机变频停止运行，进入休眠状态。

（八）重复工作

在休眠时期压力会下降，当压力下降到唤醒压力（给定值＋F8-22）0.3MPa 时，再经过唤醒延时时间 F8-23＝60s，2 号增压泵恢复变频运行，如 2 号增压泵电动机变频运行至最高频率时，管网反馈压力持续低于设定压力 0.4MPa，3T 继电器停止输出，2KM1 接触器线圈失电，主触头断开，2 号增压泵电动机 M2 变频停止运行。4T 继电器输出，2KM2 接触器线圈得电，主触头闭合，2 号泵电动机 M2 转换为工频运行，同时 1T 继电器输出，1 号增压泵变频启动，随管网压力反馈调整运行频率，双泵同时运行，实现双泵自动轮换工作。系统恢复正常供水，重复以上步骤。

（九）系统运行时序

系统运行时序如图 76-2 所示。

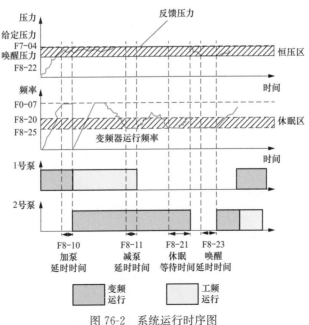

图 76-2 系统运行时序图

241

实例 77 供水专用变频器控制两台自动轮换增压泵的应用电路

电路简介 该电路应用森兰供水专用变频器继电器输出功能，自动完成对 4 个接触器的直接控制，以完成变频器根据 PID 压力反馈信号控制电动机的变频/工频运行，并且通过 PID 压力反馈信号控制变频器的运行频率及休眠以达到恒压运行的目的。

当管网压力低于给定压力时 1 号泵电动机变频启动运行，启动频率从下限频率上升到上限频率，管网压力还没达到压力设定值时，1 号泵电动机由变频转工频运行。同时 2 号泵电动机变频启动运行，随管网压力反馈调整运行频率，双泵同时运行，使压力达到给定压力保持恒压。

当压力高于给定压力时，1 号电动机停止运行，2 号电动机变频运行，压力保持在恒压区域后，2 号泵电动机频率会逐渐降低直至休眠。随着管网压力的降低，2 号电动机变频运行，启动频率从下限频率上升到上限频率，管网压力还没达到压力设定值时，2 号泵电动机由变频转工频运行。同时 1 号泵电动机变频启动运行，随管网压力反馈调整运行频率，双泵同时运行，实现双泵自动轮换工作。

一、原理图

供水专用变频器控制两台自动轮换增压泵的应用电路原理图如图 77-1 所示。

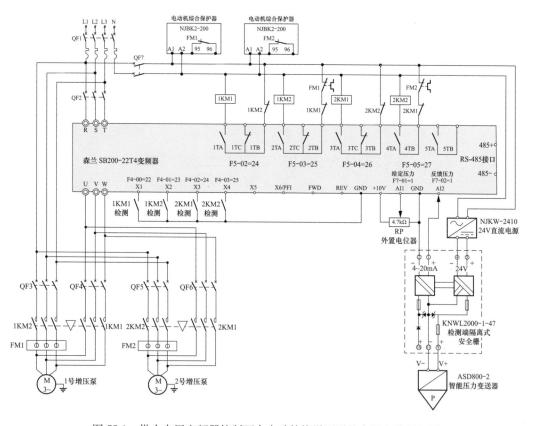

图 77-1 供水专用变频器控制两台自动轮换增压泵的应用电路原理图

二、图中应用的端子及主要参数

相关端子及参数功能含义见表 77-1。

表 77-1   相关端子及参数功能含义

序号	端子名称	功能	功能代码	设定数据	设定值含义
1		数据保护	F0-10	0	不保护
2		数据初始化	F0-11	11	初始化
3		运行命令通道选择	F0-02	0	端子
4		上限频率	F0-07	50Hz	设定范围：F0-08"下限频率"～F0-06"最大频率"
5		下限频率	F0-08	20Hz	设定范围：0.000HZ～F0-07"上限频率"
6	X1：数字输入端子	端子 X1～REV 是可编程数字输入端子，F4-00～F4-12 分配各种功能	F4-00	22	1KM1接触器检测，用于1号泵变频运行接触器检测
7	X2：数字输入端子		F4-01	23	1KM2接触器检测，用于1号泵工频运行接触器检测
8	X3：数字输入端子		F4-02	24	2KM1接触器检测，用于2号泵变频运行接触器检测
9	X4：数字输入端子		F4-03	25	2KM2接触器检测，用于2号泵工频运行接触器检测
10	T1：数字输入端子	端子 T1～T5 是继电器输出端子，F5-02～F5-06 分配各种功能	F5-02	24	1号电动机变频运行输出控制，用于1号增压泵电动机变频运行
11	T2：数字输入端子		F5-03	25	1号电动机工频运行输出控制，用于1号增压泵电动机工频运行
12	T3：数字输入端子		F5-04	26	2号电动机变频运行输出控制，用于2号增压泵电动机变频运行
13	T4：数字输入端子		F5-05	27	2号电动机工频运行输出控制，用于2号增压泵电动机工频运行
14		PID控制功能选择	F7-00	3	PID控制功能选择，用于恒压供水频率给定，0：不选择过程PID控制；1：选择过程PID控制（PID输出以最大频率为100%）；2：选择PID对给定频率修正（PID输出以最大频率为100%）；3：选择过程PID控制，用于恒压供水频率给定
15	AI1	给定通道选择	F7-01	0	给定通道选择，用于F7-04给定信号输入
16	AI2	反馈通道选择	F7-02	1	反馈通道选择，用于压力反馈信号输入
17	GND	地			模拟输入/输出、数字输入/输出、PFI、PFO、通信和＋10V、24V电源接地端子
18		PID参考量	F7-03	1	设定范围：根据压力传感器量程设置 0.00～100.00
19		PID数字给定	F7-04	0.4	设定范围：－F7-03～F7-03
20		比例增益1	F7-05	2.0	根据现场实际进行调节
21		积分时间1	F7-06	2.0	根据现场实际进行调节
22		微分时间1	F7-07	2.0	根据现场实际进行调节

续表

序号	端子名称	功能	功能代码	设定数据	设定值含义
23		供水模式选择	F8-00	1	供水模式选择，用于普通 PI 调节恒压供水。0：不选择供水功能；1：普通 PI 调节恒压供水；2：水位控制；3：单台泵依次运行；4：专供消防供水
24		水泵配置及休眠选择	F8-01	00002	水泵配置及休眠选择，用于变频循环泵台数为2。个位：变频循环投切泵的数量1～5。十位：辅助运行泵的数量0～4。百位：辅助泵启动方式，0：直接启动；1：通过软启动器启动。千位：休眠及休眠泵选择，0：不选择休眠泵；1：休眠泵变频运行；2：休眠泵工频运行；3：主泵休眠运行。万位：排污泵选择，0：不控制排污泵；1：控制排污泵
25		故障及 PID 下限选择	F8-02	01	故障及 PID 下限选择。个位：PID 下限选择，0：停止运行；1：保持运行。十位：故障动作选择，0：全部泵停止运行，处于故障状态；1：保持工频运行，故障复位后继续运行；2：保持工频运行，故障复位后处于待机状态
26		加泵延时时间	F8-10	60s	设定范围：0.0～600.0s
27		减泵延时时间	F8-11	60s	设定范围：0.0～600.0s
28		休眠频率	F8-20	30Hz	设定范围：1.00～50.00Hz
29		休眠等待时间	F8-21	60s	设定范围：1.0～1800.0s
30		唤醒偏差设定	F8-22	−0.1	设定范围：−F7-03～F7-03
31		唤醒延时时间	F8-23	60s	设定范围：0.1～300s
32		水泵最低运行频率	F8-24、F8-25	20	1 号水泵最低运行频率，2 号水泵最低运行频率。设置范围：1.00～F0-7（上限频率），水泵最低运行频率，为相应水泵变频运行时的下限频率，根据系统分别设置各泵的下限频率，有利于系统运行更合理
33		水泵额定电流	F8-30、F8-31		分别根据1号、2号水泵额定电流（铭牌参数）设置，用于各泵过载报警，只对在变频器运行状态下的水泵进行过载保护测试

三、动作详解

（一）闭合总电源及参数设置

闭合总电源断路器 QF1、变频器电源断路器 QF2，变频器上电。建议先将数据初始化，再根据参数表进行设置变频器参数。闭合 QF3～QF6，闭合控制回路断路器 QF7。

（二）给定压力

当反馈压力低于给定压力 0.4MPa 时（系统使用 0～1MPa 压力传感器），1T 继电器输出，1KM1 接触器线圈得电，主触头闭合，1 号泵电动机 M1 变频启动运行，从启动频率 F1-12 上升到设定的上限频率 F0-07＝50Hz。

（三）1 号增压泵电动机 M1 变频转换工频

1 号增压泵电动机 M1 变频启动后频率达到 F0-07＝50Hz。压力还没达到给定压力设定值 0.4MPa 时，再经过加泵延时时间 F8-10＝60s，1T 继电器停止输出，1KM1 接触器线圈失电，主触头断开，1 号增压泵电动机 M1 变频停止运行。同时 2T 继电器输出，1KM2 接触器线圈得电，主触头闭合，1 号泵电动机 M1 转换为工频运行。

（四）2 号增压泵电动机 M2 启动变频

同时 3T 继电器输出，2KM1 接触器线圈得电，主触头闭合，2 号增压泵电动机 M2 变频启动运行，随管网压力反馈调整运行频率，双泵同时运行。

（五）恒压运行减泵

当管网压力高于 0.4MPa，2 号增压泵降至最低频率时，再经过减泵延时时间 F8-11＝60s，2T 继电器停止输出，1 号增压泵电动机停止工频运行，由 2 号增压泵单台变频运行，如管网反馈压力还高于 0.4MPa 时，2 号增压泵经一段延时进入休眠运行，变频器停止输出。

（六）休眠

压力保持在恒压区域，2 号泵频率会逐渐降低，低于 F8-20＝30Hz，并高于 F8-25＝20Hz，就会进入休眠等待时期，休眠等待时间 F8-21＝60s，休眠等待频率低于 F8-20＝30Hz 并高于 F8-25＝20Hz，这时 3T 继电器停止输出，2KM1 接触器线圈失电，主触头断开，2 号泵电动机变频停止运行，进入休眠状态。

（七）重复工作

在休眠时期压力会下降，当压力下降到唤醒压力（给定值＋F8-22）0.3MPa 时，再经过唤醒延时时间 F8-23＝60s，2 号增压泵恢复变频运行，如 2 号增压泵电动机变频运行至最高频率时，管网反馈压力持续低于设定压力 0.4MPa，3T 继电器停止输出，2KM1 接触器线圈失电，主触头断开，2 号增压泵电动机 M2 变频停止运行。4T 继电器输出，2KM2 接触器线圈得电，主触头闭合，2 号泵电动机 M2 转换为工频运行，同时 1T 继电器输出，1 号增压泵变频启动，随管网压力反馈调整运行频率，双泵同时运行，实现双泵自动轮换工作。系统恢复正常供水，重复以上步骤。

（八）系统运行时序

系统运行时序如图 77-2 所示。

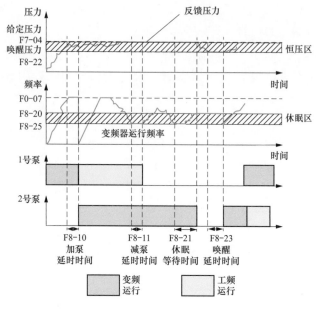

图 77-2 系统运行时序图

实例78 供水专用变频器控制三台变频循环泵、带污水池液位的应用电路

电路简介 该电路应用森兰供水专用变频器继电器输出功能及多功能集电极开路输出功能,自动完成对七个接触器及两个中间继电器的直接控制,以完成变频器根据 PID 压力反馈信号控制电动机的变频/工频运行,并且通过 PID 压力反馈信号控制变频器的运行频率及休眠以达到恒压运行的目的。

当管网压力低于给定压力时 1 号泵电动机变频启动运行,启动频率从下限频率上升到上限频率,管网压力还没达到压力设定值时,1 号泵电动机由变频转工频运行。同时 2 号泵电动机变频启动运行,2 号泵启动频率从下限频率上升到上限频率,管网压力还没达到压力设定值时,2 号泵电动机由变频转工频运行。同时 3 号泵电动机变频启动运行,随管网压力反馈调整运行频率,三个泵同时运行,使压力达到给定压力保持恒压。

当压力高于给定压力运行时,1 号电动机停止运行、2 号电动机工频运行、3 号电动机变频运行,压力还高于给定压力,2 号电动机停止运行,3 号电动机继续变频运行保持恒压,压力保持在恒压区域后,3 号泵电动机频率会逐渐降低直至休眠。

一、原理图

供水专用变频器控制三台变频循环泵、带污水池液位的应用电路原理图如图 78-1 所示。

二、图中应用的端子及主要参数

相关端子及参数功能含义见表 78-1。

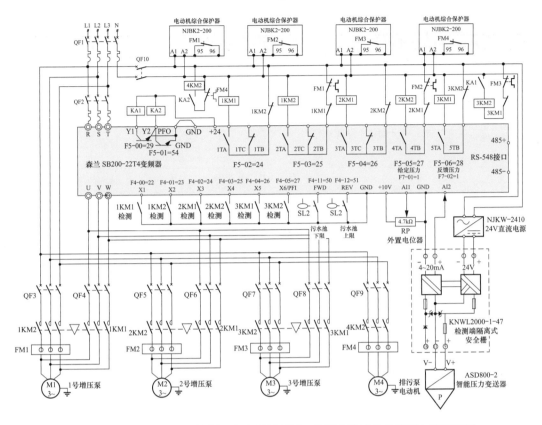

图 78-1 供水专用变频器控制三台变频循环泵、带污水池液位的应用电路原理图

表 **78-1** 相关端子及参数功能含义

序号	端子名称	功能	功能代码	设定数据	设定值含义
1		数据保护	F0-10	0	全部参数允许被改写（只读参数除外）
2		数据初始化	F0-11	11	初始化
3		运行命令通道选择	F0-02	0	操作面板
4		上限频率	F0-07	50Hz	设定范围：F0-08"下限频率"～F0-06"最大频率"
5		下限频率	F0-08	20Hz	设定范围：0.000Hz～F0-07"上限频率"
6	X1：数字输入端子		F4-00	22	1KM1 接触器检测，用于 1 号泵变频运行接触器检测
7	X2：数字输入端子	端子 X1～REV是可编程数字输入端子，F4-00～F4-12分配各种功能	F4-01	23	1KM2 接触器检测，用于 1 号泵工频运行接触器检测
8	X3：数字输入端子		F4-02	24	2KM1 接触器检测，用于 2 号泵变频运行接触器检测
9	X4：数字输入端子		F4-03	25	2KM2 接触器检测，用于 2 号泵工频运行接触器检测
10	X5：数字输入端子		F4-04	26	3KM1 接触器检测，用于 3 号泵变频运行接触器检测

续表

序号	端子名称	功能	功能代码	设定数据	设定值含义
11	X6：数字输入端子	端子 X1～REV 是可编程数字输入端子，F4-00～F4-12 分配各种功能	F4-05	27	3KM2 接触器检测，用于 3 号泵工频运行接触器检测
12	FWD：数字输入端子		F4-11	50	污水池下限水位检测，用于检测污水池下限
13	REV：数字输入端子		F4-12	51	污水池上限水位检测，用于检测清水池上限
14	Y1：多功输出端子	端子 Y1～Y2 是多功能集电极开路输出端子	F5-00	29	3 号电动机工频运行输出控制，用于 3 号增压泵电动机工频运行
15	Y2：多功输出端子		F5-01	54	排污泵控制，用于排污泵电动机工频运行
16	T1：数字输入端子	端子 T1～T5 是继电器输出端子，F5-02～F5-06 分配各种功能	F5-02	24	1 号电动机变频运行输出控制，用于 1 号增压泵电动机变频运行
17	T2：数字输入端子		F5-03	25	1 号电动机工频运行输出控制，用于 1 号增压泵电动机工频运行
18	T3：数字输入端子		F5-04	26	2 号电动机变频运行输出控制，用于 2 号增压泵电动机变频运行
19	T4：数字输入端子		F5-05	27	2 号电动机工频运行输出控制，用于 2 号增压泵电动机工频运行
20	T5：数字输入端子		F5-06	28	3 号电动机变频运行输出控制，用于 3 号增压泵电动机变频运行
21		PID 控制功能选择	F7-00	3	PID 控制功能选择，用于恒压供水频率给定，0：不选择过程 PID 控制；1：选择过程 PID 控制（PID 输出以最大频率为 100%）；2：选择 PID 对给定频率修正（PID 输出以最大频率为 100%）；3：选择过程 PID 控制，用于恒压供水频率给定
22	AI1	给定通道选择	F7-01	0	给定通道选择，用于 F7-04 给定信号输入
23	AI2	反馈通道选择	F7-02	1	反馈通道选择，用于压力反馈信号输入
24	GND	地			模拟输入/输出、数字输入/输出、PFI、PFO、通信和＋10V、24V 电源接地端子
25		PID 参考量	F7-03	1	设定范围：根据压力传感器量程设置（0.00～100.00）
26		PID 数字给定	F7-04	0.4	设定范围：－F7-03～F7-03
27		比例增益 1	F7-05	2.0	根据现场实际进行调节
28		积分时间 1	F7-06	2.0	根据现场实际进行调节
29		微分时间 1	F7-07	2.0	根据现场实际进行调节
30		供水模式选择	F8-00	1	供水模式选择，用于普通 PI 调节恒压供水。0：不选择供水功能；1：普通 PI 调节恒压供水；2：水位控制；3：单台泵依次运行；4：专供消防供水

序号	端子名称	功能	功能代码	设定数据	设定值含义
31		水泵配置及休眠选择	F8-01	13003	水泵配置及休眠选择，用于变频循环泵台数为2。 个位：变频循环投切泵的数量1～5。 十位：辅助运行泵的数量0～4。 百位：辅助泵启动方式，0：直接启动；1：通过软启动器启动。 千位：休眠及休眠泵选择，0：不选择休眠泵；1：休眠泵变频运行；2：休眠泵工频运行；3：主泵休眠运行。 万位：排污泵选择，0：不控制排污泵；1：控制排污泵
32		故障及PID下限选择	F8-02	01	故障及PID下限选择。 个位：PID下限选择，0：停止运行；1：保持运行。 十位：故障动作选择，0：全部泵停止运行，处于故障状态；1：保持工频运行，故障复位后继续运行；2：保持工频运行，故障复位后处于待机状态
33		污水池水位信号选择	F8-03	40	污水池水位信号选择。 十位：污水池信号选择。 个位：清水池信号选择，设置值0：不检测水位信号；1：AI1；2：AI2；3：AI3；4：数字信号
34		加泵延时时间	F8-10	60s	设定范围：0.0～600.0s
35		减泵延时时间	F8-11	60s	设定范围：0.0～600.0s
36		休眠频率	F8-20	30Hz	设定范围：1.00～50.00Hz
37		休眠等待时间	F8-21	60s	设定范围：1.0～1800.0s
38		唤醒偏差设定	F8-22	−0.1	设定范围：−F7-03～F7-03
39		唤醒延时时间	F8-23	60s	设定范围：0.1～300s
40		水泵最低运行频率	F8-24、F8-25、F8-26	20	1号水泵最低运行频率，2号水泵最低运行频率，设置范围：1.00～F0-7（上限频率）。水泵最低运行频率，为相应水泵变频运行时的下限频率，根据系统分别设置各泵的下限频率，有利于系统运行更合理
41		水泵额定电流	F8-30、F8-31		分别根据1号、2号水泵额定电流（铭牌参数）设置，用于各泵过载报警，只对在变频器运行状态下的水泵进行过载保护测试

变频器典型应用电路100例 第二版

三、动作详解

（一）闭合总电源及参数设置

闭合总电源断路器 QF1、变频器电源断路器 QF2，变频器上电。建议先将数据初始化，再根据参数表进行设置变频器参数，闭合 QF3～QF9，闭合控制回路断路器 QF10。

（二）污水池排污

当污水池水位达到上限时，SL2 动作 REV 与 GND 导通，Y2 集电极开路输出，4KM2 接触器闭合，污水泵电动机工频启动运行，对污水池进行排水。污水池水位到达下限时，SL1 动作 FWD 与 GND 导通，Y2 集电极开路停止输出，KA2 中间继电器触点断开，4KM2 接触器线圈失电，主触头断开，污水泵电动机停止运行。

（三）给定压力

当反馈压力低于给定压力 0.4MPa 时（系统使用 0～1MPa 压力传感器），1T 继电器输出，1KM1 接触器线圈得电，主触头闭合，1 号泵电动机 M1 变频启动运行，从启动频率 F1-12 上升到设定的上限频率 F0-07＝50Hz。

（四）1 号增压泵电动机 M1 变频转换工频

1 号增压泵电动机 M1 变频启动后频率达到 F0-07＝50Hz。压力还没达到给定压力设定值 0.4MPa，再经过加泵延时时间 F8-10＝60s，1T 继电器停止输出，1KM1 接触器线圈失电，主触头断开，1 号增压泵电动机 M1 变频停止运行。同时 2T 继电器输出，1KM2 接触器线圈得电，主触头闭合，1 号泵电动机 M1 转换为工频运行。

（五）2 号增压泵电动机 M2 变频转换工频

同时 3T 继电器输出，2KM1 接触器线圈得电，主触头闭合，2 号增压泵电动机 M2 变频启动运行，2 号增压泵电动机 M1 变频启动后频率达到 F0-07＝50Hz。压力还没达到给定压力设定值 0.4MPa，再经过加泵延时时间 F8-10＝60s，3T 继电器停止输出，2KM1 接触器线圈失电，主触头断开，2 号增压泵电动机 M2 变频停止运行。同时 4T 继电器输出，2KM2 接触器线圈得电，主触头闭合，2 号泵电动机 M2 转换为工频运行。

（六）3 号增压泵电动机 M3 启动变频

同时 5T 继电器输出，3KM1 接触器线圈得电，主触头闭合，3 号增压泵电动机 M3 变频启动运行，使压力达到给定压力设定值 0.4MPa，保持恒压。

（七）恒压运行减泵

当管网压力高于 0.4MPa，3 号增压泵降至最低频率时，再经过减泵延时时间 F8-11＝60s，2T 继电器停止输出，1 号增压泵电动机停止工频运行，2 号泵电动机工频继续运行，使压力保持在恒压区域，如反馈压力还高于给定压力再经过减泵延时时间 F8-11＝60s，4T 继电器停止输出，2KM2 接触器线圈失电，主触点断开，2 号泵电动机停止工频运行。由 3 号增压泵单台变频运行，如管网反馈压力还高于 0.4MPa 时，3 号增压泵经一段延时进入休眠运行，变频器停止输出。

（八）休眠

压力保持在恒压区域，3 号泵频率会逐渐降低，低于 F8-20＝30Hz，并高于 F8-25＝

250

20Hz，就会进入休眠等待时期，休眠等待时间 F8-21＝60s，休眠等待频率低于 F8-20＝
30Hz 并高于 F8-25＝20Hz，这时 5T 继电器停止输出，3KM1 接触器线圈失电，主触头
断开，3 号泵电动机变频停止运行，进入休眠状态。

（九）重复工作

在休眠时期压力会下降，当压力下降到唤醒压力（给定值＋F8-22）0.3MPa 时，
再经过唤醒延时时间 F8-23＝60s，系统恢复正常供水，重复以上步骤。

（十）系统运行时序

系统运行时序图如图 78-2 所示。

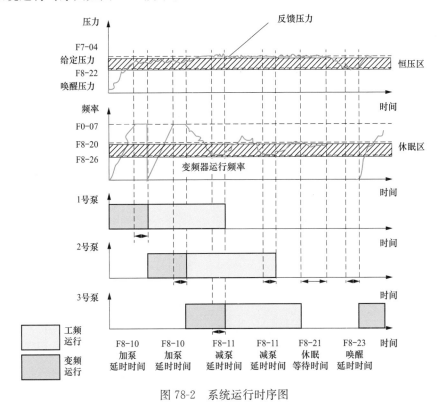

图 78-2　系统运行时序图

实例 79　供水专用变频器控制三台变频循环泵的应用电路

电路简介　该电路应用森兰供水专用变频器继电器输出及数字输出（晶体管输出）
端子功能，自动完成对 6 个接触器及一个中间继电器的直接控制，以完成变频器根据
PID 压力反馈信号控制电动机的变频/工频运行，并且通过 PID 压力反馈信号控制变频
器的运行频率及休眠以达到恒压运行的目的。

当管网压力低于给定压力时，1 号泵电动机变频启动运行，启动频率从下限频率上
升到上限频率，管网压力还没达到压力设定值时，1 号泵电动机由变频转工频运行。同
时 2 号泵电动机变频启动运行，2 号泵启动频率从下限频率上升到上限频率，管网压力还
没达到压力设定值时，2 号泵电动机由变频转工频运行。同时 3 号泵电动机变频启动运行，

随管网压力反馈调整运行频率，3个泵同时运行，使压力达到给定压力保持恒压。

当压力高于给定压力运行时，1号电动机停止运行，2号电动机工频运行、3号电动机变频运行，压力还高于给定压力，2号电动机停止运行，3号电动机继续变频运行保持恒压，压力保持在恒压区域后，3号泵电动机频率会逐渐降低直至休眠。

一、原理图

供水专用变频器控制三台变频循环泵的应用电路原理图如图79-1所示。

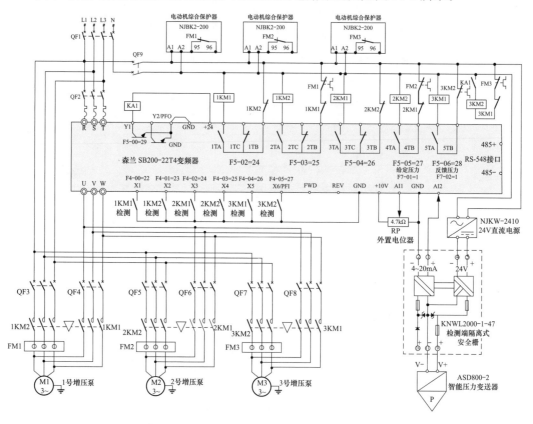

图79-1 供水专用变频器控制三台变频循环泵的应用电路原理图

二、图中应用的端子及主要参数

相关端子及参数功能含义见表79-1。

表 79-1 相关端子及参数功能含义

序号	端子名称	功能	功能代码	设定数据	设定值含义
1		数据保护	F0-10	0	全部参数允许被改写（只读参数除外）
2		数据初始化	F0-11	11	初始化
3		运行命令通道选择	F0-02	0	操作面板
4		上限频率	F0-07	50Hz	设定范围：F0-08"下限频率"～F0-06"最大频率"
5		下限频率	F0-08	20Hz	设定范围：0.000Hz～F0-07"上限频率"

续表

序号	端子名称	功能	功能代码	设定数据	设定值含义
6	X1：数字输入端子	端子 X1～REV 是可编程数字输入端子，F4-00～F4-12 分配各种功能	F4-00	22	1KM1 接触器检测，用于 1 号泵变频运行接触器检测
7	X2：数字输入端子		F4-01	23	1KM2 接触器检测，用于 1 号泵工频运行接触器检测
8	X3：数字输入端子		F4-02	24	2KM1 接触器检测，用于 2 号泵变频运行接触器检测
9	X4：数字输入端子		F4-03	25	2KM2 接触器检测，用于 2 号泵工频运行接触器检测
10	X5：数字输入端子		F4-04	26	3KM1 接触器检测，用于 3 号泵变频运行接触器检测
11	X6：数字输入端子		F4-05	27	3KM2 接触器检测，用于 3 号泵工频运行接触器检测
12	Y1：多功能输出端子	端子 Y1～Y2 是多功能集电极开路输出端子	F5-00	29	3 号电动机工频运行输出控制，用于 3 号增压泵电动机工频运行
13	T1：数字输入端子	端子 T1～T5 是继电器输出端子，F5-02～F5-06 分配各种功能	F5-02	24	1 号电动机变频运行输出控制，用于 1 号增压泵电动机变频运行
14	T2：数字输入端子		F5-03	25	1 号电动机工频运行输出控制，用于 1 号增压泵电动机工频运行
15	T3：数字输入端子		F5-04	26	2 号电动机变频运行输出控制，用于 2 号增压泵电动机变频运行
16	T4：数字输入端子		F5-05	27	2 号电动机工频运行输出控制，用于 2 号增压泵电动机工频运行
17	T5：数字输入端子		F5-06	28	3 号电动机变频运行输出控制，用于 3 号增压泵电动机变频运行
18		PID 控制功能选择	F7-00	3	PID 控制功能选择，用于恒压供水频率给定。0：不选择过程 PID 控制；1：选择过程 PID 控制（PID 输出以最大频率为 100%）；2：选择 PID 对给定频率修正（PID 输出以最大频率为 100%）；3：选择过程 PID 控制，用于恒压供水频率给定
19	AI1	给定通道选择	F7-01	0	给定通道选择，用于 F7-04 给定信号输入
20	AI2	反馈通道选择	F7-02	1	反馈通道选择，用于压力反馈信号输入
21	GND	地			模拟输入/输出、数字输入/输出、PFI、PFO、通信和＋10V、24V 电源接地端子
22		PID 参考量	F7-03	1	设定范围：根据压力传感器量程设置 0.00～100.00
23		PID 数字给定	F7-04	0.4	设定范围：－F7-03～F7-03
24		比例增益 1	F7-05	2.0	根据现场实际进行调节
25		积分时间 1	F7-06	2.0	根据现场实际进行调节
26		微分时间 1	F7-07	2.0	根据现场实际进行调节

续表

序号	端子名称	功能	功能代码	设定数据	设定值含义
27		供水模式选择	F8-00	1	供水模式选择，用于普通PI调节恒压供水。0：不选择供水功能；1：普通PI调节恒压供水；2：水位控制；3：单台泵依次运行；4：专供消防供水
28		水泵配置及休眠选择	F8-01	03003	水泵配置及休眠选择，用于变频循环泵台数为2。 个位：变频循环投切泵的数量1～5。 十位：辅助运行泵的数量0～4。 百位：辅助泵启动方式，0：直接启动；1：通过软启动器启动。 千位：休眠及休眠泵选择，0：不选择休眠泵；1：休眠泵变频运行；2：休眠泵工频运行；3：主泵休眠运行。 万位：排污泵选择，0：不控制排污泵；1：控制排污泵
29		故障及PID下限选择	F8-02	01	故障及PID下限选择。 个位：PID下限选择，0：停止运行；1：保持运行。 十位：故障动作选择，0：全部泵停止运行，处于故障状态；1：保持工频运行，故障复位后继续运行；2：保持工频运行，故障复位后处于待机状态
30		加泵延时时间	F8-10	60s	设定范围：0.0～600.0s
31		减泵延时时间	F8-11	60s	设定范围：0.0～600.0s
32		休眠频率	F8-20	30Hz	设定范围：1.00～50.00Hz
33		休眠等待时间	F8-21	60s	设定范围：1.0～1800.0s
34		唤醒偏差设定	F8-22	−0.1	设定范围：−F7-03～F7-03
35		唤醒延时时间	F8-23	60s	设定范围：0.1～300s
36		水泵最低运行频率	F8-24、F8-25、F8-26	20	1号水泵最低运行频率，2号水泵最低运行频率。设置范围：1.00～F0-7（上限频率），水泵最低运行频率，为相应水泵变频运行时的下限频率，根据系统分别设置各泵的下限频率，有利于系统运行更合理
37		水泵额定电流	F8-30、F8-31		分别根据1号、2号水泵额定电流（铭牌参数）设置，用于各泵过载报警，只对在变频器运行状态下的水泵进行过载保护测试

三、动作详解

（一）闭合总电源及参数设置

闭合总电源断路器QF1、变频器电源断路器QF2，变频器上电。建议先将数据初始化，再根据参数表进行设置变频器参数。闭合 QF3～QF8，闭合控制回路断路器 QF9。

（二）给定压力

当反馈压力低于给定压力 0.4MPa 时（系统使用 0～1MPa 压力传感器），1T 继电器输出，1KM1 接触器线圈得电，主触头闭合，1 号泵电动机 M1 变频启动运行，从启动频率 F1-12 上升到设定的上限频率 F0-07＝50Hz。

（三）1 号增压泵电动机 M1 变频转换工频

1 号增压泵电动机 M1 变频启动后频率达到 F0-07＝50Hz。压力还没达到给定压力设定值 F7-04＝0.4MPa，再经过加泵延时时间 F8-10＝60s，1T 继电器停止输出，1KM1 接触器线圈失电，主触头断开，1 号增压泵电动机 M1 变频停止运行。同时 2T 继电器输出，1KM2 接触器线圈得电，主触头闭合，1 号泵电动机 M1 转换为工频运行。

（四）2 号增压泵电动机 M2 变频转换工频

同时 3T 继电器输出，2KM1 接触器线圈得电，主触头闭合，2 号增压泵电动机 M2 变频启动运行，2 号增压泵电动机 M1 变频启动后频率达到 F0-07＝50Hz。压力还没达到给定压力设定值 0.4MPa，再经过加泵延时时间 F8-10＝60s，3T 继电器停止输出，2KM1 接触器线圈失电，主触头断开，2 号增压泵电动机 M2 变频停止运行。同时 4T 继电器输出，2KM2 接触器线圈得电，主触头闭合，2 号泵电动机 M2 转换为工频运行。

（五）3 号增压泵电动机 M2 启动变频

同时 5T 继电器输出，3KM1 接触器线圈得电，主触头闭合，3 号增压泵电动机 M3 变频启动运行，使压力达到给定压力设定值 0.4MPa，保持恒压。

（六）恒压运行减泵

当管网压力高于 0.4MPa，3 号增压泵降至最低频率时，再经过减泵延时时间 F8-11＝60s，2T 继电器停止输出，1 号增压泵电动机停止工频运行，2 号泵电动机工频继续运行，使压力保持在恒压区域，如反馈压力还高于给定压力再经过减泵延时时间 F8-11＝60s，4T 继电器停止输出，2KM2 接触器线圈失电，主触点断开，2 号泵电动机停止工频运行。由 3 号增压泵单台变频运行，如管网反馈压力还高于 0.4MPa 时，3 号增压泵经一段延时进入休眠运行，变频器停止输出。

（七）休眠

压力保持在恒压区域，3 号泵频率会逐渐降低，低于 F8-20＝30Hz，并高于 F8-25＝20Hz，就会进入休眠等待时期，休眠等待时间 F8-21＝60s，休眠等待频率低于 F8-20＝30Hz 并高于 F8-25＝20Hz，这时 5T 继电器停止输出，3KM1 接触器线圈失电，主触头断开，3 号泵电动机变频停止运行，进入休眠状态。

（八）重复工作

在休眠时期压力会下降，当压力下降到唤醒压力（给定值＋F8-22）0.3MPa 时，再经过唤醒延时时间 F8-23＝60s，系统恢复正常供水，重复以上步骤。

（十）系统运行时序

系统运行时序图如图 79-2 所示。

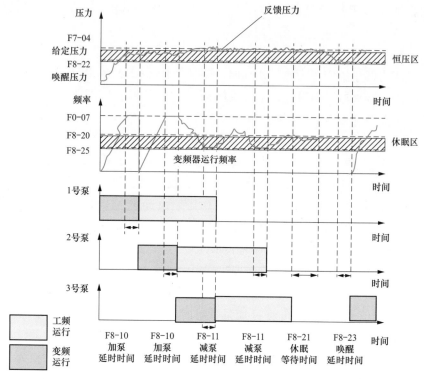

图 79-2　系统运行时序图

实例 80　供水专用变频器控制两台变频循环泵、带一台辅助泵及污水泵的应用电路

电路简介　该电路应用森兰供水专用变频器继电器输出及数字输出（晶体管输出）端子功能，自动完成对 6 个接触器及一个中间继电器的直接控制，以完成变频器根据 PID 压力反馈信号控制电动机的变频/工频运行，并且通过 PID 压力反馈信号控制变频器的运行频率及休眠以达到恒压运行的目的。

当管网压力低于给定压力时，1 号增压泵电动机变频启动运行，启动频率从下限频率上升到上限频率，管网压力还没达到压力设定值时，1 号增压泵电动机由变频转工频运行。2 号增压泵电动机变频启动运行，管网压力还达不到压力设定值，3 号增压泵电动机工频启动运行，使压力达到给定压力保持恒压。

当压力高于给定压力时，3 号增压泵电动机停止运行，2 号增压泵电动机变频运行、1 号增压泵电动机工频运行，如反馈压力还高于给定压力，1 号增压泵电动机停止工频运行，2 号增压泵电动机继续变频运行保持恒压，压力保持在恒压区域后，2 号增压泵电动机频率会逐渐降低直至休眠。

一、原理图

供水专用变频器控制两台变频循环泵、带一台辅助泵及污水泵的应用电路原理图如图 80-1 所示。

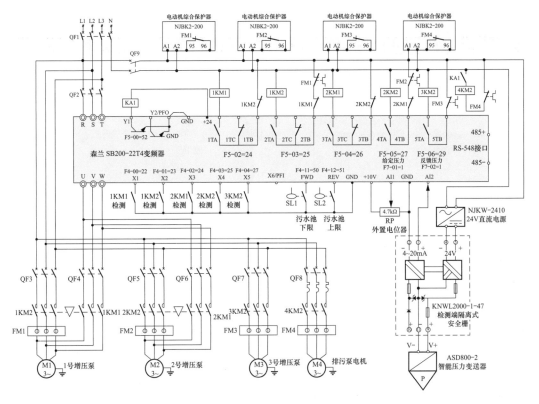

图 80-1 供水专用变频器控制两台变频循环泵、带一台辅助泵及污水泵的应用电路原理图

二、图中应用的端子及主要参数

相关端子及参数功能含义见表 80-1。

表 80-1 相关端子及参数功能含义

序号	端子名称	功能	功能代码	设定数据	设定值含义
1		数据保护	F0-10	0	全部参数允许被改写（只读参数除外）
2		数据初始化	F0-11	11	初始化
3		运行命令通道选择	F0-02	0	操作面板
4		上限频率	F0-07	50Hz	设定范围：F0-08"下限频率"～F0-06"最大频率"
5		下限频率	F0-08	20Hz	设定范围：0.000Hz～F0-07"上限频率"
6	X1：数字输入端子		F4-00	22	1KM1 接触器检测，用于 1 号泵变频运行接触器检测
7	X2：数字输入端子	端子 X1～REV 是可编程数字输入端子，F4-00～F4-12 分配各种功能	F4-01	23	1KM2 接触器检测，用于 1 号泵工频运行接触器检测
8	X3：数字输入端子		F4-02	24	2KM1 接触器检测，用于 2 号泵变频运行接触器检测
9	X4：数字输入端子		F4-03	25	2KM2 接触器检测，用于 2 号泵工频运行接触器检测
10	X5：数字输入端子		F4-04	27	3KM2 接触器检测，用于 3 号泵工频运行接触器检测

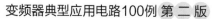

续表

序号	端子名称	功能	功能代码	设定数据	设定值含义
11	FWD：数字输入端子	端子 X1～REV 是可编程数字输入端子，F4-00～F4-12 分配各种功能	F4-11	50	污水池下限水位检测，用于检测污水池下限
12	REV：数字输入端子		F4-12	51	污水池上限水位检测，用于检测清水池上限
13	Y1：多功能输出端子	端子 Y1～Y2 是多功能集电极开路输出端子	F5-00	54	排污泵控制，用于排污泵电动机工频运行
14	T1：数字输入端子	端子 T1～T5 是继电器输出端子，F5-02～F5-06 分配各种功能	F5-02	24	1号电动机变频运行输出控制，用于1号电动机变频运行
15	T2：数字输入端子		F5-03	25	1号电动机工频运行输出控制，用于1号电动机工频运行
16	T3：数字输入端子		F5-04	26	2号电动机变频运行输出控制，用于2号电动机变频运行
17	T4：数字输入端子		F5-05	27	2号电动机工频运行输出控制，用于2号电动机工频运行
18	T5：数字输入端子		F5-06	29	3号电动机工频运行输出控制，用于3号电动机工频运行
19		PID控制功能选择	F7-00	3	PID控制功能选择，用于恒压供水频率给定。0：不选择过程PID控制；1：选择过程PID控制（PID输出以最大频率为100%）；2：选择PID对给定频率修正（PID输出以最大频率为100%）；3：选择过程PID控制，用于恒压供水频率给定
20	AI1	给定通道选择	F7-01	0	给定通道选择，用于F7-04给定信号输入
21	AI2	反馈通道选择	F7-02	1	反馈通道选择，用于压力反馈信号输入
22	GND	地			模拟输入/输出、数字输入/输出、PFI、PFO、通信和+10V、24V电源接地端子
23		PID参考量	F7-03	1	设定范围：根据压力传感器量程设置 0.00～100.00
24		PID数字给定	F7-04	0.4	设定范围：-F7-03～F7-03
25		比例增益1	F7-05	2.0	根据现场实际进行调节
26		积分时间1	F7-06	2.0	根据现场实际进行调节
27		微分时间1	F7-07	2.0	根据现场实际进行调节
28		供水模式选择	F8-00	1	供水模式选择，用于普通PI调节恒压供水，0：不选择供水功能；1：普通PI调节恒压供水；2：水位控制；3：单台泵依次运行；4：专供消防供水

序号	端子名称	功能	功能代码	设定数据	设定值含义
29		水泵配置及休眠选择	F8-01	13012	水泵配置及休眠选择，用于变频循环泵台数为2，工频辅助台数为1，休眠方式为主泵休眠。 个位：变频循环投切泵的数量1～5。 十位：辅助运行泵的数量0～4。 百位：辅助泵启动方式，0：直接启动；1：通过软启动器启动。 千位：休眠及休眠泵选择，0：不选择休眠泵；1：休眠泵变频运行；2：休眠泵工频运行；3：主泵休眠运行。 万位：排污泵选择，0：不控制排污泵；1：控制排污泵
30		故障及PID下限选择	F8-02	01	故障及PID下限选择，用于PID下限保持运行，故障停止运行。 个位：PID下限，0：停止运行；1：保持运行。 十位：故障动作选择，0：全部泵停止运行，处于故障状态；1：保持工频运行，故障复位后继续运行；2：保持工频运行的泵，故障复位后处于待机状态
31		污水池水位信号选择	F8-03	40	污水池水位信号选择。 十位：污水池信号选择。 个位：清水池信号选择。设置值0：不检测水位信号；1：AI1；2：AI2；3：AI3；4：数字信号
32		加泵延时时间	F8-10	60s	设定范围：0.0～600.0s
33		减泵延时时间	F8-11	60s	设定范围：0.0～600.0s
34		休眠频率	F8-20	30Hz	设定范围：1.00～50.00Hz
35		休眠等待时间	F8-21	60s	设定范围：1.0～1800.0s
36		唤醒偏差设定	F8-22	−0.1	设定范围：−F7-03～F7-03
37		唤醒延时时间	F8-23	60s	设定范围：0.1～300s
38		水泵最低运行频率	F8-24、F8-25	20	1号水泵最低运行频率，2号水泵最低运行频率，设置范围：1.00～F0-7（上限频率），水泵最低运行频率，为相应水泵变频运行时的下限频率，根据系统分别设置各泵的下限频率，有利于系统运行更合理。
39		水泵额定电流	F8-30、F8-31		分别根据1号、2号水泵额定电流（铭牌参数）设置，用于各泵过载报警，只对在变频器运行状态下的水泵进行过载保护测试

三、动作详解

（一）闭合总电源及参数设置

闭合总电源断路器 QF1、变频器电源断路器 QF2，变频器上电。建议先将数据初始化，再根据参数表进行设置变频器参数。闭合 QF3～QF8，闭合控制回路断路器 QF9。

（二）污水池排污

当污水池水位达到上限时，SL2 动作 REV 与 GND 导通，Y1 集电极开路输出，4KM2 接触器闭合，污水泵电动机工频启动运行，对污水池进行排水。污水池水位到达下限时，SL1 动作 FWD 与 GND 导通，Y1 集电极开路停止输出，污水泵电动机停止运行。

（三）给定压力

当反馈压力低于给定压力 0.4MPa 时（系统使用 0～1MPa 压力传感器），1T 继电器输出，1KM1 接触器线圈得电，主触头闭合，1 号泵电动机 M1 变频启动运行，从启动频率 F1-12 上升到设定的上限频率 F0-07＝50Hz。

（四）1 号泵电动机 M1 变频转换工频

1 号泵电动机 M1 变频启动后频率达到 F0-07＝50Hz。压力还没达到给定压力设定值 F7-04＝0.4MPa，再经过加泵延时时间 F8-10＝60s，1T 继电器停止输出，1KM1 接触器线圈失电，主触头断开，1 号泵电动机 M1 变频停止运行。同时 2T 继电器输出，1KM2 接触器线圈得电，主触头闭合，1 号泵电动机 M1 转换为工频运行。

（五）2 号泵电动机 M2 启动变频

同时 3T 继电器输出，2KM1 接触器线圈得电，主触头闭合，2 号泵电动机 M2 变频启动运行，从下限频率 F0-08＝20Hz 上升到设定的上限频率 F0-07＝50Hz。

（六）3 号泵电动机 M3 启动工频

如果 1 号电动机 M1 泵工频和 2 号泵电动机 M2 变频压力还没达到给定压力 0.4MPa，再经过加泵延时时间 F8-10＝60s，5T 继电器输出，3KM2 接触器线圈得电，主触头闭合，3 号泵电动机 M3 工频启动运行，使压力达到给定压力设定值 0.4MPa，保持恒压。

（七）恒压运行减泵

当压力高于 0.4MPa 恒压运行时，会经过减泵延时时间 F8-11＝60s。5T 继电器停止输出，3KM2 接触器线圈失电，主触头断开，3 号泵电动机停止运行。2 号泵电动机变频继续运行，使压力保持在恒压区域，如反馈压力还高于给定压力再经过减泵延时时间 F8-11＝60s，2T 继电器停止输出，1KM2 接触器线圈失电，主触头断开，1 号泵电动机停止运行。2 号泵电动机继续变频运行，使压力始终在恒压区域工作。

（八）休眠

压力保持在恒压区域，2 号泵频率会逐渐降低，低于 F8-20＝30Hz，并高于 F8-25＝20Hz，就会进入休眠等待时期，休眠等待时间 F8-21＝60s，休眠等待频率低于 F8-20＝30Hz 并高于 F8-25＝20Hz，这时 3T 继电器停止输出，2KM1 接触器线圈失电，主触头断开，2 号泵电动机变频停止运行，进入休眠状态。

（九）重复工作

在休眠时期压力会下降，当压力下降到唤醒压力（给定值＋F8-22）0.3MPa 时，再经过唤醒延时时间 F8-23＝60s，系统恢复正常供水，重复以上步骤。

（十）系统运行时序

系统运行时序如图 80-2 所示。

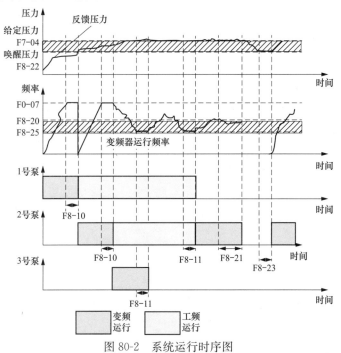

图 80-2 系统运行时序图

实例 81 供水专用变频器控制两台变频循环泵、带一台辅助泵及清水泵的应用电路

电路简介 该电路应用森兰供水专用变频器继电器输出及数字输出（晶体管输出）端子功能，自动完成对 6 个接触器及一个中间继电器的直接控制，以完成变频器根据 PID 压力反馈信号控制电动机的变频/工频运行，并且通过 PID 压力反馈信号控制变频器的运行频率及休眠以达到恒压运行的目的。

当管网压力低于给定压力时，1 号增压泵电动机变频启动运行，启动频率从下限频率上升到上限频率，管网压力还没达到压力设定值时，1 号增压泵电动机由变频转工频运行。2 号增压泵电动机变频启动运行，管网压力还达不到压力设定值，3 号增压泵电动机工频启动运行，使压力达到给定压力保持恒压。

当压力高于给定压力时，3 号增压泵电动机停止运行，2 号增压泵电动机变频运行、1 号增压泵电动机工频运行，如反馈压力还高于给定压力，1 号增压泵电动机停止工频运行，2 号增压泵电动机继续变频运行保持恒压，压力保持在恒压区域后，2 号增压泵电动机频率会逐渐降低直至休眠。

一、原理图

供水专用变频器控制两台变频循环泵、带一台辅助泵及清水泵的应用电路原理图如图 81-1 所示。

变频器典型应用电路100例 **第二版**

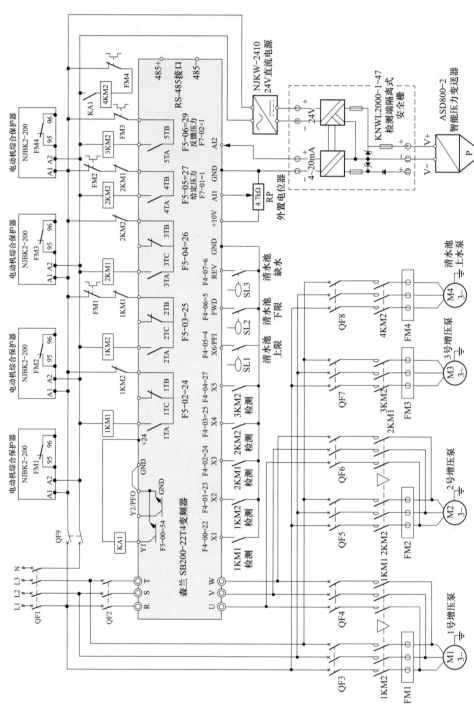

图81-1 供水专用变频器控制两台变频循环泵、带一台辅助泵及清水泵的应用电路原理图

二、图中应用的端子及主要参数表

相关端子及参数功能含义见表 81-1。

表 81-1　　　　　　　　　　　　　相关端子及参数功能含义

序号	端子名称	功能	功能代码	设定数据	设定值含义
1		数据保护	F0-10	0	全部参数允许被改写（只读参数除外），不保护
2		数据初始化	F0-11	11	初始化
3		运行命令通道选择	F0-02	0	操作面板
4		上限频率	F0-07	50Hz	设定范围：F0-08 "下限频率" ～F0-06 "最大频率"
5		下限频率	F0-08	20Hz	设定范围：0.000Hz～F0-07 "上限频率"
6	X1：数字输入端子		F4-00	22	1KM1 接触器检测，用于 1 号泵变频运行接触器检测
7	X2：数字输入端子		F4-01	23	1KM2 接触器检测，用于 1 号泵工频运行接触器检测
8	X3：数字输入端子		F4-02	24	2KM1 接触器检测，用于 2 号泵变频运行接触器检测
9	X4：数字输入端子	端子 X1～REV 是可编程数字输入端子，F4-00～F4-12 分配各种功能	F4-03	25	2KM2 接触器检测，用于 2 号泵工频运行接触器检测
10	X5：数字输入端子		F4-04	27	3KM2 接触器检测，用于 3 号泵工频运行接触器检测
11	X6：数字输入端子		F4-05	4	清水池上限水位检测，用于检测清水池上限
12	FWD：数字输入端子		F4-11	5	清水池下限水位检测，用于检测清水池下限
13	REV：数字输入端子		F4-12	6	清水池缺水水位检测，用于检测清水池缺水水位
14	Y1：多功能输出端子	端子 Y1～Y2 是多功能集电极开路输出端子	F5-00	52	清水泵工频运行输出控制，用于清水池缺水时，清水泵电动机工频运行
15	T1：数字输入端子		F5-02	24	1 号电动机变频运行输出控制，用于 1 号电动机变频运行
16	T2：数字输入端子		F5-03	25	1 号电动机工频运行输出控制，用于 1 号电动机工频运行
17	T3：数字输入端子	端子 T1～T5 是继电器输出端子，F5-02～F5-06 分配各种功能	F5-04	26	2 号电动机变频运行输出控制，用于 2 号电动机变频运行
18	T4：数字输入端子		F5-05	27	2 号电动机工频运行输出控制，用于 2 号电动机工频运行
19	T5：数字输入端子		F5-06	29	3 号电动机工频运行输出控制，用于 3 号电动机工频运行

序号	端子名称	功能	功能代码	设定数据	设定值含义
20		PID控制功能选择	F7-00	3	PID控制功能选择,用于恒压供水频率给定。 0:不选择过程PID控制;1:选择过程PID控制(PID输出以最大频率为100%);2:选择PID对给定频率修正(PID输出以最大频率为100%);3:选择过程PID控制,用于恒压供水频率给定
21	AI1	给定通道选择	F7-01	0	给定通道选择,用于F7-04给定信号输入
22	AI2	反馈通道选择	F7-02	1	反馈通道选择,用于压力反馈信号输
23	GND	地			模拟输入/输出、数字输入/输出、PFI、PF0、通信和+10V、24V电源接地端子
24		PID参考量	F7-03	1	设定范围:根据压力传感器量程设置0.00～100.00
25		PID数字给定	F7-04	0.4	设定范围:-F7-03～F7-03
26		供水模式选择	F8-00	1	供水模式选择,用于普通PI调节恒压供水。0:不选择供水功能;1:普通PI调节恒压供水;2:水位控制;3:单台泵依次运行;4:专供消防供水
27		水泵配置及休眠选择	F8-01	03012	水泵配置及休眠选择,用于变频循环泵台数为2,工频辅助台数为1,休眠方式为主泵休眠。 个位:变频循环投切泵的数量1～5。 十位:辅助运行泵的数量0～4。 百位:辅助泵启动方式,0:直接启动,1:通过软启动器启动。 千位:休眠及休眠泵选择,0:不选择休眠泵;1:休眠泵变频运行;2:休眠泵工频运行;3:主泵休眠运行。 万位:排污泵选择,0:不控制排污泵;1:控制排污泵
28		故障及PID下限选择	F8-02	01	故障及PID下限选择,用于PID下限保持运行,故障停止运行。 个位:PID下限,0:停止运行;1:保持运行。 十位:故障动作选择,0:全部泵停止运行,处于故障状态;1:保持工频运行,故障复位后继续运行;2:保持工频运行的泵,故障复位后处于待机状态

续表

序号	端子名称	功能	功能代码	设定数据	设定值含义
29		清水池水位信号选择	F8-03	04	清水池水位信号选择。 十位：污水池信号选择。 个位：清水池信号选择，设置值0：不检测水位信号；1：AI1，2：AI2，3：AI3，4：数字信号
30		清水池缺水时压力给定	F8-07	0.2	清水池缺水时压力给定，用于当清水池水位低于缺水水位时，将自动切换到缺水时压力给定。当水位信号低于下限水位时，系统停止运转，并报清水池缺水故障
31		加泵延时时间	F8-10	60s	设定范围：0.0～600.0s
32		减泵延时时间	F8-11	60s	设定范围：0.0～600.0s
33		休眠频率	F8-20	30Hz	设定范围：1.00～50.00Hz
34		休眠等待时间	F8-21	60s	设定范围：1.0～1800.0s
35		唤醒偏差设定	F8-22	−0.1	设定范围：−F7-03～F7-03
36		唤醒延时时间	F8-23	60s	设定范围：0.1～300s
37		水泵最低运行频率	F8-24、F8-25	20	1号水泵最低运行频率，2号水泵最低运行频率。设置范围：1.00～F0-7（上限频率），水泵最低运行频率，为相应水泵变频运行时的下限频率，根据系统分别设置各泵的下限频率，有利于系统运行更合理
38		水泵额定电流	F8-30、F8-31		分别根据1号、2号水泵额定电流（铭牌参数）设置，用于各泵过载报警，只对在变频器运行状态下的水泵进行过载保护测试

三、动作详解

（一）闭合总电源及参数设置

闭合总电源断路器QF1、变频器电源断路器QF2，变频器上电。建议先将数据初始化，再根据参数表进行设置变频器参数，闭合QF3～QF8，闭合控制回路断路器QF9。

（二）清水池供水

当清水池水位达到缺水限时，缺水位置浮球开关接点SL3闭合，REV与GND导通，Y1集电极开路输出，KA1中间继电器触点闭合，4KM2接触器线圈得电，主触头闭合，清水泵电动机工频运行，对清水池进行注水。清水池水位到达上限时，清水池上限位置浮球开关接点SL1闭合X6与GND导通，Y1集电极开路停止输出，KA1中间继电器失电，4KM2接触器线圈失电，主触头断开，清水泵电动机停运。根据水位自动重复以上步骤。如水位到达缺水位时，将自动切换到缺水时压力给定F8-07＝0.2MPa

运行，如未能正常进水，水位持续下降至水位下限时，水位下限浮球开关接点 SL2 闭合，启动缺水保护功能，系统停机并报故障，代码为 ER. PLL。

（三）给定压力

当反馈压力低于给定压力 0.4MPa 时，1T 继电器输出，1KM1 接触器线圈得电，主触头闭合，1 号泵电动机 M1 变频启动运行，从启动频率 F1-12 上升到设定的上限频率 F0-07＝50Hz。

（四）1 号泵电动机 M1 变频转换工频

1 号泵电动机 M1 变频启动后频率达到 F0-07＝50Hz。压力还没达到给定压力设定值 0.4MPa，再经过加泵延时时间 F8-10＝60s，1T 继电器停止输出，1KM1 接触器线圈失电，主触头断开，1 号泵电动机 M1 变频停止运行。同时 2T 继电器输出，1KM2 接触器线圈得电，主触头闭合，1 号泵电动机 M1 转换为工频运行。

（五）2 号泵电动机 M2 启动变频

同时 3T 继电器输出，2KM1 接触器线圈得电，主触头闭合，2 号泵电动机 M2 变频启动运行，从下限频率 F0-08＝20Hz 上升到设定的上限频率 F0-07＝50Hz。

（六）3 号泵电动机 M3 启动工频

如果 1 号电动机 M1 泵工频和 2 号泵电动机 M2 变频压力还没达到给定压力 0.4MPa，再经过加泵延时时间 F8-10＝60s，5T 继电器输出，3KM2 接触器线圈得电，主触头闭合，3 号泵电动机 M3 工频启动运行，使压力达到给定压力设定值 0.4MPa，保持恒压。

（七）恒压运行减泵

当压力高于 0.4MPa 恒压运行时，会经过减泵延时时间 F8-11＝60s。5T 继电器停止输出，3KM2 接触器线圈失电，主触头断开，3 号泵电动机停止工频运行。2 号泵电动机变频继续运行，使压力保持在恒压区域，如反馈压力还高于给定压力再经过减泵延时时间 F8-11＝60s，2T 继电器停止输出，1KM2 接触器线圈失电，主触头断开，1 号泵电动机停止工频运行。2 号泵电动机继续变频运行，使压力始终在恒压区域工作。

（八）休眠

压力保持在恒压区域，2 号泵频率会逐渐降低，低于 F8-20＝30Hz，并高于 F8-25＝20Hz，就会进入休眠等待时期，休眠等待时间 60s，休眠等待频率低于 F8-20＝30Hz，并高于 F8-25＝20Hz，这时 3T 继电器停止输出，2KM1 接触器线圈失电，主触头断开，2 号泵电动机变频停止运行，进入休眠状态。

（九）重复工作

在休眠时期压力会下降，当压力下降到唤醒压力（给定值＋F8-22）0.3MPa 时，再经过唤醒延时时间 F8-23＝60s，系统恢复正常供水，重复以上步骤。

（十）系统运行时序图

系统运行时序图如图 81-2 所示。

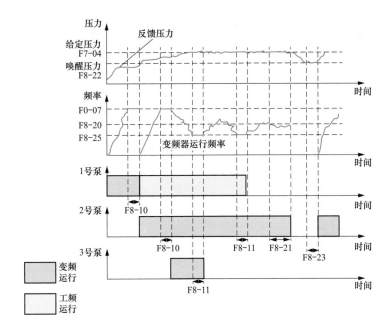

图 81-2　系统运行时序图

第九章

恒压供水控制器及变频器PID功能在恒压供水电路中的应用

实例 82　恒压供水控制器与变频器配合使用，实现恒压供水工频、变频转换的应用电路(含视频讲解)

电路简介　该电路利用恒压供水控制器的 PID 调节功能对变频器进行控制。以实现工频、变频转换恒压供水控制功能。恒压供水控制器在电路中起核心控制作用，变频器则采用常规的通用型变频器，变频器在电路只起变频调速作用，电动机的切换等主要控制功能由控制器完成。

若要保持供水系统中某处压力的恒定，只需保证该处的供水量和用水量处于平衡状态，即可实现恒压供水。该实例可根据系统压力变化自动控制变频电动机的转速，并且可通过转换开关来实现工频、变频的转换。

一、原理图

恒压供水控制器与变频器配合使用，实现恒压供水工频、变频转换的应用电路原理图如图 82-1 所示。

二、图中应用的端子及主要参数

相关端子及参数功能含义见表 82-1。

三、控制原理

在实际恒压供水系统中，一般在管路中安装压力传感器，由压力传感器检测管路中流体压力的大小，并将压力信号转换为电信号，送至 HD3000N 中，由 HD3000N 的模拟量输出端子输出一个连续变化的电信号对变频器的输出频率进行控制。

当用水量减少，供水量大于用水需求时，管道中水压上升，经压力变送器反馈的电信号变大，目标值与反馈值的差减小，该比较信号经 HD3000N 处理后的频率给定信号变小，变频器输出频率下降，水泵电动机转速下降，供水能力下降。

当用水量增加，供水量小于用水需求时，管道中水压下降，经压力变送器反馈的电信号减小，目标值与反馈值的差增大，该比较信号经 HD3000N 处理后的频率给定信号变大，变频器输出频率上升，水泵电动机转速上升，供水能力提高。直到压力大小等于目标值、供水能力与用水需求之间达到平衡为止，即可实现恒压补水，HD3000N 型恒压供水控制器端子接线图如图 82-2 所示。

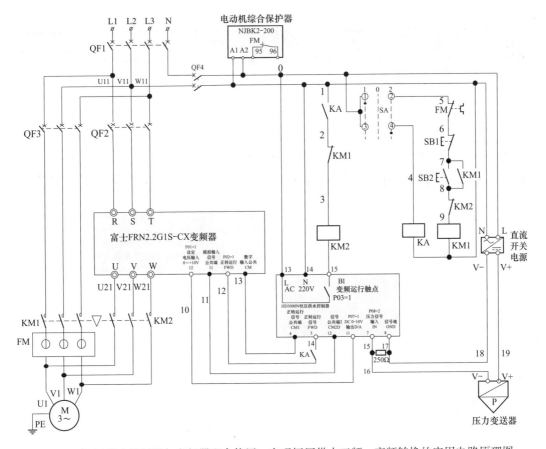

图 82-1　恒压供水控制器与变频器配合使用，实现恒压供水工频、变频转换的应用电路原理图

表 82-1　　　　　　　　　　相关端子及参数功能含义

富士 G1S 变频器所用端子及参数设置					
序号	端子名称	功能	功能代码	设定数据	设定值含义
1		数据保护	F00	0	由此功能可保护已设定在变频内的数据，使之不能容易改变。在更改功能代码 F00 的数据时，需要双键操作（STOP 键＋∧或∨键）。0：可改变数据；1：不可改变数据（数据保护）
2		数据初始化	H03	1	将功能代码的数据恢复到出厂时的设定值。此外，进行电动机常量的初始化。在更改功能代码 H03 的数据时，需要双键操作（STOP 键＋∧或∨键）
3	11、12、13	频率设定 1	F01	1	F01 含义为选择频率设定的设定方法： 11：模拟输入信号公共端； 12：设定电压输入 0～＋10V/0～±100（％）端子； 13：电位器用电源＋10V（DC）端子。 当设定值为 1 时，按照外部发出的模拟量电压输入指令值进行频率设定，包括电压输入和外置电位器输入均选择为 1

续表

序号	端子名称	功能	功能代码	设定数据	设定值含义
富士 G1S 变频器所用端子及参数设置					
序号	端子名称	功能	功能代码	设定数据	设定值含义
4	CM：公共端，FWD：正转端子	运行操作	F02	1	F02 含义为选择运转指令的设定方法：当设定值为 1 时，由外部信号 FWD（正）/REV（反）输入运行命令；即端子 FWD-CM 间，闭合为正/反转运行；断开为减速停止

序号	端子名称	功能	功能代码	设定数据	设定值含义
HD3000N 所用端子及参数设置					
序号	端子名称	功能	功能代码	设定数据	设定值含义
1	L、N	HD3000 工作电源			L、N 所用电源为交流 220V
2	CM1、FWD	正转运行信号			变频器启动命令，即端子 FWD-CM 间闭合为正转运行，断开为减速停止
3		当前压力设定值	P01	0～2.5MPa	根据现场工况设定的目标压力值
4	B1	继电器输出端子	P03	1	P03 含义为泵的工作模式。 1：1 号泵变频，即一用一备，互为备用泵，先起 1 号泵工作模式； 2：2 号泵变频，即一用一备，互为备用泵，先起 2 号泵工作模式； 3：一变一工，即一台变频泵加一台工频泵工作模式； 4：补水泄压，即锅炉补水或换热机组补水设计的工作模式； 5：开关控制，即开关位式控制模式，带超压泄水电磁阀； 6：1 号与 2 号循环，即两泵循环控制模式； 7：1 号、2 号、3 号三台泵循环，即三泵循环控制模式； 8：一变两工，即一台变频泵、两台工频泵工作模式； 9：一变三工，即一台变频泵、三台工频泵工作模式； 10：消防二工频，即两台工频泵一用一备消防工作模式； 11：一变四工，即一台变频泵、四台工频泵工作模式； 12：1 号与 3 号循环，即 1 号泵与 3 号泵两泵循环工作模式； 13：2 号与 3 号循环，即 2 号泵与 3 号泵两泵循环工作模式； 14：3 号泵变频，即 3 号泵单泵变频工作模式； 15：四泵循环，即 4 台泵循环工作模式； B1 端子控制电机变频运行
5	CM2 D/A	模拟量输出	P07	1	P07 含义为输出电压选择：P07 = 1，D/A（DC 0～10V 输出）、CM2（信号公共端 2）。1：0～10V；2：0～5V

续表

序号	端子名称	功能	功能代码	设定数据	设定值含义
				HD3000N 所用端子及参数设置	
6	IN GND	信号输入	P08	2	P08 含义为输入信号选择，P08＝2，IN：压力信号输入；GND：压力信号输入地。P081：0～5V；2：4～20mA。如果要接 4～20mA 的电流型压力变送器，需 P08 设定值为 2，此时还需在压力信号输入的两个端子（IN 和 GND）之间外接一个 250Ω/0.5W 的精密电阻
7		传感器量程选择	P09	0.6、1.0、12.5MPa	P09 的含义为传感器的量程选择：（P09＝?）该值应根据现场的实际情况及要求设定
8		输出控制选择	P18	0	P18 含义为是否自动控制频率 P18＝0；0：输出频率自动控制；1：输出频率手动控制。默认为 0

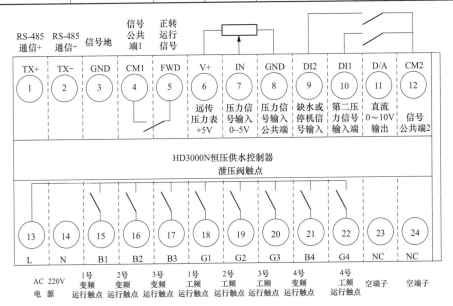

图 82-2 HD3000N 型恒压供水控制器端子接线图

四、动作详解

（一）闭合总电源及参数设置

闭合总电源断路器 QF1、变频器电源断路器 QF2，工频电源 QF3、控制电源 QF4 后变频器上电，直流开关电源、HD3000N、压力传感器得电。

根据参数表设置变频器参数及 HD3000N 参数，参数设置后，HD3000N 的 PV 窗口显示当前系统压力值。B1 与 L 通过内部继电器接通（P03＝1），将相线加于交流接触器的一端。1s 后 CM1 与 FWD 闭合。CM2 和 D/A 根据所设定的目标值输出一个 0～10V 的直流电压（P07＝1），目标值在 SV 窗口显示（如系统中采用 0～1MPa 的压力传感器，想要达到系统某处压力恒定值为 0.4MPa 的话，目标值就为 0.4）。

（二）变频器的启动与闭环控制

当工频、变频转换开关 SA 转至变频状态时，SA 的①→②接点断开，③→④接点闭合，回路经 0→4→1 号线闭合，中间继电器 KA 线圈得电，同时回路 1→2 号线间 KA 动合触点闭合，交流接触器 KM2 线圈得电，主触头闭合。

同时 KA 的 12→14 号线间动合触点闭合，FWD（正转端子）和 CM1（接点输入公共端端子）回路接通，变频器启动（F02＝1）。HD3000N 根据所设定目标值（P01）和现场反馈的实际值进行闭环控制（P18＝0），输出的 0～10V 直流电压加于变频器 11、12 端子上，对变频器的频率进行调节（F01＝1），水泵电动机变频运行。

（三）变频运行停止

转换开关置于 0 位时，SA 的③→④接点断开，回路 1→4 触点断开，中间继电器 KA 线圈失电，其 1→2 号线间动合触点断开，交流接触器 KM2 线圈失电，主触头断开。端子 FWD 和端子 CM1 回路断开，变频器按照 F08 减速时间 1 减速至 F25（停止频率 1）后电动机停止运行。变频器控制面板运行指示灯熄灭，显示信息为 STOP，运行频率显示为闪烁的频率设置值（CM2 和 D/A 的输出频率值）。

如果要重新启动只需将转换开关置于变频控制即可重新启动。

（四）工频直接启动

将工/频转换开关 SA 转至工频状态，SA 的③→④接点断开，①→②接点闭合。按下工频启动按钮 SB2，回路经 0→5→6→7→8→9→1 号线闭合，KM1 线圈得电，其回路 7→8 号线间 KM1 的动合触点闭合自锁，同时 KM1 主触头闭合，电动机正转运行。电动机即全压直接启动。

工频启动电流为电动机额定电流的 6～7 倍。变频启动电流为电动机额定电流的 1.25～2.0 倍，故硬启动都将产生较大的机械冲击电流。所以启动时应尽量采用变频软启方式。

（五）工频停止

按下工频停止按钮 SB1，回路 6→7 触点断开，KM1 线圈失电，主触头断开。电动机按自由旋转方式惯性停车。

由于在外部电路 KM1 和 KM2 采用了互锁设计，所以，工频接触器 KM1 和变频器 KM2 接触器不可能同时接通，也就不可能从变频器的输出侧输入主电源，保证了变频器的安全运行。

实例 83　恒压供水控制器与变频器配合使用，实现恒压供水一用一备的应用电路

电路简介　该电路利用恒压供水控制器的 PID 调节功能对变频器进行控制。以实现一用一备恒压供水控制功能。恒压供水控制器在电路中起核心控制作用，变频器则采用常规的通用型变频器，变频器在电路只起变频调速作用，电动机的切换等主要控制功能由控制器完成。

若要保持供水系统中处于某压力的恒定，只需保证该处的供水量和用水量处于平衡状态，即可实现恒压供水。该实例可根据系统压力变化自动控制变频电动机的转速，并且可根据现场需要定时切换两台变频泵的工作状态。恒压供水控制器在 1 号电动机变频

运行电动机运行至设定的轮换时间后，自动将 1 号电动机停止，投入 2 号电动机变频运行，当没有外部命令控制时，如此循环。

一、原理图

恒压供水控制器与变频器配合使用，实现恒压供水一用一备的应用电路原理图如图 83-1 所示。

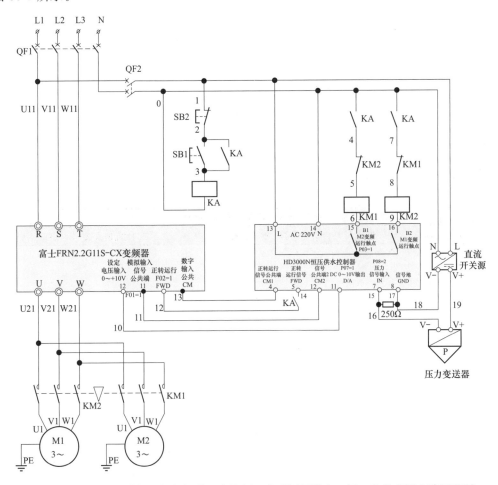

图 83-1　恒压供水控制器与变频器配合使用，实现恒压供水一用一备的应用电路原理图

二、图中应用的端子及主要参数

相关端子及参数功能含义见表 83-1。

表 83-1　　　　　　　　　　相关端子及参数功能含义

富士 G1S 变频器所用端子及参数设置					
序号	端子名称	功能	功能代码	设定数据	设定值含义
1	数据保护	F00	0		由此功能可保护已设定在变频内的数据，使之不能容易改变。在更改功能代码 F00 的数据时，需要双键操作（STOP 键＋∧ 或 ∨ 键），0：可改变数据；1：不可改变数据（数据保护）

273

续表

序号	端子名称	功能	功能代码	设定数据	设定值含义
富士 G1S 变频器所用端子及参数设置					
2		数据初始化	H03	1	将功能代码的数据恢复到出厂时的设定值。此外，进行电动机常量的初始化。在更改功能代码 H03 的数据时，需要双键操作（STOP 键＋∧或∨键）
3	11、12、13	频率设定 1	F01	1	F01 含义为选择频率设定的设定方法： 11：模拟输入信号公共端； 12：设定电压输入 0～＋10V/0～±100（％）端子； 13：电位器用电源＋10V（DC）端子。 当设定值为 1 时，按照外部发出的模拟量电压输入指令值进行频率设定，包括电压输入和外置电位器输入均选择为 1
4	CM：数字输入，公共端，FWD：正转端子	运行操作	F02	1	F02 含义为选择运转指令的设定方法，当设定值为 1 时，由外部信号 FWD（正）/REV（反）输入运行命令，即端子 FWD-CM 间，闭合为正/反转运行，断开为减速停止
HD3000N 所用端子及参数设置					
序号	端子名称	功能	功能代码	设定数据	设定值含义
1	L、N	HD3000 工作电源			L、N 所用电源为交流 220V
2	CM1、FWD	正转运行信号			变频器启动命令，即端子 FWD-CM 间闭合为正转运行，断开为减速停止
3		当前压力设定值	P01	0～2.5MPa	P01 的含义为目标值的设定，根据现场工况设定的目标压力值
4	B1、B2	继电器输出端子	P03	1	P03 含义为泵的工作模式。 1：1 号泵变频（一用一备，互为备用泵，先起 1 号泵）； B1 端子控制 M2 电机变频运行； B2 端子控制 M1 电机变频运行
5	CM2、D/A	模拟量信号输出	P07	1	P07 含义为输出电压选择（P07＝1）：D/A（DC 0～10V 输出）、CM2（信号公共端 2），1：0～10V；2：0～5V
6	IN、GND	模拟量信号输入	P08	2	P08 含义为输入信号选择，IN：压力信号输入；GND：压力信号输入地。1：0～5V；2：4～20mA，如果要接 4～20mA 的电流型压力变送器，需 P08 设定值为 2，此时还需在压力信号输入的两个端子（IN 和 GND）之间外接一个 250Ω/0.5W 的精密电阻
7		传感器量程选择	P09	0.6、1.0、12.5MPa	P09 的含义为传感器的量程选择，该值应根据现场的实际情况及要求设定
8		定时换泵	P12	1	P12 含义为定时换泵选择，0：不换泵；1：定时换泵
9		定时换泵时间	P13	1～100h	P13 为定时换泵时间选择，定时换泵时间
10		输出控制选择	P18	0	P18 含义为是否自动控制频率，0：输出频率自动控制；1：输出频率手动控制，默认为 0

三、控制原理

在实际恒压供水系统中，一般在管路中安装压力传感器，由压力传感器检测管路中流体压力的大小，并将压力信号转换为电信号，送至 HD3000N 控制器中，由 HD3000N 的模拟量输出端子输出一个连续变化的电信号对变频器的输出频率进行控制。

当用水量减少，供水量大于用水需求时，管道中水压上升，经压力变送器反馈的电信号变大，目标值与反馈值的差减小，该比较信号经 HD3000N 控制器处理后的频率给定信号变小，变频器输出频率下降，水泵电动机转速下降，供水能力下降。直到压力大小等于目标值、供水能力与用水需求之间达到平衡为止，既可实现恒压补水。

当用水量增加，供水量小于用水需求时，管道中水压下降，经压力变送器反馈的电信号减小，目标值与反馈值的差增大，该比较信号经 HD3000N 控制器处理后的频率给定信号变大，变频器输出频率上升，水泵电动机转速上升，供水能力提高。直到压力大小等于目标值、供水能力与用水需求之间达到平衡为止，既可实现恒压补水。

四、动作详解

（一）闭合总电源及参数设置

闭合总电源断路器 QF1、QF2 变频器上电，直流开关电源、HD3000N、压力变送器得电。

根据参数表设置变频器参数及 HD3000N 参数。参数设置后，HD3000N 的 PV 窗口显示当前系统压力值。B1 与 L 通过内部继电器闭合 P03＝1。1s 后 CM1 与 FWD 闭合。CM2 和 D/A 根据所设定的目标值输出一个 0～10V 的直流电压 P07＝1，目标值在 SV 窗口显示（如系统中采用 0～1MPa 的压力传感器，想要达到系统某处压力恒定值为 0.4MPa 的话，目标值就为 0.4），现场反馈值（实际值）在 PV 窗口显示 P08。

（二）变频器的启动与闭环控制

当按下启动按钮 SB1 时，回路经 1→2→3→0 号线闭合，中间继电器 KA 线圈得电，其回路 2→3 号线间动合触点闭合自锁。同时回路 4→0 号线间动合触点闭合，交流接触器 KM1 线圈得电，主触头闭合。同时 KA 的 12→14 号线间动合触点闭合，使变频器的正转端子 FWD 和接点输入公共端端子 CM 闭合，变频器正转启动。此时 HD3000N 根据所设定目标值（P01）和现场反馈的实际值（P18＝0）进行闭环控制，CM2 和 D/A 端子输出的 0～10V 直流电压施加于变频器设定电压输入端子 11、12 上，对变频器的频率进行调节，水泵电动机变频运行。

（三）变频运行停止

当按下停止按钮 SB2 时，回路 1→2 断开，中间继电器 KA 线圈失电，其 0→5 号线间动合触点断开，交流接触器 KM1 线圈失电，主触头复位断开。同时变频器端子 FWD 和端子 CM 回路断开，变频器按照 F08 减速时间 1 减速至 F25（停止频率 1）后电动机停止运行。变频器控制面板运行指示灯熄灭，显示信息为 STOP，运行频率显示为闪烁的频率设置值（CM2 合 D/A 的输出频率值）。

如果要重新启动只需再次按下启动按钮即可重新启动。

（四）1 号、2 号泵的轮换

B1 和 B2 互为备用泵。当 P12＝1 时，B1 和 B2 按照 P13 中设定的时间定时相互轮流接通工作。当达到轮换条件时，HD3000N 的 FWD 和 CM1 端子断开 1s 后，B1 端子与 L 断开。交流接触器 KM1 线圈断电，1 号泵停止运行。几秒钟后，B2 端子与 L 接通，交流接触器 KM2 线圈得电吸合，延迟 1s 后，HD3000N 的 FWD 和 CM1 端子接通，2 号泵变频运行。当没有外部命令控制时，如此循环。

实例 84　恒压供水控制器与变频器配合使用，实现恒压供水—工频—变频的应用电路

电路简介　该电路利用恒压供水控制器的 PID 调节功能对变频器进行控制。以实现—工—变恒压供水控制功能。恒压供水控制器在电路中起核心控制作用，变频器则采用常规的通用型变频器，变频器在电路只起变频调速作用，电动机的切换等主要控制功能由控制器完成。

若要保持供水系统中某处压力的恒定，只需保证该处的供水量和用水量处于平衡状态，即可实现恒压供水。该实例可根据系统压力变化自动改变工频泵的工作状态。恒压供水控制器在变频电动机运行至上限频率后，管网还没达到设定压力时，自动启动工频电动机。当超过设定压力时，自动停止工频电动机。

一、原理图

恒压供水控制器与变频器配合使用，实现恒压供水—工频—变频的应用电路原理图如图 84-1 所示。

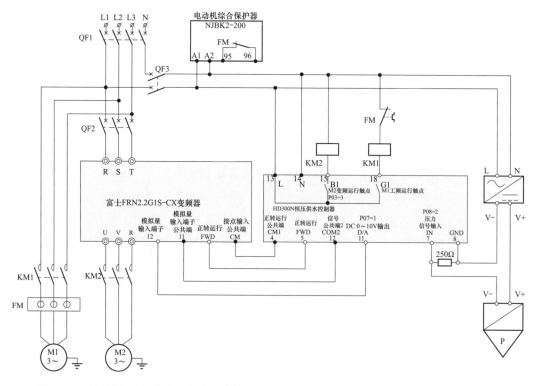

图 84-1　恒压供水控制器与变频器配合使用，实现恒压供水—工频—变频的应用电路原理图

二、图中应用的端子及主要参数

相关端子及参数功能含义见表 84-1。

表 84-1　　　　　　　　　　　　**相关端子及参数功能含义**

序号	端子名称	功能	功能代码	设定数据	设定值含义

富士 G1S 变频器所用端子及参数设置					
序号	端子名称	功能	功能代码	设定数据	设定值含义
1		数据保护	F00	0	由此功能可保护已设定在变频内的数据，使之不能容易改变。在更改功能代码 F00 的数据时，需要双键操作（STOP 键＋∧ 或 ∨键）。 0：可改变数据； 1：不可改变数据（数据保护）
2		数据初始化	H03	1	将功能代码的数据恢复到出厂时的设定值。此外，进行电动机常量的初始化。在更改功能代码 H03 的数据时，需要双键操作（STOP 键＋∧ 或 ∨键）
3	11、12、13	频率设定 1	F01	1	F01 含义为选择频率设定的设定方法： 11：模拟输入信号公共端； 12：设定电压输入 0～＋10V/0～±100％端子； 13：电位器用电源＋10V（DC）端子。 当设定值为 1 时，按照外部发出的模拟量电压输入指令值进行频率设定，包括电压输入和外置电位器输入均选择为 1
4	CM：公共端； FWD：正转端子	运行操作	F02	1	F02 含义为选择运转指令的设定方法：当设定值为 1 时，由外部信号 FWD（正）/REV（反）输入运行命令，即端子 FWD-CM 间闭合为正/反转运行，断开为减速停止

HD3000N 所用端子及参数设置					
序号	端子名称	功能	功能代码	设定数据	设定值含义
1	L、N	HD3000 工作电源			L、N 所用电源为交流 220V
2	CM1、FWD	正转运行信号			变频器启动命令，即端子 FWD-CM 间闭合为正转运行，断开为减速停止
3		当前压力设定值	P01	0～2.5MPa	根据现场工况设定的目标压力值
4	B1、G1	继电器输出端子	P03	3	P03 含义为泵的工作模式。 3：一变一工，即一台变频泵加一台工频泵工作模式； B1 端子控制 M2 电机变频运行； G1 端子控制 M1 电机工频运行
5		欠压加泵时间	P05	20s	P05 的含义是变频泵达到最高频率后启动工频泵的时间，P05＝20
6		超压减泵时间	P06	15s	P06 的含义是变频泵达到最低频率后停止工频泵的时间，P06＝15

续表

		HD3000N 所用端子及参数设置			
序号	端子名称	功能	功能代码	设定数据	设定值含义
7	CM2、D/A	模拟量输出	P07	1	P07 含义为输出电压选择：D/A（DC 0～10V 输出）、CM2（信号公共端 2），1：0～10V；2：0～5V
8	IN、GND	信号输入	P08	2	P08 含义为输入信号选择。IN：压力信号输入、GND：压力信号输入地。1：0～5V；2：4～20mA，如果要接 4～20mA 的电流型压力变送器，需 P08 设定值为 2，此时还需在压力信号输入的两个端子（IN 和 GND）之间外接一个 250Ω/0.5W 的精密电阻
9		传感器量程选择	P09	0.6、1.01、2.5MPa	P09 的含义为传感器的量程选择，该值应根据现场的实际情况及要求设定
10		输出控制选择	P18	0	P18 含义为是否自动控制频率，0：输出频率自动控制；1：输出频率手动控制，默认为 0
11		水泵睡眠频率	P22	20Hz	P22 参数的含义为变频器输出频率小于 P22 设定频率一定时间后，变频器停止输出。P22＝0 时无睡眠功能；P22＞0 时，即当 D/A 输出频率值≤P22 设定的频率值，并且延时 P27 设定时间以上时。则认为系统不缺水或需水量很小，此时控制器则将 D/A 输出置零，FWD 信号断开，20Hz 为水泵睡眠频率
12		水泵睡眠等待时间	P27	5min	当 P22＞0，且输出频率 5min 后仍然≤P22，则启动水泵睡眠功能
13		睡眠重新起泵偏差	P31	0.02MPa	P31 含义为睡眠后当前压力≤（P01-P31）时重新启动水泵工作

三、控制原理

在实际恒压供水系统中，一般在管路中安装压力传感器，由压力传感器检测管路中流体压力的大小，并将压力信号转换为电信号，送至 HD3000N 中，由 HD3000N 的模拟量输出端子输出一个连续变化的电信号对变频器的输出频率进行控制。

当用水量减少，供水量大于用水需求时，管道中水压上升，经压力变送器反馈的电信号变大，目标值与反馈值的差减小，该比较信号经 HD3000N 处理后的频率给定信号变小，变频器输出频率下降，水泵电动机转速下降，供水能力下降。

当用水量增加，供水量小于用水需求时，管道中水压下降，经压力变送器反馈的电信号减小，目标值与反馈值的差增大，该比较信号经 HD3000N 处理后的频率给定信号变大，变频器输出频率上升，水泵电动机转速上升，供水能力提高。直到压力大小等于目标值、供水能力与用水需求之间达到平衡为止，既可实现恒压补水。

四、动作详解

（一）闭合总电源及参数设置

闭合总电源断路器 QF1、变频器电源断路器 QF2、控制电源 QF3 变频器上电，直流开关电源、HD3000N、压力变送器得电。

根据参数表设置变频器参数及 HD3000N 参数。参数设置后，HD3000N 的 PV 窗口显示当前系统压力值。B1 与 L 通过内部继电器接通（P03＝3），将相线加于交流接触器 KM2 线圈的一端，交流接触器 KM2 主触头吸合，1s 后 CM1 与 FWD 闭合，变频器运行。CM2 和 D/A 根据所设定的目标值输出一个 0～10V 的直流电压（P07＝1），控制变频器的输出频率，实现恒压供水。目标值在 SV 窗口显示（如系统中采用 0～1MPa 的压力传感器，想要达到系统某处压力恒定值为 0.4MPa 的话，目标值就为 0.4）。

（二）系统欠压时自动加泵

当系统失水量大于供水量时，变频泵变频启动，频率达到最高频率后，系统压力还没有达到设定的目标压力值（P01），经过加泵延时时间 20s（P05）后，G1 与 L 通过内部继电器接通，交流接触器 KM1 线圈得电，工频泵启动。这时 HD3000N 的 CM1 和 FWD 端子将断开，变频器按照设定的减速时间减速停车，5s 后，CM1 和 FWD 重新闭合，变频泵按照设定的目标值和反馈值实现恒压供水。

（三）两台泵运行超压时自动减泵

一工一变两台泵运行时，当系统失水量小于供水量时，变频器频率降低，如果变频器频率降至最低频率后，系统压力还大于设定的目标压力，经过减泵延时时间 15s（P06）后，G1 与 L 断开，交流接触器 KM1 线圈失电，工频泵停止。变频泵按照设定的目标值和反馈值实现恒压供水。

（四）变频泵的睡眠与唤醒

当系统失水量和供水量达到平衡或失水量小于供水量时，变频器的输出频率达到睡眠频率（P22）。延时水泵睡眠等待时间 5min（P27＝5）后，变频器的输出频率仍然小于变频器的睡眠频率时，HD3000N 的 CM2 和 D/A 模拟量输出置零，CM1 与 FWD 断开，变频器停止运行，变频器控制面板运行指示灯熄灭，显示信息为 STOP。此时 B1 与 L 未断开，KM2 交流接触器仍是吸合状态。

睡眠后当前压力值≤目标压力值（P01）-睡眠重新起泵偏差（P31）时，HD3000N 的 CM1 与 FWD 先闭合，CM2 和 D/A 后输出电压信号，重新启动水泵工作。

实例 85　恒压供水控制器与变频器配合使用，实现恒压供水两工频一变频的应用电路

电路简介　该电路利用恒压供水控制器的 PID 调节功能对变频器进行控制。以实现两工频一变频恒压供水控制功能。恒压供水控制器在电路中起核心控制作用，变频器则采用常规的通用型变频器，变频器在电路只起变频调速作用，电动机的切换等主要控制功能由控制器完成。

若要保持供水系统中某处压力的恒定，只需保证该处的供水量和用水量处于平衡状态，即可实现恒压供水。该实例可根据系统压力变化自动改变工频泵的工作状态。恒压供水控制器在变频电动机运行运行至上限频率后，管网还没达到设定压力时，自动启动

1号工频电动机。当第二次变频电动机运行至上限频率后，启动2号工频电动机。当超过设定压力时，先停1号工频电动机后停2号工频电动机。

一、原理图

恒压供水控制器与变频器配合使用，实现恒压供水两工频一变频的应用电路原理图如图85-1所示。

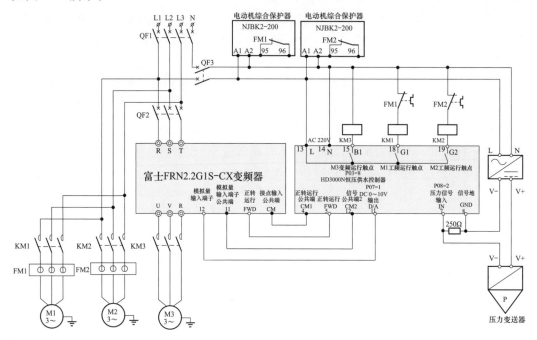

图 85-1　恒压供水控制器与变频器配合使用，实现恒压供水两工频一变频的应用电路原理图

二、图中应用的端子及主要参数

相关端子及参数功能含义见表85-1。

表 85-1 相关端子及参数功能含义

富士 G1S 变频器所用端子及参数设置					
序号	端子名称	功能	功能代码	设定数据	设定值含义
1		数据保护	F00	0	由此功能可保护已设定在变频内的数据，使之不能容易改变。在更改功能代码 F00 的数据时，需要双键操作（STOP 键＋∧或∨键）。 0：可改变数据； 1：不可改变数据（数据保护）
2		数据初始化	H03	1	将功能代码的数据恢复到出厂时的设定值。此外，进行电动机常量的初始化。在更改功能代码 H03 的数据时，需要双键操作（STOP 键＋∧或∨键）
3	11、12、13	频率设定 1	F01	1	F01 含义为选择频率设定的设定方法： 11：模拟输入信号公共端； 12：设定电压输入 0～＋10V/0～±100％端子； 13：电位器用电源＋10V（DC）端子。 当设定值为 1 时，按照外部发出的模拟量电压输入指令值进行频率设定，包括电压输入和外置电位器输入均选择为 1

续表

序号	端子名称	功能	功能代码	设定数据	设定值含义
			富士G1S变频器所用端子及参数设置		
4	CM：公共端，FWD：正转端子	运行操作	F02	1	F02含义为选择运转指令的设定方法：当设定值为1时，由外部信号FWD（正）/REV（反）输入运行命令，即端子FWD-CM间闭合为正/反转运行，断开为减速停止

序号	端子名称	功能	功能代码	设定数据	设定值含义
			HD3000N所用端子及参数设置		
1	L、N	HD3000工作电源			L、N所用电源为交流220V
2	CM1、FWD	正转运行信号			变频器启动命令，即端子FWD-CM间闭合为正转运行，断开为减速停止
3		当前压力设定值	P01	0～2.5MPa	根据现场工况设定的目标压力值
4	B1、G1、G2	继电器输出端子	P03	8	P03含义为泵的工作模式。 8：一变两工，即一台变频泵、两台工频泵工作模式； B1端子控制M3电机变频运行； G1端子控制M1电机工频运行； G2端子控制M2电机工频运行
5		欠压加泵时间	P05	20s	变频泵达到最高频率后启动工频泵的时间
6		超压减泵时间	P06	15s	变频泵达到最低频率后停止工频泵的时间
7	CM2、D/A	模拟量输出	P07	1	输出电压选择：D/A（DC 0～10V 输出），CM2（信号公共端2），1：0～10V；2：0～5V
8	IN、GND	信号输入	P08	2	输入信号选择，IN：压力信号输入；GND：压力信号输入地。 1：0～5V； 2：4～20mA。如果要接 4～20mA 的电流型压力变送器，需 P08 设定值为 2，此时还需在压力信号输入的两个端子（IN 和 GND）之间外接一个 250Ω/0.5W 的精密电阻
9		传感器量程选择	P09	0.6、1.0、12.5MPa	传感器的量程选择，该值应根据现场的实际情况及要求设定
10		输出控制选择	P18	0	是否自动控制频率，0：输出频率自动控制；1：输出频率手动控制，默认为0
11		水泵睡眠频率	P22	20Hz	P22参数的含义为变频器输出频率小于P22设定频率一定时间后，变频器停止输出。 P22＝0时无睡眠功能；P22＞0时，即当 D/A 输出频率值≤P22 设定的频率值，并且延时 P27 设定时间以上时。则认为系统不缺水或需水量很小，此时控制器则将将 D/A 输出置零，FWD 信号断开，20Hz 为水泵睡眠频率
12		水泵睡眠等待时间	P27	5min	当 P22＞0，且输出频率 5min 后仍然≤P22，则启动水泵睡眠功能
13		睡眠重新起泵偏差	P31	0.02MPa	睡眠后当前压力≤（P01－P31）时重新启动水泵工作

三、控制原理

在实际恒压供水系统中，一般在管路中安装压力传感器，由压力传感器检测管路中流体压力的大小，并将压力信号转换为电信号，送至 HD3000N 中，由 HD3000N 的模拟量输出端子输出一个连续变化的电信号对变频器的输出频率进行控制。

当用水量减少，供水量大于用水需求时，管道中水压上升，经压力变送器反馈的电信号变大，目标值与反馈值的差减小，该比较信号经 HD3000N 处理后的频率给定信号变小，变频器输出频率下降，水泵电动机转速下降，供水能力下降。

当用水量增加，供水量小于用水需求时，管道中水压下降，经压力变送器反馈的电信号减小，目标值与反馈值的差增大，该比较信号经 HD3000N 处理后的频率给定信号变大，变频器输出频率上升，水泵电动机转速上升，供水能力提高。直到压力大小等于目标值、供水能力与用水需求之间达到平衡为止，既可实现恒压补水。

四、动作详解

（一）闭合总电源及参数设置

闭合总电源断路器 QF1、变频器电源断路器 QF2，控制电源 QF3 后变频器上电，直流开关电源、HD3000N、压力变送器得电。

根据参数表设置变频器参数及 HD3000N 参数。参数设置后，HD3000N 的 PV 窗口显示当前系统压力值。B1 与 L 通过内部继电器接通（P03＝8），将相线加于交流接触器 KM3 线圈的一端，交流接触器 KM3 主触头吸合，1s 后 CM1 与 FWD 闭合，变频器运行。CM2 和 D/A 根据所设定的目标值输出一个 0～10V 的直流电压（P07＝1），控制变频器的输出频率，实现恒压供水。目标值在 SV 窗口显示（如系统中采用 0～1MPa 的压力传感器，想要达到系统某处压力恒定值为 0.4MPa 的话，目标值就为 0.4）。

（二）系统欠压时自动加泵

当系统失水量大于供水量时，变频泵变频启动，频率达到最高频率，经过加泵延时时间 20s（P05）后，系统压力还没有达到设定的目标压力值（P01），G1 与 L 通过 HD3000N 的内部继电器接通，交流接触器 KM1 线圈得电，1 号工频泵启动。这时 HD3000N 的 CM1 和 FWD 端子将断开，变频器按照设定的减速时间减速停车。5s 后，CM1 和 FWD 重新闭合，变频泵按照设定的目标值和反馈值的差异，调整变频器的输出频率，控制变频泵电动机转速。

当变频器的工作频率再次达到最高频率，经过加泵延时时间 P05 后，如果测量压力还达不到设定压力，G2 与 L 通过 HD3000N 的内部继电器接通，交流接触器 KM2 线圈得电，2 号工频泵启动。系统靠调节变频泵的转速来稳定压力。

（三）两台泵运行超压时自动减泵

两工一变三台泵运行时，当系统失水量小于供水量时，变频器频率降低。如果变频器频率降至最低频率后，系统压力还大于设定的目标压力，经过减泵延时时间 15s（P06）后，G1 与 L 断开，交流接触器 KM1 线圈失电，1 号工频泵停止运行。HD3000N 按照设定的目标值和反馈值的差异，自动改变变频器的输出频率来稳定压力。

当变频器频率降至最低频率后，系统压力还大于设定的目标压力，经过减泵延时时间 15S（P06）后，G2 与 L 断开，交流接触器 KM2 线圈失电，2 号工频泵停止运行。系统靠调节变频泵的转速来稳定压力。

（四）变频泵的睡眠与唤醒

当系统失水量和供水量达到平衡或失水量小于供水量时，变频器的输出频率降至睡眠频率（P22）。延时水泵睡眠等待时间5min（P27＝5）后，变频器的输出频率仍然小于变频器的睡眠频率时，HD3000N的CM2和D/A模拟量输出置零，CM1与FWD断开，变频器停止运行，变频器控制面板运行指示灯熄灭，显示信息为STOP。此时B1与L未断开，KM3交流接触器仍是吸合状态。

睡眠后当前压力值≤目标压力值（P01）-睡眠重新起泵偏差（P31）时，HD3000N的CM1与FWD先闭合，CM2和D/A后输出电压信号，重新启动水泵工作。

实例 86　恒压供水控制器与变频器配合使用，实现恒压供水三工频一变频的应用电路

电路简介　该电路利用恒压供水控制器的PID调节功能对变频器进行控制。以实现三工频一变频恒压供水控制功能。恒压供水控制器在电路中起核心控制作用，变频器则采用常规的通用型变频器，变频器在电路只起变频调速作用，电动机的切换等主要控制功能由控制器完成。

若要保持供水系统中某处压力的恒定，只需保证该处的供水量和用水量处于平衡状态，即可实现恒压供水。该实例可根据系统压力变化自动改变工频泵的工作状态。恒压供水控制器在变频电动机运行运行至上限频率后，管网还没达到设定压力时，自动启动1号工频电动机。当第二次变频电动机运行至上限频率后，启动2号工频电动机，最终实现三台电动机工频运行，一台电动机变频运行。当超过设定压力时，按照先启先停的原则，依次停止工频电动机。

一、原理图

恒压供水控制器与变频器配合使用，实现恒压供水三工频一变频的应用电路原理图如图86-1所示。

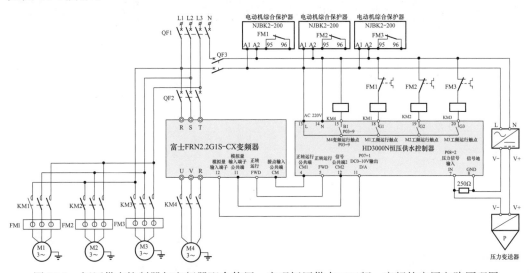

图86-1　恒压供水控制器与变频器配合使用，实现恒压供水三工频一变频的应用电路原理图

二、图中应用的端子及主要参数

相关端子及参数功能含义见表 86-1。

表 86-1 相关端子及参数功能含义

序号	端子名称	功能	功能代码	设定数据	设定值含义
富士 G1S 变频器所用端子及参数设置					
1		数据保护	F00	0	由此功能可保护已设定在变频内的数据，使之不能容易改变。在更改功能代码 F00 的数据时，需要双键操作（STOP 键＋∧ 或 ∨ 键），0：可改变数据；1：不可改变数据（数据保护）
2		数据初始化	H03	1	将功能代码的数据恢复到出厂时的设定值。此外，进行电动机常量的初始化。在更改功能代码 H03 的数据时，需要双键操作（STOP 键＋∧ 或 ∨ 键）
3	11、12、13	频率设定 1	F01	1	F01 含义为选择频率设定的设定方法： 11：模拟输入信号公共端； 12：设定电压输入 0～＋10V/0～±100％端子； 13：电位器用电源＋10V（DC）端子。 当设定值为 1 时，按照外部发出的模拟量电压输入指令值进行频率设定，包括电压输入和外置电位器输入均选择为 1
4	CM：公共端，FWD：正转端子	运行操作	F02	1	F02 含义为选择运转指令的设定方法：当设定值为 1 时，由外部信号 FWD（正）/REV（反）输入运行命令，即端子 FWD-CM 间闭合为正/反转运行，断开为减速停止
5	30A、30B、30C	总警报输出	F36	0	当 F36 设置值为 0 时为异常时动作输出，即当变频器检测到有故障或异常时 30A-30C 闭合、30B-30C 断开
HD3000N 所用端子及参数设置					
序号	端子名称	功能	功能代码	设定数据	设定值含义
1	L、N	HD3000 工作电源			L、N 所用电源为交流 220V
2	CM1、FWD	正转运行信号			变频器启动命令，即端子 FWD-CM 间闭合为正转运行，断开为减速停止
3		当前压力设定值	P01	0～2.5MPa	根据现场工况设定的目标压力值
4	B1、G1、G2、G3	继电器输出端子	P03	9	P03 含义为泵的工作模式。 9：一变三工，即一台变频泵、三台工频泵工作模式； B1 端子控制 M4 电机变频运行； G1 端子控制 M1 电机工频运行； G2 端子控制 M2 电机工频运行； G3 端子控制 M3 电机工频运行
5		欠压加泵时间	P05	20s	变频泵达到最高频率后启动工频泵的时间

HD3000N 所用端子及参数设置					
序号	端子名称	功能	功能代码	设定数据	设定值含义
6		超压减泵时间	P06	15s	变频泵达到最低频率后停止工频泵的时间
7	CM2、D/A	模拟量输出	P07	1	1 输出电压选择：D/A（DC 0～10V 输出），CM2（信号公共端 2），1：0～10V；2：0～5V
8	IN、GND	信号输入	P08	2	输入信号选择，IN：压力信号输入；GND：压力信号输入地，1：0～5V；2：4～20mA，如果要接 4～20mA 的电流型压力变送器，需 P08 设定值为 2，此时还需在压力信号输入的两个端子（IN 和 GND）之间外接一个 250Ω/0.5W 的精密电阻
9		传感器量程选择	P09	0.6、1.0、12.5MPa	传感器的量程选择，该值应根据现场的实际情况及要求设定
10		输出控制选择	P18	0	是否自动控制频率，0：输出频率自动控制；1：输出频率手动控制，默认为 0
11		水泵睡眠频率	P22	20Hz	P22 参数的含义为变频器输出频率小于 P22 设定频率一定时间后，变频器停止输出。P22＝0 时无睡眠功能；P22＞0 时，即当 D/A 输出频率值≤P22 设定的频率值，并且延时 P27 设定时间以上时。则认为系统不缺水或需水量很小，此时控制器将则将 D/A 输出置零，FWD 信号断开，20Hz 为水泵睡眠频率
12		水泵睡眠等待时间	P27	5min	当 P22＞0，且输出频率 5min 后仍然≤P22，则启动水泵睡眠功能
13		睡眠重新起泵偏差	P31	0.02MPa	睡眠后当前压力≤（P01－P31）时重新启动水泵工作

三、控制原理

在实际恒压供水系统中，一般在管路中安装压力传感器，由压力传感器检测管路中流体压力的大小，并将压力信号转换为电信号，送至 HD3000N 中，由 HD3000N 的模拟量输出端子输出一个连续变化的电信号对变频器的输出频率进行控制。

当用水量减少，供水量大于用水需求时，管道中水压上升，经压力变送器反馈的电信号变大，目标值与反馈值的差减小，该比较信号经 HD3000N 处理后的频率给定信号变小，变频器输出频率下降，水泵电动机转速下降，供水能力下降。直到压力大小等于目标值、供水能力与用水需求之间达到平衡为止，既可实现恒压补水。

当用水量增加，供水量小于用水需求时，管道中水压下降，经压力变送器反馈的电信号减小，目标值与反馈值的差增大，该比较信号经 HD3000N 处理后的频率给定信号变大，变频器输出频率上升，水泵电动机转速上升，供水能力提高。直到压力大小等于目标值、供水能力与用水需求之间达到平衡为止，既可实现恒压补水。

四、动作详解

（一）闭合总电源及参数设置

闭合总电源断路器 QF1、变频器电源断路器 QF2，控制电源 QF3 后变频器上电，直流开关电源、HD3000N、压力变送器得电。

根据参数表设置变频器参数及 HD3000N 参数。参数设置后，HD3000N 的 PV 窗口显示当前系统压力值。B1 与 L 通过内部继电器接通（P03＝9），将相线加于交流接触器 KM4 线圈的一端，交流接触器 KM4 主触头吸合，1s 后 CM1 与 FWD 闭合，变频器运行。CM2 和 D/A 根据所设定的目标值输出一个 0～10V 的直流电压（P07＝1），控制变频器的输出频率，实现恒压供水。目标值在 SV 窗口显示（如系统中采用 0～1MPa 的压力传感器，想要达到系统某处压力恒定值为 0.4MPa 的话，目标值就为 0.4）。

（二）系统欠压时自动加泵

当系统失水量大于供水量时，变频泵变频启动，频率达到最高频率，经过加泵延时时间 20s（P05）后，系统压力还没有达到设定的目标压力值（P01），G1 与 L 通过 HD3000N 的内部继电器接通，交流接触器 KM1 线圈得电，1 号工频泵启动。这时 HD3000N 的 COM1 和 FWD 端子将断开，变频器按照设定的减速时间减速停车，5s 后，CM1 和 FWD 重新闭合，变频泵按照设定的目标值和反馈值的差异，调整变频器的输出频率，控制变频泵电动机转速。

当变频器的工作频率再次达到最高频率，经过加泵延时时间 20s 后，如果测量压力还达不到设定压力，G2 与 L 通过 HD3000N 的内部继电器接通，交流接触器 KM2 线圈得电，2 号工频泵启动。系统靠调节变频泵的转速来稳定压力。如果一变两工三台泵满负荷运行，延时 20s 后，测量压力仍然达不到设定值，则接通 G3，交流接触器 KM3 线圈得电，启动 3 号工频泵投入运行。

（三）四台泵运行超压时自动减泵

三工一变四台泵运行时，当系统失水量小于供水量时，变频器频率降低。当变频器频率降至最低频率后，系统压力还大于设定的目标压力，经过减泵延时时间 15s（P06）后，G1 与 L 断开，交流接触器 KM1 线圈失电，1 号工频泵停止运行。HD3000N 按照设定的目标值和反馈值的差异，自动改变变频器的输出频率来稳定压力，如果变频器频率降至最低频率后，系统压力还大于设定的目标压力，经过减泵延时时间 15s（P06）后，G2 与 L 断开，交流接触器 KM2 线圈失电，2 号工频泵停止运行。系统靠调节变频泵的转速来稳定压力。同理最后停止 3 号工频泵运行。

（四）变频泵的睡眠与唤醒

当系统失水量和供水量达到平衡或失水量小于供水量时，变频器的输出频率降至睡眠频率（P22）。延时水泵睡眠等待时间 5min（P27＝5）后，变频器的输出频率仍然小于变频器的睡眠频率时，HD3000N 的 CM2 和 D/A 模拟量输出置零，CM1 与 FWD 断开，变频器停止运行，变频器控制面板运行指示灯熄灭，显示信息为 STOP。此时 B1 与 L 未断开，KM4 交流接触器仍是吸合状态。

睡眠后当前压力值≤目标压力值（P01）—睡眠重新起泵偏差（P31）时，HD3000N

的 CM1 与 FWD 先闭合，CM2 和 D/A 后输出电压信号，重新启动水泵工作。

实例 87　恒压供水控制器与变频器配合使用，实现恒压供水四工频一变频的应用电路

　　电路简介　该电路利用恒压供水控制器的 PID 调节功能对变频器进行控制。以实现一用一备恒压供水控制功能。恒压供水控制器在电路中起核心控制作用，变频器则采用常规的通用型变频器，变频器在电路只起变频调速作用，电动机的切换等主要控制功能由控制器完成。

　　若要保持供水系统中某处压力的恒定，只需保证该处的供水量和用水量处于平衡状态，即可实现恒压供水。该实例可根据系统压力变化自动改变工频泵的工作状态。恒压供水控制器在变频电动机运行运行至上限频率后，管网还没达到设定压力时，自动启动1号工频电动机。当第二次变频电动机运行至上限频率后，启动2号工频电动机，最终实现四台电动机工频运行，一台电动机变频运行。当超过设定压力时，按照先启先停的原则，依次停止工频电动机。

　　一、原理图

　　恒压供水控制器与变频器配合使用，实现恒压供水四工频一变频的应用电路原理图如图 87-1 所示。

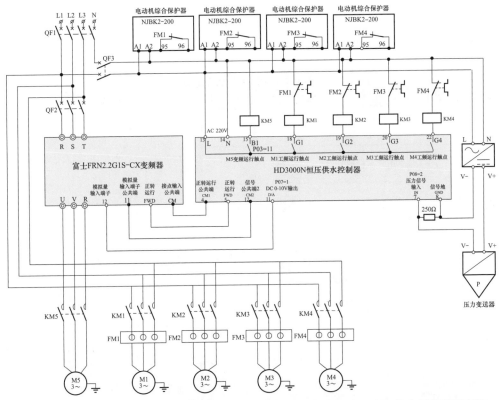

图 87-1　恒压供水控制器与变频器配合使用，实现恒压供水四工频一变频的应用电路原理图

二、图中应用的端子及主要参数

相关端子及参数功能含义见表 87-1。

表 87-1 相关端子及参数功能含义

序号	端子名称	功能	功能代码	设定数据	设定值含义
富士 G1S 变频器所用端子及参数设置					
1		数据保护	F00	0	由此功能可保护已设定在变频内的数据，使之不能容易改变。在更改功能代码 F00 的数据时，需要双键操作（STOP 键＋∧或∨键），0：可改变数据；1：不可改变数据（数据保护）
2		数据初始化	H03	1	将功能代码的数据恢复到出厂时的设定值。此外，进行电动机常量的初始化。在更改功能代码 H03 的数据时，需要双键操作（STOP 键＋∧或∨键）
3	11、12、13	频率设定 1	F01	1	F01 含义为选择频率设定的设定方法：11：模拟输入信号公共端；12：设定电压输入 0～＋10V/0～±100% 端子；13：电位器用电源＋10V（DC）端子。当设定值为 1 时，按照外部发出的模拟量电压输入指令值进行频率设定，包括电压输入和外置电位器输入均选择为 1
4	CM：公共端，FWD：正转端子	运行操作	F02	1	F02 含义为选择运转指令的设定方法：当设定值为 1 时，由外部信号 FWD（正）/REV（反）输入运行命令，即端子 FWD-CM 间闭合为正/反转运行，断开为减速停止
HD3000N 所用端子及参数设置					
序号	端子名称	功能	功能代码	设定数据	设定值含义
1	L、N	HD3000 工作电源			L、N 所用电源为交流 220V
2	CM1、FWD	正转运行信号			变频器启动命令，即端子 FWD-CM 间闭合为正转运行，断开为减速停止
3		当前压力设定值	P01	0～ 2.5MPa	根据现场工况设定的目标压力值
4	B1、G1、G2、G3、G4	继电器输出端子	P03	11	P03 含义为泵的工作模式，11：一变四工，即一台变频泵、四台工频泵工作模式。B1 端子控制 M5 电机变频运行；G1 端子控制 M1 电机工频运行；G2 端子控制 M2 电机工频运行；G3 端子控制 M3 电机工频运行；G4 端子控制 M4 电机工频运行
5		欠压加泵时间	P05	20s	P05 的含义是变频泵达到最高频率后启动工频泵的时间
6		超压减泵时间	P06	15s	P06 的含义是变频泵达到最低频率后停止工频泵的时间

序号	端子名称	功能	功能代码	设定数据	设定值含义
		HD3000N 所用端子及参数设置			
7	CM2、D/A	模拟量输出	P07	1	P07 含义为输出电压选择，D/A (DC 0～10V 输出)、CM2(信号公共端2)，1：0～10V；2：0～5V
8	IN、GND	信号输入	P08	2	P08 含义为输入信号选择。IN：压力信号输入；GND：压力信号输入地。P08，1：0～5V；2：4～20mA。如果要接 4～20mA 的电流型压力变送器，需 P08 设定值为 2，此时还需在压力信号输入的两个端子（IN 和 GND）之间外接一个 250Ω/0.5W 的精密电阻
9		传感器量程选择	P09	0.6、1.0、12.5MPa	P09 的含义为传感器的量程选择，该值应根据现场的实际情况及要求设定
10		输出控制选择	P18	0	P18 含义为是否自动控制频率，0：输出频率自动控制；1：输出频率手动控制，默认为 0
11		水泵睡眠频率	P22	20Hz	P22 参数的含义为变频器输出频率小于 P22 设定频率一定时间后，变频器停止输出。P22＝0 时无睡眠功能；P22＞0 时，即当 D/A 输出频率值≤P22 设定的频率值，并且延时 P27 设定时间以上时，则认为系统不缺水或需水量很小，此时控制器将则将 D/A 输出置零，FWD 信号断开，20Hz 为水泵睡眠频率
12		水泵睡眠等待时间	P27	5min	P27 的含义为当 P22＞0，且输出频率 5min 后仍然≤P22，则启动水泵睡眠功能
13		睡眠重新起泵	P31	0.02MPa	P31 含义为睡眠后当前压力≤（P01－P31）时重新启动水泵工作

三、控制原理

在实际恒压供水系统中，一般在管路中安装压力传感器，由压力传感器检测管路中流体压力的大小，并将压力信号转换为电信号，送至 HD3000N 中，由 HD3000N 的模拟量输出端子输出一个连续变化的电信号对变频器的输出频率进行控制。

当用水量减少，供水量大于用水需求时，管道中水压上升，经压力变送器反馈的电信号变大，目标值与反馈值的差减小，该比较信号经 HD3000N 处理后的频率给定信号变小，变频器输出频率下降，水泵电动机转速下降，供水能力下降。直到压力大小等于目标值、供水能力与用水需求之间达到平衡为止，既可实现恒压补水。

当用水量增加，供水量小于用水需求时，管道中水压下降，经压力变送器反馈的电信号减小，目标值与反馈值的差增大，该比较信号经 HD3000N 处理后的频率给定信号变大，变频器输出频率上升，水泵电动机转速上升，供水能力提高。直到压力大小等于目标值、供水能力与用水需求之间达到平衡为止，既可实现恒压补水。

四、动作详解

（一）闭合总电源及参数设置

闭合总电源断路器 QF1、变频器电源断路器 QF2，控制电源 QF3 后变频器上电，直流开关电源、HD3000N、压力变送器得电。

根据参数表设置变频器参数及 HD3000N 参数。参数设置后，HD3000N 的 PV 窗口显示当前系统压力值。B1与L通过内部继电器接通（P03＝11），将相线加于交流接触器KM5线圈的一端，交流接触器KM5主触头吸合，1s后CM1与FWD闭合，变频器运行。CM2和D/A根据所设定的目标值输出一个0～10V的直流电压（P07＝1），控制变频器的输出频率，实现恒压供水。目标值在SV窗口显示（如系统中采用0～1MPa的压力传感器，想要达到系统某处压力恒定值为0.4MPa的话，目标值就为0.4）。

（二）系统欠压时自动加泵

当系统失水量大于供水量时，变频泵变频启动，频率达到最高频率。经过加泵延时时间20s（P05）后，系统压力还没有达到设定的目标压力值（P01），G1与L通过HD3000N的内部继电器接通，交流接触器KM1线圈得电，1号工频泵启动。这时HD3000N的CM1和FWD端子将断开，变频器按照设定的减速时间减速停车，5s后，CM1和FWD重新闭合，变频泵按照设定的目标值和反馈值的差异，调整变频器的输出频率，控制变频泵电动机转速。

当变频器的工作频率再次达到最高频率，经过加泵延时时间P05后，如果测量压力还达不到设定压力，G2与L通过HD3000N的内部继电器接通，交流接触器KM2线圈得电，2号工频泵启动。系统靠调节变频泵的转速来稳定压力。如果一变两工三台泵满负荷运行，延时20s后，测量压力仍然达不到设定值，则接通G3，交流接触器KM3线圈得电，启动3号工频泵投入运行，以此类推，最后投入五台泵运行。

（三）五台泵运行超压时自动减泵

四工一变五台泵运行时，当系统失水量小于供水量时，变频器频率降低。当变频器频率降至最低频率后，系统压力还大于设定的目标压力，经过减泵延时时间15s（P06）后，G1与L断开，交流接触器KM1线圈失电，1号工频泵停止运行。HD3000N按照设定的目标值和反馈值的差异，自动改变变频器的输出频率来稳定压力，如果变频器频率降至最低频率后，系统压力还大于设定的目标压力，经过减泵延时时间15s（P06）后，G2与L断开，交流接触器KM2线圈失电，2号工频泵停止运行。系统靠调节变频泵的转速来稳定压力。同理最后停止全部频泵运行。

（四）变频泵的睡眠与唤醒

当系统失水量和供水量达到平衡或失水量小于供水量时，变频器的输出频率降至睡眠频率（P22）。延时水泵睡眠等待时间5min（P27＝5）后，变频器的输出频率仍然小于变频器的睡眠频率时，HD3000N的CM2和D/A模拟量输出置零，CM1与FWD断开，变频器停止运行，变频器控制面板运行指示灯熄灭，显示信息为STOP。此时B1与L未断开，KM5交流接触器仍是吸合状态。

睡眠后当前压力值≤目标压力值（P01）-睡眠重新起泵偏差（P31）时，HD3000N的CM1与FWD先闭合，CM2和D/A后输出电压信号，重新启动水泵工作。

实例 88 恒压供水控制器与变频器配合使用，实现两台恒压供水泵工频、变频切换的应用电路

电路简介　该电路利用恒压供水控制器的PID调节功能对变频器进行控制。以实现

两台水泵工频、变频切换恒压供水控制功能。恒压供水控制器在电路中起核心控制作用，变频器则采用常规的通用型变频器，变频器在电路只起变频调速作用，电动机的切换等主要控制功能由控制器完成。

若要保持供水系统中某处压力的恒定，只需保证该处的供水量和用水量处于平衡状态，即可实现恒压供水。该实例可根据系统压力变化自动控制两台泵的工频、变频切换，恒压供水控制器在1号电动机变频运行电动机运行至上限频率后，管网还没达到设定压力时，自动将1号电动机切换为工频运行，启动2号电动机变频运行。当超过设定压力时，按照先启先停的原则减少电动机的运行台数，最终保留一台电动机变频运行，直至休眠。

一、原理图

恒压供水控制器与变频器配合使用，实现两台恒压供水泵工频、变频切换的应用电路原理图如图88-1所示。

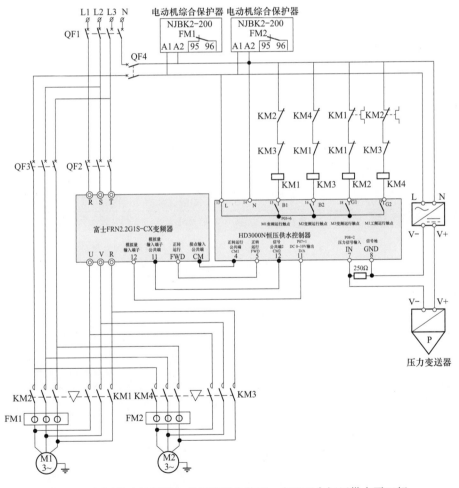

图88-1　恒压供水控制器与变频器配合使用，实现两台恒压供水泵工频、
变频切换的应用电路原理图

二、图中应用的端子及主要参数

相关端子及参数功能含义见表88-1。

表88-1　　　　　　　　　　相关端子及参数功能含义

序号	端子名称	功能	功能代码	设定数据	设定值含义
		富士 G1S 变频器所用端子及参数设置			
1		数据保护	F00	0	由此功能可保护已设定在变频内的数据，使之不能容易改变。在更改功能代码 F00 的数据时，需要双键操作（STOP 键＋∧或∨键）0：可改变数据；1：不可改变数据（数据保护）
2		数据初始化	H03	1	将功能代码的数据恢复到出厂时的设定值。此外，进行电动机常量的初始化。在更改功能代码 H03 的数据时，需要双键操作（STOP 键＋∧或∨键）
3	11、12、13	频率设定 1	F01	1	F01 含义为选择频率设定的设定方法。 11：模拟输入信号公共端。 12：设定电压输入 0～＋10V/0～±100% 端子。 13：电位器用电源＋10V（DC）端子。 当设定值为 1 时，按照外部发出的模拟量电压输入指令值进行频率设定，包括电压输入和外置电位器输入均选择为 1
4	CM：公共端，FWD：正转端子	运行操作	F02	1	F02 含义为选择运转指令的设定方法，当设定值为 1 时，由外部信号 FWD（正）/REV（反）输入运行命令，即端子 FWD-CM 间，闭合为正/反转运行，断开为减速停止
		HD3000N 所用端子及参数设置			
序号	端子名称	功能	功能代码	设定数据	设定值含义
1	L、N	HD3000 工作电源			L、N 所用电源为交流 220V
2	CM1、FWD	正转运行信号			变频器启动命令，即端子 FWD-CM 间：闭合为正转运行；断开为减速停止
3		当前压力设定值	P01	0～2.5MPa	根据现场工况设定的目标压力值
4	B1、B2、G1、G2	继电器输出端子	P03	6	P03 含义为泵的工作模式，P03＝6 即 1 号与 2 号循环，即两泵循环控制模式。 B1 端子控制 M1 电机变频运行； B2 端子控制 M2 电机变频运行； G1 端子控制 M1 电机工频运行； G2 端子控制 M2 电机工频运行
5		欠压加泵时间	P05	20s	P05 的含义是变频泵达到最高频率后启动工频泵的时间
6		超压减泵时间	P06	15s	P06 的含义是变频泵达到最低频率后停止工频泵的时间

HD3000N 所用端子及参数设置					
序号	端子名称	功能	功能代码	设定数据	设定值含义
7	CM2、D/A	模拟量输出	P07	1	P07 含义为输出电压选择，D/A（DC 0～10V 输出）、CM2（信号公共端 2），1：0～10V；2：0～5V
8	IN、GND	信号输入	P08	2	P08 含义为输入信号选择。IN：压力信号输入；GND：压力信号输入地。P08，1：0～5V；2：4～20mA。如果要接 4～20mA 的电流型压力变送器，需 P08 设定值为 2，此时还需在压力信号输入的两个端子（IN 和 GND）之间外接一个 250Ω/0.5W 的精密电阻
9		传感器量程选择	P09	0.6、1.0、12.5MPa	P09 的含义为传感器的量程选择，该值应根据现场的实际情况及要求设定
10		输出控制选择	P18	0	P18 含义为是否自动控制频率，0：输出频率自动控制；1：输出频率手动控制，默认为 0
11		水泵睡眠频率	P22	20Hz	P22 参数的含义为变频器输出频率小于 P22 设定频率一定时间后，变频器停止输出。P22＝0 时无睡眠功能；P22＞0 时，即当 D/A 输出频率值≤P22 设定的频率值，并且延时 P27 设定时间以上时。则认为系统不缺水或需水量很小，此时控制器将则将 D/A 输出置零，FWD 信号断开，20Hz 为水泵睡眠频率
12		水泵睡眠等待时间	P27	5min	P27 的含义为当 P22＞0，且输出频率 5min 后仍然≤P22，则启动水泵睡眠功能
13		睡眠重新起泵偏差	P31	0.02MPa	P31 含义为睡眠后当前压力≤（P01－P31）时重新启动水泵工作

三、控制原理

在实际恒压供水系统中，一般在管路中安装压力传感器，由压力传感器检测管路中流体压力的大小，并将压力信号转换为电信号，送至 HD3000N 中，由 HD3000N 的模拟量输出端子输出一个连续变化的电信号对变频器的输出频率进行控制。

当用水量减少，供水量大于用水需求时，管道中水压上升，经压力变送器反馈的电信号变大，目标值与反馈值的差减小，该比较信号经 HD3000N 处理后的频率给定信号变小，变频器输出频率下降，水泵电动机转速下降，供水能力下降。

当用水量增加，供水量小于用水需求时，管道中水压下降，经压力变送器反馈的电信号减小，目标值与反馈值的差增大，该比较信号经 HD3000N 处理后的频率给定信号变大，变频器输出频率上升，水泵电动机转速上升，供水能力提高。直到压力大小等于目标值、供水能力与用水需求之间达到平衡为止，既可实现恒压补水。

四、动作详解

（一）闭合总电源及参数设置

闭合总电源断路器 QF1、变频器电源断路器 QF2、工频电源 QF3、控制电源 QF4 后变频器上电，直流开关电源、HD3000N、压力变送器得电。

根据参数表设置变频器参数及 HD3000N 参数。参数设置后，HD3000N 的 PV 窗口显示当前系统压力值。B1 与 L 通过内部继电器接通 (P03＝6)，将相线加于交流接触器 KM1 线圈的一端，交流接触器 KM1 主触头吸合，1s 后 CM1 与 FWD 闭合，变频器运行。CM2 和 D/A 根据所设定的目标值输出一个 0～10V 的直流电压 (P07＝1)，控制变频器的输出频率，实现恒压供水。目标值在 SV 窗口显示 (如系统中采用 0～1MPa 的压力传感器，想要达到系统某处压力恒定值为 0.4MPa 的话，目标值就为 0.4)。

（二）两泵自动循环启动

1 号变频泵变频启动时，当系统失水量大于供水量时，频率达到最高频率。经过加泵延时时间 20s (P05) 后，系统压力还没有达到设定的目标压力值 (P01)，则将 B1 断开，1 号变频交流接触器 KM1 线圈失电，主触头断开，1 号泵停止变频运行后接通 G1，1 号工频交流接触器 KM2 线圈得电，主触头吸合，将 1 号泵由变频状态转换为工频工作状态。

延时 3s 后，接通 B2，KM3 线圈得电，主触头吸合，启动 2 号泵进行变频工作。变频泵按照设定的目标值和反馈值的差异，调整变频器的输出频率，控制变频泵电动机转速。当系统压力高于设定的压力时，2 号变频泵降低频率运行。当变频器输出频率降至最低频率后，经超压减泵时间 15s (P06)，将 G1 端子断开，1 号泵工频停止，2 号泵根据现场工况变频运行。

当系统再次欠压后，2 号泵频率达到最高频率，经过加泵延时时间 20s (P05) 后，如系统压力还没有达到设定的目标压力值 (P01)，则将 B2 断开，2 号变频交流接触器 KM3 线圈失电，主触头断开。2 号泵停止变频运行后接通 G2，2 号工频交流接触器 KM4 线圈得电，主触头吸合，将 2 号泵由变频状态转换为工频工作状态。

延时 3s 后，接通 B1，1 号泵变频运行。再次超压后断开 G2，2 号泵工频停止，1 号泵变频运行维持压力恒定。两台泵按照上述顺序循环启动。系统任意时刻目标值和反馈值一致时，HD3000N 将保持这一时刻泵的运行状态，直至系统压力再次发生变化。

（三）变频泵的睡眠与唤醒

当系统失水量和供水量达到平衡或失水量小于供水量时，变频器的输出频率降至睡眠频率 (P22)。延时水泵睡眠等待时间 5min (P27＝5) 后，变频器的输出频率仍然小于变频器的睡眠频率时，HD3000N 的 CM2 和 D/A 模拟量输出置零，CM1 与 FWD 断开，变频器停止运行。变频器控制面板运行指示灯熄灭，显示信息为 STOP。此时控制变频泵的端子 (B1-B2) 与 L 未断开，交流接触器仍是吸合状态。

睡眠后当前压力值≤目标压力值 (P01)－睡眠重新起泵偏差 (P31) 时，HD3000N 的 CM1 与 FWD 先闭合，CM2 和 D/A 后输出电压信号，重新启动水泵工作。

实例 89 恒压供水控制器与变频器配合使用，实现三台恒压供水泵工频、变频切换控制电路

电路简介 该电路利用恒压供水控制器的 PID 调节功能对变频器进行控制。以实现一用一备恒压供水控制功能。恒压供水控制器在电路中起核心控制作用，变频器则采用

常规的通用型变频器，变频器在电路只起变频调速作用，电动机的切换等主要控制功能由控制器完成。

若要保持供水系统中某处压力的恒定，只需保证该处的供水量和用水量处于平衡状态，即可实现恒压供水。该实例可根据系统压力变化自动控制三台泵的工频、变频切换，恒压供水控制器在1号电动机变频运行电动机运行至上限频率后，管网还没达到设定压力时，自动将1号电动机切换为工频运行，启动2号电动机变频运行，最终实现两台电动机工频运行，一台电动机变频运行。当超过设定压力时，按照先启先停的原则减少电动机的运行台数，最终保留一台电动机变频运行，直至休眠。

一、原理图

恒压供水控制器与变频器配合使用，实现三台恒压供水泵工频、变频切换控制电路原理图如图89-1所示。

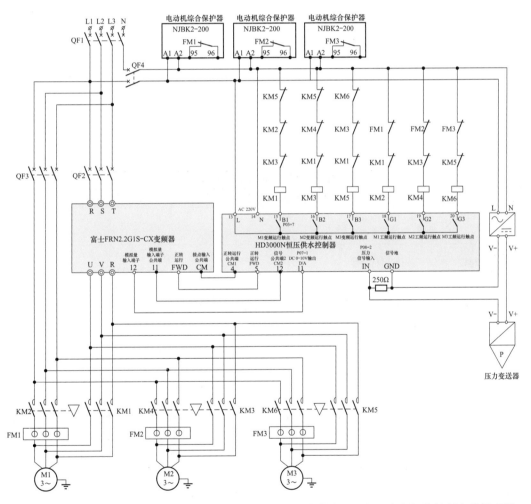

图89-1 恒压供水控制器与变频器配合使用，实现三台恒压供水泵工频、变频切换控制电路原理图

二、图中应用的端子及主要参数

相关端子及参数功能含义见表89-1。

表 89-1　　　　　　　　　　　　　　　相关端子及参数功能含义

序号	端子名称	功能	功能代码	设定数据	设定值含义
			富士 G1S 变频器所用端子及参数设置		
1		数据保护	F00	0	由此功能可保护已设定在变频内的数据，使之不能容易改变。在更改功能代码 F00 的数据时，需要双键操作（STOP 键＋∧ 或 ∨ 键），0：可改变数据；1：不可改变数据（数据保护）
2		数据初始化	H03	1	将功能代码的数据恢复到出厂时的设定值。此外，进行电动机常量的初始化。在更改功能代码 H03 的数据时，需要双键操作（STOP 键＋∧ 或 ∨ 键）
3	11、12、13	频率设定 1	F01	1	F01 含义为选择频率设定的设定方法。11：模拟输入信号公共端；12：设定电压输入 0～＋10V/0～±100％端子；13：电位器用电源＋10V（DC）端子。当设定值为 1 时，按照外部发出的模拟量电压输入指令值进行频率设定，包括电压输入和外置电位器输入均选择为 1
4	CM：公共端，FWD：正转端子	运行操作	F02	1	F02 含义为选择运转指令的设定方法，当设定值为 1 时，由外部信号 FWD（正）/REV（反）输入运行命令，即端子 FWD-CM 间，闭合为正/反转运行，断开为减速停止
			HD3000N 所用端子及参数设置		
序号	端子名称	功能	功能代码	设定数据	设定值含义
1	L、N	HD3000 工作电源			L、N 所用电源为交流 220V
2	CM1、FWD	正转运行信号			变频器启动命令，即端子 FWD-CM 间，闭合为正转运行，断开为减速停止
3		当前压力设定值	P01	0～2.5MPa	根据现场工况设定的目标压力
4	B1、B2、B3、G1、G2、G3	继电器输出端子	P03	7	P03 含义为泵的工作模式，P03＝7，即 1 号、2 号、3 号三台泵循环，三泵循环控制模式。B1 端子控制 M1 电机变频运行；B2 端子控制 M2 电机变频运行；B3 端子控制 M3 电机变频运行；G1 端子控制 M1 电机工频运行；G2 端子控制 M2 电机工频运行；G3 端子控制 M3 电机工频运行
5		欠压加泵时间	P05	20s	P05 的含义是变频泵达到最高频率后启动工频泵的时间
6		超压减泵时间	P06	15s	P06 的含义是变频泵达到最低频率后停止工频泵的时间
7	CM2、D/A	模拟量输出	P07	1	P07 含义为输出电压选择，D/A（DC 0～10V 输出）、CM2（信号公共端 2），1：0～10V；2：0～5V

序号	端子名称	功能	功能代码	设定数据	设定值含义
				HD3000N 所用端子及参数设置	
8	IN、GND	信号输入	P08	2	P08 含义为输入信号选择，IN：压力信号输入；GND：压力信号输入地。 P08，1：0～5V；2：4～20mA，如果要接4～20mA 的电流型压力变送器，需 P08 设定值为 2，此时还需在压力信号输入的两个端子（IN 和 GND）之间外接一个 250Ω/0.5W 的精密电阻
9		传感器量程选择	P09	0.6、1.0、12.5MPa	P09 的含义为传感器的量程选择，该值应根据现场的实际情况及要求设定
10		输出控制选择	P18	0	P18 含义为是否自动控制频率，0：输出频率自动控制；1：输出频率手动控制，默认为 0
11		水泵睡眠频率	P22	20Hz	P22 参数的含义为变频器输出频率小于 P22 设定频率一定时间后，变频器停止输出。 P22＝0 时无睡眠功能；P22＞0 时，即当 D/A 输出频率值≤P22 设定的频率值，并且延时 P27 设定时间以上时。则认为系统不缺水或需水量很小，此时控制器将则将 D/A 输出置零，FWD 信号断开，20Hz 为水泵睡眠频率
12		水泵睡眠等待时间	P27	5min	P27 的含义为当 P22＞0，且输出频率 5min 后仍然≤P22，则启动水泵睡眠功能
13		睡眠重新起泵偏差	P31	0.02MPa	P31 含义为睡眠后当前压力≤（P01−P31）时重新启动水泵工作

三、控制原理

在实际恒压供水系统中，一般在管路中安装压力传感器，由压力传感器检测管路中流体压力的大小，并将压力信号转换为电信号，送至 HD3000N 中，由 HD3000N 的模拟量输出端子输出一个连续变化的电信号对变频器的输出频率进行控制。

当用水量减少，供水量大于用水需求时，管道中水压上升，经压力变送器反馈的电信号变大，目标值与反馈值的差减小，该比较信号经 HD3000N 处理后的频率给定信号变小，变频器输出频率下降，水泵电动机转速下降，供水能力下降。直到压力大小等于目标值、供水能力与用水需求之间达到平衡为止，既可实现恒压补水。

当用水量增加，供水量小于用水需求时，管道中水压下降，经压力变送器反馈的电信号减小，目标值与反馈值的差增大，该比较信号经 HD3000N 处理后的频率给定信号变大，变频器输出频率上升，水泵电动机转速上升，供水能力提高。直到压力大小等于目标值、供水能力与用水需求之间达到平衡为止，既可实现恒压补水。

四、动作详解

（一）闭合总电源及参数设置

闭合总电源断路器 QF1、变频器电源断路器 QF2、工频电源 QF3、控制电源 QF4后变频器上电，直流开关电源、HD3000N、压力变送器得电。

根据参数表设置变频器参数及 HD3000N 参数。参数设置后，HD3000N 的 PV 窗口显示当前系统压力值。B1 与 L 通过内部继电器接通（P03＝7），将相线加于交流接触器 KM1 线圈的一端，交流接触器 KM1 主触头吸合，1s 后 COM1 与 FWD 闭合，变频器运行。COM2 和 D/A 根据所设定的目标值输出一个 0～10V 的直流电压（P07＝1），控制变频器的输出频率，实现恒压供水。目标值在 SV 窗口显示（如系统中采用 0～1MPa 的压力传感器，想要达到系统某处压力恒定值为 0.4MPa 的话，目标值就为 0.4）。

（二）三泵自动循环启动

1 号变频泵变频启动时，当系统失水量大于供水量时，频率达到最高频率，经过加泵延时时间 20s（P05）后，系统压力还没有达到设定的目标压力值（P01），则将 B1 断开，1 号变频交流接触器 KM1 线圈失电，主触头断开。1 号泵停止变频运行后接通 G1，1 号工频交流接触器 KM2 线圈得电，主触头吸合，将 1 号泵由变频状态转换为工频工作状态，延时 3s，接通 B2，KM3 线圈得电，主触头吸合，启动 2 号泵进行变频工作。

变频泵按照设定的目标值和反馈值的差异，调整变频器的输出频率，控制变频泵电动机转速。当 2 号变频泵再次达到最高频率时，延迟 20s 后，系统压力还没有达到目标值，则将 B2 断开。2 号变频交流接触器 KM3 线圈失电，主触头断开，2 号泵停止变频运行后接通 G2，2 号工频交流接触器 KM4 线圈得电，主触头吸合，将 2 号泵由变频状态转为工频状态。延迟 3s 后，接通 B3，KM5 线圈得电，主触头吸合，启动 3 号泵变频运行。

当系统压力高于设定的压力时，3 号变频泵降低频率运行。当变频器输出频率降至最低频率后，经超压减泵时间 15s（P06）后，将 G1 端子断开，1 号工频交流接触器 KM2 线圈失电，1 号泵工频停止，剩余两台泵一工一变维持系统压力恒定。

如系统压力依然高于设定压力时，3 号变频泵降低频率运行。当变频器输出频率降至最低频率后，经超压减泵时间 15s（P06）后，G2 端子断开，2 号工频交流接触器 KM4 线圈失电，2 号工频泵停止运行。保留 3 号变频泵维持系统压力恒定。

当系统再次欠压时，变频器输出频率达到最大频率后，延迟加泵时间 20s 后，系统压力还没有达到设定压力，断开 B3，3 号变频交流接触器 KM5 线圈失电，3 号变频泵停止运行后接通 G3，3 号工频交流接触器 KM6 线圈得电，将 3 号泵转为工频运行状态，延迟 3s 后，接通 B1，1 号泵变频运行。三台泵按照上述顺序循环启动。系统任意时刻目标值和反馈值一致时，HD3000N 将保持这一时刻泵的运行状态，直至系统压力再次发生变化。

（三）变频泵的睡眠与唤醒

当系统失水量和供水量达到平衡或失水量小于供水量时，变频器的输出频率降至睡眠频率（P22）。延时水泵睡眠等待时间 5min（P27＝5）后，变频器的输出频率仍然小于变频器的睡眠频率时，HD3000N 的 CM2 和 D/A 模拟量输出置零，CM1 与 FWD 断开，变频器停止运行，变频器控制面板运行指示灯熄灭，显示信息为 STOP。此时控制变频泵的端子（B1-B3）与 L 未断开，交流接触器仍是吸合状态。

睡眠后当前压力值≤目标压力值（P01）－睡眠重新起泵偏差（P31）时，HD3000N 的 CM1 与 FWD 先闭合，CM2 和 D/A 后输出电压信号，重新启动水泵工作。

实例90 变频器内置PID功能在恒压供水电路的应用（1）

电路简介 该电路采用富士 FRN2.2G1S-4CX 变频器，利用其内置 PID 调节器对供水系统进行控制，管道中的压力可作为控制流量变化的参考变量。若要保持水系统中某处压力的恒定。只需保证该处的供水量和用水量处于平衡状态，即实现恒压供水。该功能可用于供热管网中的恒压控制，以及控制器故障时的应急处理方案。

一、原理图

变频器内置 PID 功能在恒压供水电路的应用原理图如图 90-1 所示。

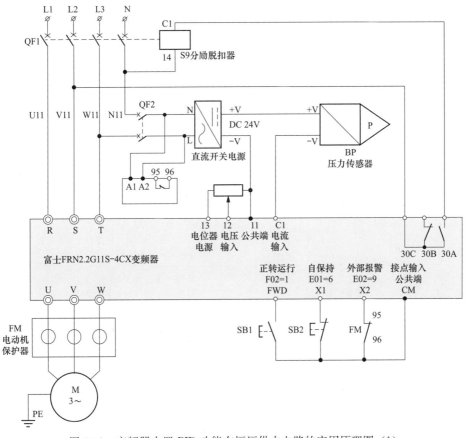

图 90-1 变频器内置 PID 功能在恒压供水电路的应用原理图（1）

在实际恒压供水系统中，一般在管路中安装压力传感器，由压力传感器检测管路中流体压力的大小，并将压力信号转换为电信号，送至变频器中，控制原理示意图如图 90-2 所示。

二、图中应用的端子及主要参数

相关端子及参数功能含义见表 90-1。

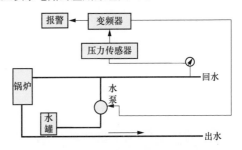

图 90-2 单水泵恒压供水变频控制原理示意图

表 90-1 相关端子及参数功能含义

序号	端子名称	功能	功能代码	设定数据	设定值含义
富士 G1S 变频器内置 PID 功能应用所用端子及参数设置					
1		数据保护	F00	0	0：可改变数据；1：不可改变数据（数据保护）
2		数据初始化	H03	1	1：数据初始化，需要双键操作（STOP 键＋∧键）
3	11、12、13	频率设定 1	F01	1	1：频率设定由电压输入 0～＋10V/0～±100%（电位器）
4	RESR	面板 RESR 键报警复位			数据变更取消，显示画面转换。报警复位（仅在报警初始画面显示时有效）
5	FWD、CM	运行操作	F02	1	0：面板控制；1：外部端子（按钮）控制
6	X1	可编程数字输入端子	E01	6	自保持选择，即停止按钮功能
7	X2	可编程数字输入端子	E02	9	X2 端子设定为外部报警功能 THR，注：富士变频器接保护器的动断触点，英威腾变频器接保护器的动合触点
8		选择 PID 控制是否有效	H20	1	H20 含义为 PID 控制是否有效。PID 选择正动作，当 H20 选择 PID 功能有效时，设定值即可按"F01 频率设定"选定的通道输入。如 F01 设定为 0，那么就需要使用用面板的上下键输入目标值
9		PID 反馈选择	H21	1	H21 含义为 PID 反馈信号选择。 设定值为 0 时，控制端子 12 为正动作，电压输入 0～10V； 设定值为 1 时，控制端子 C1 为正动作，电流输入 4～20mA； 设定值为 2 时，控制端子 12 为反动作，电压输入 10～0V； 设定值为 3 时，控制端子 C1 为反动作，电流输入 20～4mA
10		P 增益控制	H22	2	H22 含义为 P 增益，决定 P 动作对偏差响应程度的参数，增益取大时，响应速度快，但是过快容易产生震荡。增益取小时，反应迟缓
11		积分时间	H23	60	H23 含义为积分时间，用积分时间决定动作效果的大小。积分时间大时，响应迟缓。积分时间小时，响应速度快。过小时，将发生震荡
12		微分时间	H24	2	H24 含义为微分时间，用微分时间参数 D 决定动作效果的大小，微分时间大时，能使发生偏差引起的 P 动作引起的震荡很快衰减。但过大时，反而引起震荡。微分时间小时，发生偏差时的衰减作用小
13		显示系数 A	E40	1	E40 含义为设定显示数据的最大值，作为 PID 控制时，设定显示数据的最大值，如压力传感器的量程上限是 1.0MPa，那么设定值为 1
14		显示系数 B	E41	0	E41 含义为设定显示数据的最小值，作为 PID 控制时，设定显示数据的最小值
15	30A、30B、30C	30Ry 总警报输出	F36	0	为异常时动作输出，即当变频器检测到有故障或异常时 30A-30C 闭合、30B-30C 断开

三、控制原理

当用水量减少，供水量大于用水需求时，管路中水压上升，经压力变送器反馈的电信号变大，目标值与反馈值的差减小，该比较信号经 PID 处理后的频率给定信号变小，变频器输出频率下降，水泵电动机转速下降，供水能力下降。直到压力大小等于目标值、供水能力与用水需求之间达到平衡为止，即实现恒压补水。

当用水量增加，供水量小于失水量时，管道中水压下降，经压力变送器反馈的电信号减小，目标值与反馈值的差增大，PID 处理后的频率给定信号变大，变频器输出频率上升，水泵电动机转速上升，供水能力提高，直到压力大小等于目标值、供水能力与用水需求之间达到平衡为止，既实现恒压补水。

PID 闭环控制是典型的自动控制，多采用比例-积分-微分控制器。变频器内置的 PID 控制器通过压力变送器检测到的反馈值与设定的目标值进行比较，如有偏差，则通过 PID 控制电动机转速，使偏差为 0。因此，变频器要实现 PID 控制，需要两种控制信号，一个是目标信号，一个是反馈信号。由于目标信号和反馈信号通常不是同一种物理量，难以进行直接比较，所以，许多变频器的目标值的设定采用传感器量程的百分数来设定。例如供水系统采用 $0 \sim 1$MPa 的压力传感器，压力要求稳定在 0.4MPa 时，则 0.4MPa 对应的百分数为 40%，则目标值为 40%。富士G11S 变频器有与传感器上下限对应的参数，可将参数 E40（显示系数 A）设置为1，即压力传感器量程上限为 1MPa，将参数 E41（显示系数 B）设置为 0，即压力传感器的下限为 0MPa. 变频器参数 F01 设置为 1 时，当可调电阻 11、12 端子电压为 4V 时，即为变频器 11、12 端子 $0 \sim 10$V 的 40%，则代表目标值为 0.4，即压力预期稳定值为 0.4MPa。也可将变频器参数 F01 设置为 0，可直接利用操作面板设定目标值。

四、动作详解

（一）闭合总电源及参数设置

闭合总电源 QF1（由于分励脱扣器和 QF1 安装在一起，故 S9 也闭合但分励线圈为开路），变频器控制电源得电（控制电源得电后变频器只可以设置参数），QF2 上端得电。

当闭合 QF2 后直流开关电源、电动机保护器得电。根据参数表设置变频器参数后，根据现场工况，设定目标值（根据 F01 设定值来选择设定方式），此时，压力传感器得24V 直流电压后显示现场管道实际压力值。

（二）变频器的启动与闭环控制

按下启动按钮 SB1，FWD（正转端子）和 CM（接点输入公共端端子）回路接通，变频器根据所设定目标值和现场反馈的实际值进行 PID 闭环控制。

PID 的调试：P、I、D 参数的预置是相辅相成的，运行现场应根据实际情况进行细调。被控物理量在目标值附近震荡，首先加大积分时间 I（H23），如仍有震荡，可适当减小比例增益 P（H22）。被控物理量在发生变化后难以恢复，首先加大比例增益 P，如果仍恢复较慢，可减小积分时间 I，还可增大微分时间 D（H24）。

（三）变频运行停止

按下停止按钮 SB2，端子 X1 和端子 CM 回路断开，X1 自保持选择解除，变频器按照 F08 减速时间 1 减速至 F25（停止频率 1）后电动机停止运行。变频器控制面板运行指示灯熄灭，显示信息为 STOP，运行频率显示为闪烁的频率设置值 50.00Hz。

如果要重新启动只需按下启动按钮 SB1 即可重新启动。

实例 91　变频器内置 PID 功能在恒压供水电路的应用（2）

电路简介　该电路采用富士 FRN2.2G1S-4CX 变频器，利用其内置 PID 调节器对供水系统进行控制，管道中的压力可作为控制流量变化的参考变量。若要保持水系统中某处压力的恒定。只需保证该处的供水量和用水量处于平衡状态，即实现恒压供水。该电路利用转换开关实现工频、变频转换。

一、原理图

变频器内置 PID 功能在恒压供水电路的应用原理图（2）如图 91-1 所示。

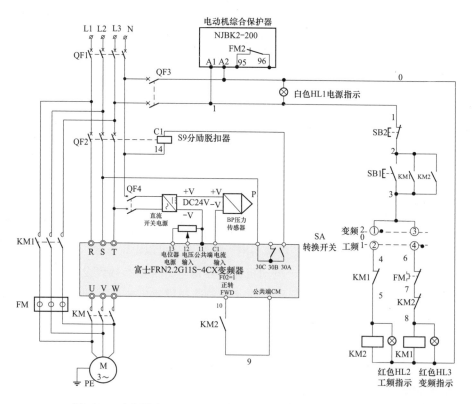

图 91-1　变频器内置 PID 功能在恒压供水电路的应用原理图（2）

注　在实际恒压供水系统中，一般在管路中安装压力传感器，由压力传感器检测管路中流体压力的大小，并将压力信号转换为电信号，送至变频器中。

二、图中应用的端子及主要参数

相关端子及参数功能含义见表91-1。

表 91-1   相关端子及参数功能含义

					富士 G1S 变频器内置 PID 功能应用所用端子及参数设置
序号	端子名称	功能	功能代码	设定数据	设定值含义
1		数据保护	F00	0	0：可改变数据；1：不可改变数据（数据保护）
2		数据初始化	H03	1	数据初始化，需要双键操作（STOP键＋∧键）
3	11、12、13	频率设定 1	F01	1	频率设定由电压输入 0～＋10V/0～±100%（电位器）
4	RESR	面板报警复位键			数据变更取消，显示画面转换。报警复位（仅在报警初始画面显示时有效）
5	FWD、CM	运行操作	F02	1	0：面板控制；1：外部端子（按钮）控制
6	X1	可编程数字输入端子	E01	6	自保持选择，即停止按钮功能
7	X2		E02	9	9：X2 端子设定为外部报警功能 THR，注：富士变频器接保护器的动断触点，英威腾变频器接保护器的动合触点
8		电动机极数	P01		根据实际设备设置
9		选择 PID 控制是否有效	H20	1	H20 含义为 PID 控制是否有效，PID 选择正动作，当 H20 选择 PID 功能有效时，设定值即可按"F01频率设定"选定的通道输入。如 F01 设定为 0，那么就需要使用面板的上下键输入目标值
10		PID 反馈选择	H21	1	H21 含义为 PID 反馈信号选择。 设定值为 0 时，控制端子 12 为正动作，电压输入 0～10V； 设定值为 1 时，控制端子 C1 为正动作，电流输入 4～20mA； 设定值为 2 时，控制端子 12 为反动作，电压输入 10～0V； 设定值为 3 时，控制端子 C1 为反动作，电流输入 20～4mA
11		P 增益控制	H22	2	H22 含义为 P 增益，决定 P 动作对偏差响应程度的参数，增益取大时，响应速度快，但是过快容易产生震荡。增益取小时，反应迟缓
12		积分时间	H23	60	H23 含义为积分时间，用积分时间决定动作效果的大小。积分时间大时，响应迟缓。积分时间小时，响应速度快。过小时，将发生震荡
13		微分时间	H24	2	H24 含义为微分时间，用微分时间参数 D 决定动作效果的大小，微分时间大时，能使发生偏差时 P 动作引起的震荡很快衰减。但过大时，反而引起震荡。微分时间小时，发生偏差时的衰减作用小

续表

序号	端子名称	功能	功能代码	设定数据	设定值含义
\multicolumn{6}{c}{富士 G1S 变频器内置 PID 功能应用所用端子及参数设置}					
14		显示系数 A	E40	1.6	E40 含义为设定显示数据的最大值，作为 PID 控制时，设定显示数据的最大值，如压力传感器的量程上限是 1.6MPa，那么设定值为 1.6
15		显示系数 B	E41	0	E41 含义为设定显示数据的最小值，作为 PID 控制时，设定显示数据的最小值
16	30A、30B、30C	30Ry 总警报输出	F36	0	0：为异常时动作输出，即当变频器检测到有故障或异常时 30A-30C 闭合、30B-30C 断开

三、控制原理

当用水量减少，供水能力大于用水需求时，水压上升，经压力变送器反馈的电信号变大，目标值与反馈值的差减小，该比较信号经 PID 处理后的频率给定信号变小，变频器输出频率下降，水泵电动机转速下降，供水能力下降。

当用水量增加，供水量小于失水量时，管道中水压下降，经压力变送器反馈的电信号减小，目标值与反馈值的差增大，PID 处理后的频率给定信号变大，变频器输出频率上升，水泵电动机转速上升，供水能力提高，直到压力大小等于目标值、供水能力与用水需求之间达到平衡为止，既实现恒压补水。

四、动作详解

（一）闭合总电源

闭合总电源 QF1（由于分励脱扣器和 QF1 安装在一起，故 S9 也闭合但分励线圈为开路），QF2、QF3 上端得电。

（二）电动机工频控制过程

合上开关 QF3，电动机保护器得电，电源指示灯 HL1 点亮。将转换开关置于工频位置，按下启动按钮 SB1，交流接触器 KM1 线圈得电，KM1 闭合自锁，工频运行指示灯点亮；动断触点 KM1 断开。KM1 主触头吸合，电动机工频运行。当按下停止按钮 SB2，交流接触器 KM1 线圈失电，KM1 所有触点均复位，电动机停止运行，同时工频运行指示灯 HL2 熄灭。

（三）电动机变频控制过程

合上开关 QF2、QF3 后直流开关电源得电，变频器控制电源得电。根据参数表设置变频器参数后，根据现场工况，设定目标值（根据 F01 设定值来选择设定方式，如系统中采用 0~1MPa 的压力传感器，想要达到系统某处压力恒定值为 0.4MPa 的话，目标值就为 0.4）。此时，压力传感器得 24V 直流电压后显示现场管道实际压力值。

（四）变频器的启动与闭环控制

将转换开关置于变频位置，按下启动按钮 SB2，交流接触器 KM2 线圈得电，其动合触点闭合自锁，变频运行指示灯 HL3 点亮，动断触点 KM2 断开，KM2 主触头吸合，同时另一组动合触点 KM2 将 FWD（正转端子）和 CM（接点输入公共端端子）回路接通，变频器启动，变频器根据所设定目标值（H20＝1，PID 选择正动作，当 H20 选择

PID功能有效时，设定值即可按"F01 频率设定"选定的通道输入。如 F01 设定为 0，那么就需要使用面板的上下键输入目标值）和现场反馈的实际值（H21）进行 PID 闭环控制。

PID 的调试：P、I、D 参数的预置是相辅相成的，运行现场应根据实际情况进行细调。被控物理量在目标值附近震荡，首先加大积分时间 I（H23），如仍有震荡，可适当减小比例增益 P（H22）。被控物理量在发生变化后难以恢复，首先加大比例增益 P，如果仍恢复较慢，可减小积分时间 I，还可增大微分时间 D（H24）。

（五）变频运行停止

按下停止按钮 SB1，端子 FWD 和端子 CM 回路断开，变频器按照 F08 减速时间 1 减速至 F25（停止频率 1）后电动机停止运行。变频器控制面板运行指示灯熄灭，显示信息为 STOP，运行频率显示为闪烁的频率设置值 50.00Hz。

如果要重新启动只需按下启动按钮 SB1 即可重新启动。由于在外部电路 KM1 和 KM2 采用了互锁设计，所以，工频接触器 KM1 和变频器 KM2 接触器不可能同时接通，也就不可能从变频器的输出侧输入主电源，保证了变频器的安全运行。

第十章

简易PLC功能（程序运行功能）应用及参数设置

实例 92 富士 G1S 变频器程序运行功能控制电路（含视频讲解）

电路简介 该电路应用变频器内置的程序运行功能（简易 PLC 功能），通过预先编写好的程序，对变频器输出的旋转方向、运行频率、加减速时间、运行时间进行控制。操作者只需按下启动按钮，变频器就会按照预先编写好的程序执行程序运行过程图启动运行，可以运行一个单循环程序运转并停止，也可以反复执行程序运转或者完成一个循环后按照最后设定的频率继续运转。

富士 G1S 变频器该功能只能使用面板或二线式电路控制启停，不能使用三线式控制，使用三线式控制 X 端子无法自保持，而且两线式控制正反转端子只能起到启停控制功能，无法选择运行方向，并且即使 FWD 正转-CM 端子处于闭合状态，当程序运行结束后也会停止运行，并且运行指示灯也会熄灭。

一、原理图

富士 G1S 变频器程序运行功能控制电路原理图如图 92-1 所示。

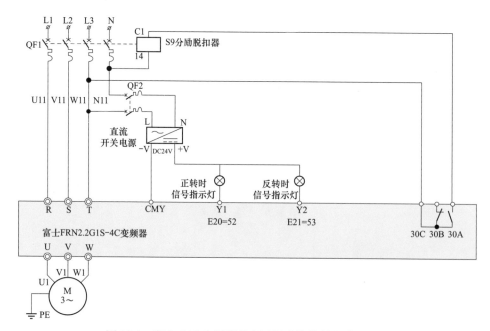

图 92-1 富士 G1S 变频器程序运行功能控制电路原理图

二、图中应用的端子及主要参数

相关端子及参数功能含义的详解见表 92-1。

表 92-1   相关端子及参数功能含义

序号	端子名称	功能	功能代码	设定数据	设定值含义
1		数据保护	F00	0	0：可改变数据；1：不可改变数据（数据保护）
2		数据初始化	H03	1	将功能代码数据恢复到出厂时的设定值
3		频率设定 1	F01	10	程序运行功能
4		加速时间 1	F07	10s	加速时间指令的设定方法：加速时间设定为从 0Hz 开始到达最高输出频率的时间，设定范围：0.00~6000s；减速时间指令的设定方法：减速时间设定为从最高输出频率到达 0Hz 为止的时间。设定范围：0.00~6000s
5		减速时间 1	F08	10s	
6		加速时间 2	E10	6s	
7		减速时间 2	E11	6s	
8		加速时间 3	E12	9s	
9		减速时间 3	E13	9s	
10		加速时间 4	E14	10s	
11		减速时间 4	E15	10s	
12		多步频率 1	C05	10Hz	为多段速设置的频率，多段频率 1~15 对应的频率参数代码 C05~C19；设定范围：0.00~500.0（Hz）
13		多步频率 2	C06	30Hz	
14		多步频率 3	C07	20Hz	
15		多步频率 4	C08	40Hz	
16		多步频率 5	C09	40Hz	
17		多步频率 6	C10	50Hz	
18		多步频率 7	C11	20Hz	
19		程序运转动作选择	C21	0	含义为只进行单循环程序运转，运转结束后停止
20		程序步 1 运转时间	C22	10s	C22~C28 含义为程序步 1~程序步 7 运转时间的设定，数据设定范围：0.00~6000s
21		程序步 2 运转时间	C23	12s	
22		程序步 3 运转时间	C24	18s	
23		程序步 4 运转时间	C25	15s	
24		程序步 5 运转时间	C26	15s	
25		程序步 6 运转时间	C27	11s	
26		程序步 7 运转时间	C28	12s	
27		程序步 1 旋转方向、加减速时间	C82	1	设定程序步 1 的旋转方向为正转，加减速时间为 F07、F08
28		程序步 2 旋转方向、加减速时间	C83	2	设定程序步 2 的旋转方向为正转，加减速时间为 E10、E11
29		程序步 3 旋转方向、加减速时间	C84	13	设定程序步 3 的旋转方向为反转，加减速时间为 E12、E13
30		程序步 4 旋转方向、加减速时间	C85	14	设定程序步 4 的旋转方向为反转，加减速时间为 E14、E15
31		程序步 5 旋转方向、加减速时间	C86	2	设定程序步 5 的旋转方向为正转，加减速时间为 E10、E11
32		程序步 6 旋转方向、加减速时间	C87	3	设定程序步 6 的旋转方向为正转，加减速时间为 E12、E13

序号	端子名称	功能	功能代码	设定数据	设定值含义
33		程序步7旋转方向、加减速时间	C88	4	设定程序步7的旋转方向为正转，加减速时间为E14、E15
34	Y1	可编程的控制和监视信号输出端子	E20	52	含义为正转时输出信号FRUN，当变频器正转输出时，Y1端子闭合，正转输出指示灯亮
35	Y2		E21	53	含义为反转时输出信号RRUN，当变频器反转输出时，Y2端子闭合，反转输出指示灯亮
36	30A、30B、30C	30Ry总警报输出	E27	99	98：轻微故障；99：整体警报，即当变频器检测到有故障或异常时30A-30C闭合、30B-30C断开

注 变频器程序运行时，按STOP键，则暂停程序步的运行。再次按下RUN键，则按照停止时刻的程序步开始运转。报警停止时请按下PRG/RESET键，解除变频器保护功能的动作。然后按RUN键，重新开始已停止的程序步的运行。

运转过程中，如果需要从最初的程序步"C22程序步1运转时间"及"C82程序步1运转方向、加减速时间"开始运转，则请输入停止指令后，再按PRG/RESET键。

报警停止后，需要从最初程序步开始运转时，请按下PRG/RESET键解除保护功能的动作，然后再按一次PRG/RESET键。

三、动作详解

（一）闭合总电源及参数设置

闭合总电源QF1，变频器输入端R、S、T带电，根据参数表设置变频器参数。

（二）变频器程序运行操作

按下操作面板上的正转启动键FWD，变频器按照事先设定程序运行，功能时序图如图92-2所示。

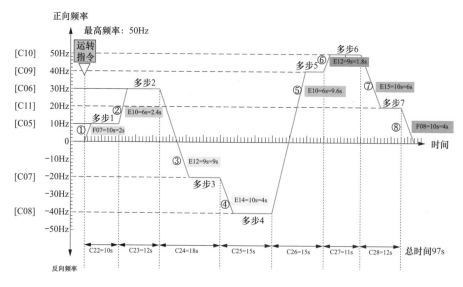

图92-2 功能时序图

注 加减速时间实际值＝（设定频率－启动频率）÷最高频率×加减速时间设定值。

1. 程序步1

C22 总运行时间为 10s，旋转方向为正向旋转，变频器按加速时间 1，F07＝10s 正向旋转，旋转 2s 后加速至多步频率 1，C05＝10Hz，恒频运行 8S 后转至程序步 2。

2. 程序步2

C23 总运行时间为 12s，旋转方向为正向旋转，变频器按加速时间 2，E10＝6s 正向旋转，旋转 2.4s 后加速至多步频率 2，C06＝30Hz，恒频运行 9.6s 后转至程序步 3。

3. 程序步3

C24 总运行时间为 18s，旋转方向为反向旋转，变频器按加减速时间 3，E12＝9s、E13＝9s 反向旋转，旋转 9s 后加速至多步频率 3，C07＝20Hz，恒频运行 9s 后转至程序步 4。

4. 程序步4

C25 总运行时间为 15s，旋转方向为反向旋转，变频器按加速时间 4，E14＝10s 反向旋转，旋转 4s 后加速至多步频率 4，C08＝40Hz，恒频运行 11s 后转至程序步 5。

5. 程序步5

C26 总运行时间为 15s，旋转方向为正向旋转，变频器按加减速时间 2，E10＝6s、E11＝6s 正向旋转，旋转 9.6s 后加速至多步频率 5，C09＝40Hz，恒频运行 5.4s 后转至程序步 6。

6. 程序步6

C27 总运行时间为 11s，旋转方向为正向旋转，变频器按加速时间 3，E12＝9s 正向旋转，旋转 1.8s 后加速至多步频率 6，C10＝50Hz，恒频运行 9.2s 后转至程序步 7。

7. 程序步7

C28 总运行时间为 12s，旋转方向为正向旋转，变频器按减速时间 4，E15＝10s 正向旋转，旋转 6s 后减速至多步频率 7，C11＝20Hz，恒频运行 6s 后按减速时间 1，F08＝10s 减速运行，运行 4s 后停止，程序步运行结束。

四、程序步1～程序步7的旋转方向及加减速时间设定示例

程序步 1～程序步 7 的旋转方向及加减速时间设定示例见表 92-2。

表 92-2　　　　　程序步1～程序步7的旋转方向及加减速时间设定示例

C22～C28 数据设定值	旋转方向	加速时间	减速时间
1	正转	F07 加速时间 1	F08 减速时间 1
2		E10 加速时间 2	E11 减速时间 2
3		E12 加速时间 3	E13 减速时间 3
4		E14 加速时间 4	E15 减速时间 4
11	反转	F07 加速时间 1	F08 减速时间 1
12		E10 加速时间 2	E11 减速时间 2
13		E12 加速时间 3	E13 减速时间 3
14		E14 加速时间 4	E15 减速时间 4

五、程序运转设定示例

程序运转设定示例见表 92-3。

表 92-3 程序运转设定示例

程序步 NO.	运转时间		旋转方向、加减速时间		运转（设定）频率
	功能代码	设定值（s）	功能代码	设定值	
程序步 1	C22	10	C82	1	C05 多步频率 1
程序步 2	C23	12	C83	2	C06 多步频率 2
程序步 3	C24	18	C84	13	C07 多步频率 3
程序步 4	C25	15	C85	14	C08 多步频率 4
程序步 5	C26	15	C86	2	C09 多步频率 5
程序步 6	C27	11	C87	3	C10 多步频率 6
程序步 7	C28	12	C88	4	C11 多步频率 7

实例 93 富士 G11S 变频器程序运行功能控制电路

电路简介 该电路应用变频器内置的程序运行功能（简易 PLC 功能），通过预先编写好的程序，对变频器输出的旋转方向、运行频率、加减速时间、运行时间进行控制。操作者只需按下启动按钮，变频器就会按照预先编写好的程序执行程序运行过程图启动运行，可以运行一个单循环程序运转并停止，也可以反复执行程序运转或者完成一个循环后按照最后设定的频率继续运转。

一、原理图

富士 G11S 变频器程序运行功能控制电路原理图如图 93-1 所示。

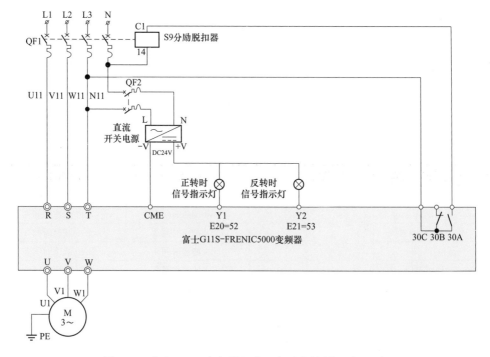

图 93-1 富士 G11S 变频器程序运行功能控制电路原理图

二、图中应用的端子及主要参数

相关端子及参数功能含义的详解见表 93-1。

表 93-1 相关端子及参数功能含义

序号	端子名称	功能	功能代码	设定数据	设定值含义
1		数据保护	F00	0	0：可改变数据；1：不可改变数据（数据保护），需要双键操作（STOP 键＋∧键）
2		数据初始化	H03	1	数据初始化，需要双键操作（STOP 键＋∧键）
3		频率设定 1	F01	10	10 的含义为程序运行
4		加速时间 1	F07	10s	加速时间指令的设定方法：加速时间设定为从 0Hz 开始到达最高输出频率的时间，设定范围：0.00～3600s 减速时间指令的设定方法：减速时间设定为从最高输出频率到达 0Hz 为止的时间，设定范围：0.00～3600s
5		减速时间 1	F08	10s	
6		加速时间 2	E10	6s	
7		减速时间 2	E11	6s	
8		加速时间 3	E12	9s	
9		减速时间 3	E13	9s	
10		加速时间 4	E14	10s	
11		减速时间 4	E15	10s	
12		多步频率 1	C05	10Hz	为多段速设置的频率，多段频率 1～15 对应的频率参数代码 C05～C19；设定范围：0.00～400.0Hz
13		多步频率 2	C06	30Hz	
14		多步频率 3	C07	20Hz	
15		多步频率 4	C08	40Hz	
16		多步频率 5	C09	40Hz	
17		多步频率 6	C10	50Hz	
18		多步频率 7	C11	20Hz	
19		程序运转动作选择	C21	0	0：程序运行一个循环后停止； 1：程序运行反复循环，有停止命令输入时即刻停止； 2：程序运行一个循环后，按最后的设定频繁继续运行
20		程序步 1	C22	10F1	设定程序步 1 的运行时间为 10s，旋转方向 F 为正转，加减速时间为 F07、F08 设定的时间，运行时间的数据设定范围：0.00～6000s
21		程序步 2	C23	12F2	设定程序步 2 的运行时间为 12s，旋转方向 F 为正转，加减速时间为 E10、E11 设定的时间，运行时间的数据设定范围：0.00～6000s
22		程序步 3	C24	18R3	设定程序步 3 的运行时间为 18s，旋转方向 R 为反转，加减速时间为 E12、E13 设定的时间，运行时间的数据设定范围：0.00～6000s
23		程序步 4	C25	15R4	设定程序步 4 的运行时间为 15s，旋转方向 R 为反转，加减速时间为 E14、E15 设定的时间，运行时间的数据设定范围：0.00～6000s
24		程序步 5	C26	15F2	设定程序步 5 的运行时间为 15s，旋转方向 F 为正转，加减速时间为 E10、E11 设定的时间，运行时间的数据设定范围：0.00～6000s

续表

序号	端子名称	功能	功能代码	设定数据	设定值含义
25		程序步6	C27	11F3	设定程序步6的运行时间为11s，旋转方向F为正转，加减速时间为E12、E13设定的时间，运行时间的数据设定范围：0.00～6000s
26		程序步7	C28	12F4	设定程序步7的运行时间为12s，旋转方向F为正转，加减速时间为E14、E15设定的时间，运行时间的数据设定范围：0.00～6000s
27	Y1	可编程的控制和监视信号输出端子	E20	52	含义为正转时输出信号FRUN，当变频器正转输出时，Y1端子闭合，正转输出指示灯亮
28	Y2		E21	53	含义为反转时输出信号RRUN，当变频器反转输出时，Y2端子闭合，反转输出指示灯亮
29	30A、30B、30C	30Ry总警报输出	F36	0	即当变频器检测到有故障或异常时30A-30C闭合、30B-30C断开

注 变频器程序运行过程中，按STOP键，程序步暂停运行。再次按FWD键，将从该停止点开始启动运行。发生报警停止时，先按RESET键解除保护功能动作，然后按FWD键，将又从原停止步的停止点继续向前运行。

若要重新从"C22程序步1"开始运行，则应先输出停止命令，再按RESET键。发生报警停止时，为解除保护功能，可先按RESET键，然后再按一次RESET键。

按REV键输入反转命令时，仅取消运行命令，不反转动作，正转/反转是由各步设定数据决定的。

三、动作详解

（一）闭合总电源及参数设置

闭合总电源QF1，变频器输入端R、S、T带电，根据参数表设置变频器参数。

（二）变频器程序运行操作

按操作面板上的FWD键，变频器按照事先设定程序运行，功能时序图见图92-2。

1. 程序步1

C22总运行时间为10s，旋转方向为正向旋转，变频器按加速时间1，F07＝10s正向旋转，旋转2s后加速至多步频率1，C05＝10Hz，恒频运行8s后转至程序步2。

2. 程序步2

C23总运行时间为12s，旋转方向为正向旋转，变频器按加速时间2，E10＝6s正向旋转，旋转2.4s后加速至多步频率2，C06＝30Hz，恒频运行9.6s后转至程序步3。

3. 程序步3

C24总运行时间为18s，旋转方向为反向旋转，变频器按加减速时间3，E12＝9s、E13＝9s反向旋转，旋转9s后加速至多步频率3，C07＝20Hz，恒频运行9s后转至程序步4。

4. 程序步4

C25总运行时间为15s，旋转方向为反向旋转，变频器按加速时间4，E14＝10s反向旋转，旋转 4s 后加速至多步频率 4，C08＝40Hz，恒频运行 11s 后转至程序步 5。

5. 程序步 5

C26 总运行时间为 15s，旋转方向为正向旋转，变频器按加减速时间 2，E10＝6s、E11＝6s 正向旋转，旋转 9.6s 后加速至多步频率 5，C09＝40Hz，恒频运行 5.4s 后转至程序步 6。

6. 程序步 6

C27 总运行时间为 11s，旋转方向为正向旋转，变频器按加速时间 3，E12＝9s 正向旋转，旋转 1.8s 后加速至多步频率 6，C10＝50Hz，恒频运行 9.2s 后转至程序步 7。

7. 程序步 7

C28 总运行时间为 12s，旋转方向为正向旋转，变频器按减速时间 4，E15＝10s 正向旋转，旋转 6s 后减速至多步频率 7，C11＝20Hz，恒频运行 6s 后按减速时间 1，F08＝10s 减速运行，运行 4s 后停止，程序步运行结束。

四、程序运行设定示例

程序运行设定示例见表 93-2。

表 93-2　　　　　　　　　　　程序运行设定示例表

程序步号	功能	设定值	运行时间（s）	旋转方向	加、减速时间	运行设定频率
1	C22	10F1	10	F：正转 R：反转	1：F07 加速时间 1，F08 减速时间 1；2：E10 加速时间 2，E11 减速时间 2；3：E12 加速时间 3，E13 减速时间 3；4：E14 加速时间 4，E15 减速时间 4	C05 多步频率 1
2	C23	12F2	12			C06 多步频率 2
3	C24	18R3	18			C07 多步频率 3
4	C25	15R4	15			C08 多步频率 4
5	C26	15F2	15			C09 多步频率 5
6	C27	11F3	11			C10 多步频率 6
7	C28	12F4	12			C11 多步频率 7

实例 94　三菱 FR-A500 变频器程序运行功能控制电路

电路简介　该电路应用变频器内置的简易 PLC 功能（程序运行功能），通过预先编写好的程序，对变频器输出的旋转方向、运行频率、时钟在内部定时器（RAM）的控制下自动执行运行操作。操作者只需按下启动开关，变频器就会按照预先编写好的程序执行程序运行过程图启动运行，可以运行一组或多组及重复一组或多组执行程序运转并停止。

一、原理图

三菱 FR-A500 变频器程序运行功能控制电路原理图如图 94-1 所示。

二、图中应用的端子及主要参数

相关端子及参数功能含义的详解见表 94-1。

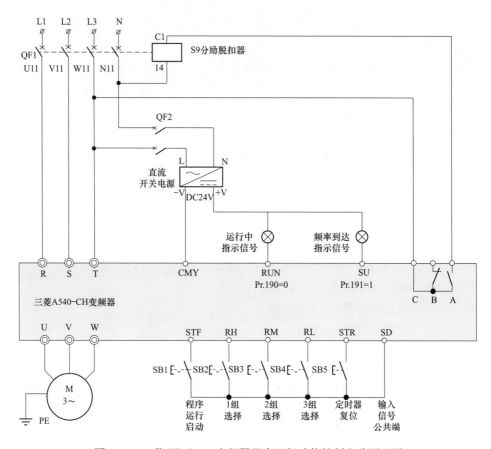

图 94-1　三菱 FR-A500 变频器程序运行功能控制电路原理图

表 94-1　　　　　　　相关端子及参数功能含义

序号	端子名称	功能	功能代码	设定数据	设定值含义
1		参数禁止写入选择	Pr.77	0	0：仅限于停止中可以写入参数； 1：不可写入参数； 2：在所有的运行模式下，不管状态如何都能够写入
2		参数全部清除	ALLC	1	1：为参数恢复到初始值； 0：不能进行清除，如果无法清除参数，请检查参数 Pr.77
3	STF	程序运行启动			输入开始运行预定程序（厂家固化端子，不用设置）
4	RH	程序运行速度组选择	Pr.182	2	高速运行指令（出厂值设定）
5	RM		Pr.181	1	中速运行指令（出厂值设定）
6	RL		Pr.180	0	低速运行指令（出厂值设定）
7	STR	定时器复位			接通定时器的重新设定信号或者重新设定变频器参考时间，注：厂家固化端子，不用设置
8	SD	漏型公共输入端子			接点输入端子和 FM 端子的公共端，直流 24V、0.1A（PC 端子）电源的输出公共端（厂家固化端子，不用设置）

序号	端子名称	功能	功能代码	设定数据	设定值含义
9		操作模式选择	Pr.79	5	程序运行模式，当用这种模式时，通过内部定时器的计时变频器可自动执行三组中选择的一组所分别设定的 10 个不同的运行启动时间、旋转方向和运行频率
10	RUN	晶体管输出端子	Pr.190	0	变频器运行中指示信号
11	SU		Pr.191	1	变频器频率到达指示信号
12		程序运行分/秒选择	Pr.200	2	0：分/秒，单位（电压监视）； 1：小时/分，单位（电压监视）； 2：分/秒，单位（基准时间表示）； 3：小时/分，单位（基准时间监视表示）
13		程序设定 1-1	Pr.201	1，10，0：02	出厂设定值：0，9999，0 程序设定分为三组： Pr.201～Pr.210 为第一组； Pr.211～Pr.220 为第二组； Pr.221～Pr.230 为第三组。 现以第一组作为说明： 0～2：旋转方向（0：停止；1：正转；2：反转）； 0～400.9999，频率； 0～99.59，时间。 例：Pr.201 设定值为 1，10，0：02； 1，10，0：02（1，左数第一组数值表示正转）； 1，10，0：02（10，左数第二组数值表示运行频率）； 1，10，0：02（0，左数第三组数值表示时间单位为分/秒）（基准时间表示）； 1，10，0：02（02，左数第四组数值表示运行时间）； 例：设定点 No.1，正转，30Hz，4 点 30 分，1，30，4：30
14		程序设定 1-2	Pr.202	1，30，0：10	
15		程序设定 1-3	Pr.203	0，0，0：22	
16		程序设定 1-4	Pr.204	2，20，0：30	
17	程序设定第一组参数代码	程序设定 1-5	Pr.205	2，40，0：40	
18		程序设定 1-6	Pr.206	0，0，0：55	
19		程序设定 1-7	Pr.207	1，40，1：05	
20		程序设定 1-8	Pr.208	1，50，1：10	
21		程序设定 1-9	Pr.209	1，20，1：21	
22		程序设定 1-10	Pr.210	0，0，1：33	
23		时间设定	Pr.231	99 分 59 秒	时间单元取决于 Pr.200 的设定，设定范围：0～99.59
24	A、B、C	报警输出	Pr.195	99	A、B、C 端子功能选择：指示变频器因保护功能动作而输出停止的转换接点，异常时 B-C 间不导通（A-C 间导通），正常时 B-C 间导通（A-C 间不导通）

注 按操作面板 MODE 键改变监视显示，查找选择帮助模式 HELP，按∧键查找选择用户清除 U5rC，按∧键选择。

1. 按确认键（SET）将参数初始化为出厂设定值。

2. 按确认键 SET 要超过 1.5s 方能改变参数。

3. 当设置为程序运行时，变频器不能进行其他模式的操作，参数固化不可改变。

三、动作详解

（一）闭合总电源及参数设置

闭合总电源 QF1，变频器输入端 R、S、T 带电，根据参数表设置变频器参数。

（二）变频器程序运行操作

操作时，按下程序运行速度组 RH（组 1）按钮，然后按下程序运行启动按钮 STF，使内部定时器（RAM）自动被复位，变频器执行预先设定好的顺序开始运行，如图 94-2 所示。

1. 程序设定 1-1

内部定时器计时 2s 时，变频器正向旋转，达到设定点 1，Pr. 201＝10Hz 后，恒频运行 8s。

2. 程序设定 1-2

内部定时器计时 10s 时，变频器正向旋转，达到设定点 2，Pr. 202＝30Hz 后，恒频运行 12s。

3. 程序设定 1-3

内部定时器计时 22s 时，变频器停止旋转，达到设定点 3，Pr. 203＝0Hz 后，停止运行 8s。

4. 程序设定 1-4

内部定时器计时 30s 时，变频器反向旋转，达到设定点 4，Pr. 204＝20Hz 后，恒频运行 10s。

5. 程序设定 1-5

内部定时器计时 40s 时，变频器反向旋转，达到设定点 5，Pr. 205＝40Hz 后，恒频运行 15s。

6. 程序设定 1-6

内部定时器计时 55s 时，变频器停止旋转，达到设定点 6，Pr. 206＝0Hz 后，停止运行 10s。

7. 程序设定 1-7

内部定时器计时 65s 时，变频器正向旋转，达到设定点 7，Pr. 207＝40Hz 后，恒频运行 5s。

8. 程序设定 1-8

内部定时器计时 70s 时，变频器正向旋转，达到设定点 8，Pr. 208＝50Hz 后，恒频运行 11s。

9. 程序设定 1-9

内部定时器计时 81s 时，变频器正向旋转，达到设定点 9，Pr. 209＝20Hz 后，恒频运行 12s。

10. 程序设定 1-10

内部定时器计时 93s 时，变频器停止旋转，达到设定点 10，Pr. 210＝0Hz 后，RH（组 1）程序运行结束。

四、功能时序图

功能时序图如图 94-2 所示。

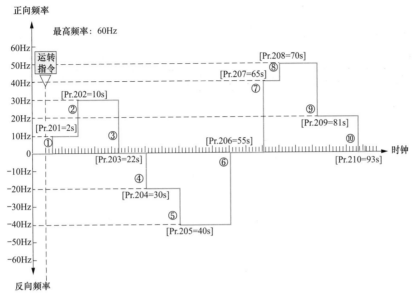

图 94-2 功能时序图

实例 95 英威腾 GD300 变频器简易 PLC（程序运行）功能控制电路

电路简介 该电路应用变频器内置的简易 PLC 功能（程序运行功能），通过预先编写好的程序，对变频器输出的旋转方向、运行频率、加减速时间、运行时间进行控制。操作者只需按下启动按钮，变频器就会按照预先编写好的程序执行程序运行过程图启动运行，可以运行一个单循环程序运转并停止，也可以反复执行程序运转或者完成一个循环后按照最后设定的频率继续运转。

一、原理图

英威腾 GD300 变频器简易 PLC（程序运行）功能电路原理图如图 95-1 所示。

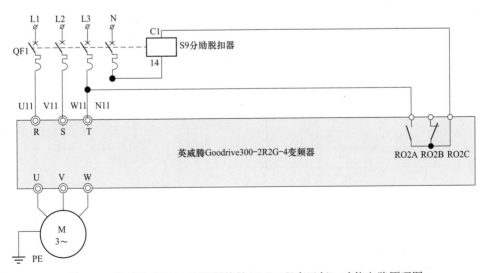

图 95-1 英威腾 GD300 变频器简易 PLC（程序运行）功能电路原理图

变频器典型应用电路100例 第二版

二、图中应用的端子及主要参数

相关端子及参数功能含义的详解见表95-1。

表 95-1　　　　　　　　　　相关端子及参数功能含义

序号	端子名称	功能	功能代码	设定数据	设定值含义
1		用户密码	P07.00	0	清除以前设置用户密码值，并使密码保护功能无效；当需要设置密码时，设置一个非零的数字，密码保护功能无效，设置范围：0～65535
2		功能参数恢复	P00.18	1	恢复缺省值，将功能代码的数据恢复到出厂时的设定值
3		A 频率指令选择	P00.06	5	变频器以简易 PLC 程序方式运行
4		简易 PLC 程序设定	P10.00	0	0：运行一次后停机； 1：运行一次后保持最终值运行； 2：循环运行
5		加速时间 1	P00.11	10s	加速时间指令的设定方法：加速时间设定为从 0Hz 开始到达最高输出频率（P00.03）的时间； 减速时间指令的设定方法：减速时间设定为从最高输出频率（P00.03）到达 0Hz 为止的时间； 设定范围：0.0～3600.0s
6		减速时间 1	P00.12	10s	
7		加速时间 2	P08.00	6s	
8		减速时间 2	P08.01	6s	
9		加速时间 3	P08.02	9s	
10		减速时间 3	P08.03	9s	
11		加速时间 4	P08.04	10s	
12		减速时间 4	P08.05	10s	
13		多段速 1（%）	P10.04	20%	多段速频率的设定范围－100.0%～100.0%，对应最大输出频率 P00.03（默认 50Hz），即设定频率÷最高频率×100%； 运行时间设定范围：0.0～6553.5s（min）； 多段速频率的符号决定了 PLC 的运行方向，负值表示反向运行
14		第 1 段运行时间	P10.05	10s	
15		多段速 2（%）	P10.06	60%	
16		第 2 段运行时间	P10.07	12s	
17		多段速 3（%）	P10.08	－40%	
18		第 3 段运行时间	P10.09	18s	
19		多段速 4（%）	P10.10	－80%	
20		第 4 段运行时间	P10.11	15s	
21		多段速 5（%）	P10.12	80%	
22		第 5 段运行时间	P10.13	15s	
23		多段速 6（%）	P10.14	100%	
24		第 6 段运行时间	P10.15	11s	
25		多段速 7（%）	P10.16	40%	
26		第 7 段运行时间	P10.17	12s	
27		简易 PLC 第 0～7 段的加减速时间选择	P10.34	1755	用户选择相应段的加、减速时间后，把组合的 16 位二进制数换算成十进制数，设定范围：－0×0000～0×FFFF
28	RO2A、RO2B、RO2C	继电器 RO2 输出选择	P06.04	5	5：变频器故障，即当变频器检测到有故障或异常时 ROA-ROC 闭合、ROB-ROC 断开

三、动作详解

（一）闭合总电源及参数设置

闭合总电源 QF1，变频器输入端 R、S、T 带电，根据参数表设置变频器参数。

318

（二）变频器程序运行操作

英威腾 GD300 变频器控制面板如图 95-2 所示，按操作面板上的 RUN 键，变频器按照事先设定程序运行，功能时序如图 95-3 所示。

图 95-2 英威腾 GD300 变频器控制面板

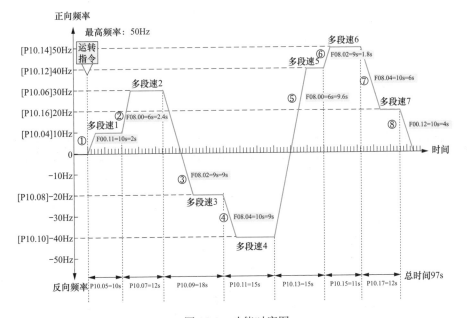

图 95-3 功能时序图

注 加减速时间实际值＝（设定频率－启动频率）÷最高频率×加减速时间设定值

1. 程序步 1

总运行时间为 P10.05＝10s，多段速 1，P10.04＝20％为正向旋转，变频器按加速时间 1，P00.11＝10s 正向旋转，旋转 2s 后加速至 10Hz，恒频运行 8S 后转至程序步 2。

2. 程序步 2

总运行时间为 P10.07＝12s，多段速 2，P10.06＝60％为正向旋转，变频器按加速时间 2，P08.00＝6s 正向旋转，旋转 2.4s 后加速至 30Hz，恒频运行 9.6s 后转至程序步 3。

3. 程序步 3

总运行时间为 P10.09＝18s，多段速 3，P10.08＝－40％为反向旋转，变频器按加减速时间 3，P08.02＝9s、P08.03＝9s 反向旋转，旋转 9s 后加速至 20Hz，恒频运行 9s 后转至程序步 4。

4. 程序步 4

总运行时间为 P10.11＝15s，多段速 4，P10.10＝－80％为反向旋转，变频器按加速时间 4，P08.04＝10s 反向旋转，旋转 4s 后加速至 40Hz，恒频运行 11s 后转至程序步 5。

5. 程序步 5

总运行时间为 P10.13＝15s，多段速 5，P10.12＝80％为正向旋转，变频器按加减速时间 2，P08.00＝6s、P08.01＝6s 正向旋转，旋转 9.6s 后加速至 40Hz，恒频运行 5.4s 后转至程序步 6。

6. 程序步 6

总运行时间为 P10.15＝11s，多段速 6，P10.14＝100％为正向旋转，变频器按加速时间 3，P08.02＝9s 正向旋转，旋转 1.8s 后加速至 50Hz，恒频运行 9.2s 后转至程序步 7。

7. 程序步 7

总运行时间为 P10.17＝12s，多段速 7，P10.16＝40％为正向旋转，变频器按减速时间 4，P08.05＝10s 正向旋转，旋转 6s 后减速至 20Hz，恒频运行 6s 后按减速时间 1，P00.12＝10s 减速运行，运行 4s 后停止，程序步运行结束。

四、简易 PLC 第 0～7 段的加减速时间选择设定示例

简易 PLC 第 0～7 段的加减速时间选择设定示例见表 95-2。

表 95-2　　　　简易 PLC 第 0～7 段的加减速时间选择设定示例表

功能码	二进制位		段数	加减速时间 1	加减速时间 2	加减速时间 3	加减速时间 4
P10.34	BIT1	BIT0	0	00	01	10	11
	BIT3	BIT2	1	00	01	10	11
	BIT5	BIT4	2	00	01	10	11
	BIT7	BIT6	3	00	01	10	11
	BIT9	BIT8	4	00	01	10	11
	BIT11	BIT10	5	00	01	10	11
	BIT13	BIT12	6	00	01	10	11
	BIT15	BIT14	7	00	01	10	11

五、简易 PLC 第 0～7 段的加减速时间选择设定参数计算方法

在英威腾变频器的简易 PLC 的参数设置 P10.34 第××段加减速时间选择中，需要运用到二进制换算至十进制数学关系。由二进制数转换成十进制数的基本做法是，把二进制数首先写成加权系数展开式，然后按十进制加法规则求和。这种做法称为"按权相加"法。首先用户选择相应段的加、减速时间，把组合的 16 位二进制数排列好，例如：0000011011011011。

换算成十进制数时，从最后一位开始算，依次列为第 0、1、2…位，第 n 位的数（0 或 1）乘以 2 的 n 次方，得到的结果相加就是答案，根据排列组合计算为 $1+2+8+16+64+128+512+1024=1755$，设定 P10.34 的设定数据为 1755。加减速时间可依据用户使用条件选定，计算方法如图 95-4 所示。

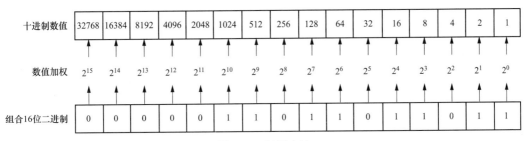

图 95-4　计算方法

实例 96　森兰 SB70G 变频器简易 PLC（程序运行）功能控制电路

电路简介　该电路应用变频器内置的简易 PLC 功能（程序运行功能），通过预先编写好的程序，对变频器输出的旋转方向、运行频率、加减速时间、运行时间进行控制。

操作者只需按下启动按钮，变频器就会按照预先编写好的程序执行程序运行过程图启动运行，可以运行一个单循环程序运转并停止，也可以反复执行程序运转或者完成一个循环后按照最后设定的频率继续运转。

一、原理图

森兰 SB70G 变频器简易 PLC（程序运行）功能控制电路原理图如图 96-1 所示。

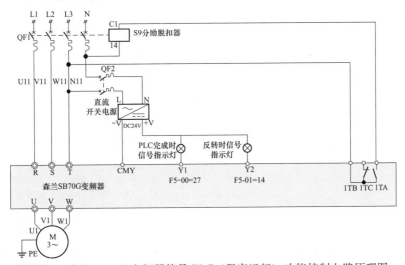

图 96-1　森兰 SB70G 变频器简易 PLC（程序运行）功能控制电路原理图

二、图中应用的端子及主要参数

相关端子及参数功能含义的详解见表 96-1。

表 96-1　　　　　　　　　　相关端子及参数功能含义

序号	端子名称	功能	功能代码	设定数据	设定值含义
1		参数写入保护	F0-10	0	由此功能可保护已设定在变频内的数据，使之不能容易改变，0：不保护；1：F0-00、F7-04 除外 2：全保护
2		参数初始化	F0-11	11	将功能代码的数据恢复到出厂时的设定值，11：初始化；22：初始化，通信参数除外
3		加速时间 1	F1-00	10s	加速时间：频率增加至50Hz所需的时间；减速时间：频率从50~0Hz所需的时间；设定范围：0.01~3600.0s
4		减速时间 1	F1-01	10s	
5		加速时间 2	F1-02	6s	
6		减速时间 2	F1-03	6s	
7		加速时间 3	F1-04	9s	
8		减速时间 3	F1-05	9s	
9		加速时间 4	F1-06	10s	
10		减速时间 4	F1-07	10s	
11		多段频率 1	F4-18	10Hz	多段频率1~多段频率48，出厂值为各自的多段频率号，例：多段频率3出厂值为3.00Hz；设定范围：0.00~650.00Hz
12		多段频率 2	F4-19	30Hz	
13		多段频率 3	F4-20	20Hz	
14		多段频率 4	F4-21	40Hz	
15		多段频率 5	F4-22	40Hz	
16		多段频率 6	F4-23	50Hz	
17		多段频率 7	F4-24	20Hz	
18		多段频率 8	F4-25	0Hz	
19		PLC 运行设置	F8-00	0001	个位：PLC 运行方式选择；0：不进行 PLC 选择；1：循环 F8-02 设定的次数后停机；2：循环 F8-02 设定的次数后保持最终值；3：连续循环；十位：PLC 中断运行再启动方式选择；0：从第一段开始运行；1：从中断时刻的阶段频率继续运行；2：从中断时刻的运行频率继续运行；百位：掉电时 PLC 状态参数存储选择；0：不存储；1：存储；千位：阶段时间单位选择；0：秒；1：分
20		PLC 模式设置	F8-01	24	个位：PLC 运行模式及段数划分；0：1×48，共 1 种模式，每种模式 48 段；1：2×24，共 2 种模式，每种模式 24 段；2：3×16，共 3 种模式，每种模式 16 段；3：4×12，共 4 种模式，每种模式 12 段；4：6×8，共 6 种模式，每种模式 8 段；5：8×6，共 8 种模式，每种模式 6 段；

序号	端子名称	功能	功能代码	设定数据	设定值含义
20		PLC模式设置	F8-01	24	十位：PLC运行模式选择； 0：端子编码选择； 1：端子直接选择； 2～9：模式0～模式7
21		PLC循环次数	F8-02	1	设定范围：1～65535
22		阶段1设置	F8-03	00	
23		阶段1时间	F8-04	10s	
24		阶段2设置	F8-05	10	
25		阶段2时间	F8-06	12s	个位：运转方向，0：正转，1：反转； 十位：加减速时间选择； 0：加减速时间1； 1：加减速时间2； 2：加减速时间3； 3：加减速时间4； 4：加减速时间5； 5：加减速时间6； 6：加减速时间7； 7：加减速时间8； 阶段1～48时间：设定范围：0.0～6500.0（秒或分），单位由F8-00"PLC运行方式"的千位确定
26		阶段3设置	F8-07	21	
27		阶段3时间	F8-08	18s	
28		阶段4设置	F8-09	31	
29		阶段4时间	F8-10	15s	
30		阶段5设置	F8-11	10	
31		阶段5时间	F8-12	15s	
32		阶段6设置	F8-13	20	
33		阶段6时间	F8-14	11s	
34		阶段7设置	F8-15	30	
35		阶段7时间	F8-16	12s	
36		阶段8设置	F8-17	00	
37		阶段8时间	F8-18	4s	
38	Y1	可编程的控制和监视信号输出端子	F5-00	27	PLC循环完成
39	Y2		F5-01	14	反转运行指示
40	1TA、1TB、1TC	T1继电器输出功能	F5-02	5	变频器故障，即当变频器检测到有故障或异常时1TB-1TA闭合、1TB-1TC断开

三、动作详解

（一）闭合总电源及参数设置

闭合总电源QF1，变频器输入端R、S、T带电，根据参数表设置变频器参数。

（二）变频器程序运行操作

森兰SB70G变频器控制面板如图96-2所示，按操作面板上的⑩运行键，变频器按照事先设定程序运行，功能时序如图96-3所示。

1. 阶段1

总运行时间为F8-04＝10s，多段频率1为正向旋转，变频器按加速时间1，F1-00＝10s正向旋转，旋转2s后加速至F4-18＝10Hz，恒频运行8s后转至阶段2。

2. 阶段2

总运行时间为F8-06＝12s，多段频率2为正向旋转，变频器按加速时间2，F1-02＝6s正向旋转，旋转2.4s后加速至F4-19＝30Hz，恒频运行9.6s后转至阶段3。

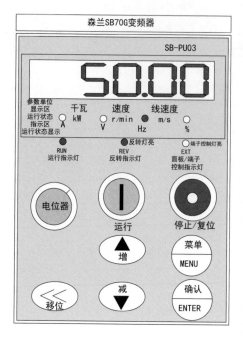

图 96-2　森兰 SB70G 变频器控制面板

3. 阶段 3

总运行时间为 F8-08＝18s，多段频率 3 为反向旋转，变频器按加减速时间 3，F1-04＝9s、F1-05＝9s 反向旋转，旋转 9s 后加速至 F4-20＝20Hz，恒频运行 9s 后转至阶段 4。

4. 阶段 4

总运行时间为 F8-10＝15s，多段频率 4 为反向旋转，变频器按加速时间 4，F1-06＝10s 反向旋转，旋转 4s 后加速至 F4-21＝40Hz，恒频运行 11s 后转至阶段 5。

5. 阶段 5

总运行时间为 F8-12＝15s，多段频率 5 为正向旋转，变频器按加减速时间 2，F1-02＝6s、F1-03＝6s 正向旋转，旋转 9.6s 后加速至 F4-22＝40Hz，恒频运行 5.4s 后转至阶段 6。

6. 阶段 6

总运行时间为 F8-14＝11s，多段频率 6 为正向旋转，变频器按加速时间 3，F1-04＝9s 正向旋转，旋转 1.8s 后加速至 F4-23＝50Hz，恒频运行 9.2s 后转至阶段 7。

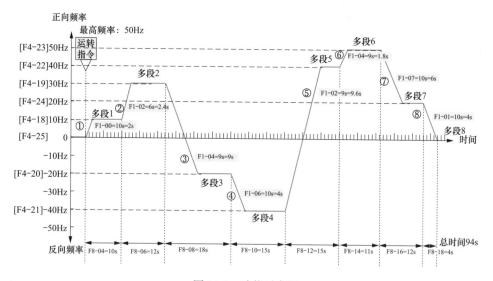

图 96-3　功能时序图

注　加减速时间实际值＝（设定频率－启动频率）÷最高频率×加减速时间设定值。

7. 阶段 7

总运行时间为 F8-16＝12s，多段频率 7 为正向旋转，变频器按减速时间 4，F1-07＝10s 正向旋转，旋转 6s 后减速至 F4-24＝20Hz，恒频运行 6s 后转至阶段 8。

8. 阶段 8

总运行时间为 F8-18＝4s，多段频率 8 为正向旋转，变频器按减速时间 1，F1-01＝10s 减速运行，运行 4s 后减速至 F4-25＝0Hz，PLC 运行结束。

四、PLC 模式和阶段划分

PLC 模式和阶段划分见表 96-2。

表 96-2　　　　　　　　　　　　PLC 模式和阶段划分表

模式	阶段							
1 种模式×48 段	模式 0							
各模式包含阶段	阶段 1～48							
2 种模式×24 段	模式 0				模式 1			
各模式包含阶段	阶段 1～24				阶段 25～48			
3 种模式×16 段	模式 0			模式 1		模式 2		
各模式包含阶段	阶段 1～16			阶段 17～32		阶段 33～48		
4 种模式×12 段	模式 0		模式 1		模式 2		模式 3	
各模式包含阶段	阶段 1～12		阶段 13～24		阶段 25～36		阶段 37～48	
6 种模式×8 段	模式 0	模式 1		模式 2	模式 3		模式 4	模式 5
各模式包含阶段	阶段 1～8	阶段 9～16		阶段 17～24	阶段 25～32		阶段 33～40	阶段 41～48
8 种模式×6 段	模式 0	模式 1	模式 2	模式 3	模式 4	模式 5	模式 6	模式 7
各模式包含阶段	阶段 1～6	阶段 7～12	阶段 13～18	阶段 19～24	阶段 25～30	阶段 31～36	阶段 37～42	阶段 43～48

五、阶段 1～48 设置参数

1～48 阶段设置参数见表 96-3。

表 96-3　　　　　　　　　　　　1～48 阶段设置参数表

n	1	2	3	4	5	6	7	8
阶段 n 设置	F8-03	F8-05	F8-07	F8-09	F8-11	F8-13	F8-15	F8-17
阶段 n 时间	F8-04	F8-06	F8-08	F8-10	F8-12	F8-14	F8-16	F8-18
多段频率 n	F4-18	F4-19	F4-20	F4-21	F4-22	F4-23	F4-24	F4-25
n	9	10	11	12	13	14	15	16
阶段 n 设置	F8-19	F8-21	F8-23	F8-25	F8-27	F8-29	F8-31	F8-33
阶段 n 时间	F8-20	F8-22	F8-24	F8-26	F8-28	F8-30	F8-32	F8-34
多段频率 n	F4-26	F4-27	F4-28	F4-29	F4-30	F4-31	F4-32	F4-33
n	17	18	19	20	21	22	23	24
阶段 n 设置	F8-35	F8-37	F8-39	F8-41	F8-43	F8-45	F8-47	F8-49
阶段 n 时间	F8-36	F8-38	F8-40	F8-42	F8-44	F8-46	F8-48	F8-50
多段频率 n	F4-34	F4-35	F4-36	F4-37	F4-38	F4-39	F4-40	F4-41
n	25	26	27	28	29	30	31	32
阶段 n 设置	F8-51	F8-53	F8-55	F8-57	F8-59	F8-61	F8-63	F8-65
阶段 n 时间	F8-52	F8-54	F8-56	F8-58	F8-60	F8-62	F8-64	F8-66
多段频率 n	F4-42	F4-43	F4-44	F4-45	F4-46	F4-47	F4-48	F4-49

n	33	34	35	36	37	38	39	40
阶段 n 设置	F8-67	F8-69	F8-71	F8-73	F8-75	F8-77	F8-79	F8-81
阶段 n 时间	F8-68	F8-70	F8-72	F8-74	F8-76	F8-78	F8-80	F8-82
多段频率 n	F4-50	F4-51	F4-52	F4-53	F4-54	F4-55	F4-56	F4-57
n	41	42	43	44	45	46	47	48
阶段 n 设置	F8-83	F8-85	F8-87	F8-89	F8-91	F8-93	F8-95	F8-97
阶段 n 时间	F8-84	F8-86	F8-88	F8-90	F8-92	F8-94	F8-96	F8-98
多段频率 n	F4-58	F4-59	F4-60	F4-61	F4-62	F4-63	F4-64	F4-65

实例 97　紫日 ZVF330 变频器程序运行功能控制电路

电路简介　该电路应用变频器内置的程序运行功能（简易 PLC 功能），通过预先编写好的程序，对变频器输出的旋转方向、运行频率、加减速时间、运行时间进行控制。操作者只需按下启动按钮，变频器就会按照预先编写好的程序执行程序运行过程图启动运行，可以运行一个单循环程序运转并停止，也可以反复执行程序运转或者完成一个循环后按照最后设定的频率继续运转。

注意：紫日 ZVF330 变频器固化的软件版本必须是 V3.30 的，否则无法设置相应的参数。

一、原理图

紫日 ZVF330 变频器程序运行功能控制电路原理图如图 97-1 所示。

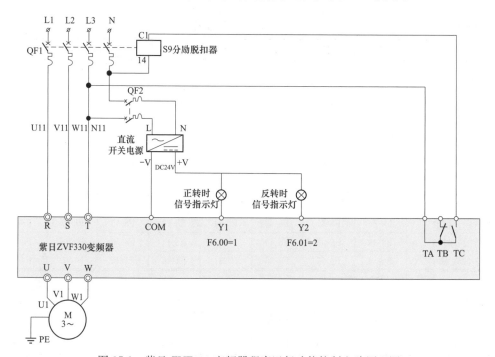

图 97-1　紫日 ZVF330 变频器程序运行功能控制电路原理图

二、图中应用的端子及主要参数

相关端子及参数功能含义的详解见表 97-1。

表 97-1　　　　　　　　　　　　相关端子及参数功能含义

序号	端子名称	功能	功能代码	设定数据	设定值含义
1		软件版本	F7.10	3.30	软件版本必须是 V3.30 的，否则无法设置相应的参数
2		参数锁定	F0.17	0	0：不锁定；1：锁定
3		功能参数恢复	F0.13	1	恢复出厂值
4		运行指令通道	F0.01	0	0：键盘指令通道；1：端子指令通道；2：通信指令通道
5		PLC 模式	FA.00	0001	个位 1：单循环；十位 0：自动控制；百位 0：从阶段一频率运行；千位 0：不掉电储存
6		多段速 1	FA.01	20%	
7		多段速 2	FA.02	60%	
8		多段速 3	FA.03	−40%	
9		多段速 4	FA.04	−80%	FA.01～FA.07 含义为切换多个频率，数据设定范围：−100.0%～100.0%
10		多段速 5	FA.05	80%	
11		多段速 6	FA.06	100%	
12		多段速 7	FA.07	40%	
13		多段速方向源选择	FA.16	1	自身控制
14		PLC 加减速时间 1	FA.17	10s	
15		PLC 加减速时间 2	FA.18	6s	
16		PLC 加减速时间 3	FA.19	9s	加速时间指令的设定方法：加速时间设定为从 0Hz 开始到达最高输出频率的时间；减速时间指令的设定方法：减速时间设定为从最高输出频率到达 0Hz 为止的时间；设定范围：0.1～3600.0s
17		PLC 加减速时间 4	FA.20	10s	
18		PLC 加减速时间 5	FA.21	6s	
19		PLC 加减速时间 6	FA.22	9s	
20		PLC 加减速时间 7	FA.23	10s	
21		PLC 运行时间 1	FA.24	10s	
22		PLC 运行时间 2	FA.25	12s	
23		PLC 运行时间 3	FA.26	18s	
24		PLC 运行时间 4	FA.27	15s	设定范围：0.0～6553.5s
25		PLC 运行时间 5	FA.28	15s	
26		PLC 运行时间 6	FA.29	11s	
27		PLC 运行时间 7	FA.30	12s	
28	Y1	可编程的控制和监视信号输出端子	F6.00	1	当变频器正转输出时，Y1 端子闭合，正转输出指示灯亮
29	Y2		F6.01	2	当变频器反转输出时，Y2 端子闭合，反转输出指示灯亮
30	TA、TB、TC	继电器输出选择	F6.02	3	故障输出，即当变频器检测到有故障或异常时 TA-TC 闭合、TA-TB 断开

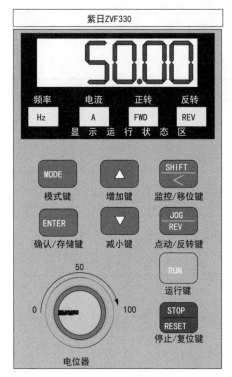

图 97-2　紫日 ZVF330 变频器操作面板

三、动作详解

（一）闭合总电源及参数设置

闭合总电源 QF1，变频器输入端 R、S、T 带电，根据参数表设置变频器参数。

（二）变频器程序运行操作

紫日 ZVF330 变频器操作面板如图 97-2 所示，按下操作面板上的正转启动键 RUN，变频器按照事先设定程序运行，功能时序图如图 97-3 所示。

1. 多段速 1

总运行时间为 FA. 24＝10s，旋转方向为正向旋转，变频器按加减速时间 1，FA. 17＝10s 正向旋转，旋转 2s 后加速至多段速 1，FA. 01＝10Hz，恒频运行 8s 后转至多段速 2。

2. 多段速 2

总运行时间为 FA. 25＝12s，旋转方向为正向旋转，变频器按加减速时间 2，FA. 18＝6s 正向旋转，旋转 2.4s 后加速至多段速 2，FA. 02＝30Hz，恒频运行 9.6s 后转至多段速 3。

3. 多段速 3

总运行时间为 FA. 26＝18s，旋转方向为反向旋转，变频器按加减速时间 3，FA. 19＝9s 反向旋转，旋转 9s 后加速至多段速 3，FA. 03＝20Hz，恒频运行 9s 后转至多段速 4。

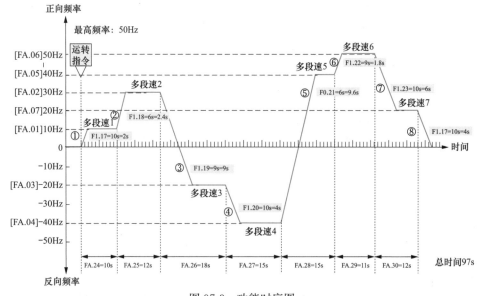

图 97-3　功能时序图

注　加减速时间实际值＝（设定频率－启动频率）÷最高频率×加减速时间设定值。

4. 多段速 4

总运行时间为 FA.27＝15s，旋转方向为反向旋转，变频器按加减速时间 4，FA.20＝10s 反向旋转，旋转 4s 后加速至多段速 4，FA.04＝40Hz，恒频运行 11s 后转至多段速 5。

5. 多段速 5

总运行时间为 FA.28＝15s，旋转方向为正向旋转，变频器按加减速时间 5，FA.21＝6s 正向旋转，旋转 9.6s 后加速至多段速 5，FA.05＝40Hz，恒频运行 5.4s 后转至多段速 6。

6. 多段速 6

总运行时间为 FA.29＝11s，旋转方向为正向旋转，变频器按加减速时间 6，FA.22＝9s 正向旋转，旋转 1.8s 后加速至多段速 6，FA.06＝50Hz，恒频运行 9.2s 后转至多段速 7。

7. 多段速 7

总运行时间为 FA.30＝12s，旋转方向为正向旋转，变频器按加减速时间 7，FA.23＝10s 正向旋转，旋转 6s 后减速至多段速 7，FA.07＝20Hz，恒频运行 6s 后按加减速时间 1，FA.17＝10s 减速运行，运行 4s 后停止，多段速运行结束。

实例98 三垦 SVC06 变频器图形运转功能控制电路

电路简介 该电路应用变频器内置的图形运转功能，通过预先编写好的程序，对变频器输出的旋转方向、运行频率、加减速时间、运行时间进行控制。操作者只需按下启动按钮，变频器就会按照预先编写好的程序执行程序运行过程图启动运行，可以运行一个单循环程序运转并停止，也可以反复执行程序运转或者完成一个循环后按照最后设定的频率继续运转。

一、原理图

三垦 SVC06 变频器程序运行功能控制电路原理图如图 98-1 所示。

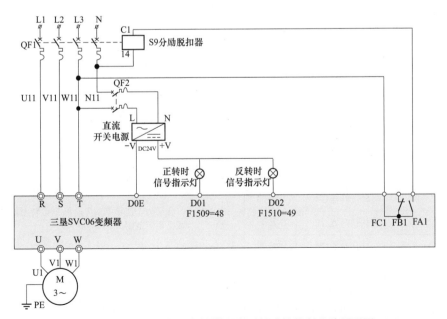

图 98-1 三垦 SVC06 变频器程序运行功能控制电路原理图

二、图中应用的端子及主要参数

相关端子及参数相关含义的详解见表 98-1。

表 98-1 相关端子及参数功能含义

序号	端子名称	功能	功能代码	设定数据	设定值含义
1		操作功能锁定	F1603	0	可以变更代码数据
2		数据初始化	F1604	1	将功能代码数据恢复到出厂时的设定值
3		第 1 加速时间	F1012	10s	加速时间指令的设定方法：加速时间设定为从 0Hz 开始到达最高输出频率的时间；减速时间指令的设定方法：减速时间设定为从最高输出频率到达 0Hz 为止的时间；设定范围：0～6500s
4		第 2 加速时间	F1013	6s	
5		第 3 加速时间	F1014	9s	
6		第 4 加速时间	F1015	10s	
7		第 1 减速时间	F1016	10s	
8		第 2 减速时间	F1017	6s	
9		第 3 减速时间	F1018	9s	
10		第 4 减速时间	F1019	10s	
11		1 速频率	F2101	10Hz	含义为切换多个频率、设定运转的多段频率 1～16，数据设定范围：0～600Hz
12		2 速频率	F2102	30Hz	
13		3 速频率	F2103	20Hz	
14		4 速频率	F2104	40Hz	
15		5 速频率	F2105	40Hz	
16		6 速频率	F2106	50Hz	
17		7 速频率	F2107	20Hz	
18		8～16 速频率	F2108～F2116	0Hz	
19		图形运转功能	F2201	1	简易图形运转
20		简易图形运转重复次数	F2202	1	1 次
21		运转计时器 T1	F2203	10s	含义为 1 速频率～7 速频率运转时间的设定，数据设定范围：0～65000s
22		运转计时器 T2	F2204	12s	
23		运转计时器 T3	F2205	18s	
24		运转计时器 T4	F2206	15s	
25		运转计时器 T5	F2207	15s	
26		运转计时器 T6	F2208	11s	
27		运转计时器 T7	F2209	12s	
28		运转计时器 T8～T15	F2210～F2217	0s	

续表

序号	端子名称	功能	功能代码	设定数据	设定值含义
29		T1 中的正反转·加减速	F2221	11	
30		T2 中的正反转·加减速	F2222	12	
31		T3 中的正反转·加减速	F2223	23	X，1：正转，2：反转；Y，1～4：加减速时间指定。
32		T4 中的正反转·加减速	F2224	24	1＝第一加减速时间（F1012 和 F1016）；
33		T5 中的正反转·加减速	F2225	12	2＝第二加减速时间（F1013 和 F1017）；
34		T6 中的正反转·加减速	F2226	13	3＝第三加减速时间（F1014 和 F1018）；
35		T7 中的正反转·加减速	F2227	14	4＝第四加减速时间（F1015 和 F1019）
36		T8～T15 中的正反转·加减速	F2228～F2235	11	
37	D01	可编程的控制和监视信号输出端子	F1509	48	正转检测信号指示
38	D02		F1510	49	反转检测信号指示
39	FA1、FB1、FC1	多功能接点输出端子	F1513	0	报警中，异常报警信号

三、动作详解

（一）闭合总电源及参数设置

闭合总电源 QF1，变频器输入端 R、S、T 带电，根据参数表设置变频器参数。

（二）变频器程序运行操作

三垦 SVC06 变频器控制面板如图 98-2 所示，按下操作面板上的正转启动键 FWD，变频器按照事先设定程序运行，功能时序图如图 98-3 所示。

1.1 速频率

总运行时间为 F2203＝10s，旋转方向为正向旋转，变频器按加速时间 1，F1012＝10s 正向旋转，旋转 2s 后加速至 1 速频率 F2101＝10Hz，恒频运行 8s 后转至 2 速频率。

2.2 速频率

总运行时间为 F2204＝12s，旋转方向为正向旋转，变频器按加速时间 2，F1013＝6s 正向旋转，旋转 2.4s 后加速至 2 速频率

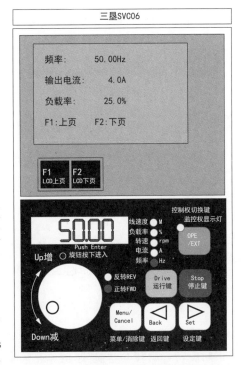

图 98-2 三垦 SVC06 变频器控制面板

F2102＝30Hz，恒频运行 9.6s 后转至 3 速频率。

3.3 速频率

总运行时间为 F2205＝18s，旋转方向为反向旋转，变频器按加减速时间 3，F1014＝9s、F1018＝9s 反向旋转，旋转 9s 后加速至 3 速频率 F2103＝20Hz，恒频运行 9s 后转至 4 速频率。

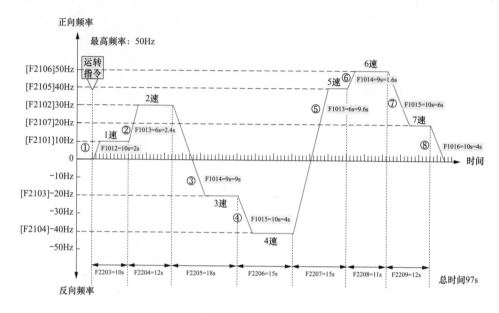

图 98-3 功能时序图

注 加减速时间实际值＝(设定频率－启动频率)÷最高频率×加减速时间设定值。

4.4 速频率

总运行时间为 F2206＝15s，旋转方向为反向旋转，变频器按加速时间 4，F1015＝10s 反向旋转，旋转 4s 后加速至 4 速频率 F2104＝40Hz，恒频运行 11s 后转至 5 速频率。

5.5 速频率

总运行时间为 F2207＝15s，旋转方向为正向旋转，变频器按加减速时间 2，F1013＝6s、F1017＝6s 正向旋转，旋转 9.6s 后加速至 5 速频率 F2105＝40Hz，恒频运行 5.4s 后转至 6 速频率。

6.6 速频率

总运行时间为 F2208＝11s，旋转方向为正向旋转，变频器按加速时间 3，F1014＝9s 正向旋转，旋转 1.8s 后加速至 6 速频率 F2106＝50Hz，恒频运行 9.2s 后转至 7 速频率。

7.7 速频率

总运行时间为 F2209＝12s，旋转方向为正向旋转，变频器按减速时间 4，F1015＝10s 正向旋转，旋转 6s 后减速至 7 速频率 F2107＝20Hz，恒频运行 6s 后按减速时间 1，F1016＝10s 减速运行，运行 4s 后停止，运行结束。

实例99 麦格米特MV600变频器简易PLC（程序运行）功能控制电路

电路简介 该电路应用变频器内置的程序运行功能（简易PLC功能），通过预先编写好的程序，对变频器输出的旋转方向、运行频率、加减速时间、运行时间进行控制。操作者只需按下启动按钮，变频器就会按照预先编写好的程序执行程序运行过程图启动运行，可以运行一个单循环程序运行并停止，也可以反复执行程序运转或者完成一个循环后按照最后设定的频率继续运转。

一、原理图

麦格米特MV600变频器程序运行功能控制电路原理图如图99-1所示。

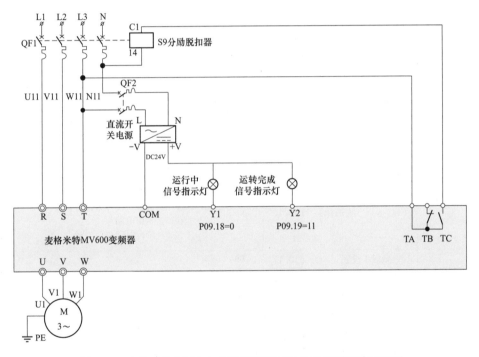

图99-1 麦格米特MV600变频器程序运行功能控制电路原理图

二、图中应用的端子及主要参数

相关端子及参数功能含义的详解见表99-1。

表 99-1 相关端子及参数功能含义

序号	端子名称	功能	功能代码	设定数据	设定值含义
1		参数保护设置	P00.03	0	全部数据允许被改写
2		参数初始化	P00.05	2	0：参数改写状态； 1：清除故障记忆信息； 2：恢复出厂设定值； 3：仅恢复快速启动功能组

序号	端子名称	功能	功能代码	设定数据	设定值含义
3		菜单模式选择	P00.00	1	完全菜单模式
4		主给定频率源选择	P02.04	5	内部 PLC 运行
5		加速时间 1	P02.13	5s	加速时间指令的设定方法：加速时间设定为从 0Hz 开始到达最高输出频率的时间；减速时间指令的设定方法：减速时间设定为从最高输出频率到达 0Hz 为止的时间；设定范围：0.00～3600s
6		减速时间 1	P02.14	5s	
7		加速时间 2	P11.02	6s	
8		减速时间 2	P11.03	6s	
9		加速时间 3	P11.04	9s	
10		减速时间 3	P11.05	9s	
11		加速时间 4	P11.06	10s	
12		减速时间 4	P11.07	10s	
13		多步给定 1	P13.01	20%	P13.01～P13.15 含义为切换多个频率，数据设定范围：0.0%～100.0%
14		多步给定 2	P13.02	60%	
15		多步给定 3	P13.03	40%	
16		多步给定 4	P13.04	80%	
17		多步给定 5	P13.05	80%	
18		多步给定 6	P13.06	100%	
19		多步给定 7	P13.07	40%	
20		多步给定 8～15	P13.08～P13.15	0%	
21		PLC 运行方式选择	P13.16	0000	个位 0：单循环后停机；十位 0：从第一段开始运行；百位 0：不掉电储存；千位 0：阶段时间单位为秒
22		阶段 1 设置	P13.17	000	阶段设置：个位 0：多段给定；十位 0：正转；1：反转；百位 0：加减速时间 1；1：加减速时间 2；2：加减速时间 3；3：加减速时间 4。阶段运行时间设定范围：0.0～6500.0s
23		阶段 1 运行时间	P13.18	10s	
24		阶段 2 设置	P13.19	000	
25		阶段 2 运行时间	P13.20	12s	
26		阶段 3 设置	P13.21	010	
27		阶段 3 运行时间	P13.22	18s	
28		阶段 4 设置	P13.23	010	
29		阶段 4 运行时间	P13.24	15s	
30		阶段 5 设置	P13.25	000	
31		阶段 5 运行时间	P13.26	15s	
32		阶段 6 设置	P13.27	000	
33		阶段 6 运行时间	P13.28	11s	
34		阶段 7 设置	P13.29	000	
35		阶段 7 运行时间	P13.30	12s	
36		阶段 8 设置	P13.31	000	
37		阶段 8 运行时间	P13.33	2s	
38	Y1	可编程的控制和监视信号输出端子	P09.18	0	变频器运行中信号（RUN）
39	Y2		P09.19	11	简易 PLC 阶段运转完成指示

序号	端子名称	功能	功能代码	设定数据	设定值含义
40	TA、TB、TC	继电器PO1输出功能选择	P09.20	16	含义为变频器故障后继电器动作：当变频器检测到有故障或异常时输出动作信号，即TA-TC闭合、TA-TB断开，变频器停止运行

三、动作详解

（一）闭合总电源及参数设置

闭合总电源QF1，变频器输入端R、S、T带电，根据参数表设置变频器参数。

（二）变频器程序运行操作

麦格米特MV600变频器控制面板如图99-2所示，按下操作面板上的启动键RUN，变频器按照事先设定程序运行，功能时序图如图99-3所示。

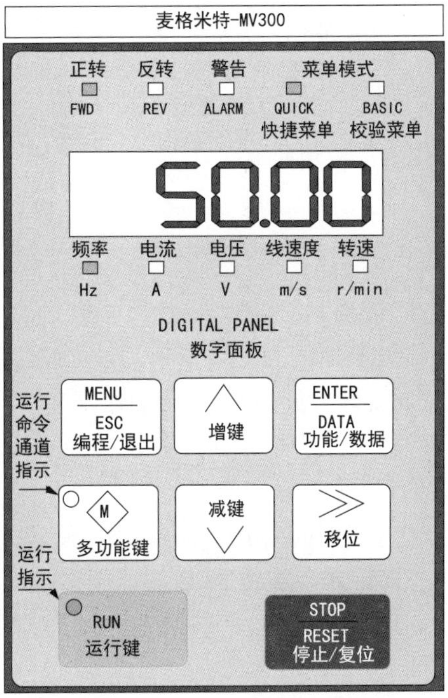

1. 阶段1

总运行时间为P13.18＝10s，旋转方向为正向旋转，变频器按加速时间1，P02.13＝5s正向旋转，旋转1s后加速至多步给定1，P13.01＝10Hz，恒频运行9s后转至阶段2。

2. 阶段2

总运行时间为P13.20＝12s，旋转方向为正向旋转，变频器按加速时间2，P11.02＝6s正向旋转，旋转2.4s后加速至多步给定2，P13.02＝30Hz，恒频运行9.6s后转至阶段3。

3. 阶段3

总运行时间P13.22＝18s，旋转方向为反

图99-2 麦格米特MV600变频器控制面板

向旋转，变频器按加减速时间3，P11.04＝9s、P11.05＝9s反向旋转，旋转9s后加速至多步给定3，P13.03＝20Hz，恒频运行9s后转至阶段4。

4. 阶段4

总运行时间为P13.24＝15s，旋转方向为反向旋转，变频器按加速时间4，P11.06＝10s反向旋转，旋转4s后加速至多步给定4，P13.04＝40Hz，恒频运行11s后转至阶段5。

5. 阶段5

总运行时间为P13.26＝15s，旋转方向为正向旋转，变频器按加减速时间2，P11.02＝6s、P11.03＝6s正向旋转，旋转9.6s后加速至多步给定5，P13.05＝40Hz，恒频运行5.4s后转至阶段6。

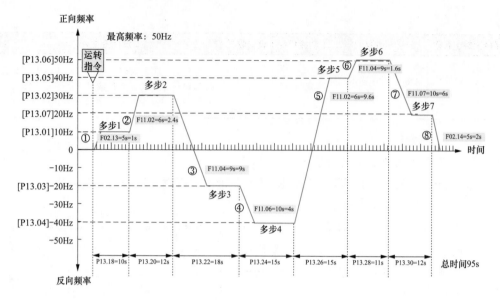

图 99-3 功能时序图

注 加减速时间实际值＝（设定频率－启动频率）÷最高频率×加减速时间设定值。

6. 阶段 6

总运行时间为 P13.28＝11s，旋转方向为正向旋转，变频器按加速时间 3，P11.04＝9s 正向旋转，旋转 1.8s 后加速至多步给定 6，P13.06＝50Hz，恒频运行 9.2s 后转至阶段 7。

7. 阶段 7

总运行时间为 P13.30＝12s，旋转方向为正向旋转，变频器按减速时间 4，P11.07＝10s 正向旋转，旋转 6s 后减速至多步给定 7，P13.07＝20Hz，恒频运行 6s 后按减速时间 1，P02.14＝5s 减速运行，运行 2s 后停止，PLC 运行结束。

实例 100　阿尔法 ALPHA6000E 变频器简易 PLC（程序运行）功能控制电路

电路简介　该电路应用变频器内置的程序运行功能（简易 PLC 功能），通过预先编写好的程序，对变频器输出的旋转方向、运行频率、加减速时间、运行时间进行控制。操作者只需按下启动按钮，变频器就会按照预先编写好的程序执行程序运行过程图启动运行，可以运行一个单循环程序运转并停止，也可以反复执行程序运转或者完成一个循环后按照最后设定的频率继续运转。

一、原理图

阿尔法 ALPHA6000E 变频器程序运行功能控制电路原理图如图 100-1 所示。

二、图中应用的端子及主要参数

相关端子及参数功能含义的详解见表 100-1。

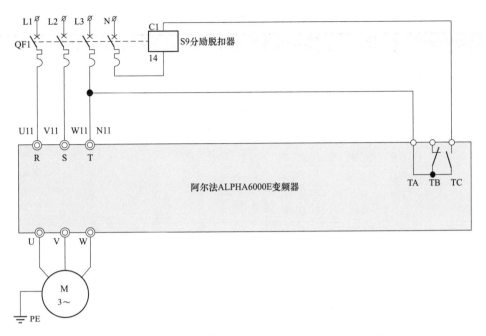

图 100-1　阿尔法 ALPHA6000E 变频器程序运行功能控制电路原理图

表 100-1　　　　　　　　　　　相关端子及参数功能含义

序号	端子名称	功能	功能代码	设定数据	设定值含义
1		参数写入保护	PF.01	0	全部参数允许被改写
2		参数初始化	PF.02	2	恢复出厂设定值（记录/密码/电动机参数除外）
3		频率设定源1	P0.03	10	1程序定时运行（PLC）
4		加速时间1	P0.18	5s	
5		减速时间1	P0.19	5s	
6		加速时间2	P2.28	6s	加速时间指令的设定方法：加速时间设定为从 0Hz 开始到达最高输出频率的时间； 减速时间指令的设定方法：减速时间设定为从最高输出频率到达 0Hz 为止的时间； 加减速时间设定范围：0.1～3600s
7		减速时间2	P2.29	6s	
8		加速时间3	P2.30	9s	
9		减速时间3	P2.31	9s	
10		加速时间4	P2.32	10s	
11		减速时间4	P2.33	10s	
12		多步频率1	P2.13	10Hz	
13		多步频率2	P2.14	30Hz	
14		多步频率3	P2.15	20Hz	
15		多步频率4	P2.16	40Hz	
16		多步频率5	P2.17	40Hz	P2.13～P2.27 含义为切换多个频率，数据设定范围：0.00Hz～最大频率
17		多步频率6	P2.18	50Hz	
18		多步频率7	P2.19	20Hz	
19		多步频率8～15	P2.20～ P2.27	0Hz	
20		程序运行模式	P5.00	0	0：单循环1；1：单循环2（保持最终值）；2：连续循环

续表

序号	端子名称	功能	功能代码	设定数据	设定值含义
21		程序运行定时 T1	P5.04	10s	程序运行时间，数据设定范围：0.0～3600s
22		程序运行定时 T2	P5.05	12s	
23		程序运行定时 T3	P5.06	18s	
24		程序运行定时 T4	P5.07	15s	
25		程序运行定时 T5	P5.08	15s	
26		程序运行定时 T6	P5.09	11s	
27		程序运行定时 T7	P5.10	12s	
28		程序运行定时 T8～T15	P5.11～ P5.18	0s	
29		T1 段程序运行设定	P5.19	1F	F：正向；R：反向
30		T2 段程序运行设定	P5.20	2F	
31		T3 段程序运行设定	P5.21	3r	
32		T4 段程序运行设定	P5.22	4r	
33		T5 段程序运行设定	P5.23	2F	
34		T6 段程序运行设定	P5.24	3F	
35		T7 段程序运行设定	P5.25	4F	
36		T8～T15 段程序运行设定	P5.26～ P5.33	1F	
37	TA、TB、TC	可编程继电器输出	P3.24	19	变频器故障，变频器总报警保护输出端子 TA、TB、TC；正常或异常时动作模式选择参数：TA 是公共端，TC 是常开端，TB 是常闭端，当变频器检测到有故障或异常时 TA-TC 闭合、TA-TB 断开

图 100-2　阿尔法 ALPHA6000E
变频器操作面板

三、动作详解

（一）闭合总电源及参数设置

闭合总电源 QF1，变频器输入端 R、S、T 带电，根据参数表设置变频器参数。

（二）变频器程序运行操作

阿尔法 ALPHA6000E 变频器操作面板如图 100-2 所示，按下操作面板上的启动键 RUN，变频器按照事先设定程序运行，功能时序图如图 100-3 所示。

1. 阶段 1

总运行时间为 P5.04＝10s，旋转方向为正向旋转，变频器按加速时间 1，P0.18＝5s 正向旋转，旋转 1s 后加速至多步频率 1，P2.13＝10Hz，恒频运行 9s 后转至阶段 2。

2. 阶段 2

总运行时间为 P5.05＝12s，旋转方向为正向旋转，变频器按加速时间 2，P2.28＝6s 正向旋转，旋转 2.4s 后加速至多步频率 2，P2.14＝30Hz，恒频运行 9.6s 后转至阶段 3。

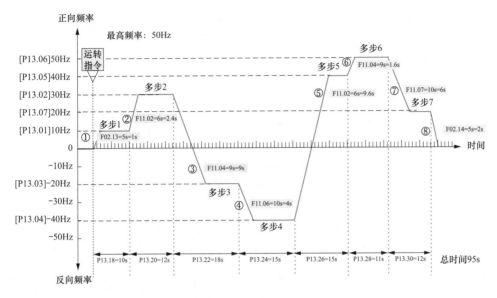

图 100-3 功能时序图

注 加减速时间实际值＝（设定频率－启动频率）÷最高频率×加减速时间设定值。

3. 阶段 3

总运行时间为 P5.06＝18s，旋转方向为反向旋转，变频器按加减速时间 3，P2.30＝9s、P2.31＝9s 反向旋转，旋转 9s 后加速至多步频率 3，P2.15＝20Hz，恒频运行 9s 后转至阶段 4。

4. 阶段 4

总运行时间为 P5.07＝15s，旋转方向为反向旋转，变频器按加速时间 4，P2.32＝10s 反向旋转，旋转 4s 后加速至多步频率 4，P2.16＝40Hz，恒频运行 11s 后转至阶段 5。

5. 阶段 5

总运行时间为 P5.08＝15s，旋转方向为正向旋转，变频器按加减速时间 2，P2.28＝6s、P2.29＝6s 正向旋转，旋转 9.6s 后加速至多步频率 5，P2.17＝40Hz，恒频运行 5.4s 后转至阶段 6。

6. 阶段 6

总运行时间为 P5.09＝11s，旋转方向为正向旋转，变频器按加速时间 3，P2.30＝9s 正向旋转，旋转 1.8s 后加速至多步频率 6，P2.18＝50Hz，恒频运行 9.2s 后转至阶段 7。

7. 阶段 7

总运行时间为 P5.10＝12s，旋转方向为正向旋转，变频器按减速时间 4，P2.33＝10s 正向旋转，旋转 6s 后减速至多步频率 7，P2.19＝20Hz，恒频运行 6s 后按减速时间 1，P0.19＝5s 减速运行，运行 2s 后停止，PLC 运行结束。

附　　录

附录A　富士 FRN-G1S 变频器端子接线图

富士 FRN-G1S 变频器端子接线图如图 A-1 所示。

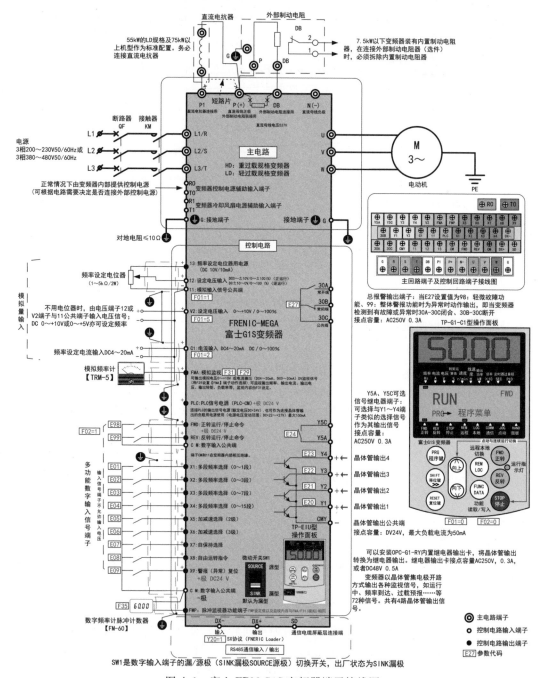

图 A-1　富士 FRN-G1S 变频器端子接线图

附录 B　富士 FRN-G1S 变频器端子名称含义详解

富士 FRN-G1S 变频器端子名称含义详解见表 B-1。

表 B-1　　　　　　　　**富士 FRN-G1S 变频器端子名称含义详解**

分类	端子名称	相关参数代码	功能含义
主电路端子	L1/R L2/S L3/T		变频器主电源输入端子：连接三相电源，在工变频转换电路中必须按 A、B、C 正相序连接
	U、V、W		变频器输出端子：连接三相异步电动机或三相同步电动机
	R0、T0		控制电源辅助输入端子：变频器内部控制电路电源。当主电路有电时控制电路也有电，单独将 R0、T0 与主电源连接时，可以在主电源 R、S、T 断电的情况下始终保持变频器控制部分带电。三菱 FR-A800 变频器的控制回路用外接的电源时，必须拆下 R1/L11、S1/L21 短路片，否则如果相序错误将会短路
	R1、T1		风扇电源辅助输入端子：平时不用连接，只有在与 PWM 转换器等进行组合的情况下使用
	P1、P+		连接外置直流电抗器用端子：改善变频器输入功率因数，减小输入电流峰值，减小变频器发热，50kW 的 LD（轻载）、70kW 的 LD（重载）及以上规格，直流电抗器均为标准配置
	P+、DB		制动电阻器连接端子：连接外置制动电阻器，增大制动力矩，适合大惯性负载及频繁制动、快速减速的场合。7.5kW 以下变频器装有内置制动电阻器，在连接外部制动电阻器时，必须拆除内置制动电阻器
	P+、N−		直流母线连接用：可以与其他的变频器的直流中间电路部分相连接（在该端子可以检测直流母线电压）
	G		变频器接地端子：必须将变频器的接地端子可靠正确接地，接地线一般为直径 3.5mm 以上铜线，接地电阻应小于 10Ω
模拟输入端子	11		模拟输入信号公共端：是模拟输入输出信号端子，13、12、C1、V2、FMA 的通用公共端子，该端子与 CM、CMY 绝缘
	12	F01＝1 C30	模拟设定电压输入端子：按照外部发出的模拟输入电压指令值进行频率设定。最大可以输入 DC±15V。但是，如果超出 DC±10V 的范围时，则被视为 DC±10V。DC0～±10V/0～±100（％）（正转运行），DC±10～0V/0～100（％）（反转运行）。通过端子 12 输入两极（DC0～±10V）的模拟设定电压时，请将功能代码 C35 设定为"0"（双极性），C30 设定为 1：模拟电压输入
	13		变电阻器电源端子：为外部频率设定器（可变电阻器：1～5kΩ）提供电源（DC+10V），所连接的可变电阻器请使用 1/2W 以上的

分类	端子名称	相关参数代码	功能含义
模拟输入端子	C1	F01=2 C30	模拟设定电流输入端子：按照外部发出的模拟输入电流指令值进行频率设定。DC 4～20mA/0～100（%）（正转运行），DC 20～4mA/0～100（%）（反转运行），模拟电压输入端子12＋模拟电流输入端子C1F01=3
	V2	F01=5 C30	模拟设定电压输入端子：按照外部发出的模拟输入电压指令值进行频率设定。最大可以输入DC±15V。但是，如果超出DC±10V的范围时，则被视为DC±10V。DC 0～±10V/0～±100（%）（正运行），DC±10～0V/0～100（%）（逆运行）通过端子V2输入两极（DC0～±10V）的模拟设定电压时，请将功能代码C45设定为"0"（双极性），C30设定为5：模拟电压输入
数字输入端子	FWD	E98 F02	数字输入端子：FWD正转指令输入、REV反转指令输入。相关参数F02=1：由外部信号输入运行命令（由外部的按钮及主令电器控制）。 端子X1～X9、FWD、REV是变频器可编程的通用数字输入端子：可以使用E01～E09、E98、E99分配各种功能。 1. 可用功能代码E01～E09、E98、E99中设定的各种信号（自由运转指令、外部警报、多级频率选择等）进行设定。 2. 可用主板上的SW1微动开关切换输入漏型或源型模式，SW1是数字输入端子的漏/源极（SINK漏极 SOURCE源极）切换开关，出厂状态为SINK漏极侧。 1）漏型逻辑定义PNP：当信号输入端子流出电流时，信号变为ON，为漏型逻辑。如FWD（＋）流出电流→流向CM（一）（富士）。 2）源型逻辑定义NPN：当信号输入端子流入电流时，信号变为ON，为源型逻辑。如CM（＋）流出电流→流向FWD（一）（富士）。 3. 可将各数字输入端子与CM端子间的动作模式切换到"短路时ON（激活ON）"或"开路时OFF（激活OFF）"。 4. 数字输入端子X7通过更改功能代码可以设定为脉冲列输入端子，E07=48
	REV	E99 F02	
	X1	E01	
	X2	E02	
	X3	E03	
	X4	E04	
	X5	E05	
	X6	E06	
	X7	E07	
	X8	E08	
	X9	E09	
	PLC		可编程序控制器信号电源端子： 1. 可作为可编程控制器的输出信号电源； 2. 也可作为连接晶体管输出的负载用电源使用。 电源容量：额定电压DC＋24V、最大负载电流100mA，电源电压变动范围：DC＋22～＋27V
	CM		数字输入公共端：是X1～X9、FWD、REV数字输入信号及FMPPLC的公共端子，该端子与11、CMY绝缘
模拟输出	FMA	F31	模拟监视器功能端子：输出模拟直流电压DC 0～10V或模拟直流电流DC 4～20mA的监视信号，输出形态（VO/IO）通过电路板上的SW4与功能代码F29进行切换，监视内容由F31设定。可监视输出频率、输出电流、输出电压、输出转矩等
脉冲输出	FMP	F35	脉冲监视器功能端子：输出脉冲信号，FMP-CM信号的内容可以通过功能代码F35的设定来进行与FMA功能相同的选择

分类	端子名称	相关参数代码	功能含义
晶体管输出端子	Y1	E20	晶体管输出端子：是可编程的晶体管输出端子，可以使用 E20、E21、E22、E23 分配功能，可设定为监视功能或控制功能。 接点容量：DC24/ON 时最大负载电流 50mA。连接控制继电器的情况下，请在励磁线圈的两端连接浪涌吸收用二极管。 连接电路需要电源的情况下，可将端子 PLC（＋）、CM（－）作为电源端子使用。这种情况下，必须将端子 CMY 与 CM 短接
	Y2	E21	
	Y3	E22	
	Y4	E23	
	CMY		晶体管输出公共端子：是晶体管输出信号的通用端子（公共端子），该端子与 CM、11 绝缘
继电器接点输出	Y5A、Y5C	E24	通用继电器输出端子：Y5A/Y5C 是可编程的继电器输出端子，可以使用 E24 分配为监视功能或控制功能，Y5A/Y5C 为动合触点，接点容量：AC 250V 0.3A
	30A、30B、30C	E27	整体警报输出端子：30A/30B/30C 是可编程的继电器输出端子，可以使用 E27 分配为监视功能或控制功能，30C 为公共端、30B 为动断触点、30A 为动合触点，接点容量：AC 250V 0.3A
通信	DX＋ DX－ SD	Y1～Y20	RS-485 通信端子是通过 RS-485 通信连接计算机及可编程控制器等的连接的输出输入端子。连接后需要使用 The FRENIC Loader 计算机编程器软件，参数代码 Y20（协议选择）设置为 1，即 SX 协议（FNERIC Loader）。通过软件可以进行功能代码编辑、传送、校验及变频器的试运转、各种状态的监视等工作
	USB 连接器		操作面板 USB 端口是与计算机相连接的 USB 连接器（miniB 规格）。使用变频器配套的 The FRENIC Loader 软件，可以进行功能代码编辑、传送、校验及变频器的试运转、各种状态的监视等工作
内置继电器输出卡	1A、1B、1C	E20	继电器输出卡型号为 OPC-G1-RY，安装端口为 A-Port、B-Port。功能是可以将变频器主体上的 Y1～Y4 晶体管输出端子变换为继电器输出。每只继电器输出卡有两组继电器，第一组 1C 为公共端、1B 为动断触点、1A 为动合触点，第二组 2C 为公共端、2B 为动断触点、2A 为动合触点。接点容量：AC 250V 0.3A，连接继电器卡后，注：使用继电器卡后请勿在变频器主体的 Y1、Y2、Y3、Y4 端子上连接导线
	2A、2B、2C	E21	
	1A、1B、1C	E22	
	2A、2B、2C	E23	

附录C 富士 FRN-G1S 变频器常用参数表详解

富士 FRN-G1S 变频器常用参数详解见表 C-1。

表 C-1 富士 FRN-G1S 变频器常用参数详解

基本功能代码 F				
功能代码	参数名称	功能代码含义	设定值内容、含义及设定范围	出厂值
F00	数据保护	该功能使操作面板无法对功能代码数据进行更改，保护当前所设定的数据	此功能可保护已设定在变频内的数据，使之不能容易改变。 0：无数据保护（可在操作面板上进行变更），无数字设定保护（可在通信上进行变更）。 1：有数据保护（不可在操作面板上进行变更），无数字设定保护（可在通信上进行变更）。 2：无数据保护（可在操作面板上进行变更），有数字设定保护（不可在通信上进行变更）。 3：有数据保护（不可在操作面板上进行变更），有数字设定保护（不可在通信上进行变更）。 设置该参数时需要双键操作（STOP 键＋∧或∨键）（另外 F80、H03、H45、H97、y97 也需要双键操作），作为数据保护相关的类似功能，有在数字输入端子上分配的"允许编辑指令"（允许数据变更）。 F00 及基于面板的 ∧/∨ 键操作的值频率设定、PID 指令除外	0
F01	频率设定 1	选择频率的设定方法： 频率设定 1，F01； 频率设定 2，C30	0：通过操作面板 ∧/∨ 键进行频率设定（线性变化）。 1：通过输入到端子 12、11 间的电压值进行设定（DC 0～±10V）。 2：通过输入到端子 C1、11 间的电流值进行设定（DC 4～20mA）。 3：通过输入到端子 12、11 间的电压值和输入到端子 C1、11 间的电流值的合计结果进行设定，即电压输入＋电流输入（当合计结果在最高输出频率以上时，被最高输出频率所限制）。 5：通过输入到端子 V2、11 间的电压值（DC0～＋10V）进行设定（将主控板的滑动开关 SW5 设定在 V2 一侧（出厂状态）。 7：增、减控制指令（UP/DOWN 控制）通过分配给数字输入端子的 UP 指令、DOWN 指令进行设定，需要将 UP 指令（数据＝17）、DOWN 指令（数据＝18）分配给数字输入端子 X1～X9，启动模式见 H61。 8：通过操作面板进行频率设定（具有非均衡无冲击功能）。即在调速时，执行的加减速时间是非线性变化的 S 形曲线，保证了系统调整平滑过渡。 8：增、减控制指令模式 1（UP/DOWN 控制）初始值＝0（富士 G11S 变频器从 0Hz 开始启动）。 9：增、减控制指令模式 2（UP/DOWN 控制）初始值＝上次设定值（富士 G11S 变频器从上次设定值开始启动）。 10：程序运行设定，程序运行是指按照事先设定的运转时间、旋转方向、加减速时间及设定频率进行自动运转的功能。 12：通过脉冲列输入 PIN 上分配的数字输入端子 X7 和 PG 接口卡（选件）进行的设定	0

基本功能代码 F				
功能代码	参数名称	功能代码含义	设定值内容、含义及设定范围	出厂值
F02	运行操作	选择运转指令的设定方法	0：由操作面板 RUN 运行键、STOP 停止键控制启停，有 LED、LCD 两种操作面板：LCD 操作面板用，FWD 正转运行键、REV 反转运行键、STOP 停止键控制；LED 操作面板用 RUN 运行键、STOP 停止键控制。 1：由外部信号 FWD（正）/REV（反）输入运行命令（由外部的按钮及主令电器控制变频器的运行与停止）。 2：操作面板 RUN 运行键、STOP 停止键控制（正转）（富士 G1S 变频器）。 3：操作面板 RUN 运行键、STOP 停止键控制（反转）（富士 G1S 变频器）	2
F03	最高输出频率 1	用来设定变频器的最高输出频率。它是频率设定的基础，也是加减速快慢的基础	如果设定为所驱动的设备的额定值以上，则有可能破损设备，请务必与机械设备的设计规格相匹配。 调定范围：25～500Hz（富士 G1S 变频器）、50～400Hz（富士 G11S 变频器）。 HD：重过载规格变频器 V/f 控制方式最大设定范围控制 500Hz，带速度传感器的矢量控制 V/f 控制方式最大设定范围控制 200Hz。 LD：轻过载规格变频器 V/f 控制方式最大设定范围控制 120Hz，带速度传感器的矢量控制 V/f 控制方式最大设定范围控制 120Hz	60
F04	基本频率 1	设定电动机的运转所必需的基本（基准）频率	结合电动机的额定频率（电动机额定铭牌的额定值）进行设定。 设定范围：25～500Hz（富士 G1S 变频器）、25～400Hz（富士 G11S 变频器）	50
F05	基本频率电压 1	设定电动机 1 的运转所必需的基准频率电压，即电动机铭牌上的额定电压	设定范围：0，160～500V，初始值 400V。 0：基本频率电压与变频器的输入电压相当的电压。在输入电压变动后，输出电压也变动。 160～500（G1S）：当将数据设为"0"以外的任意电压时，输出电压自动保持一定。在使用自动转矩增大，自动节能运行等控制功能时，需要与电动机的额定电压（电动机额定铭牌数据）相匹配	380
F06	最高输出电压 1	变频器的输出电压最高值	设定范围：160～500V	380
F07	加速时间 1	加速时间设定为从 0Hz 开始到达最高输出频率的时间	加速时间设定值含义：输出频率从启动频率到达最高频率所需的设定时间。原则上在不过流的前提下，升速时间越短越好。 G1S：0.00～6000s（100min），G11S：0.01～3600s（60min），初始值：22kW 以下为 6.00s，30kW 以上为 20.00s	
F08	减速时间 1	减速时间设定为从最高输出频率到达 0Hz 为止的时间	减速时间设定值定义：输出频率从最高频率到达停止频率所需的时间。 G1S：0.00～6000s（100min），G11S：0.01～3600s（60min），初始值：22kW 以下为 6.00s，30kW 以上为 20.00s	

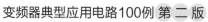

续表

基本功能代码 F				
功能代码	参数名称	功能代码含义	设定值内容、含义及设定范围	出厂值
F09	转矩提升1	为了补偿低频转矩特性，对输出电压做一些提升补偿。提高低频电压，以增大启动时的电动机转矩	变频器工作在低频区域时，电动机的激磁电压降低，出现了欠激磁。为了补偿电动机的欠激磁，几乎所有的变频器都设置了自动转矩提升功能，使电动机低速运行时转矩得到增强（V/f特性增强）。自动转矩提升包括二次方递减转矩负载、比例转矩负载和恒转矩负载等特性，无论是哪一种负载特性，若转矩提升值过大，低速区域内会发生过激状态，电动机可能会发热。对于变转矩负载，如选择不当会出现低速时的输出电压过高，而浪费电能的现象，甚至还会出现电动机带负载启动时电流大，而转速上不去的现象。设定范围：0.0%～20.0%，很多变频器最高可以设置为30.0%	0
F10	电子热继电器1特性选择	设定电子过电流保护的电流值，进行电动机的过热保护。能够得到在低速运行时，包含电动机冷却能力降低在内的最合适的保护特性	为了电动机的过载检测（基于变频器输出电流的电子热继电器功能），设定电动机的温度特性即特性选择（F10）、热时间常量（F12）及动作值（F11）。1：动作，通用电动机的自冷却风扇（自冷）（在以低频率运行时，冷却能力降低的特性）。2：动作，用于变频器专用电动机、高速电动机的他激风扇（不依存于输出频率保持稳定的冷却能力）	1
F11	电子热继电器1动作值	设定变频器保护动作的额定电流值的百分比	通常情况下设定值为以基本频率运行时的电动机连续允许电流（一般情况下为电动机额定电流的1.0～1.1倍）。不使用电子热继电器时，请设定为（F11＝0.00；不工作）。G1S变频器设定范围1%～135%的电流值，G11S变频器设定范围20%～135%，F11＝0（不工作）。例：2.2kW电动机/额定电流5.1A 电子热继电器1动作值110%＝5.1×1.1＝5.61A。2kW电动机设定范围：5.1×0.01＝0.051A。5.1×1.35＝6.885A	1
F12	电子热继电器1热时间常数	根据F12设定电动机的热时间常数。作为针对通过F11设定的动作值连续流过150%的电流时的电子热继电器动作时间进行设定	富士通用电动机、普通的电动机的热时量均为在22kW以下时5min，在30kW以上时10min左右（出厂设定值）。设定范围：0.5～75.0min	22kW以下为5.0min，30kW以上为10.0min

基本功能代码 F				
功能代码	参数名称	功能代码含义	设定值内容、含义及设定范围	出厂值
F14	瞬间停电后再启动（动作选择）	发生瞬间停电后，来电是否再启动功能。设定发生瞬间停电时的动作（跳闸动作或来电时的再启动动作的方法等）。 一般不同容量的变频器直流母线电压不小于100V，才能再启动，即必须在变频器直流母线电压高于100V时才能再启动，保持时间与容量有关，停电后保持时间约为：0.75kW约2s，2.2kW约5s	0：不再启动，即时跳闸，瞬间断电时，变频器即停止输出并报警LU，电动机自由停车。如果变频器在运行中发生瞬间停电，且在变频器的直流中间电路的电压中检测到电压不足时，则在该时点，输出不足电压警报，切断变频器的输出，电动机变为自由运行状态。 1：不再启动，复电时跳闸，断电后，变频器立即停止输出（电动机自由停车）并在来电后报警LU。如果变频器在运行中发生瞬间停电，且在变频器的直流中间电路的电压中检测到电压不足时，则在该时点，切断变频器的输出，电动机变为自由运行状态，但不发出电压不足警报。在从瞬间停电恢复至来电后时输出电压不足警报LU。 2：不再启动，瞬间停电后，减速停止之后跳闸报警LU，如果变频器在运行中发生瞬间停电，且在变频器的直流中间电路的电压变为低于继续运行水平的时点，开始减速停止控制。在减速停止控制中，通过减速感应负载的惯性力矩的动能，继续减速动作。在减速停止后，输出LU的警报。 3：再启动，继续运转（用于重惯性负载或一般负载），如果变频器在运行中发生瞬间停电，且在变频器的直流中间电路的电压变为低于继续运行水平时，开始继续运行控制。在继续运行控制中，通过减速感应负载的惯性力矩的动能，继续运行等待复电。如果再生能量变少，且检测到电压不足时，则存储当时的输出频率，并切断变频器的输出，电动机变为自由运行状态。停电再来电时如果输入运行指令，则从停电时所存储的频率开始启动。该设定最适合用于负载的惯性力矩作为大风扇等，当瞬间停电时间较短，直流中间电路在100V以上时，来电后自动继续运行。 4：再启动，根据停电时的频率再启动（用于一般负载），停电后立即停止输出，来电后按电位器的设定频率继续运行。如果变频器在运行中发生瞬间停电，且在变频器的直流中间电路的电压中检测到电压不足时，则在该时点，存储输出频率，切断变频器的输出，电动机变为自由运行状态。停电再来电时如果输入运行指令，则从停电时所存储的频率开始启动。该设定最适合用于负载惯性力矩大且在瞬间停电时电动机即使变为自由运行状态，电动机速度的降低很小的情况（风扇类等），当瞬间停电时间较短，直流中间电路在100V以上时，来电后自动继续运行。 5：再启动，从启动频率再启动，停电后立即停止输出，来电后按启动频率F23开始运行，当瞬间停电时间较短，直流中间电路在100V以上时，来电后自动继续运行。如果变频器在运行中发生瞬间停电，且在复电后如果输入运行指令，则将以通过功能代码F23设定的启动频率开始再次启动。 6：该设定最适合用于负载惯性力矩小，且负载重的情况下，在瞬间停电时电动机变为自由运行状态后，在短时间内电动机速度降低至0的情况（泵类等）。 注：不同容量的变频器直流母线电压保持时间不同，保持时间约为：0.75kW，2s，55kW，4s，132kW，7s，160kW，11s，280kW，14s	1

续表

基本功能代码 F				
功能代码	参数名称	功能代码含义	设定值内容、含义及设定范围	出厂值
F15	上限频率限制	用于频率限制，即对输出频率和设定频率的上限值进行限制	限制设定频率、速度指令的情况下，有时会由于控制的响应延迟而发生超程、欠程，暂时超过限制值。 设定范围：0.0～500Hz，即下限频率 F16 至最高输出频率 F03 值	70
F16	下限频率限制	用于下限频率限制，电动机的正常调速范围在上限频率和下限频率之间	设定范围：0.0～500Hz，即 0Hz 至上限频率 F15 值	0
F18	偏置频率（频率设定 1）	此功能是将偏置频率加于模拟设定频率值上作为输出频率设定值	注意：偏置频率值比最高频率（－最高频率）大（小）时，受最高频率（－最高频率）限制。设定范围：－100.00%～100.00%	0
F20	直流制动 1 开始频率	设定在减速停止时开始直流制动的动作频率	该功能可以用于电动机停止时及电动机启动前的制动，以防止电动机由于惯性的旋转。当按下停止按钮频率降至直流制动 1 开始频率 F20 时开始直流制动。如配合 X 端子时，当该直流制动指令开关处于闭合时，按下启动按钮，电动机正转运行。当按下停止按钮时，变频器和正常的直流制动停止方式一样，但此时制动时间［F22］功能被屏蔽，只有断开直流制动指令开关时，制动指令才能解除。设定范围：0.0～60Hz	0
F21	直流制动 1 动作值	设定直流制动时的输出电流等级。即直流制动的强度	设定直流制动时的输出电流等级。将变频器的额定输出电流作为100%，可以以 1% 的增量进行设定，直流制动时可以在变频器 U、V、W 端测得大约 110V 的直流电压（U 正极、V、W 负极）。设定范围：0%～100%，（HD 规格）0%～80%（LD 规格），设定为 0 后，为无直流制动	0
F22	直流制动 1 时间	设定直流制动的动作时间	设定范围：0.00（不动作），0.01～30.00s	0
F23	启动频率 1	在变频器启动时，输出频率的开始值	当启动频率比停止频率低时，设定频率（电位器给定的频率）如果不在停止频率之上，则变频器不启动。 设定范围：0.0～60Hz 设定变频器启动时的频率。V/f 控制时，即使是 0.0Hz，也会以 0.1Hz 动作	0.5
F24	启动频率 1 保持时间	在设定变频器启动时，以稳定的启动频率运转的时间	设定范围：0.00～10.00s	0
F25	停止频率	设定变频器停止时的变频器输出切断电源的频率	设定范围：0.0～60Hz，V/f 控制时，即使是 0.0Hz，也会以 0.1Hz 动作	0.2

续表

基本功能代码 F				
功能代码	参数名称	功能代码含义	设定值内容、含义及设定范围	出厂值
F26	电动机运行音（载波频率）	通过更改载波频率，可以降低来自电动机的噪声，降低输出电路配线中的漏电流，降低由变频器产生的噪声等	0.75～16kHz（HD 规格：～55kW，LD 规格：～18.5kW）； 0.75～10kHz（HD 规格：75～630kW，LD 规格：22～55kW）； 0.75～6kHz（LD 规格：75～630kW）	2
F27	电动机运转音（音色）	改变电动机噪声的音质（仅限于 V/f 控制时）	功能代码 F26 的数据中设定的载波频率为 7kHz 以下时有效。通过调整设定的等级，可以降低电动机产生的尖锐的运行声（金属声）。如果将等级提的过高，则有时会造成输出电流紊乱、机械振动、杂音增大。此外，根据电动机情况，有时效果小。矢量控制时，本功能无效。0：等级 0（不动作）；1：等级 1；2：等级 2；3：等级 3	0
F29	FMA 端子动作选择	FMA 端子为模拟监视功能	可以将输出到端子 FMAF29 的输出频率或输出电流等监视数据作为模拟直流电压或电流输出。此外，可以调整输出到端子 FMA 的电压、电流值。选择端子 FMA 的输出形态。请同时变更印刷电路板上的开关 SW4。0：电压输出 DC 0～+10V；1：电流输出 DC 4～20mA；2：电流输出 DC 0～20mA	0
F30	FMA 端子输出增益		输出增益（F30）：将监视器的输出电压值在 0～300％范围内进行调整。如设定值 50 时对应的输出电压为 0～5V，设定值 100 时对应的输出电压为 0～10V	100
F31	FMA 端子监视功能选择		选择输出到端子 FMA 的监视对象： 0：输出频率（滑差补偿之前）（变频器的输出频率，相当于电动机的同步速度）； 1：输出频率（滑差补偿之后）（变频器的输出频率）；2：输出电流；3：输出电压；4：输出转矩；5：负载率；6：消耗电量；7：PID 反馈值；8：速度检测（PG 反馈值）；9：直流中间电路电压；10：通用 AO；13 电动机输出（kW）；14：模拟输出测试（用于模拟仪表调整的全量程输出）；15：PID 指令（SV）；16：PID 输出（MV）；17：同步角度偏差	0
F33	脉冲速率	可以将输出到端子 FMP 的输出频率或输出电流等监视数据通过脉冲信号输出。此外，作为平均电压输出还可以以脉冲信号的平均电压驱动模拟仪表。可以分别设定输出脉冲的规格。	结合所连接的计数器等规格，设定所设定的监视输出为 100％时的脉冲数。 设定范围：25～6000p/s	1440
F34	输出增益		输出增益将监视器的输出电压值（平均电压值）。设定范围：0～300％	0

続表

基本功能代码 F				
功能代码	参数名称	功能代码含义	设定值内容、含义及设定范围	出厂值
F35	功能选择	在作为脉冲输出使用时,请设定功能编码 F33 并 F34＝0。在作为平均电压输出使用时,请设定为 F34＝1%～300%。此时,F33 的设定被忽略不计	选择输出到端子 FMP 的监视对象监视对象与功能代码 FMAF31 相同,请参照 F31	0
F37	负载选择	负载选择、自动转矩提升、自动节能运行	0:2 次方递减转矩负载(一般的风扇、泵负载);1:恒转矩负载;2:自动转矩提升(空载时,过励磁的情况下);3:自动节能运行(2 次方递减转矩负载);4:自动节能运行(恒转矩负载)(一般的风扇、泵负载);5:自动节能运行(自动转矩提升)(空载时,过励磁的情况下)	1
F38	停止频率检测方式	变频器停止时,通过速度检测值或速度指令值判断变频器的输出是否被切断	一般情况下,用速度检测值进行判断。但外部施加过大负载的情况下,即负载超过变频器的控制能力的情况下,有时电动机不能停止(惯性),速度检测值达不到停止频率的相当值。在这种情况下,变频器不能停止。如果设定用速度指令值进行判断,则即使检测值没有达到,只要指令值达到,变频器也能切实停止输出。考虑到上述状况的情况下,为确保安全,请选择速度指令值。0:速度检测值;1:速度指令值(初始值 0)	0
F39	停止频率持续时间	设定在变频器停止时,以稳定的停止频率运行的时间	设定范围:0.00～10.00s	0
F42	控制方式选择 1	选择电动机的控制方式	0:V/f 控制:没有滑差补偿;1:动态转矩矢量控制:(有滑差补偿、自动转矩提升);2:V/f 控制:有滑差补偿;6:带速度传感器的矢量控制	0
F43	电流限制动作选择	选择电流限制功能工作的运行状态。	0:不动作;1:一定速度时(加减速时不动作);2:加速时及一定速度时(减速时不动作)	2
F44	电流限制动作值	电流限制动作值	通过变频器的额定电流比设定电流限制功能工作的动作值,设定范围:20%～200%(变频器的额定电流比)	160
F50	电子热继电器	设定用于制动电阻器的过热保护的电子热继电器功能	放电容许量(kWs)＝制动时间(s)×电动机功率(kW)/2(制动电阻器保护用),0:适用于制动电阻器内置型;1～9000kWs(放电容许量);OFF(取消)不让通过电子热继电器的保护功能运行	0
F51	平均容许损失	平均允许功率消耗	平均允许功率消耗是可以连续运行电动机的制动电阻器容量。设定范围:0.001～99.99kW	0.001

350

续表

基本功能代码 F				
功能代码	参数名称	功能代码含义	设定值内容、含义及设定范围	出厂值
F52	制动阻抗	设定制动电阻器的电阻值	设定范围：0.01~999Ω	0.01
F80	HD/LD切换	设定重过载用途的HD规格，或轻负载用途的LD规格。	0：HD规格（High Duty）重过载用途，可驱动与变频器功率相同的电动机； 1：LD规格（Low Duty）轻过载用途，可驱动比变频器功率大一级的电动机。 设置该参数时需要双键操作（STOP键＋∧或∨键）	0

扩展端子功能代码 E：数字输入端子				
功能代码	端子名称	功能代码含义	端子对应设定功能	出厂值
E01	数字输入端子1X1	数字输入端子X1~X9是变频器可编程的通用数字输入端子，可以使用E01~E09分配各种功能。功能与端子FWD、端子REV的E98、E99相同，但不能将X1~X9设置为正转、反转端子功能	0：多段频率选择（0~1级）SS1；1：多段频率选择（0~3级）SS2；2：多段频率选择（0~7级）SS4；3：多段频率选择（0~15级）SS8；4：加减速选择（2级）RT1；5：加减速选择（3级）RT2；6：自保持选择HLD（接设备的动断触点）；7：自由运行指令BX；8：报警（异常）复位RST；9：外部报警THR（接设备的动断触点）；10：点动运行JOG；11：频率设定2/频率设定1（Hz2/Hz1）；12：电动机选择2（M2）；13：直流制动指令DCBRK；14：转矩限制2/转矩限制1（TL2/TL1）；15：商用切换（50Hz）SW50（接开关的动断触点）；16：商用切换（60Hz）SW60（接开关的动合触点）；17：UP指令；18：DOWN指令；19：允许编辑指令（数据可以变更）WE-KP；20：PID控制取消（Hz/PID）；21：正动作/反动作切换IVS；22：互锁IL；24：链接运行选择（RS-485，BUSoption）LE；25：通用DI（U-DI）；26：启动特性选择STM；30：强制停止STOP（接按钮的动断触点）；32：预励磁EXITE；33：PID积分、微分复位PID-RST；34：PID积分保持PID-HLD；35：本机（操作面板）指令选择LOC；36：电动机选择3（M3）37：电动机选择4（M4）；39：防止结露DWP；40：商用切换内置时序（50Hz）ISW50（接开关的动断触点）；41：商用切换内置时序（60Hz）ISW60（接开关的动断触点）；48：脉冲列输入，仅适用于端子X7（E07）PIN；49：脉冲列符号SIGN［端子X7以外（E01~E06，E08，E09）］；72：商用运行中输入（电动机1）CRUN-M1；73：商用运行中输入（电动机2）CRUN-M2；74：商用运行中输入（电动机3）CRUN-M3；75：商用运行中输入（电动机4）CRUN-M4；76：下垂控制DROOP	0
E02	数字输入端子2X2			1
E03	数字输入端子3X3			2
E04	数字输入端子4X4			3
E05	数字输入端子5X5			4
E06	数字输入端子6X6			5
E07	数字输入端子7X7			6
E08	数字输入端子8X8			7
E09	数字输入端子9X9			8

续表

扩展端子功能代码 E：数字输入端子				
功能代码	端子名称	功能代码含义	端子对应设定功能	出厂值
0	多段频率选择 SS1	预先通过参数设定运行速度，并通过接点端子通、断来切换速度。当 X1、X2、X3、X4 都断开时，变频器按照频率设定 1（F01）、频率设定 2（C30）的设定值运行。多段速度的优先级别高于面板键盘、模拟量、高速脉冲、PLC、通信频率输入。通过 X2、X3、X4、X5 二进制组合编码，最多可选择 15 段速度	由外部接点输入信号选择 C05～C19 预设的多步频率。 任意指定 4 个输入端子相应设定其功能数据为 0、1、2、3，即可由它们的 ON（闭合）/OFF（断开）组合选择多段频率。 0：多段频率选择（0～1 级）SS1（单独闭合此选择开关为多段频率 1）； 1：多段频率选择（0～3 级）SS2（单独闭合此选择开关为多段频率 2）； 2：多段频率选择（0～7 级）SS4（单独闭合此选择开关为多段频率 4）； 3：多段频率选择（0～15 级）SS8（单独闭合此选择开关为多段频率 8）	
1	多段频率选择 SS2			
2	多段频率选择 SS4			
3	多段频率选择 SS8			
4	加减速选择（2 段）RT1	单闭合时为选择加/减速 2	指定 2 个接点输入端子相应设定其功能数据为 4、5，即可由开关的 ON（闭合）/OFF（断开）组合选择加/减速时间，用二进制组合编码，用 E10～E15 预设加/减速时间。	
5	加减速选择（3 段）RT2	单闭合时为选择加减速 3，和 2 段开关组合时为选择加减速 4	两个选择开关全部断开为加/减速 1（F07、F08）；单独闭合 2 段选择开关为加/减速 2（E10、E11）；单独闭合 3 段选择开关为加/减速 3（E12、E13）；同时闭合 2 段选择开关和 3 段选择开关为加/减速 4（E14、E15）	
6	自保持选择 HLD	停止功能（停止按钮功能）	在三线式电路中，当自保持端子为 ON（闭合）时，正转 FWD 和反转 REV 信号可自保持连续运行。自保持端子 OFF 时解除自保持，变频器按减速时间停止运行。可任意指定一个输入端子 X1～X9，设定其功能数据为 6，此端子即为可用作自保持端子功能，该功能类似于常规电路的停止按钮	
7	自由运行指令 BX	当得到自由运行（旋转）指令（闭合）后变频器立即停止输出，电动机停车过程不受变频器控制。可用于惯性大并且对停车时间没有要求的负载	在三线式电路中，自由运行指令 ON（闭合）时，立即切断变频器输出，电动机为自由运行（自由停车）状态。 在二线式电路中，如果正转 FWD 或反转 REV 信号始终保持闭合，自由运行指令 ON（闭合）时，立即切断变频器输出，但是当 OFF（断开）自由运行指令时变频器将重新启动继续运行	
8	报警复位 RST	当出现报警及出现故障代码后用此端子复位	该功能与操作面板上的复位按键 RESET 功能相同，如果将 RST 从 OFF 置为 ON 时，则解除整体警报输出 ALM，如果接着再从 ON 置为 OFF 时，则消去警报显示，解除警报保持状态，应确保将 RST 置为 ON 的时间在 10ms 以上	

续表

功能代码	端子名称	功能代码含义	端子对应设定功能	出厂值
		扩展端子功能代码 E：数字输入端子		
9	外部报警 THR	外部警报功能适用于在周边机器出现异常时，外部保护器件动作后，立即切断变频器输出。注意：报警后如果复位报警，电动机将按启动频率 1 重新启动。（端子接电动机保护器的动断触点）	如果将保护器动断触点 THR 置为 OFF（电动机保护器或热继电器报警），则立即切断变频器输出（电动机自由运行），并且显示报警代码 0h2，输出整体警报 ALM。该信号在内部自我保持，如果外部报警复位（电动机保护器或热继电器复位）则自动解除，变频器恢复运行。注：富士变频器接保护器动断触点	
10	点动运转 JOG	按点动频率运行	此功能为点动功能选择。富士变频器点动功能必须配合正转运行或反转运行指令才能有效控制，不能单独使用。在使用时应先闭合点动功能选择按钮，闭合某 X 端子与 CM 端子，此时点动功能选择完成，但是变频器并没有输出，运行时则必须给定正转或反转运行指令方可运行，点动频率由 C20 代码设定，富士 G1S 变频器点动频率 C20 初始值为 0Hz	
11	频率设定 1/频率设定 2	切换频率设定 1（F01）与频率设定 2（C30）	通过 Hz2/Hz1 信号，可以切换通过频率设定 1（F01）与频率设定 2（C30）选择的频率设定方法切换；当选择开关为 OFF 信号时，变频器为频率设定 1（F01），当选择开关为 ON 信号时，变频器为频率设定 2（30）	
13	直流制动指令	直流制动功能主要用于变频器启动前或停止后对电动机采取制动（刹车），即先制动再启动，以防止电动机惯性反转运行	直流制动功能必须同时设置 F20 直流制动 1 开始频率、F21 直流制动动作值 1、F22 直流制动时间 1，该功能可以用于电动机停止时及电动机启动前的制动，以防止电动机由于惯性的旋转时有效停车。当该直流制动指令开关处于闭合时，按下启动按钮，电动机正转运行。当按下停止按钮时，变频器和正常的直流制动停止方式一样，但此时制动时间 F22 功能被屏蔽，只有断开直流制动指令开关时，制动指令才能解除	
14	转矩限制 2/转矩限制 1	转矩限制	转矩限制是检测出转矩后，通过电流指令进行反馈，将转矩保持在一定数值。转矩限制则是通过限制电动机的电流，限制电动机输出转矩。通过 TL2/TL1 信号，可以切换转矩限制值 1-1、1-2（F40、F41）与转矩限制值 2-1、2-2（E16、E17）	
15	商用切换（50Hz）SW50 工频	变频/工频转换功能 SW50，该功能可以平滑地将工频运行中的电动机切换至变频器运行	外部时序工频运行/变频器运行的切换功能 SW50：需将 X1 或 X9 等某数字输入端子设置为 15，无需连接和设置晶体管输出端子 Y1、Y2、Y3 或 Y2、Y3、Y4 端子功能，工频、变频运行切换接触器由外部继电时序逻辑电路直接控制，X1 或 X9 端子即可完成工频、变频转换功能。X1 或 X9 端子与 CM 开路为变频运行，闭合为工频运行，与内置时序功能相反。G1S 变频器设置［15］时为外置时序工频、变频转换指令：ON→OFF：工频运行→变频运行；OFF→ON：变频运行→工频运行。G11S 变频器设置［15］时为内置时序工频、变频转换指令：ON→OFF：变频运行→工频运行；OFF→ON：工频运行→变频运行	

续表

功能代码	端子名称	功能代码含义	端子对应设定功能	出厂值
扩展端子功能代码 E：数字输入端子				
17	UP 增指令	使用数字输入端子控制变频器输出频率	必须将 F01 设置为 7［增、减控制（UP/DOWN 控制）］G11S 设置为 F01＝8（初始值为 0）G11S 设置为 F01＝9（初始值为上次的设定值）。 闭合增指令 UP 开关，变频器按所选择的加速时间增加输出频率（默认加速时间为 F07）闭合减指令 DOWN 开关，变频器按所选择的减速时间减小输出频率（默认减速时间为 F08）。 两个开关都开路，频率保持不变；G1S 变频器改变初始值由 H61（UP/DOWN 控制开始时的频率设定的初始值）设置；0：从 0Hz 开始启动；1：从上次的设定值启动	
18	DOWN 减指令			
19	允许编辑指令（数据可以变更）WE-KP	类似数据保护功能（密码保护）	当所设定的端子为开路时数据将被保护，只有将外部接点闭合时才允许变更数据。ON：可以改变数据；OFF：不能改变数据	
20	PID 控制取消 Hz/PID	从 PID 控制切换至手动频率设定	通过闭合数字输入端子 Hz/PID，可以从 PID 控制切换至手动频率设定（以通过多级频率、操作面板、模拟输入等选择的频率运行）。OFF：PID 控制有效（断开数字输入端子）；ON：PID 控制无效（手动频率设定）（闭合数字输入端子）	
21	正动作/反动作切换 IVS	可以切换频率设定或 PID 控制的输出信号（频率设定）的正向动作与反向动作	闭合正/反向动作输出频率选择开关：频率下降至 0Hz； 断开正/反向动作输出频率选择开关：频率上升至 50Hz	
26	启动特性选择 STM	在电动机空转状态下直接引入变频启动	此功能可以在变频器开始启动时，检测电动机转数并平稳开始运行。本功能可以控制由于瞬间停电和外力等引起空转的电动机的冲击启动。但是下列两种情况下按一般的启动方法启动：电动机的转速换算成变频器输出频率后超过 120Hz；电动机转速换算成变频器输出频率不满 5Hz。 不停止正在空转的电动机而直接输入，设定引入模式。可以在瞬间停电之后再度启动时，以及通常的每次启动时进行设定。OFF：不选择；ON：选择。 在启动时，可以用启动特性 H09 和启动特性选择 STM 信号选择是否进行引入运行。 相关功能代码：H09 启动特性（引入模式）；H49 启动特性（等待引入时间 1）；H46 启动特性（等待引入时间 2）	
30	强制停止 STOP	紧急停止	如果将 STOP 端子置为 OFF（断开），则通过强制停止减速时间 1 减速停止，并在减速停止后显示警报 Er6，中文显示"误操作"，进入警报状态	

续表

扩展端子功能代码 E：数字输入端子				
功能代码	端子名称	功能代码含义	端子对应设定功能	出厂值
35	指令位置选择 LOC	本机操作面板指令选择	采用 LOC 信号可以将运转指令以及频率设定的设定位置切换为远程遥控或本地操作。在正常运转时，可以快速将变频器的控制模式由远程模式切换到本地控制（操作面板）模式，也可以快速将变频器的控制模式由本地控制模式（操作面板）切换到远程控制模式，设定方法可以由功能代码 F01、F02 设定。远程模式：由变频器操作面板控制变频器启动、停机、正转、反转、点动、故障复位、频率等。本地模式：由外部的按钮等元件控制变频器启动、停机、正转、反转、点动、频率等。OFF 为本地（设备附近）控制，ON 为远程控制	
39	防止结露 DWP	防止结露	防止结露功能，在停止状态下，通过将防止结露 DWP 置为 ON，可以流过直流电流，使电动机的温度上升防止露水凝结。电动机停止时自动放电流，提高电动机的温度，防止结露	
40	商用切换（50Hz）SW50 工频（富士 G1S 变频器）	内置时序工变频转换功能，该功能可以平滑地将工频运行中的电动机切换至变频运行，也可以将变频转换至工频	内置时序工频运行/变频器运行切换功能 ISW50：需将 X1 或 X9 等某数字输入端子设置为 40，并且需要连接 Y1、Y2、Y3 或 Y2、Y3、Y4 端子，经小型中间继电器间接控制 KM1、KM2、KM3 接触器。或安装内置继电器卡直接控制 3 个接触器，完成工频、变频转换功能。即使晶体管输出端子不连接接触器也必须将 Y2、Y3、Y4 设置为 E21＝13，E22＝12，E23＝11，否则工频、变频转换端子 X1 将不能执行工频、变频转换功能指令。X1 或 X9 端子与 CM 闭合为变频运行，开路为工频运行，ON→OFF：变频器运行→商用电运行；OFF→ON：商用电运行→变频器运行	
98	正转端子选择 FWD	正向运行、停止指令 FWD 的分配	当 FWD 端子与 CM 端子为 ON 时正向运行，OFF 时减速后停止	
99	反转端子选择 REV	反向运行、停止指令 REV 的分配	当 REV 端子与 CM 端子为 ON 时反向运行，OFF 时减速后停止	
加减速时间				
功能代码	参数名称	功能代码含义	设定值内容、含义及设定范围	出厂值
F07	加速时间 1	加速时间设定为从 0Hz 开始到达最高输出频率的时间	G1S：0.00～6000s（100min）；G11S：0.01～3600s（60min）	22kW 以下为 6.00s 30kW 以上为 20.00s
F08	减速时间 1	减速时间设定为从最高输出频率到达 0Hz 为止的时间	G1S：0.00～6000s（100min）；G11S：0.01～3600s（60min）	
E10	加速时间 2	加速时间设定为从 0Hz 开始到达最高输出频率的时间	G1S：0.00～6000s（100min）；G11S：0.01～3600s（60min）	

续表

加减速时间				
功能代码	参数名称	功能代码含义	设定值内容、含义及设定范围	出厂值
E11	减速时间2	减速时间设定为从最高输出频率到达0Hz为止的时间	G1S：0.00~6000s（100min）；G11S：0.01~3600s（60min）	22kW以下为6.00s；30kW以上为20.00s
E12	加速时间3	加速时间设定为从0Hz开始到达最高输出频率的时间	G1S：0.00~6000s（100min）；G11S：0.01~3600s（60min）	
E13	减速时间3	减速时间设定为从最高输出频率到达0Hz为止的时间	G1S：0.00~6000s（100min）；G11S：0.01~3600s（60min）	
E14	加速时间4	加速时间设定为从0Hz开始到达最高输出频率的时间	G1S：0.00~6000s（100min）；G11S：0.01~3600s（60min）	
E15	减速时间4	减速时间设定为从最高输出频率到达0Hz为止的时间	G1S：0.00~6000s（100min）；G11S：0.01~3600s（60min）	

转矩限制值及频率检测参数				
功能代码	参数名称	功能代码含义	设定值内容、含义及设定范围	出厂值
F40	转矩限制值1-1	如果变频器的输出转矩达到转矩限制等级以上，则控制输出频率，防止失速，对输出转矩进行限制	如果变频器的输出转矩达到转矩限制等级以上，则控制输出频率，防止失速，对输出转矩进行限制。此外，可以在加减速中、固定速度中分别将转矩限制设定为有效或无效。在制动一侧的转矩限制中，使频率增加，对转矩进行限制。根据条件的不同有频率变高，危险的情况，因此功能代码H76可以对上升的频率进行限制。−300%~300%；999（不动作）相关参数F40转矩限制值1-1、F41转矩限制值1-2、E16转矩限制值2-1、E17转矩限制值2-2	999
F41	转矩限制值1-2		−300%~300%；999（不动作）相关参数F40转矩限制值1-1、F41转矩限制值1-2、E16转矩限制值2-1、E17转矩限制值2-2	999
E16	转矩限制值2-1	第2驱动侧转矩电流限制	设定范围：−300%~300%；转矩限制值999；不运行，相关参数F40转矩限制值1-1、F41转矩限制值1-2、E16转矩限制值2-1、E17转矩限制值2-2	999
E17	转矩限制值2-2	第2制动侧转矩电流限制	设定范围：−300%~300%；转矩限制值999；不运行，相关参数F40转矩限制值1-1、F41转矩限制值1-2、E16转矩限制值2-1、E17转矩限制值2-2	999
H73	转矩限制	转矩限制动作条件选择	关于转矩限制（运行选择）的设定，在功能代码F40项进行详细说明	0

续表

功能代码	参数名称	功能代码含义	设定值内容、含义及设定范围	出厂值
转矩限制值及频率检测参数				
H76	转矩限制	转矩限制（制动）（增加频率限制器）	关于转矩限制（运行选择）的设定，在功能代码F40项进行详细说明	5
E30	频率到达检测宽度值		输出频率在频率检测所设定的动作值，即动作值以下时频率到达输出 ON 信号	2.5
E31	频率检测作值	输出频率在频率检测所设定的动作值以下时输出 ON 信号	输出频率在频率检测所设定的动作值（设定范围：0.0～500.0Hz）以上时输出 ON 信号，未达到"频率检测动作值-滞后宽度"时，将信号置于 OFF 信号。即输出频率超过运行值时，从端子 Y1、Y2、Y3、Y4 或端子 Y5 中选中的端子输出 ON 信号	60
E32	频率检测滞后幅度		输出频率在频率检测所设定的动作值低于滞后幅度（设定范围：0.0～500.0Hz 设定值为 5Hz）时输出 OFF 信号	1

功能代码	端子名称	功能含义	端子对应的参数代码	出厂值
扩展端子功能代码 E：晶体管输出端子				
E20	Y1端子	晶体管输出 1	0：运行中 RUN；1：频率（速度）到达 FAR；2：频率（速度）检查 FDT；3：电压不足停止时 LU；4：转矩极性检测 B/D；5：变频器输出限制过程中 IOL；6：瞬间停电后通电运行过程中 IPF；7：电动机过载预报 OL；8：操作面板运转过程中 KP；10：运行准备输出 RDY；11：商用/变频器切换 SW88；12：商用/变频器切换 SW52-2；13：商用/变频器切换 SW52-1；15：AX 端子功能 AX；16：程序运转换步信号；17：程序运转动作循环完成；18：程序运转指示 NO.1；19：程序运转指示 NO.2；20：程序运转指示 NO.4；22：正在进行变频器输出限制（带延迟）IOL2；25：冷却风扇 ON-OFF 控制 FAN；26：重新运行过程中 TRY；27：通用 DO［U-DO］；28：散热器过热预报 OH；29：SY 同步完成；0：寿命预报 LIFE；31：频率（速度）检测 2FDT2；33：指令损失检测 REFOFF；35：变频器输出过程中 RUN2；36：回避过载控制过程中 OLP；37：电流检测 ID；38：电流检测 2，ID2；39：电流检测 3，ID3；41：低电流检测 IDL；42：PID 警报输出 PID-ALM；43：PID 控制过程中 PID-CTL；44：PID 水量少停止时 PID-STP；45：低转矩检测 U-TL；46：转矩检测 1，TD1；47：转矩检测 2，TD2；48：电动机 1 切换 SWM1；49：电动机 2 切换 SWM2；50：电动机 3 切换 SWM3；51：电动机 4 切换 SWM4；52：正转时信号 FRUN；53：反转时信号 RRUN；54：远程模式状态 RMT；56：热敏电阻检测 THM；57：制动器信号 BRKS；58：频率（速度）检测 3，FDT3；59：C1 端子断线检测 C1OFF；70：有速度 DNZS；71：速度一致 DSAG；72：频率（速度）到达 3，FAR3；76：PG 异常检测 PG-ERR；77：低中间电压；79：瞬间停电减速中；84：维护定时器 MNT；90：报警内容 1；91 报警内容 2；92：报警内容 4；93：报警内容 8；98：轻微故障 L-ALM；99：整体警报 ALM；105：制动晶体管异常 DBAL	0
E21	Y2端子	晶体管输出 2		1
E22	Y3端子	晶体管输出 3		2
E23	Y4端子	晶体管输出 4		7
E24	Y5A Y5C	可选信号继电器输出端子		15
E27	30A 30B 30C	可选信号继电器输出端子		99

续表

晶体管输出端子（Y1、Y2、Y3、Y4、Y5A/C、30A/30B/30C）设定值内容及含义				
设定值	功能名称	设定值含义	设定值详解	出厂值
0	运行中 RUN	在变频器运转中（动作中）输出 ON 信号	变频器输出频率时输出 ON 信号（Y1～Y5），作为判断变频器是否正在运行的信号使用，但是直流制动功能启动时为 OFF	
1	频率（速度）到达 FAR	输出频率达到设定频率值（运行频率值）时，输出 ON 信号	输出频率达到设定频率值（运行频率值）时，输出 ON 信号（Y1～Y5）	
2	频率检测 FDT	在通过频率检测的动作值，所设定的检测等级以上时输出 ON 信号	输出频率（速度检测值）在通过频率检测的动作值（设定范围：0.0～500.0Hz）所设定的检测等级（设定值为 10Hz）以上时，端子输出 ON 信号（Y1～Y5）。当输出频率低于检测等级（设定值为 10Hz）减去滞后幅度（设定值 5Hz）时，即输出频率低于 5Hz 时，Y 端子输出 OFF 信号	
3	电压不足停止中 LU	当变频器的直流中间电路的电压低于不足电压等级时输出 ON 信号	当变频器检测到直流母线（P+、N−）电路的电压欠电压时，晶体管输出端子 Y1～Y5 输出 ON 信号，电动机在异常停止的状态（跳闸中）下也会使欠电保护动作，输出 ON 信号	
10	变频器运行准备输出 RDY	即变频器上电后，自检无故障后输出 ON 信号，表示变频器自检无故障	在完成主电路的初期充电、控制电路的初始化等硬件准备后，且变频器的保护功能没有工作的状态下，如果变频器为可以运行的状态则输出 ON 信号 Y1～Y5，表示变频器无故障	
11	控制工频接触器 SW88	根据内置时序，控制用于工频与变频切换用的工频接触器、变频器输入侧接触器、变频器输出侧的接触器。使变频器自动控制接触器，完成工频与变频转换。应用 Y 端子控制接触器必须安装富士 OPC-G1-RY 型内置继电器输出卡或连接中间继电器，否则 Y 端子容量不够	设定该端子 Y1～Y5 连接电动机工频输入接触器 KM3 线圈（旁路）。如 Y3 端子设置为 E22＝11，则 Y3 端子控制工频接触器 KM3 的分断与闭合	
12	控制变频器输出侧接触器 SW52-2		设定该端子 Y1～Y5 连接及控制变频器输出端接触器 KM2 线圈，如 Y2 端子设置为 E21＝12，则 Y2 端子控制 KM2 变频输出端接触器的分断与闭合	
13	控制变频器输入侧接触器 SW52-1		设定该端子 Y1～Y5 连接及控制变频器输入端接触器 KM1 线圈，如 Y1 端子设置为 E20＝13，则 Y1 端子控制 KM1 变频输入端接触器的分断与闭合，Y1/KM1 端子先于 Y2/KM2 端子 0.2s 闭合	
15	含义为变频器 AX 端子功能 AX	用 Y5A/Y5C 端子控制变频器电源输入端接触器，该端子功能由运转（FWD-CM 或 REV-CM）指令控制，即闭合运行指令后再接通变频器主电源接触器并直接输出运转指令	该功能与运转指令联动，控制变频器的输入侧接触器，当按下运行指令按钮后（闭合 FWD-CM）接触器接通变频器主电路，变频器正转输出（变频器控制电源 R0、T0 必须单独接于接触器前端），如果输入停止指令，则在变频器减速停止后断开变频器输入端接触器，如果输入自由运行指令或为警报动作时，瞬间置为 OFF 信号，电动机自由停车（这种控制方式只有在富士变频器使用手册中见到，在其他品牌中没有这样设计的）	

续表

设定值	功能名称	设定值含义	设定值详解	出厂值
	晶体管输出端子（Y1、Y2、Y3、Y4、Y5A/C、30A/30B/30C）设定值内容及含义			
31	频率（速度）检测2 FDT2	此功能与频率检测 FDT 相同，在通过频率检测的动作值所设定的检测等级以上时输出 ON 信号	输出频率（速度检测值）在通过频率检测的动作值（设定范围：0.0～500.0Hz）所设定的检测等级（设定值为 30Hz）以上时某 Y 端子输出 ON 信号，当输出频率低于检测等级（设定值为 30Hz）减去滞后幅度（设定值 5Hz）时，即输出频率低于 25Hz 时，某 Y 端子输出 OFF 信号	
48	电动机切换1，SWM1	用 Y1～Y4 端子分别与 KM1～KM4 连接，控制第 1 至第 4 台电动机。应用 Y 端子控制接触器必须安装富士 OPC-G1-RY 型内置继电器输出卡，否则容量不够。在切换过程中 4 台电动机始终只能有一台与变频器连接，该功能需要将数字输入端子 X2 电动机切换 2、X3 电动机选择 3、X4 电动机选择 4 分别设置为 E02＝12、E03＝36、E04＝37，即由 X 端子控制 Y 端子	当转换开关 SA 选择空挡时，为变频器 Y1 端子输出 ON 信号，驱动第一台电动机 KM1 线圈，变频运行。当转换开关 SA 选择其他挡位时，变频器 Y1 端子输出 OFF 信号，第一台电动机 KM1 线圈 1 失电，电动机切换其他控制模式（其余三台电动机中任意一台运行）	
49	电动机切换2，SWM2		当转换开关 SA 选择一挡时，为变频器 Y2 端子输出 ON 信号，驱动第二台电动机 KM2 线圈，变频运行。当转换开关 SA 选择其他挡位时，变频器 Y2 端子输出 OFF 信号，第二台电动机 KM2 线圈失电，电动机切换其他控制模式（其余三台电动机中任意一台运行）	
50	电动机切换3，SWM3		当转换开关 SA 选择二挡时，为变频器 Y3 端子输出 ON 信号，驱动第三台电动机 KM3 线圈，变频运行。当转换开关 SA 选择其他挡位时，变频器 Y3 端子输出 OFF 信号，第三台电动机 KM3 线圈失电，电动机切换其他控制模式（其余三台电动机中任意一台运行）	
51	电动机切换4，SWM4		当转换开关 SA 选择三挡时，为变频器 Y4 端子输出 ON 信号，驱动第四台电动机 KM4 线圈，变频运行。当转换开关 SA 选择其他挡位时，变频器 Y4 端子输出 OFF 信号，第四台电动机 KM4 线圈失电，电动机切换其他控制模式（其余三台电动机中任意一台运行）	
52	正转时输出信号 FRUN	正转时输出 ON 信号	当变频器正转输出时某 Y 端子输出 ON 信号，如果接指示灯则可指示变频器正在正转运行	
53	反转时输出信号 RRUN	反转时输出 ON 信号	当变频器反转输出时某 Y 端子输出 ON 信号，如果接指示灯则可指示变频器正在反转运行	
58	频率（速度）检测3，FDT3	此功能与频率检测 FDT 相同，在通过频率检测的动作值所设定的检测等级以上时输出 ON 信号	输出频率（速度检测值）在通过频率检测的动作值（设定范围：0.0～500.0Hz）所设定的检测等级（设定值为 50Hz）以上时 Y3 端子输出 ON 信号，当输出频率低于检测等级（设定值为 50Hz）减去滞后幅度（设定值 5Hz）时，即输出频率低于 45Hz 时，Y3 端子输出 OFF 信号	

续表

晶体管输出端子（Y1、Y2、Y3、Y4、Y5A/C、30A/30B/30C）设定值内容及含义				
设定值	功能名称	设定值含义	设定值详解	出厂值
72	频率到达3，FAR3	输出频率达到设定频率值（运行频率值）时，输出ON信号	输出频率（速度检测值50Hz）和设定频率（设定范围：0.0～10.0Hz，设定值5Hz）之间的差，为频率达到检测宽度（设定值为50Hz-5Hz＝45Hz）以上时Y2端子输出ON信号 当输出频率低于（速度检测值50Hz）50Hz时，Y2端子输出OFF信号。同时在加、减速时间内Y2端子输出OFF信号	
90	报警内容1，AL1	用4个Y端子采用2进制指示方式，用指示灯最多指示15个组合故障	变频器正常运行时、任何端子都不输出信号、当变频器发生瞬间过电流保护、对地短路保护、熔丝熔断中的任意一项报警时，变频器Y1端子输出ON信号，可启动声光报警	
91	报警内容2，AL2		变频器正常运行时、任何端子都不输出信号、当变频器发生过电压保护报警时，变频器Y2端子输出ON信号，可启动声光报警	
92	报警内容4，AL4		变频器正常运行时、任何端子都不输出信号、当变频器发生电动机过载、电子热继电器（电动机1～4）中的任意一项报警时，变频器Y3端子输出ON信号，可启动声光报警	
93	报警内容8，AL8		变频器正常运行时、任何端子都不输出信号、当变频器发生存储器异常、CPU报错、欠电压时保存报错、GAS相关报错中的任意一项报警时，变频器Y4端子输出ON信号，可启动声光报警	
整体警报输出端子及运行端子				
功能代码	端子名称	功能代码含义	设定值内容及含义	出厂值
E27	30A、30B、30C	整体警报输出端子功能含义为变频器总报警保护输出端子，可设置的功能与Y端子相同，默认值为99整体警报功能	G1S变频器对应的参数代码为E27，30C是公共端，30A是常开端，30B是常闭端，当F36设置值为0时为异常时动作输出，即当变频器检测到有故障或异常时30A-30C闭合、30B-30C断开。98：轻微故障；99：整体警报	15
F36	30A、30B、30C	总报警保护输出功能	G11S变频器对应的参数代码为F36，变频器警报停止时，通过继电器接点进行输出，该接点容量为AC 250V，0.3A。30C是公共端，30A是常开端，30B是常闭端，当F36设置值为0时为异常时动作输出，即当变频器检测到有故障或异常时30A-30C闭合、30B-30C断开	0
E98	端子FWD	端子FWD、REV是变频器可编程的通用数字输入端子，可以使用E98～E99分配各种功能。除正反转功能以外，其他的功能与E01～E09功能相同	端子FWD用E98参数代码设定，出厂值为正转运行功能（G1S变频器）	98
E99	端子REV		端子REV用E99参数代码设定，出厂值为反转运行功能（G1S变频器）	99

续表

功能代码	端子名称	功能代码含义	设定值内容及含义	出厂值
整体警报输出端子及运行端子				
C01	跳跃频率1	为了避免电动机的运转频率和机械设备的固有振动频率发生共振,可以在输出频率上将跳跃频率带设定在3个位置上,以避免设备共振	跳变频率1设定范围:0.0~500Hz	0
C02	跳跃频率2		跳变频率2设定范围:0.0~500Hz	0
C03	跳跃频率3		跳变频率3设定范围:0.0~500Hz	0
C04	跳跃频率宽度	设定跳跃频率的宽度	设定范围:0.0~30Hz(0.0时,不跳跃)	3
C05	多段频率1	多段速设置的频率	多段频率1运行的频率:数据设定范围:0.00~500Hz	0
C06	多段频率2		多段频率2运行的频率:数据设定范围:0.00~500Hz	0
C07	多段频率3		多段频率3运行的频率:数据设定范围:0.00~500Hz	0
C08	多段频率4		多段频率4运行的频率:数据设定范围:0.00~500Hz	0
C09	多段频率5		多段频率5运行的频率:数据设定范围:0.00~500Hz	0
C10	多段频率6		多段频率6运行的频率:数据设定范围:0.00~500Hz	0
C11	多段频率7		多段频率7运行的频率:数据设定范围:0.00~500Hz	0
C12	多段频率8		多段频率8运行的频率:数据设定范围:0.00~500Hz	0
C13	多段频率9		多段频率9运行的频率:数据设定范围:0.00~500Hz	0
C14	多段频率10		多段频率10运行的频率:数据设定范围:0.00~500Hz	0
C15	多段频率11		多段频率11运行的频率:数据设定范围:0.00~500Hz	0
C16	多段频率12		多段频率12运行的频率:数据设定范围:0.00~500Hz	0
C17	多段频率13		多段频率13运行的频率:数据设定范围:0.00~500Hz	0
C18	多段频率14		多段频率14运行的频率:数据设定范围:0.00~500Hz	0
C19	多段频率15		多段频率15运行的频率:数据设定范围:0.00~500Hz	0
C20	点动频率	点动运转时的运行频率	G1S数据设定范围:0.00~500Hz,出厂值为0Hz;G11S数据设定范围:0.00~400Hz 出厂值为5Hz	0

功能代码	端子名称	功能代码含义	设定值内容及含义	出厂值
			整体警报输出端子及运行端子		
C21	程序运行模式选择	3 种简易 PLC 自动控制模式选择	注：必须将 F01 设为 10（程序运行功能）。 0 程序运行一个循环后停止。 1 程序运行反复循环，有停止命令输入时即刻停止。 2 程序运行一个循环后，按最后的设定频率继续运行变频器程序运行时，按 STOP 键，则暂停程序步的运行。再次按下 RUN 键，则按照停止时刻的程序步开始运转。报警停止时请按下 PRG/RESET 键，解除变频器保护功能的动作。然后按 RUN 键，重新开始已停止的程序步的运行。 运转过程中，如果需要从最初的程序步"C22 程序步 1 运转时间"及"C82 程序步 1 运转方向、加减速时间"开始运转，请输入停止指令后，再按[PRG/RESET]键。 报警停止后，需要从最初程序步开始运转时，请按下 PRG/RESET 键解除保护功能的动作，然后再按一次 PRG/RESET 键	0
C22	程序步 1	设定每个程序步的运行时间、旋转方向以及加、减速时间功能，代码形式为 0.00s（运行时间）F1（旋转方向及加减速时间）	运行时间（0.00～6000s）/旋转方向（F 或 R）/加减速选择（1～4）（G11S 变频器）	0
C23	程序步 2		运行时间（0.00～6000s）/旋转方向（F 或 R）/加减速选择（1～4）（G11S 变频器）	0
C24	程序步 3		运行时间（0.00～6000s）/旋转方向（F 或 R）/加减速选择（1～4）（G11S 变频器）	0
C25	程序步 4		运行时间（0.00～6000s）/旋转方向（F 或 R）/加减速选择（1～4）（G11S 变频器）	0
C26	程序步 5		运行时间（0.00～6000s）/旋转方向（F 或 R）/加减速选择（1～4）（G11S 变频器）	0
C27	程序步 6		运行时间（0.00～6000s）/旋转方向（F 或 R）/加减速选择（1～4）（G11S 变频器）	0
C28	程序步 7		运行时间（0.00～6000s）/旋转方向（F 或 R）/加减速选择（1～4）（G11S 变频器）	0
C30	频率设定 2	频率设定方式选择 2	关于频率设定 2 的设定，与 F01 相同，见功能代码 F01 详细说明	2
C31	补偿	模拟量输入调整（端子 12）针对模拟输入电压，设定偏压。也可以对外部机器的信号偏移进行修正	设定范围：−5.0%～5.0%	0
C32	增益		设定范围：0.00%～200.00%	100
C33	滤波器		设定范围：0.00～5.00s	0.05
C34	增益基准点		设定范围：0.00%～100.00%	100
C35	极性选择		0：双极性−10～+10V；1：单极性 0～+10V（负电压被视为 0V）	1
C36	补偿	模拟量输入调整（端子 C1）针对模拟输入电流，设定偏压。也可以对外部机器的信号偏移进行修正	设定范围：−5.0%～5.0%	0
C37	增益		设定范围：0.00%～200.00%	100
C38	滤波器		设定范围：0.00～5.00s	0.05
C39	增益基准点		设定范围：0.00%～100.00%	100

整体警报输出端子及运行端子				
功能代码	端子名称	功能代码含义	设定值内容及含义	出厂值
C41	补偿	模拟量输入调整（端子 V2）针对模拟输入电压，设定偏压。也可以对外部机器的信号偏移进行修正	设定范围：−5.0%～5.0%	0
C42	增益		设定范围：0.00%～200.00%	100
C43	滤波器		设定范围：0.00～5.00s	0.05
C44	增益基准点		设定范围：0.00%～100.00%	100
C45	极性选择		0：双极性； 1：单极性	1
C50	偏置基准点	偏置（频率设定 1）	设定范围：0.00%～100.00%	0
C51	偏置值	偏置（PID 指令 1）	设定范围：−100.00%～100.00%	0
C52	偏置基准点	偏置基准点	设定范围：0.00%～100.00%	0
C53	动作选择	正反向动作选择（频率设定 1）	0：正动作； 1：反动作	0

G1S 变频器程序运行参数设置				
功能代码	参数名称	功能代码含义	设定值内容及含义	出厂值
C22	程序步 1	设置程序步的运行时间（G1S 变频器）	程序步 1：运行时间 0.00～6000s，100min	0
C23	程序步 2		程序步 2：运行时间 0.00～6000s，100min	0
C24	程序步 3		程序步 3：运行时间 0.00～6000s，100min	0
C25	程序步 4		程序步 4：运行时间 0.00～6000s，100min	0
C26	程序步 5		程序步 5：运行时间 0.00～6000s，100min	0
C27	程序步 6		程序步 6：运行时间 0.00～6000s，100min	0
C28	程序步 7		程序步 7：运行时间 0.00～6000s，100min	0
C82	程序步 1：旋转方向、加减速时间	设置程序步的旋转方向及加减速时间	1：正转、F07 加速时间 1，F08 减速时间 1； 2：正转、E10 加速时间 2，E11 减速时间 2； 3：正转、E12 加速时间 3，E13 减速时间 3； 4：正转、E14 加速时间 4，E15 减速时间 4； 11：反转、F07 加速时间 1，F08 减速时间 1； 12：反转、E10 加速时间 2，E11 减速时间 2； 13：反转、E12 加速时间 3，E13 减速时间 3； 14：反转、E14 加速时间 4，E15 减速时间 4	1
C83	程序步 2：旋转方向、加减速时间			1
C84	程序步 3：旋转方向、加减速时间			1

续表

G1S变频器程序运行参数设置				
功能代码	参数名称	功能代码含义	设定值内容及含义	出厂值
C85	程序步4：旋转方向、加减速时间	设置程序步的旋转方向及加减速时间	1：正转、F07加速时间1，F08减速时间1； 2：正转、E10加速时间2，E11减速时间2； 3：正转、E12加速时间3，E13减速时间3； 4：正转、E14加速时间4，E15减速时间4； 11：反转、F07加速时间1，F08减速时间1； 12：反转、E10加速时间2，E11减速时间2； 13：反转、E12加速时间3，E13减速时间3； 14：反转、E14加速时间4，E15减速时间4	1
C86	程序步5：旋转方向、加减速时间			1
C87	程序步6：旋转方向、加减速时间			1
C88	程序步7：旋转方向、加减速时间			1

P代码（电动机1参数）				
功能代码	参数名称	功能代码含义	设定值内容及含义	出厂值
P01	电动机1（极数）	设定电动机极数（转速）	设定范围：2、4、6、8、10、12、14（极）	4
P02	电动机1（功率）	设定电动机铭牌上的额定功率	设定范围：0.01～1000kW	
P03	电动机1（额定电流）	设定电动机铭牌上的额定电流	设定范围：0.00～2000A	
P04	电动机参数自学习（自整定）	自动整定内容： 1. 一次电阻％R1（P07）； 2. 漏电抗X％（P08）； 3. 额定滑差（P12）； 4. 空载电流（P06）； 5. 磁饱和系数1～5（P16～P20）； 6. 磁饱和扩张系数a～c（P21～P23）； 7.X％补正系数1、2（P53，P54）	如果电动机与变频器都为富士厂家生产的不用设置此参数，使用其他公司制造的电动机或非标准电动机的情况，变频器和电动机之间的配线比较长时（一般在20m以上），在变频器和电动机间连接电抗器的情况等情况下。由于电动机常量与标准不同，根据采用的控制方式有时不能获得充分的性能。在这样的情况下，请实施自学习功能。 0：不动作； 1：停止调谐；在电动机停止状态下进行学习； 2：V/f控制用旋转学习；在电动机停止状态下进行学习后，再以基础频率的50％的速度运行并进行学习； 3：矢量控制用旋转学习；在电动机停止状态下进行学习后，再以基础频率的50％的速度运行并进行2次学习	0

续表

P代码（电动机1参数）				
功能代码	参数名称	功能代码含义	设定值内容及含义	出厂值
P05	电动机1在线自整定	电动机1在线自学习	0：不动作；1：动作	0
P06	电动机1（空载电流）	设定电动机的空载电流	请通过取得电动机的测试报告或咨询电动机的制造商或实测值等进行设定。此外，如果执行自整定，则自动被设定。 设定范围：0.00～2000A2.2kW 的 4 极电动机变频运行空载电流为 2.33A，工频运行空载电流为 2.54A	

H代码（高级功能）				
功能代码	参数名称	功能代码含义	设定值内容及含义	出厂值
H03	数据初始化	将功能代码的数据恢复到出厂时的设定值	0：不作用； 1：数据初始化（将全部功能代码的数据初始化到出厂时的设定值）（自动返回到0）； 2：电动机1常量初始化（按照电动机1选择P99与电动机功率P02初始化）； 3：电动机2常量初始化（按照电动机2选择A39与电动机功率A16初始化）； 4：电动机3常量初始化（按照电动机3选择b39与电动机功率b16初始化）； 5：电动机4常量初始化（按照电动机4选择r39与电动机功率r16初始化）； 设置该参数时需要双键操作（STOP键＋∧或∨键）	0
H07	曲线加减速（加减速模式选择）	通常大多选择直线加减速，非线性曲线适用于变转矩负载，如风机等；S曲线适用于恒转矩负载，其加减速变化较为缓慢	加减速模式选择又叫加减速曲线选择。 0：不工作（直线加减速）； 1：S型加减速（降低）：分别固定S型范围5%； 2：S型加减速（任意）：可以分别任意设定S型范围； 3：曲线加减速（基本频率以下进行直线加减定转矩）、基本频率以上加速度缓慢减小，在一定的负载率（定输出）下进行加减速。可以在最大能力下进行加减速）	0
H08	转动方向限制	防止由于运行指令的操作错误、频率设定的极性错误等，造成指定旋转方向以外的转动	0：不动作； 1：动作（只能正转，防止反转）； 2：动作（只能反转，防止正转）	0
H09	启动特性（引入模式）	调定在电动机停电空转时，变频器再次直接输入的启动模式	可以在瞬间停电之后再度启动时，以及通常的每次启动时进行设定。此外，可以在通用数字输入（X1～X9）信号上分配启动特性选择［STM］，切换启动方法。没有分配的情况下作为［STM］＝OFF 进行处理。（数据＝26） 0：不动作：启动特性选择［STM］OFF，暂停之后再启动时引入无效，正常启动时引入无效； 1：动作：启动特性选择［STM］OFF，暂停之后再启动时引入有效 正常启动时引入无效； 2：动作：启动特性选择［STM］OFF，暂停之后再启动时引入有效 正常启动时引入有效； —：启动特性选择［STM］ON，暂停之后再启动时引入有效，正常启动时引入有效	0

续表

H 代码（高级功能）				
功能代码	参数名称	功能代码含义	设定值内容及含义	出厂值
H11	减速模式	对将运行指令置于 OFF 时的减速方法进行设定	0：正常变频减速停止；1：自由运行（自由停车）	0
H12	瞬间过电流限制（动作选择）	当变频器的输出电流达到瞬间过电流限制等级以上时，选择进行电流限制处理的方法	当在电流限制处理中如果电动机产生转矩临时减少会导致设备、机械在使用上发生故障时，需要执行过电流跳闸，并且用机械制动器等。 0：不工作（通过瞬间过电流限制等级执行过电流跳闸）； 1：工作（瞬间电流限制动作有效）	1
H13	瞬间停电再启动（等待时间）工频、变频转换	设定发生瞬间停电时的动作等待时间	该功能可用于设定工变频转换时等待的时间。设定范围：0.1～10.0s	7.5kW 以下为 0.5s
H28	下垂控制	下垂控制是负转差补偿的一种，专门用于多台变频器驱动同一负载的场合，以使多台变频器达到负载均匀的配置	用多台电动机驱动一个机械系统的情况下，如果各个电动机上有速度差，则发生负载的不平衡。在定常误差控制中，通过让电动机速度对负载增加具有下降特性，可以获得负载的平衡。下垂选择 DROOP（功能代码 E01～E09 数据＝76），设定范围：－60.0～0.0Hz	0
H31	RS-485 通信地址	G11S 变频器站地址	设定范围：1～31G11S	1
H45	模拟故障（报警测试）	为了确认保护功能是否正常动作，可模拟性地发出报警	模拟故障多用于检验电路保护功能是否正常动作（30A、30B、30C 端子总报警输出功能），如果将 H45 设置为 1，LCD 则显示为模拟故障代码 Err 及中文报警测试字样，并且模拟故障的报警数据与正常运行时发生的报警数据一样会被记录下来。设置该参数时需要双键操作（STOP 键＋∧ 键）。0：不动作；1：发生模拟故障	0
H54	点动运转加速时间	点动运行加速时间	设定范围：0.00～6000s，初始值 22kW 以下为 6.00s；30kW 以上为 20.00s	
H55	点动运转减速时间	点动运行减速时间	设定范围：0.00～6000s，初始值 22kW 以下为 6.00s；30kW 以上为 20.00s	22kW 以下为 6s；30kW 以上为 20s
H56	强制停止减速时间	强制停止的减速时间	如果将强制停止 STOP 置为 OFF，则通过强制停止减速时间（H56）减速停止。在减速停止后显示警报 Er6，中文显示"误操作"，进入警报状态。（数据＝30）设定范围：0.00～6000s	

续表

H 代码（高级功能）				
功能代码	参数名称	功能代码含义	设定值内容及含义	出厂值
H61	UP 增指令/DOWN 减指令控制初始值选择	频率 UP 增指令/DOWN 减指令控制关于选择初始值的设定	0：启动的初始值为 0.00Hz；1：启动的初始值是根据从上次的设定值启动	1
H67	自动节能运行	自动控制对电动机的输出电压，以使电动机与变频器的损失的总和最小	根据电动机或负载的特性的不同，也有没有效果的情况。请在实际的使用中确认自动节能运行的效果。节能控制只有在一定速度运行时和一定速度运行时以及加减速时才可以选择。 0：仅限一定速度运行时（加减速时通过 F37 的设定为基于 F09 的转矩增大或自动转矩增大）； 1：一定速度运行时、以及加减速运行时（注意：请限定在轻负载的加减速运行）	0
H96	设置操作面板 STOP 键为急停功能	STOP 键优先/开始检查功能	STOP 键急停功能：在通过端子台或经由通信输入运转指令的状态下，如果按下 STOP 键，变频器将强制性地减速停止。停止后在监视器中显示 Er6，中文显示"误操作"。同时 30Ry 总警报输出端子的 30A-30C 闭合、30B-30C 断开。注意，当 J22（工频切换时序）参数设置为 1 时，报警后将自动转工频运行。 STOP 键检查功能：为了安全，在未输入运转指令的情况下，检查该功能是否有效。试验方法是在停止状态下，先按下面板上的 STOP 键，然后再按外部的启动按钮 SB3，这时变频器应报错误代码 Er6，以检查该功能是否有效。 0：STOP 键优先功能无效，开始检查功能无效； 1：STOP 键优先功能有效，开始检查功能无效； 2：STOP 键优先功能无效，开始检查功能有效； 3：STOP 键优先功能有效，开始检查功能有效	0
H97	警报数据清除	警报数据清除	将警报履历、警报发生时的各种信息清除，恢复到没有发生警报的状态。 0：不动作；1：警报数据清除（数据清除后自动返回到0）。设置该参数时需要双键操作（STOP 键＋∧ 或 ∨ 键）	0
H98	保护、维护功能	保护、维护功能动作选择	初始值 01010011（数据以 10 进制显示、各位的含义 0：无效；1：有效）。 位 0：载波频率自动降低功能（0：无效；1：有效）（右侧第一位）。 位 1：输入缺相保护运行（0：无效；1：有效）。 位 2：输出缺相保护运行（0：无效；1：有效）。 位 3：主电路电容器寿命判断选择（0：出厂值基准；1：用户测量值基准）。 位 4：主电路电容器寿命判断（0：无效；1：有效）。 位 5：DC 风扇锁定检测（0：有效；1：无效）。 位 6：制动晶体管异常检测（22kW 以下）（0：无效；1：有效）。 位 7：IP20/IP40 切换（0：IP20；1：IP40）（左侧第一位）	83

J代码（应用功能）				
功能代码	参数名称	功能代码含义	设定值内容及含义	出厂值
J01	PID控制	PID控制动作选择	PID控制器是根据PID控制原理对整个控制系统进行偏差调节，从而使被控变量的实际值与工艺要求的预定值一致。不同的控制规律适用于不同的生产过程，必须合理选择相应的控制规律，否则PID控制器将达不到预期的控制效果。 0：不动作； 1：过程用（正向运行）； 2：过程用（反向运行）； 3：速度控制（等级差）	0
J02	远程指令	远程指令选择	0：操作面板； 1：PID处理指令1（模拟输入端子12、C1、V2）； 3：UP/DOWN； 4：通信	0
J03	P	增益	P用来控制当前，误差值和一个负常数P（表示比例）相乘，然后和预定的值相加。 设定范围：0.000～30.000倍	0.1
J04	I	积分时间	I用来控制过去，误差值是过去一段时间的误差和，然后乘以一个负常数I，然后和预定值相加。 设定范围：0.0～3600.0s	0
J05	D	微分时间	D用来控制将来，计算误差的一阶导，并和一个负常数D相乘，最后和预定值相加。 设定范围：0.00～600.00s	0
J06	反馈滤波器	反馈滤波器	设定范围：0.0～900.0s	0.5
J08	加压频率	加压频率	通过设定加压频率（J08）、加压时间（J09），在少水量停止运转频率值（J15）以下，少水量停止经过时间（J16）之后，执行加压控制。在加压过程中，PID控制变为保持运行。在有水箱的设备上，使用本功能在停止之前进行加压，通过升高压力，将停止时间可以比原来延长，实现节能运行。可以用参数调整加压频率，由此可以进行适合设备状况的加压设定。设定范围：0.0～500.0Hz	0
J09	加压时间	加压时间	设定范围：0～60s	0
J10	抗积分饱和	抗积分饱和	设定范围：0%～200%	200
J15	少水量停止运行频率值	少水量停止运行频率值	设定少水量停止运行频率值。0.0（不工作）；设定范围：1.0～500.0Hz	0
J16	少水量停止经过时间	少水量停止经过时间	设定少水量停止经过时间，设定范围：0～60s	30

J 代码（应用功能）				
功能代码	参数名称	功能代码含义	设定值内容及含义	出厂值
J17	启动频率	少水量停止功能启动频率	设定启动频率。请设定启动频率大于少水量停止运行频率值（J15）。设定启动频率小于少水量停止运行频率值的情况下，忽略少水量停止运行频率值设定值，设定范围：0.0～500.0Hz	0
J21	防止结露	防止电动机结露	在寒冷地区使用电动机时，在变频器停止状态下也通过直流电流、以防止结露。即变频器在停止状态也会以一定的时间间隔，流过直流电流，可以使电动机的温度上升防止露水凝结。 有效条件：在变频器停止状态，如果将防止结露 DWP 置于 ON（接通某 X 端子与 CM），则防止结露功能开始运行。 防止结露（J21）流入电动机的电流服从于直流制动 1（动作值）（F21），基于相对于直流制动 1（时间）（F22）的防止结露负载（J21）的比率，进行负载控制。设定范围：1%～50%	1
J22	工频切换时序	是否选择变频器检测到故障后自动转工频电源功能	0：变频器运转状态下警报后停止运行； 1：变频器运转状态下发生警报后自动切换到工频电源运行	0
y 代码链接功能（RS-485 通信）				
功能代码	参数名称	功能代码含义	设定值内容及含义	出厂值
y01	RS-485 设定 1	站地址	设定范围：1～255	1
y20	协议选择	计算机与变频器通信协议选择	0：Modbus RTU 协议； 1：SX 协议（Loader 协议）计算机编程器软件； 2：富士通用变频器协议	0

附录 D　富士 FRN-G1S 变频器故障代码

富士 FRN-G1S 变频器故障代码见表 D-1。

表 D-1　　　　　　　　　　富士 FRN-G1S 变频器故障代码

序号	故障代码	名称含义	序号	故障代码	名称含义
1	OC1、OC2、OC3	瞬间过电流	23	Er6	运转动作错误（中文显示［误操作］）
2	EF	接地故障	24	Er7	自学习错误
3	OU1、OU2、OU3	过电压	25	Er8	RS-485 通信错误（通信端口 1）
4	LU	不足电压	26	Erp	RS-485 通信错误（通信端口 2）
5	Lin	输入缺相	27	ErF	电压不足时数据保存错误
6	OPL	输出缺相	28	ErH	硬件错误
7	OH1	散热器过热	29	ErE	速度不一致、速度偏差过大
8	OH2	外部警报	30	nrb	NTC 断线错误
9	OH3	变频器内过热	31	Err	模拟故障
10	OH4	电动机保护（PTC/NTC 热敏电阻）	32	CoF	PID 反馈断线检测
11	dbH	制动电阻器过热	33	dba	制动晶体管异常
12	FUS	熔丝熔断	34	L-AL	轻微故障
13	PbF	充电电路异常	35	FAL	DC 风扇锁定检测
14	OL1～OL4	电动机过载	36	OL	电动机过载预报
15	OLU	变频器过载	37	OH	散热器过热预报
16	OS	过速度保护	38	Lif	寿命预报
17	PG	PG 断线	39	rEF	指令损失
18	Er1	存储器错误	40	Pid	PID 警报输出
19	Er2	操作面板通信错误	41	UTL	低转矩检测
20	Er3	CPU 错误	42	PTC	热敏电阻检测（PTC）
21	Er4	选择通信错误	43	rTE	机器寿命（运行累积时间）
22	Er5	选择错误	44	CnT	机械寿命（启动次数）

参 考 文 献

［1］ 于宝水，姜平．图表详解变频器典型应用 100 例．北京：机械工业出版社，2018.

［2］ 于宝水，姜平，田庆书．机采井常用电路图集及故障解析．北京：石油工业出版
社，2019.

［3］ 于宝水．三菱 PLC 典型应用实例 100 例．北京：中国电力出版社，2020.